教育部高等学校电子信息类专业教学指导委员会规划教材

高等学校电子信息类专业系列教材

Multimedia Communication
Principles, techniques and applications

多媒体通信

原理、技术及应用

晏燕 李立 彭清斌 编著

Yan Yan　　Li Li　　Peng Qingbin

清华大学出版社

北京

内 容 简 介

本书全面系统地介绍了多媒体通信技术的基本原理和最新应用成果,深入分析了音频、图像、视频等多媒体技术的理论基础,从通信系统的角度梳理了多媒体信号的产生、压缩、编/解码、存储、传输及主要应用。内容涵盖了多媒体通信技术的基本原理、系统结构、关键技术、协议标准、应用领域等。全书共分为11章,主要内容为:多媒体通信技术概述、音频技术基础、图像技术基础、视频技术基础、多媒体数据的编码与压缩、多媒体数据存储技术、多媒体通信网、流媒体通信技术、超媒体技术、分布式多媒体系统、多媒体通信安全。

本书可用作高等院校计算机类、信息类、通信类相关专业高年级本科生的教材,也可以作为计算机和通信等相关专业的选修教材及各类培训教材。对于希望学习多媒体技术、从事计算机领域相关工作的技术人员和爱好者,本书也是一本实用的自学参考书。

图书在版编目(CIP)数据

多媒体通信:原理、技术及应用/晏燕,李立,彭清斌编著.—北京:清华大学出版社,2019
(高等学校电子信息类专业系列教材)
ISBN 978-7-302-52510-3

Ⅰ.①多… Ⅱ.①晏…②李…③彭… Ⅲ.①多媒体通信－高等学校－教材 Ⅳ.①TN919.85

中国版本图书馆 CIP 数据核字(2019)第 043717 号

责任编辑:盛东亮
封面设计:李召霞
责任校对:时翠兰
责任印制:宋 林

出版发行:清华大学出版社
      网   址:http://www.tup.com.cn,http://www.wqbook.com
      地   址:北京清华大学学研大厦 A 座   邮   编:100084
      社 总 机:010-62770175   邮   购:010-62786544
      投稿与读者服务:010-62776969,c-service@tup.tsinghua.edu.cn
      质量反馈:010-62772015,zhiliang@tup.tsinghua.edu.cn
      课件下载:http://www.tup.com.cn,010-62795954
印 装 者:三河市铭诚印务有限公司
经   销:全国新华书店
开   本:185mm×260mm   印   张:24.75   字   数:595 千字
版   次:2019 年 9 月第 1 版   印   次:2019 年 9 月第 1 次印刷
定   价:79.00 元

产品编号:079532-01

高等学校电子信息类专业系列教材

序
FOREWORD

我国电子信息产业销售收入总规模在 2013 年已经突破 12 万亿元,行业收入占工业总体比重已经超过 9%。电子信息产业在工业经济中的支撑作用凸显,更加促进了信息化和工业化的高层次深度融合。随着移动互联网、云计算、物联网、大数据和石墨烯等新兴产业的爆发式增长,电子信息产业的发展呈现了新的特点,电子信息产业的人才培养面临着新的挑战。

(1) 随着控制、通信、人机交互和网络互联等新兴电子信息技术的不断发展,传统工业设备融合了大量最新的电子信息技术,它们一起构成了庞大而复杂的系统,派生出大量新兴的电子信息技术应用需求。这些"系统级"的应用需求,迫切要求具有系统级设计能力的电子信息技术人才。

(2) 电子信息系统设备的功能越来越复杂,系统的集成度越来越高。因此,要求未来的设计者应该具备更扎实的理论基础知识和更宽广的专业视野。未来电子信息系统的设计越来越要求软件和硬件的协同规划、协同设计和协同调试。

(3) 新兴电子信息技术的发展依赖于半导体产业的不断推动,半导体厂商为设计者提供了越来越丰富的生态资源,系统集成厂商的全方位配合又加速了这种生态资源的进一步完善。半导体厂商和系统集成厂商所建立的这种生态系统,为未来的设计者提供了更加便捷却又必须依赖的设计资源。

教育部 2012 年颁布了新版《高等学校本科专业目录》,将电子信息类专业进行了整合,为各高校建立系统化的人才培养体系,培养具有扎实理论基础和宽广专业技能的、兼顾"基础"和"系统"的高层次电子信息人才给出了指引。

传统的电子信息学科专业课程体系呈现"自底向上"的特点,这种课程体系偏重对底层元器件的分析与设计,较少涉及系统级的集成与设计。近年来,国内很多高校对电子信息类专业课程体系进行了大力度的改革,这些改革顺应时代潮流,从系统集成的角度,更加科学合理地构建了课程体系。

为了进一步提高普通高校电子信息类专业教育与教学质量,贯彻落实《国家中长期教育改革和发展规划纲要(2010—2020 年)》和《教育部关于全面提高高等教育质量若干意见》(教高【2012】4 号)的精神,教育部高等学校电子信息类专业教学指导委员会开展了"高等学校电子信息类专业课程体系"的立项研究工作,并于 2014 年 5 月启动了《高等学校电子信息类专业系列教材》(教育部高等学校电子信息类专业教学指导委员会规划教材)的建设工作。其目的是为推进高等教育内涵式发展,提高教学水平,满足高等学校对电子信息类专业人才培养、教学改革与课程改革的需要。

本系列教材定位于高等学校电子信息类专业的专业课程,适用于电子信息类的电子信息工程、电子科学与技术、通信工程、微电子科学与工程、光电信息科学与工程、信息工程及其相近专业。经过编审委员会与众多高校多次沟通,初步拟定分批次(2014—2017 年)建设约 100 门课程教材。本系列教材将力求在保证基础的前提下,突出技术的先进性和科学的前沿性,体现创新教学和工程实践教学;将重视系统集成思想在教学中的体现,鼓励推陈出新,采用"自顶向下"的方法编写教材;将注重反映优秀的教学改革成果,推广优秀的教学经验与理念。

为了保证本系列教材的科学性、系统性及编写质量,本系列教材设立顾问委员会及编审委员会。顾问委员会由教指委高级顾问、特约高级顾问和国家级教学名师担任,编审委员会由教育部高等学校电子信息类专业教学指导委员会委员和一线教学名师组成。同时,清华大学出版社为本系列教材配置优秀的编辑团队,力求高水准出版。本系列教材的建设,不仅有众多高校教师参与,也有大量知名的电子信息类企业支持。在此,谨向参与本系列教材策划、组织、编写与出版的广大教师、企业代表及出版人员致以诚挚的感谢,并殷切希望本系列教材在我国高等学校电子信息类专业人才培养与课程体系建设中发挥切实的作用。

吕志伟 教授

前 言
PREFACE

多媒体通信是多媒体、通信、计算机和网络等技术相互渗透和发展的产物,它突破了计算机、通信等传统产业之间相对独立发展的界限,是计算机和通信领域的一次革命,也是信息高速公路建设中的一项关键技术。移动互联网和智能终端设备的飞速发展及广泛普及,改变了人们的工作和生活方式,推动了多媒体通信技术的深入应用和发展变化。

关于多媒体信息的产生、采集及应用方法等,目前国内外已有不少相关的专著和教材出版,但是其中绝大多数旨在介绍多媒体技术的基础概念,图像、音频、视频、动画等常见多媒体形式的基本原理和简单制作过程,图像、音频、视频等多媒体信息的压缩标准等内容,而关于多媒体通信系统、传输网络、存储方式等关键技术,流媒体、超媒体、分布式多媒体等全新应用方式,多媒体通信安全性等问题的介绍和讨论很少。因此,为了全面系统地介绍多媒体通信技术及其最新的应用形式,满足理论教学和实践应用的需要,我们编写了本教材。

多媒体通信技术是当前发展和更新最快的高新技术领域之一,作为一本专业的教材,本书将紧跟技术发展的脚步,从多媒体通信技术的基本原理、系统结构、关键技术、协议标准、应用领域、最新发展等方面对多媒体通信技术进行系统全面的介绍。本书的内容安排由浅入深、循序渐进、通俗易懂,紧密结合当前技术的新发展,在阐述理论的同时侧重实用性。编写过程中以"理论够用、注重实用、强化应用"为原则,针对工科应用型学生的特点,力求在概念和原理的阐述上严格、准确、精练,写作风格上深入浅出、图文并茂,便于学生学习。

本书由兰州理工大学计算机与通信学院的几位教师共同合作编写。其中,第1章、第8~11章由晏燕编写;第2~4章由彭清斌编写;第5章由彭清斌与李立合作编写;第6章由李立编写;第7章由晏燕与李立合作编写。全书由晏燕统稿及修改。

在本书的编写过程中,得到清华大学出版社众位编辑的热心帮助和指导,在此一并表示感谢!

由于编者水平有限,书中难免存在疏漏和不当之处,恳请各位读者批评指正。

编 者
2019 年 3 月

目 录

CONTENTS

第1章

CHAPTER 1

多媒体通信技术概述

  多媒体通信是多媒体技术、通信技术、计算机和网络等技术相互渗透和发展的产物,它突破了计算机、通信等传统产业之间相对独立发展的界限,是计算机和通信领域的一次革命,也是信息高速公路建设中的一项关键技术。本章从信息表达的角度对多媒体进行了定义,在此基础上详细分析了多媒体的多样性、集成性和交互性;介绍了多媒体通信系统的特点和多媒体通信业务的种类;从多媒体数据的采集、处理、传输、存储等多方面介绍了多媒体通信的关键技术;列举了典型的多媒体通信技术应用并分析了今后多媒体通信技术的发展趋势。

  本章的重点内容包括:

- ➤ 多媒体通信的概念
- ➤ 多媒体通信系统的特点
- ➤ 多媒体通信的业务种类
- ➤ 多媒体通信的关键技术
- ➤ 多媒体通信的典型应用
- ➤ 多媒体通信技术的发展趋势

计算机技术在各个领域中的广泛应用,使得人类社会的信息量爆炸性地增长。当技术发展到可以方便地处理各种感觉媒体时,多媒体技术自然而然地出现并迅速发展起来。随着科学技术的迅速发展和社会需求的日益增长,人们早已不满足于单一媒体提供的电话、电视、传真等传统业务,综合了数据、文本、图形、图像、音频和视频等多种媒体信息的多媒体通信技术向人们提供了全新的信息服务方式。本章对多媒体技术的特点进行分析,从通信系统的角度建立多媒体通信的过程,介绍多媒体通信业务的种类以及多媒体通信的关键技术,通过对典型多媒体通信系统的介绍展望今后多媒体通信技术的发展趋势。

1.1 多媒体通信的概念

本节从概念和特性出发,首先对"媒体""多媒体""多媒体通信""多媒体通信系统"等进行区分。

1.1.1 多媒体

1. 媒体

媒体的概念十分广泛,既可以是自然媒体,也可以是电子媒体,还可以是抽象事物。按照国际电信联盟的定义,媒体可以分为感觉媒体、表示媒体、显示媒体、存储媒体和传输媒体五大类。感觉媒体是指能够直接作用于人的感官,使人直接产生感觉的一类媒体,例如引起听觉反应的声音,引起视觉反应的图像等。表示媒体是对感觉媒体的信息编码,目的是更加有效地加工、处理和传输感觉媒体。表示媒体从形态上可以划分为与时间无关的离散媒体(如文本、图片等)和与时间有关的连续媒体(如声音、影像等)。显示媒体指用于信息输入/输出的工具和设备,实现感觉媒体与电信号之间的相互转换,典型的如键盘、话筒、摄像机、喇叭、打印机等。存储媒体是用于存放表示媒体的物理实体,包括磁带、磁盘、光盘、半导体存储器等。传输媒体是用于传输表示媒体的通信用的信息载体,如同轴电缆、双绞线、光纤、自由空间及其他通信信道等。

在计算机领域中,媒体主要有两种含义:一是指用于存储和承载信息的实体,例如磁带、磁盘、光盘、半导体存储器等;二是指信息的表现形式,例如文本、图形、图像、动画、音频、视频等信息。

从信息表达的角度来考虑,媒体一般具有四个方面的特性。

(1)媒体具有一定的格式。这种格式不仅仅是数据结构意义上的,更主要是指媒体类型的识别和解释。不同种类的媒体所具有的格式也应该不同,只有对不同格式能够理解和解释,才能对其内容和承载的信息进行表达。

(2)不同媒体表达信息的程度不同。一般说来,越是接近人类原始表达的信息,其信息含量越丰富;越是抽象化的信息,信息量越少,但其描述越精确。例如,图像、声音包含的信息最大,适合于定性的描述信息,而文字与符号更适合于较精确的定量描述。

(3)媒体之间的关系也包含信息。媒体有不同的表现形式,大量不同形式的媒体联合在一起所能表达的合成效果远高于单独媒体的效果之和。例如,在电影中画面、对白及背景音乐的合成效果要比单独看一次画面、听一次对白、再听一次音乐的效果好很多,即所谓的"感觉相乘"效应。

（4）媒体之间可以进行相互转换。很多媒体可以从一种形式转换为另外一种形式，例如，视频可以转换成连续变化的多幅图像；但并非所有媒体之间都可以进行转换，例如，几乎无法把图像转换为声音。上述媒体形式之间的转换总会引起信息的失真，要么损失原有信息，要么增加伪信息。但是根据具体的应用领域及应用要求的不同，信息失真也不尽相同。

2. 多媒体

从字面意义上来看，多媒体是"多"（Multiple）和"媒体"（Media）的复合词，它包含了信息和信息的多种表示形式。所谓多媒体是指把多种不同的媒体（例如文字、声音、图形、图像、动画、视频等）综合集成在一起而产生的一种存储、传播和表现信息的全新载体。一般人们在谈论"多媒体"时常常想到的是感觉媒体，但实际上计算机技术所处理的是感觉媒体的数字编码形式，即数字化的表示媒体。因此，也可以说多媒体就是多样化的数字表示媒体的结合与利用。

根据多媒体的定义，我们可以看出它具有三个显著的特点，即多样性、集成性和交互性，这也是多媒体区别于单一媒体的特征。随着多媒体不断广泛和深入的应用，可能还会增加其他新的特性。

1）多样性

多媒体信息的多样性是指媒体形式的多样化，不再局限于数值、文本和图形图像等离散媒体，还可以包括音频、视频等连续媒体。多样化的媒体形式使信息的表现更加人类化，使思维的表达更充分更自由，使信息的处理更广泛更灵活。多样化的媒体形式大大丰富了信息的表现能力和效果，使用户能够更全面、更准确地理解和接收信息。严格地说，多媒体中必须既包含连续媒体，又包含离散媒体，才能称为多媒体。因此，纵然传统的电视机、录像机声像俱全，Word 文档图文并茂，但它们在严格意义上都不能叫作多媒体，因为前者缺少离散媒体，后者不含连续媒体。

2）集成性

多媒体的集成性主要表现在两个方面。一方面是媒体信息的集成，体现在文本、图形、图像、动画、音频、视频等多种媒体形式的综合应用。尽管信息是多通道的输入与输出，但应能统一获取、存储、组织和处理，而且我们应更加看重信息媒体之间的关系及其蕴含的信息。另一方面是媒体设备和技术的集成，即多媒体信息的集成处理和显示、表现等。多媒体的集成性是系统级的一次飞跃，也有人称这一特性为多媒体的综合一体化，即各种媒体或处理这些媒体的设备和技术不是单一的，也不是相互无关的，而是彼此相关、综合集成在一起的。

3）交互性

交互性是多媒体系统与其他家用声像电器相互区别的主要特征，普通家用声像电器不具备交互性，即媒体只能被收听、观看，而媒体的加工和处理过程不能被介入。多媒体系统能够向用户提供更加有效的控制和使用信息的手段，同时也为应用开辟了更加广阔的领域。运用交互性对某些事物的运动过程进行控制，可以获得倒放、变形、虚拟等奇特的效果；从数据库中检索出所需信息，通过交互性可以介入信息的编辑、修改等处理过程；通过交互性，用户还可以完全沉浸到一个与信息环境一体化的虚拟信息空间中，充分利用各种感官和能力对空间进行控制和遨游，这也是多媒体技术中虚拟现实技术研究的重点。

3. 多媒体技术

人们现在所研究的常常不是多媒体信息本身,而主要是处理和应用多媒体的一套技术。因此"多媒体"常常被当作"多媒体技术"的同义语。简言之,多媒体技术就是同时处理多种媒体信息,并把它们融合在一起的技术。在很大程度上,多媒体技术是一种系统技术,它由计算机平台、通信网络、人机接口以及相应的媒体数据组成。多媒体技术注重改善信息的表示方式,在新的层次上将各种技术进行集成和发展,在系统级上面向用户交互,不仅大大地提高了系统的性能,而且促进了用户对信息的获取与控制。

多媒体技术作为融合、处理、表现多种媒体的综合技术,不但具有多媒体的多样性、集成性和交互性特点,还具有协调性高和实时性处理等要求。协调性是多媒体技术实现的关键之一,不同媒体必须要根据自身的规律来运行,并且各个组成媒体之间要有机配合,才能保证多媒体技术的完美实现。多媒体技术具有较强的实时性,利用多媒体技术进行的信息传递具有传统意义上所不具有的实时性和连续性。此外,多媒体技术的实时性还体现在信息的真实性上。

1.1.2　多媒体通信

多媒体通信是多媒体技术、通信技术、计算机和网络等技术相互渗透和发展的产物,它突破了计算机、通信等传统产业之间相对独立发展的界限,是计算机和通信领域的一次革命,也是信息高速公路建设中的一项关键技术。从20世纪90年代开始,多媒体计算机技术已成为计算机领域的热点之一。计算机在各个领域中的广泛应用使得人类社会的信息量爆炸性地增长,当技术发展到可以方便地处理各种感觉媒体时,多媒体计算机技术自然而然地出现并迅速发展起来。计算机以数字化的方式对任何一种媒体进行表示、存储、传输和处理,并且将这些不同类型的媒体数据有机地合成在一起,形成了多媒体数据。随着科学技术的迅速发展和社会需求的日益增长,人们已不满足于单一媒体提供的传统单一服务(例如电话、电视、传真等),而是需要一种综合业务,这使得诸如数据、文本、图形、图像、音频和视频等多种媒体信息能够以超越时空限制的集中方式作为一个整体呈现在人们的眼前。在这种时代背景下,伴随着多媒体计算机技术与电话、广播、电视、微波、卫星通信、广域网和局域网等各种通信技术的结合,多媒体通信技术随即产生了。

20世纪90年代,随着通信和网络技术的发展,在市场需求的推动下,多媒体通信技术得到了迅猛的发展,多媒体技术范畴进一步扩大到网络通信。美国、日本和欧洲的计算机公司开始致力于多媒体技术的研究,首先建立了基于局域网的多媒体通信系统,例如美国Xerox公司的以太电话(Etherphone),可以说是最早的多媒体通信系统。多媒体通信的广泛应用极大地提高了人们的工作效率,改变了人们的教育、娱乐和生活方式。多媒体通信将成为21世纪人们通信的基本方式,是目前各国在通信、计算机、教育、广播、娱乐等领域研究的前沿课题之一。

广义地讲,多媒体通信也是一种数据通信,但是与一般的数据通信相比,又有其自身一些特殊的地方。

(1) 多媒体通信的数据量巨大。在多媒体通信中,信息媒体种类多样,数据量庞大。例如,一幅JPEG格式的彩色图像大概需要 $640 \times 480 \times 24 \approx 0.88$MB存储空间,而一部普通画质的电影大概需要 $600 \sim 700$MB,这要求多媒体通信系统不但要具备较大的存储空间,同时要具备较高的传输带宽或传输速率。因此,在多媒体通信中必须采用有效的信息压缩技术(例如第 5 章介绍的图像、音频、视频等媒体的压缩编码技术)。但值得注意的是,高倍率的信息压缩比往往是以损失原始数据信息量作为代价的。因而为了控制多媒体信息的数据量,多媒体本身的质量会受到一定的限制。虽然在某些应用情况下,采用静态图像、慢速传输以及小画面(低精度)的方式来限制多媒体的数据量也能满足实际的应用要求,但总体来说,通信质量总是不能令人满意。因此,真正的多媒体通信必须使通信网的能力足以满足多媒体巨大的信息量要求。

(2) 多媒体通信对实时性要求高。表 1-1 给出了部分媒体传输的特性要求。从中不难看出,多媒体业务对通信的实时性要求很高。例如语音传输,最大可接受的延迟为 0.25s,如果传输时延过大,就会感到说话声不连续。语音通信时,偶尔的误码不去纠正,用户往往觉察不到,但若要纠错重发使语音停顿,反而会使用户感到不舒服。对图像而言,传输延迟大一些不会有多大影响,偶尔出现个别像素的错误影响也不大,但如果一个分组(数据包)出错,就会影响原图像中的一块,这是不能容忍的。对数据传输而言,实时性要求不高,时滞影响不大,但却不允许出现任何错误。多媒体通信的实时性要求,除了与网络速率相关,还受到通信协议、数据传输和交换技术等的影响。例如,电路交换方式时延短,但占用专门信道,且不易共享;而分组交换方式时延长,不合适数据量变化大的场合应用。

表 1-1　部分媒体的传输特性要求

媒　　　体	最大延迟/s	最大时滞/ms	速率/(Mb·s)	可接受的位出错率(BER)	包出错率(PER)
语音	0.25	10	0.064	$<10^{-1}$	$<10^{-1}$
图像	1	—	2~10	$<10^{-4}$	$<10^{-9}$
视频	0.25	10	100	$<10^{-2}$	$<10^{-3}$
压缩视频	0.25	1	2~10	$<10^{-6}$	$<10^{-9}$
数据	1	—	2~100	0	0
实时数据	0.001~1	—	<10	0	0

系统中的许多处理环节都会影响多媒体通信的实时性,例如语音视频图像传输系统中的采样、编码、打包、传输、缓冲、拆包、译码、表现等环节;数据检索中的查询、访问、打包、传输、缓冲、拆包等环节。对于多媒体通信,由于媒体之间的特性很不一致,必须采用不同的传输策略。例如对于语音可以利用短延迟、延迟变化小的传输策略,而对数据传输则采用可靠保序的传输策略等。

(3) 多媒体通信具有时空约束特性。多媒体通信中的各种媒体在时间上和空间上彼此关联,互相约束。信息的传输具有串行性,这就需要采取延迟同步的方法在收端进行再合成,包括时间合成、空间合成以及时空同步等三个方面。时间合成指将原来属于同一时间轴上的各类媒体的时序在时间轴上进行统一,使其能够在时间上正确表现;空间合成完成空间上媒体的位置排放,最后使时间空间统一成正确的表现。例如一部纪录片,不但有图像、配乐,还有解说词等。时间和空间以及时空同步配合得好,才能获得好的展示效果。

1.1.3　多媒体通信系统

人类社会已经进入信息时代,人们对信息的需求日趋增加,这种增加不仅仅表现为数量的剧增,同时还表现在信息种类的不断增加上。一方面,这种巨大的社会需求是多媒体通信技术发展的内在动力;另一方面,电子技术、计算机技术、通信技术、半导体集成等技术的飞速发展,为多媒体通信技术的发展提供了切实的外部保证。基于这两个方面的因素,多媒体通信技术在短短的时间里得到了迅速的发展。多媒体通信系统的出现,大大缩短了计算机和通信技术之间的距离,将计算机的交互性、通信的分布性和多媒体信息的综合性完美地结合在一起,向人们提供着全新的信息服务方式。

　　简单来说,多媒体通信系统就是完成多媒体信息传输、交换和表示的通信系统。因此,多媒体通信系统与普通通信系统在体系结构方面基本相似,主要包括终端设备、接入设备(网络接口)、通信网络等。如图 1-1 所示为一个广义的单向通信系统模型。

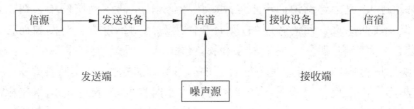

图 1-1　单向通信系统简要模型

　　根据通信发展的趋势,多媒体通信系统传送的信息不再是单一的数据、语音或图像信息,而是对图像、声音、文本、动画、视/音频等多种信息进行综合传输和交换,使各种信息之间的交流更为便捷。终端设备主要对应传统通信系统结构中的信源和信宿,主要负责不同类型多媒体信号的采集、转化、展示、表现等。

　　接入设备与通信网络不仅要完成多媒体信息的传输,而且还要完成多媒体信号的混合和分离处理。针对不同的多媒体形式和通信质量需求,需要采用不同的接入设备和不同的通信网络。它们主要对应传统通信系统中的传输信道和收/发端变换设备。

　　多媒体通信系统与传统通信系统的主要不同之处在于它更强调通信网络和接入设备的宽带化以及用户终端的多媒体信息处理能力。对于不同的通信网络、不同的接入技术和不同的应用类型,用户终端的形式和设备不尽相同,其中以多媒体计算机最为典型,涵盖的技术最为全面。

　　多媒体通信系统应当具有如下的特点。

　　1) 支持综合业务

　　由于多媒体数据包含了文本、声音、图形、图像和视/音频等多类媒体对象,不同类型的数据有着不同的特点,对通信系统有着不同的需求,所以多媒体通信系统应当能够为不同类型的数据提供与其特点和需求相适应的通信业务,并能够将不同的业务有机地结合在一起,即多媒体通信系统应当具备综合业务的能力。

　　2) 具备较强的实时数据传输能力

　　连续媒体数据(如音频、视频数据)是多媒体数据的重要组成部分,而连续媒体数据的实时通信也在多媒体通信中占有较大的比重,因而多媒体通信系统应当具备较强的实时数据的传输能力。

　　3) 能够完成多媒体同步

　　在多媒体对象内部,各媒体对象之间存在着时域约束关系,而这种约束关系的破坏,会在一定程度上妨碍对多媒体数据所含内容的理解。这表明时域约束关系是多媒体数据语义的一部分,而这也就决定了多媒体通信系统需要对这种约束关系进行维护,即实现通信过程中的多媒体同步。

4)支持多种通信模式

多媒体应用大多是分布式的,涉及点到点、点到多点、多点到多点等多种通信模式。这种应用需求决定了多媒体通信系统应当能够支持各种通信模式,并完成相关的管理任务。

1.2 多媒体通信的业务种类

多媒体通信业务可以按照不同的方式进行分类,从信息交换的方式来看,多媒体通信业务可以分为用户与服务器中心之间的交互式应用和服务器到用户的分配式单向信息传递两种。按照网络传输能力来进行划分,多媒体通信业务可以分为以下三种:一是比特率型,包括恒定比特率、可变比特率等;二是定时关系型,它要求信息点之间具有定时或不定时关系;三是连接模式型,即面向连接或无连接。另外,多媒体通信业务也可以按照网络结构分为点对点的多媒体通信业务和多点之间的多媒体通信业务。

多媒体通信业务种类繁多,特别是宽带通信业务,几乎全部都是多媒体业务。从今后的发展来看,多媒体通信业务仍将是各类通信业务,特别是新型通信业务的主体。为了能够对多媒体通信业务有一个全面的了解,表1-2列出了国际电信联盟(ITU)和国际标准化组织(ISO)对多媒体通信业务种类制定的编号和定义。

表 1-2 多媒体通信业务种类编号及定义

编 号	多媒体业务类型
AV.100	视听业务总体
AV.101	远程会议总体
AV.110	音频图形会议一般原则
AV.111	用于 ISDN 的音频图形会议业务
AV.112	用于 B-ISDN 的音频图形会议业务
AV.113	用于 PSTN 的音频图形会议业务
AV.114	其他音频图形会议业务
AV.120	可视电话业务总体
AV.121	用于 ISDN 的可视电话业务
AV.122	用于 B-ISDN 的可视电话业务
AV.123	用于 PSTN 的可视电话业务
AV.124	用于移动电话网的可视电话业务
AV.130	电视会议业务总体
AV.131	用于 ISDN 的电视会议业务
AV.132	用于 B-ISDN 的电视会议业务
AV.140	视听交互业务总体
AV.150	其他视听多媒体业务
AV.160	视听业务应用
AV.161	电写应用
AV.170	分配业务

从表 1-2 中可以看出,多媒体通信业务涵盖了人与人之间、人机之间的各种交互型业务。根据国际电联(ITU-T)的定义,可以将上述的多媒体通信业务划分为会议业务、谈话业务、分配业务、检索业务、采集业务和消息业务六大类。

会议业务和谈话业务都属于人与人之间的双向交换型多媒体通信业务,在多媒体通信体系中,它们采用的标准基本上也是一样的,例如它们在 PSTN 环境下都采用 H.324 协议,在 IP 网络环境下都采用 H.323 协议等。二者的不同之处在于,会议业务是多点之间的通信业务,典型的如视听会议、声像会议等;而谈话业务则是点对点之间的通信,典型代表例如多媒体可视电话、数据交换等业务。另外,会议和交谈要求的图像质量和声音质量不同,一般来说会议业务的要求更高一些。

分配业务和检索业务在多媒体通信体系中也可以归为同一类,即人机之间的交互型信息检索多媒体通信业务。这类业务完成的是人与主机之间的交互操作,这种交互操作有两个方面的内容:一是用户通过人机接口向主机发送检索请求,主机接收到用户的请求后,将满足用户要求的信息传送给用户,以完成用户和主机的交互过程,实现检索的目的;二是用户通过人机接口与主机交互信息,通过交互完成某种交易工作,如电子商务等。两者的不同之处在于,多媒体检索业务是点对点的交互业务,而多媒体分配业务则是一点对多点的人机交互业务。典型的例如在一个多媒体会议中,参加会议者有多位,当讨论到一份文件时,一个会议参加者去检索该文件,主机根据用户的要求将满足条件的信息发送给全体与会者,这就是多媒体分配业务。

多媒体采集业务是一种主机与主机或人与主机之间,多点向一点汇集信息的业务,典型代表有多媒体图书馆、多媒体监控、投票等。随着信息处理技术的发展和信息化水平的提高,多媒体采集业务将是信息采集和监控系统今后的发展趋势。

多媒体消息业务具有点到点通信、单向信息交换的特点,是一种存储转发型多媒体通信业务,多媒体电子信箱是典型的多媒体消息业务。

在实际应用中,上述六种业务并不都是孤立存在的,而是以相互交织的形式存在于教育、科研、军事、医学、服务、娱乐等众多领域,如表 1-3 所示。

参考 IP、B-ISDN 和 ATM 等技术的应用模型和分层功能,多媒体通信业务也可以配置到不同的层上,以便实现不同的功能,从而形成了多媒体通信业务的功能参考模型。

多媒体通信业务的参考模型从上到下分为四个层次和三个平面,如图 1-2 所示。模型最下部是与网络具体传输相关的传输层,其具体功能有多通路管理、同步、均衡、信令等,还包括端对端的传输协议、差错控制、流量管理、快速连接管理以及延时限制等。会话层提供传输网络协议的性能、保证延时范围、延时变化、吞吐率、多连接管理能力、通路或信元复用、降低延时变化及误码率等作用。在表示层上使用的业务单元包括特定应用和公共应用的业务单元,它们支持多媒体业务的应用功能,包括数据压缩、加密、媒体转换、媒体间的交互协作、用户复用连接以及多连接会议管理等。在应用层上开展的多媒体业务有可视电话、会议电视、多媒体邮件、多媒体数据库等不同形式。

在用户平面上的各种多媒体业务可以根据其属性配置到不同的层面上,起到功能协调的作用。在控制平面上可以对应用层、表示层和会话层上的多媒体业务实现业务控制和业务信元控制。管理平面则对各层业务实现管理(包括信元管理、流量管理、质量管理等)。

表 1-3 多媒体业务的应用类型

应 用 类 型	具 体 应 用	业 务 类 型
多媒体合作应用	电子出版	会议业务
	协同设计	
	联合软件开发	
多媒体会议和群体工作	管理会议	
	技术会议	
	协同工作	
学习和教育	远程教育	检索业务
	远程培训	
	教育信息检索	
远程专家协商	专家系统	会议业务
	远程故障检测	
	远程故障诊断与维护	
远程医疗	诊断	
	专家会诊	
	文件检索	检索业务
	医学图像检索	
电子交易	远程购物	
	家庭银行	
娱乐	卡拉 OK	
	游戏	
	点播电视（VOD）	
多媒体信息应用	游戏信息检索或预约	
	房地产交易	
多媒体检索应用	远程文件	会议业务
	远程图书馆	
多媒体交互应用	远程投票	
多媒体监控	远距离证实	
	安全与警卫	
	远距离小型会议	
多媒体分配应用	NVOD	分配业务
多媒体邮件应用	多媒体电子信箱	消息业务

图 1-2 多媒体通信业务的功能参考模型

1.3　多媒体通信的关键技术

由于多媒体数据本身的多样性、集成性等特点,多媒体通信涉及计算机、网络、通信等多种学科,多媒体通信技术需要研究的问题也包括很多方面。本节将从多媒体数据的采集、处理、传输、存储等多方面介绍多媒体通信的关键技术。

1.3.1　多媒体数据的获取与显示

多媒体数据的获取与显示对应着多媒体通信中的信源和信宿。在信源端,多媒体通信的首要任务是采集各种自然信息并将其处理转化为形式多样、内容丰富的多媒体信息,主要使用的工具是摄像机、视/音频采集卡等各种终端设备和多媒体计算机;在信宿端,多媒体通信的最终任务是将传输来的多媒体信息展示给用户,提供丰富的业务实现方式。由于多媒体业务存在多种形式,不同的业务要求使用不同的多媒体终端,因此多媒体终端对多媒体数据采用的获取和显示技术也不尽相同。通常使用的多媒体终端主要有多媒体计算机和针对某种应用的专用终端设备,例如机顶盒、可视电话等。以下从多媒体计算机和人机交互界面技术两个方面进行简要介绍。

多媒体信息品种多、数据量大、实时性要求高等特点对计算机硬件平台提出了很高的要求。高性能的 CPU、大容量的内存、好而快的显示系统、高速率的输入/输出接口总线以及大容量的存储设备等使得多媒体硬件平台价格昂贵。基本能满足上述要求的、可以称为多媒体计算机的为数不多,典型的如 Intel 和 IBM 联合推出的 DVI 系列产品,Philips 和 Sony 联合推出的 CD-1 系列产品等都采用一些专用处理器和显示芯片。目前大量使用的只能算是多媒体个人计算机 MPC。MPC 硬件和软件性能的提升,将直接影响多媒体业务的效果。

人机交互界面是连接用户和多媒体处理系统之间的接口,用户通过人机界面向系统提供命令、输入数据等信息;系统则将输出信息通过人机界面呈现给用户。多媒体计算机采用鼠标、跟踪球、电子笔、触摸屏、摄像头和视/音频采集卡等作为输入设备,输出手段可以是声音、图形、图像以及活动视频等显示形式。在多媒体信息输入技术中,为克服键盘输入文字的不便而发展起来的技术有联机手写识别技术、脱机手写文稿与脱机印刷文稿识别技术等,这些技术的核心是文字识别技术,其中汉字识别是文字识别领域最为困难的问题。联机手写识别是用户利用手写板实时地把汉字输入计算机的方法,计算机通过手写板将笔尖的移动轨迹用坐标点序列表示,把汉字转化为一维的线条(笔画)串来处理。目前我国的联机手写识别技术已趋于成熟,对于一般书写的正确识别率可达 90% 以上,某些产品的识别率甚至已经接近理论识别率的极限。手写输入产品除了在电脑上直接应用外,同时还向 PDA、手机、机顶盒等信息产品领域发展。语音识别技术也是多媒体信息输入技术中的一项重要技术,其目的是让机器听懂人类的语言。语音识别的难点在于语音信号的多变性、动态性、瞬时性和连续性。经历了从特定人到非特定人、从小词汇量到大词汇量、从孤立字到连续语音的发展历程,如今的语音识别技术已经取得了巨大进展。语音识别技术与语音合成技术的结合,使人们能够甩掉键盘直接通过语音来操作手机、计算机等多种终端。

随着技术的进步,多媒体数据的获取和显示技术越来越多样化,图形识别、图像理解等先进技术的应用,使得人们能够越来越方便地使用多媒体终端。

1.3.2 多媒体数据压缩与编解码

在多媒体系统中,未经压缩处理的数字化信号的数据量非常大,例如一幅中等分辨率的彩色图像,640×480 像素,每像素 24 位(bit),则每帧数据量为 7.4Mb;若帧速率(帧频)为 25f/s,则视频信号的传送速率为 184Mb/s;对于双声道的立体声信号,若采样速率为 44.1kHz,每个采样点量化为 16bit,则数据速率约为 14.1Mb/s。这样大的数据量给音/视频信号的存储带来很大的困难,要实现远距离传送,则需要占用较大的信道带宽,严重制约了多媒体通信系统的性能。为了节省存储空间,充分利用有限的信道容量传输更多的多媒体信息,须对多媒体数据进行压缩。

数据压缩技术是多媒体通信技术的核心问题之一,先进的数据压缩技术,尤其是视频压缩技术可以实现较低的传输时延、较高的压缩比,达到较好的音频/图像质量,而这正是多媒体视听业务能否被广泛接受的重要因素之一。多媒体数据的压缩包括对视频数据和音频数据的压缩,二者采用的基本压缩原理相同,只是视频信号的数据量比音频数据量大得多,压缩难度更大。

国际电信联盟 ITU 制定了一系列的信号压缩标准,主要有 JPEG、H.261、H.263、MPEG-1、MPEG-2、MPEG-4、MPEG-7 等。JPEG 是用于连续色调静止图像压缩的标准;H.261 适用的速率范围是 p×64Kb/s(p=1~30),即 64~1920Kb/s,主要用于可视电话和会议电视等业务;H.263 根据 H.261 改进而来,可以获得更高的压缩比和较高的图像质量,与 H.261 相比,在保证相同图像质量的前提下,H.263 可以节约 30%~50% 的比特率;MPEG-1 主要用于 CIF 格式的图像分辨率和 1~5Mb/s 的比特速率,适用于视频和双声道音频,众所周知的 VCD 就采用了 MPEG-1 标准;MPEG-2 基于 3~4Mb/s 或 4Mb/s 以上速率的压缩存储视频,图像质量可以达到高清晰度电视水平,主要适用于 CATV、数字电视、电视点播和数字视频广播系统。MPEG-4 的显著特点是采用了面向对象、基于内容的压缩编码,引入了视听对象 AVO 的概念,支持固定和可变速率视频编码,范围是 5Kb/s~5Mb/s,使得多媒体系统的交互性、互操作性和灵活性大大增加;MPEG-7 是有关多媒体内容描述接口标准,能够对多媒体资料进行快速并且有效的检索、识别、处理和过滤,用户能够直接使用非文本的多媒体内容并与之进行交互,适用于基于视频和音频内容的多媒体检索业务。相关内容的详细介绍可以参考本书的第 5 章多媒体数据的编码与压缩。

有关音频信号的压缩编码技术基本上与图像、视频压缩编码技术相同,不同之处在于图像信号是二维信号,而音频信号是一维信号。相比较而言,音频信号数据压缩难度较低。多媒体技术中涉及的音频压缩编码的国际标准主要有 G.711、G.712、G.721、G.722、G.728、G.729、G.723.1 等,详细内容请参阅第 5 章,这里不再赘述。

随着多媒体业务的不断发展,新的视频和音频压缩国际标准不断涌现,适用范围逐渐扩大,压缩效率大大提高,多媒体通信正在逐渐应用到日常生活的各个领域。

1.3.3 多媒体通信网

多媒体通信对网络有更为严格的要求,主要体现在:多样化的媒体要求、交换节点的高吞吐量要求、宽带交换和可变带宽的要求、高质量传输系统要求、拥塞控制与网络管理功能要求等方面。特别是对交换和传输系统的选择,将直接决定能否提供多媒体通信业务与业务的质量。

能够满足多媒体应用需要的通信网络必须具有高带宽、可提供服务质量的保证、实现媒体同步等特点。首先,网络必须有足够高的带宽以满足多媒体通信中的海量数据,并确保用户与网络之间交互的实时性。通常,网络应提供的数据传输速率要在100Mb/s以上才能充分满足各类多媒体通信应用的需要。其次,网络应提供服务质量的保证,其目的是满足多媒体通信的实时性和可靠性要求。为了使用户拥有实时的感觉,网络对语音和图像的单程传输延时应在100～500ms,对静止图像的延时应少于1s,对共享数据进行传输时应没有误码。最后,网络必须满足媒体同步的要求,包括媒体间同步和媒体内同步。由于多媒体信息具有时空上的约束关系(例如图像及其伴音的同步),因此要求多媒体通信网络应能够正确反映媒体之间的这种约束关系。传统的基于分组交换的IP网络只提供尽力而为的服务,要在IP网上得到QoS的保证,需要额外的协议或标准,目前有综合服务模型(IntServ/RSVP)、区分服务模型(DiffServ)、多协议标签交换(MPLS)、IPv6等。对于电路交换网,则通过已有的ITU-T H.32X和T.120等相关的系列标准来获得有保证的服务质量。而ATM网从协议本身就考虑了对多媒体应用的支持,可以为多媒体应用预留资源。

从交换的角度看,电路交换网络(例如PSTN)虽然延时小,但整个通信过程中要占有专门的信道,不易共享;而采用分组交换的网络(例如X.25)虽然传输利用效率较高,适于数据(包括文本、图形及静态图像)的传送,但延时较大,不适合实时性要求较高的音频、视频等业务;窄带综合业务数字网(N-ISDN)是相当一段时间内多媒体通信的实用通信手段,但由于其基本能力为2B+D(B通道64Kb/s,D通道16Kb/s)和30B+D,仅适用于传送声音和可视电话及会议电视之类的业务,无法适应高码率的数字标准电视和高清晰度(HDTV)的要求;综合了电路交换和分组交换技术优点的异步转移模式(ATM)是当前交换技术的研究热点,建立在ATM基础上的宽带综合业务数字网(B-ISDN)将是实现宽带多媒体通信的理想通信网络。

现有的几种通信网络(例如电信网络、计算机通信网络、有线电视网络)虽然都可以传递多媒体信息,但都不是理想的解决方案。有线电视网络是单向传输的,不支持多媒体业务的交互性;计算机通信网不提供可靠的服务质量保证;电信网络的技术复杂性高,开销巨大。为了适应多媒体网络的发展需要,三网合一将成为必然趋势。多媒体通信网络应充分利用现有的网络基础设施,不应再专为某种特定应用而构建新的网络,避免为增加新的应用又引入不同的网络。以软交换为核心的NGN网络为多媒体通信开辟了更广阔的天地。NGN网络所涉及的内容十分广泛,几乎涵盖了所有新一代的网络技术,形成了基于统一协议的由业务驱动的分组网络。它采用开放式体系结构来实现分布式的通信和管理。三网合一以及向NGN的过渡将成为必然趋势,这是众多标准化组织研究的重点,也是各大运营商和设备厂商讨论的热点。有关多媒体通信网的其他技术细节,可以参看第7章多媒体通信网。

1.3.4　多媒体数据存储及检索

随着多媒体数据在Internet、CAD系统、云存储平台和各种企事业信息系统中越来越多的使用,用户不仅要存取常规的数字、文本等数据,还涉及声音、图形、图像、音频、视频等大量多媒体数据。传统的关系型数据库管理系统逐渐暴露出了它的局限性,集中表现在以下三个方面:第一,多媒体数据所包含的信息量非常大,用人工注释难以准确描述;第二,多媒体数据随时变化,因而难以统计及预测;第三,多媒体数据内部有各种复杂的时域、空域以及基于内容的约束关系,传统的数据库系统未曾涉及这些方面。由此,开发新的多媒体数据库系统和基于内容的多媒体信息检索研究方案也应运而生。

传统的数据库管理系统主要解决数据抽象、数据存储、数据一致性、数据安全和数据的查询与提取等问题,处理的是离散数据。而多媒体数据库管理所处理的数据加入了视频、音频之类的连续数据,从而与传统的数据库管理系统相比,引入了许多新的特征。主要体现在以下几个方面。

1) 对应存储介质

由于多媒体数据的大数据量特点,对于多媒体数据的存储和管理必须对应于可用的存储媒体的特征。

2) 描述性的查询方法

多媒体数据的查询应该使用描述性的、基于内容的查询。

3) 通用性的接口

多媒体数据库应该向多媒体应用提供设备无关的接口和与下层的媒体格式无关的接口,允许在不改变上层接口的情况下使用新的存储技术。

4) 大容量的数据管理和并发存取

同样的多媒体数据可能同时被多个用户查询使用,多媒体数据库管理系统必须能够管理大量的数据并满足多用户同时查询的需要。

5) 实时数据传输

对音频、视频等连续数据的读写操作必须实时地进行,连续数据的传输比其他的数据库管理操作具有更高的优先权。

有关多媒体数据库的其他详细内容,可以参看第 6 章多媒体数据存储技术。

基于内容的方法是从新的角度来管理多媒体信息。多媒体数据的内容包括概念级内容、感知特性(例如图像的颜色、纹理,声音的音色、音质等)、逻辑关系(例如视频、音频对象的时空关系等)、信号特征(例如通过小波变换等信号处理方法获得的媒体特征)、特定领域的特征(与应用相关,例如人的面部特征、指纹特征)等。20 世纪 90 年代初,国际上就开始了对基于内容的多媒体信息检索方面的研究,从基本的颜色、纹理的检索,到综合利用多媒体数据的多种特征进行检索。目前基于内容的图像检索系统有: IBM Almaden 研究中心开发的 QBIC(Query by Image Content),它提供对静止图像及视频信息基于内容的检索手段;麻省理工学院媒体实验室研发的 Photobook 系统,它能够在存储图像时按人脸、形状或纹理特性自动分类,提供基于内容的检索;卡内基·梅隆大学的 Informedia 数字视频图书馆系统等。目前,基于内容的多媒体检索在国内外尚处于研究、探索阶段,诸如算法处理速度慢、漏检误检率高、检索效果无评价标准等都是未来需要研究的问题。毫无疑问,随着多媒体内容的增多和存储技术的提高,对基于内容的多媒体检索的需求将更加迫切。

1.4 多媒体通信的典型应用

多媒体通信系统的应用非常广泛,涉及的领域包括科研、办公、学习、生活、娱乐等各个方面,可以提供可视图文、远程办公、多媒体数据库等信息类服务,文件共享、远程教学与培训、多媒体会议等协同工作类业务，以及视频点播、多终端游戏等娱乐休闲业务。下面简要介绍其中几种典型的应用。

1.4.1　多媒体视频会议系统

视频会议又称会议电视，是一种实时的、点到多点的多媒体通信系统。它能够让身居异地的人们进行面对面交流。这里"面对面"指的是通过现代化的计算机技术和通信技术模拟传统会议所具备的面对面的交流方式。在召开视频会议时，不同会场的与会者既可以听到对方的声音，又能看到对方所处的环境及形象。视频会议还可以同时传送图形、图像、文本等多媒体数据，并允许多人共同交谈、协同工作，使与会者身临其境地感觉到面对面实时开会的效果。

根据所完成功能的不同，视频会议的方式可以有很多种。按照参与会议的节点数目，视频会议可以分为点对点会议系统和多点会议系统；按照所运行通信网络的不同，视频会议可以分为数字数据网（如 DDN）会议系统、局域网（LAN）/广域网（WAN）会议系统和公共电话网（PSTN）会议系统。在数字数据网（DDN）方式中，信息的传输速率是 384～2048Kb/s，提供帧频（帧速率）为 25～30f/s 的 CIF 或 QCIF 格式的视频图像。在局域网和广域网环境中，信息的传输速率低于 384Kb/s，帧频为 15～20f/s。在公共电话网中，信息的传输速率只有 28.8Kb/s 或 33.6Kb/s，帧频也只能达到 5～10f/s。按照所使用的主要设备，视频会议可以分为电视会议和计算机会议系统；按照使用的信息流，视频会议又可以分为音频图形会议、视频会议、数据会议、多媒体会议和虚拟会议。

视频会议系统集分布式多媒体与协同工作于一身，它充分利用多媒体和网络技术传送语音、图像、文本、图形等多媒体数据，使得身居异地的人们不仅能够听到、看到其他参与者，还能够共享文本、文件和静态图像等，因此它具有多媒体的特点。视频会议系统允许地理分散的人们通过计算机及相关设备（包括摄像机等）在网上相互交谈、协同工作，因此它也具有协同工作的特点。电视会议系统能够支持多点、多媒体通信，因此它又是一类分布式多媒体系统，具有分布式的特点。

作为一种综合性的技术产品，视频会议系统采用了计算机网络、多媒体和数字通信等关键技术，因此对于使用者而言是全新的。一般而言，视频会议系统能够为用户提供两类关键的服务：一是用户之间的实时通信能力，即在不同机器和网络之间共享可编辑的多媒体信息；二是用户访问一个或多个服务器的能力，即用户可以共享分布在不同机器和不同网络上的资源。

从结构上讲，视频会议系统主要由网络、终端设备、多点控制单元（MCU）三部分组成，如图 1-3 所示。传输网络是视频会议信息传输的通道，目前视频会议业务可以在多种通信网络中进行，例如 SDH 数字通信网、ISDN、LAN、Internet、ATM、DDN、PSTN 等，传输介质可以采用光缆、电缆、微波以及卫星等数字信道。在用户接入网范围内，可以使用 HDSL、ADSL、HFC 网络等设备进行传输。终端设备是对用户进行视频会议时所使用的终端设施的总称，包括摄像机、录像机、监视器、投影机、分画面视频处理器、麦克风、扬声器、调音设备和回声抑制器等视频/音频的输入输出设备，以及白板、书写电话、传真机等信息通信设备。视频会议业务是一种多点之间双向通信的业务，不仅需要传输语音和数据，还需要传输实时的活动图像。活动图像是连续的数据流，多个信道之间不能直接连接，否则来自不同地方的图像将重叠在一起,无法分辨。因此,视频会议系统中需要设置多点控制设备(MCU)以进行图像的切换、语音的混合切换以及数据之间的分流。MCU 是整个会议电视系统的控制中心,应根据相应的国际标准和传输控制协议设置。一个会议电视网络中可以有多个MCU,但并不是无限增加的,也不是任意连接的。MCU 和终端按照星形结构连接,通常MCU 放置在星形网络的中心处,即参加会议的各个终端都以双向通信的方式和 MCU 连接,当遇到会议节点特别多的情况时,多个 MCU 可以进行级联。

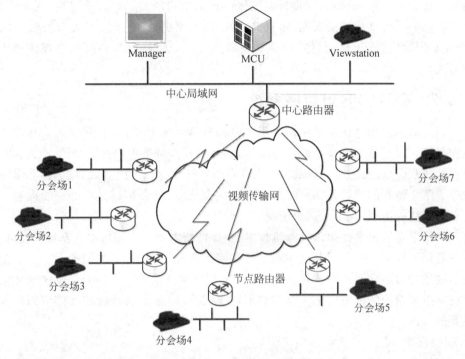

图 1-3 视频会议系统结构示意图

作为多媒体通信技术最主要的应用方式,视频会议系统需要解决多媒体信息处理、宽带网络传输和分布式处理等多方面的问题。

1) 多媒体信息处理

多媒体信息处理技术是视频会议中十分关键的技术,主要是针对各种媒体信息进行压缩和处理。视频会议技术的发展过程也反映出多媒体信息处理技术,特别是视频压缩处理技术的发展历程。目前,视频信息的编/解码算法已经从早期的熵编码、变换编码、混合编码等技术发展到新一代的模型基编码、分形编码、神经网络编码等,数字化的图形图像识别技术和理解技术、计算机视觉等新技术也不断地被引入压缩编码算法中。这些新的理论和算法不断推动着多媒体信息处理技术的发展,进而推动着视频会议技术的进步。特别是在网络带宽不富余的条件下,多媒体信息压缩技术已经成为视频会议系统最关键的问题之一。有关音频、视频等多媒体信息的压缩与编码技术可以参看本书第5章。

2) 宽带网络传输

影响视频会议系统发展的另一个重要因素就是网络带宽问题。多媒体信息数据量庞大,即使经过压缩技术,要想获得高质量的视频图像仍然需要较大的传输带宽。例如

384Kb/s 的 ISDN 虽然可以提供能够接受的会议图像,但是不足以提供电视质量的视频,要达到广播级的视频传输质量,带宽至少应该在 5Mb/s 以上。基于 ATM 的 B-ISDN、超高速交换路由技术以及 Internet 与 ATM 的结合等技术都为多媒体信息的网络传输提供了新的发展契机。基于 IP 的视频会议不但是目前研究的热点,也是视频会议发展的主流。为了保证音频、视频数据在 Internet 上的实时传输,下一代 Internet 采用了若干协议,例如 IPv6、RTP/RTCP、RSVP 等。除了骨干的传输网,视频会议系统的网络传输还要解决通信中的接入问题,"最后一公里"的接入一直是多媒体信息到用户的"瓶颈"。全光网、无源光网络、光纤到户等被公认为理想的接入网,但目前来说,接入网仍处于一个"过渡"时期。xDSL 技术、混合光纤同轴网(HFC)、交互式数字视频系统(SDV)仍然是当前高速多媒体接入网络的主要形式。

1.4.2 交互式信息点播系统

传统的广播和有线电视系统中都采用单向播放节目的形式,用户只能被动接收。由于节目单和节目时间都是由电视台或广播电台预先定好的,对于用户而言,可能个人喜好的节目总是在无法收听、收看的时间段播放;或者当用户打开电视机或者收音机时,非常痛惜地发现错过了某个精彩的节目开头;而当你离开一会儿时,就会错过其中的一段内容。交互式信息点播系统的出现,改变了这种情况。

交互式信息点播技术泛指以计算机技术、多媒体技术和通信网技术为基础,信息的提供者和使用者都可以不受时空限制地实现信息的控制和服务。有些人也许会把交互式信息点播系统单纯地理解为交互式电视业务(IPTV)或者视频点播业务(VOD),但这实际上是对交互式信息点播系统的片面理解。就目前来看,交互式信息点播系统的具体应用涉及以下几个主要的方面。

1) 视频点播

视频点播是交互式信息点播技术中应用最为广泛的一种,由视频服务中心将所有的节目以压缩数据的形式存入高速计算机控制的庞大的多媒体数据库中,可以随时根据用户的点播要求取出相应的节目并传送给用户。用户点播终端可以是多媒体计算机,也可以是电视机配机顶盒。用户通过终端点播存在于视频服务器上的电影或录像节目,服务器通过网络将节目显示在用户的终端上。视频点播中,用户可以对节目进行一切录像机的操作,如快进、重放、暂停,此外还有一些比录像机更为灵活的操作,如对节目设置标签。

2) 远程购物

远程购物通过多媒体和计算机技术形成一个网络上的虚拟商店,用户通过终端,在家中就可以自由地浏览各类商品,对于感兴趣的商品还可以进一步看到更详细的信息,比如服装的材料组成、厂家和产地等,不用担心这些信息是否经过了售货员的加工。对于选中的商品,可以通过网络订货,并进一步通过电子支付完成购物的整体过程。

3) CAI 与远程教学

计算机辅助教学(Computer Assisted Instruction,CAI)是指在计算机技术的帮助下对各种类型的教学活动进行合理安排。将数据库、多媒体、人工智能以及超文本等多种计算机技术进行综合优化、组合、升级并应用于教学活动中,能够在很大程度上改善传统教学模式片面、课堂气氛沉闷等问题。多媒体远程教学是一个建立在网络上的虚拟教室或虚拟学校,它利用先进的计算机技术、网络通信技术和多媒体信息技术,把不同地域的多功能教室和计算机通过网络连接起来,以实现相互通信和共享多媒体教学资源。用户可以自由地加入和退出一个课堂,可以和网络上的教师进行交互,向教师提出疑问,教师可以回答并且根据需要可以看到学生的图像和声音,从而模拟学校的课堂授课方式。

4) 新闻点播

服务商从各新闻单位收集新闻,并且进行归类,提供方便的检索方式;用户通过网络可以浏览各地的最新信息,也可以查阅以前任意时候的任一类新闻,并且可以控制新闻按照自己习惯的方式进行显示。这种业务比订阅一大堆报纸并在其中搜索新闻要方便多了,并且新闻经过了归类,可以很容易地对比各媒体对同一事件的报道。最大的优点是可以方便地查找以前的事件,例如用户可能模模糊糊地记得以前报纸上报道过某件事,可要在一大堆报纸中找寻这条消息很困难,通过网络查寻就很容易了。

5) 交互式娱乐

交互式娱乐可以为用户提供基于网络的卡拉 OK 点播、游戏等服务。用户可以通过多媒体通信传递实时的视频游戏信息,不同地点的用户可以一起对弈等。也可以通过网络选择卡拉 OK 节目,由服务器提供节目单,用户点播自己喜爱的歌曲,通过网络主动地调节音调、音速,选择是否保留原唱等,就像自己拥有一台卡拉 OK 机一样,同时又拥有了一个巨大的歌曲库。

按照交互能力的强弱,交互式信息点播系统可以分成部分交互点播服务和真正的交互点播服务两类。真正的交互点播服务是指用户可以对信息进行全面的控制,例如前进、后退、暂停、随机定位等,类似于录像 VCR 的功能。部分交互点播服务中,用户对信息拥有某些控制能力,例如视频信息源每隔一定时间(如 10 分钟)从头放送一套节目。用户点播节目时,交换机将用户终端与最近将要从头播放节目的频道连通,等待时间最多不超过一个时间间隔(10 分钟),而且在此等待时间内,还可以向用户提供广告、商情等公共信息。虽然不能实现信息和服务的实时交互,但部分交互点播服务的实现要比真正的交互点播服务容易得多,而且便宜得多。

一般的交互式信息点播系统从具体实现上来看,由视频服务器、管理中心、传输网络和用户终端几个部分构成,如图 1-4 所示。节目提供者负责视频、音频等多媒体信息节目的制作和存储;管理中心负责交互式业务的管理和相应的计费功能;传输网络包括核心交换网和宽带接入网两个部分;终端可以是机顶盒加电视机或者个人计算机。视频点播用户通过

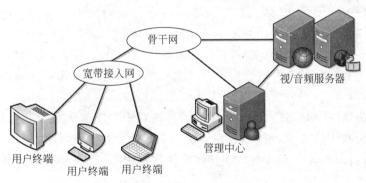

图 1-4 交互式信息点播系统的一般构成

传输网络与服务器进行连接,用户的请求发送到服务器,由服务器对用户的请求进行分析,对用户的请求确认后从视频服务器调出相应的视频节目通过网络发送给用户。在规模比较大的系统中,传输网络包括骨干网和宽带接入网,规模较小的网络中传输网络可能只是一个局域网。

交互式信息点播系统是一种基于客户端/服务器(C/S)的点对点实时多媒体通信系统,所涉及的关键技术有网络支持环境、视频服务器、用户访问控制技术和流媒体技术等。由于需要通过网络实时传送大量的视频和音频信息,为了获得较高的视频和音频质量,要求传输网络应当具有高带宽、低延时和对 QoS 传输特性的支持。视频服务器是交互式信息点播系统的核心部件,在视频服务器中存储着大量的多媒体信息,对存储的多媒体信息进行有效组织会对整个系统的响应时间造成很大的影响。为了支持更多的用户并发地访问多媒体信息,提高视频服务器的响应速度缩短用户等待的时间,通常视频服务器的存储设备应采用磁盘阵列,并通过条纹化技术将多媒体数据交叉地存放在磁盘阵列的不同盘片中,以提高视频服务器的 I/O 吞吐量。并在保证服务质量的前提下,提供一系列的优化机制,以使多媒体信息流的吞吐量达到最大程度。为了保证在有很多用户向服务器提出请求的时候用户之间不会产生相互的影响,视频服务器必须采用适当的接纳控制算法。关于交互式信息点播系统中流媒体技术的应用,可以参看本书第 8 章的内容。

1.4.3　多媒体监控与报警系统

多媒体监控与报警系统是电视技术与监控报警技术的结合。当黑白电视刚刚进入普通百姓家庭时,美国军方就将其用在了安全监控领域。随着 Internet 的广泛普及与应用,基于网络的监控系统已经投入运行。借助网络监控系统,人们可以通过屏幕实现对整个监视区域的全面监视与控制,监控的范围不仅仅限于本地,还可以通过网络传输实现对远端多个子系统的监控。整个电视监控系统所记录的所有视频图像、音频信息、报警数据等都可以实时地记录在计算机存储系统中以供日后检索。在发达国家,监控与报警系统作为防范犯罪的有力武器得到了广泛的应用,如在银行、商店、美术馆、图书馆、加油站、机场、车站、地铁、饭店、医院、学校等都安装了该系统,几乎达到了无所不在的程度。我国在 20 世纪 50 年代首先在故宫博物院安装了防盗报警系统,之后制定了一系列安全技术防范标准,在许多重要公共场合都安装了闭路电视监控系统。

多媒体电视监控系统是监控系统的发展方向,系统中的所有处理功能都由计算机完成,可以实现对图形、图像、音频、视频、文本等各种信息的处理,并且配有使用方便的人机界面。多媒体技术在电视监控系统中的应用包括两个方面内容:一是为电视监控画面建立更为友好的人机交互界面;二是完成对图像数字化处理并提取有用信息进行传输和存储。友好的人机界面可以由电视监控器和多媒体计算机通过相应的软件设计来实现,更为重要的是,可以在计算机操作平台上将电视监控技术与其他系统的各种信息处理功能和控制功能集成在一起,并实现网络化的分布式管理。图像的数字化处理完成对输入模拟图像信息的数字化转换、压缩、存储、传输以及相关的处理,进而完成对图像的识别和特征提取,通过图像分析实现对运动物体的探测和报警,控制相关的设备,使整个系统更具智能化。

多媒体监控与报警系统主要具有如下的特点。

1）安全性

为了提高对各种灾害和突发事件的防御能力,保证在监控范围之内的人身和财物安全,需要进行实时的监控。这一艰巨复杂的任务只有多媒体监控与报警系统才可以胜任。多媒体监控系统可以不受人为干扰,按照事先设置好的程序完成工作;使用多媒体电子地图,可以使监控布局更加合理,避免疏漏;使用视频报警系统可以使视频覆盖区域非常方便灵活地设置视频警戒区,真正做到"天网恢恢,疏而不漏"。

2）灵活性

多媒体系统的模块化管理是多媒体监控与报警系统突出的优点,可以将系统的视频模块、音频模块、报警模块、云台控制模块、行动输出模块、遥控开关模块等通过计算机进行集中管理,大大降低了工作的复杂性。如果用户对系统有新的功能要求,只需要很短的时间将关联模块重新进行设置,就可以实现功能的增删。

3）网络化

多媒体联网监控系统为信息化管理奠定了坚实的基础,利用网络化的多媒体监控系统,各个部门(如集团公司、连锁企业、商场、银行、电力、交通运输等)可以非常方便地实现信息交流。管理决策人员只需坐在办公室,通过多媒体计算机就可以掌握所辖部门的视频图像、音频、数据、警务等信息。先进的计算机技术和通信技术的使用,使监控系统的网络化更加方便。为了适应不同监控系统的要求,可以采用相对应的通信方式,例如 RS-458、RS-232、PSTN、TCP/IP、ISDN、SDH 等。

4）智能化

多媒体监控与报警系统以多媒体计算机为监控中心,通过相关软件实现界面的可视化控制,可以很方便地实现灵活机动的智能化控制。传统监控系统的视频切换、音频切换、云台镜头控制、报警读入、行动输出等操作都是相互独立的,一旦选定行动模块就不能随便更改。有报警信号输入时,需要工作人员在很短的时间内人工完成一系列操作。而多媒体监控与报警系统在正常工作的同时,一旦监控系统接收到相关报警信息,可以及时准确地做出反应,并立刻采取对应的处理行动。

简单的点对点多媒体监控与报警系统通常由中心控制系统和前端设备组成,中心系统由多媒体计算机、视/音频控制器、切换设备、视/音频卡等组成,前端设备的摄像机、镜头和云台等与传统的监控系统是完全相同的。远程多媒体监控系统还需要有传输网络,可以利用现有的通信基础设施,所采用的传输技术也各有不同。图 1-5 所示为远程多媒体监控系统结构,系统主机和分控端都由高性能的多媒体工控机担任,在联网的环境下,各个分控计算机与系统主机的通信可以直接根据通信协议进行,这样在经过授权的分控计算机上就可以实现对整个监控系统的控制。

无论是简单的还是复杂的多媒体监控系统,都必须运行相应的系统控制软件才能够完成对系统的控制切换功能。这些切换功能与传统的监控系统类似,主要完成诸如视频信号矩阵切换、音频信号矩阵切换、云台镜头控制、报警控制、辅助控制等功能。此外,多媒体监控系统中还增加了多媒体计算机所特有的对信号的处理功能,例如以图像的方式显示监控系统的平面布局安排,以开窗口的方式显示监控点的实时图像,完成对窗口显示图像的存储及输出打印等。

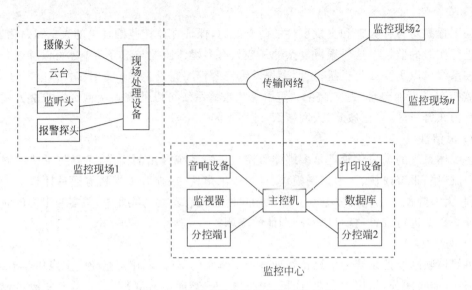

图 1-5　远程多媒体监控报警系统结构

1.4.4　多媒体电子邮件

多媒体电子邮件不同于目前使用的 E-mail,除了包含文字之外,多媒体电子邮件还能把数据、声音、图像、视频等多媒体信息整合在一起进行发送。如果计算机有声音功能,还可以发送和存储声音邮件。

多媒体信息的存储和转发是多媒体技术的重要应用之一,有的在文本的基础上增加声音,有的将图像配以文本,有的把图像和声音合在一起。多媒体邮件的用户最终不但要求进行声音、文本和图像的传递,还要求转型应用,即要求建立可以互操作的文档,它可以以一种形式发送,而以另一种形式阅读。例如,一份文档可以以图像的形式发送,但阅读时把它当作光学字符阅读器所读的文本;又如,一份文档可以通过传真器作为图像数据进行发送,阅读时把它作为文本处理,或者用声音合成器来阅读文本。

多媒体电子邮件是一种非实时的存储转发系统,对传输信道要求不高,发送时可以采用低速率,等待信道空闲时传送。多媒体的存储和转发对网络设施的要求远低于电视会议那样的实时通信,在网络上发送已存储的图像并不要求使用并行线路,但从服务器读出图像邮件却需要很大的带宽和最少的延迟。

1.4.5　虚拟现实

虚拟现实(Virtual Reality)也称虚拟环境,是一种基于可计算信息的沉浸式交互环境。具体地说,就是采用以计算机技术为核心的现代高科技,生成逼真的视、听、触觉一体化的特定范围的虚拟环境。用户借助必要的设备以自然的方式与虚拟环境中的对象进行交互作用,从而产生亲临等同真实环境的感受和体验。通过计算机和其他先进外围设备的共通作用,虚拟现实技术可以模拟生活中的一切,包括过去发生的事、正在发生的事或将要发生的事。

虚拟现实技术的特性可以用三个"I"来体现,即 Immersion、Interaction 和 Imagination。沉浸感(Immersion)是指使用者与计算机通过自然的交互方式,完全沉浸在计算机所营造的虚拟环境中;交互性(Interaction)是虚拟现实系统区别于传统三维动画的特征,使用者不再是被动地接收信息或者是旁观,而是能够使用交互输入设备操纵虚拟物体,改变虚拟世界;想象(Imagination)是指使用者利用虚拟现实系统可以从定性和定量综合集成的环境中得到感性和理性的认识,从而深化概念和萌发新意。

虚拟现实这种全新的人机交互系统在军事、商业、教育、娱乐、医疗等领域中有着广泛的应用。在军事方面,1983 年 DARPA 和美国陆军共同制定的 SIMNET(Simulator Networking)研究计划,将分散在不同地点的地面坦克车辆仿真器通过计算机网络联合在一起,进行各种复杂任务的训练和作战演练,这是虚拟现实技术最早的研究与应用的领域之一;在产品设计与性能评价方面,波音 777 由 300 万个零件组成,所有的设计在一个由数百台工作站组成的虚拟环境中进行,设计师戴上头盔显示器后,可以穿行于设计中的虚拟飞机,审视飞机的各项设计指标;教育方面,将虚拟现实技术应用于教育可以使学生游览海底、遨游太空、观摩历史城堡,甚至深入原子内部观察电子的运动轨迹或体验爱因斯坦的相对论世界,从而更形象地获取知识、激发思维;娱乐方面,第一个大规模的虚拟现实娱乐系统 BattleTech 将每个座舱仿真器连网进行组之间的对抗,3D 逼真视景、游戏杆、油门、刹车和受到打击时的晃动给用户很强的感官刺激;虚拟现实技术还可以应用于高难度和危险环境下的作业训练,例如医疗手术训练的虚拟现实系统,用计算机断层扫描(CT)或核磁共振成像(MRI)数据在计算机中重构人体或某一器官的几何模型,并赋予一定的物理特征(例如密度、韧度、组织比例等),通过机械手或数据手套等高精度的交互工具,在计算机中模拟手术过程,以达到训练、研究的目的;美国国家航空航天局(NASA)和欧洲空间局(ESA)曾经成功地将虚拟现实技术应用于航天运载器的空间活动,空间站的操作和对哈勃太空望远镜维修方面的地面训练。美国前副总统阿尔·戈尔在 1998 年提出"数字地球"计划,勾勒出一个诱人的虚拟地球景象,使真实地球作为一个虚拟地球进入了互联网,使普通老百姓甚至小孩子都能方便地运用一定的科学手段了解自己所想了解的有关地球的现状和历史,既能获得自然方面的信息(如地形、地貌、地质构造、山脉河流、矿藏分布、气候气象等)又能获得人文方面的信息(如经济、文化、金融、人口、交通、风土人情等)。这个虚拟的数字地球以空间位置为关联点,以地理信息系统和虚拟现实技术集成各类数据资源,实现"秀才不出门,能知天下事"。

1.5 多媒体通信技术的发展趋势

多媒体通信技术从它一诞生就表现出了强大的生命力,在各类应用领域表现异常活跃。特别是高质量连续传输数字音频、视频等大数据量的应用,要求多媒体通信具有更高的交换速率、更大的传输带宽和更智能化的管理手段。光纤密集波分复用(DWDM)技术的成熟解决了传输带宽问题,高速路由器解决了快速交换问题。在各种通信技术快速发展的今天,多媒体通信技术正处于革命性飞跃的前夕。

可以预见,未来的通信网络将是综合的多媒体通信的"天罗地网",地面由超大容量的光缆构成骨干网,并实现光纤到户;同时蜂窝移动通信系统将为用户提供高速的、无缝的移动通信业务；天上则由卫星通信系统为全球用户提供任意地点的接入服务。这种综合的多媒体通信体系将是一个有机的整体，具有高度的统一性和平滑的连接性。面对这种趋势，多媒体通信技术的进一步发展将体现以下几个方面的特点。

1.5.1 多媒体通信与 IP 的进一步融合

多年以前，人们曾经认为 ATM 是将来通信发展的最好途径。ATM 网络是一种基于统计复用、采用分组交换技术的数据传输网，由于采用面向连接的技术，ATM 能够保证其上层业务的服务质量，并实现多种业务的综合通信。ATM 从技术上讲是非常理想的，但是 30 多年过去了，ATM 技术在商业上并没有获得预期的成功，究其原因主要在于 ATM 技术的复杂性。由于采用了面向连接的技术，ATM 的信令系统相当复杂，而且 ATM 工作在统计复用的条件下，要保证服务质量就需要引入十分复杂的流控技术，这进一步增加了系统的复杂度。另外，光纤技术的快速发展，使得 ATM 靠统计复用节省带宽的优势失去了存在的价值。正是由于上述这些原因，ATM 建设发展缓慢，特别是在骨干网上的应用几乎看不到。

起源于计算机网络的 IP 技术与 ATM 一样，也采用基于统计复用的分组交换技术，但它采用的是非面向连接的技术，这使得 IP 技术的协议和网络设备大为简化，为广泛应用创造了条件。加之基于 IP 技术的 Internet 已经成为事实上的信息高速公路，因此 IP 技术被公认为今后通信网络的发展方向，在 IP 网上实现多媒体通信已经成为世界各国的主要目标。当前，ITU-T 等国际标准化组织正在积极研究在 IP 网络上实现多媒体通信的方案，"基于分组的多媒体系统与终端(H.323)"标准的研究就是一大热点。该标准针对 IP 网上多媒体会议业务的需求制定，为那些与 Internet 及 Intranet 相连的多媒体会议产品的广泛互通提供了框架。H.323 会议标准将是实现多媒体会议在数百万台 PC 上无缝集成的关键。

IP 技术目前存在的主要问题是服务质量的保证问题，现有的 IP 网以 IPv4 为基本协议，没有同步功能，也不能保证端到端的时延，虽然能够提供具有某些多媒体通信特征的服务，但仍难以满足标准多媒体通信业务的要求，尤其不能保证多媒体通信服务的质量(QoS)。IETF 公布的 IPv6 协议具有动态分配网络地址和支持实时业务的功能，增强了 IP 层的安全机制，对未来多媒体通信向 IP 的融合提供了保证。除此之外，目前热门的 Internet 与 ATM 的结合技术、超高速交换路由技术等，也为在 IP 网上实现多媒体通信业务提供了良好的发展契机。行业专家认为，无论未来基础网络采取何种结构，IP 将是一个统一的协议，宽带多媒体业务将统一到 IP 网上，这必然会导致多媒体通信业务应用的大规模普及。

1.5.2 多媒体通信的宽带化

目前，基于现有网络的窄带多媒体通信业务应用市场已经基本形成。但是，由于通信网网络带宽的限制，当前的许多业务还不能充分展示多媒体通信的魅力。宽带多媒体通信已经成为下一步发展的重点，快速发展的光通信技术为未来的宽带多媒体应用描绘了美好的前景。从目前来看，光传输的速率每 10 年增长 100 倍，专家预计这一增速还可以持续 10 年左右。

随着 10Gb/s 的密集波分复用(DWDM)技术的不断进步和万兆以太网标准的制定,不少专家认为,新建的宽带综合业务网(尤其是大型骨干网)应当是架构在 DWDM 系统上的 IP 网络(IP over DWDM)。以光纤为传输介质的宽带 IP 网,将采用大容量的密集波分复用(DWDM)传输通道,通过适当的数据链路层格式将 IP 包直接映射到密集波分复用光层中,省去了中间的 ATM 层和 SDH 层,消除了功能的重复。由于可以充分利用 DWDM 通道巨大的传输带宽和 G 比特路由交换机强大的交换能力,在 IP 层和光学层之间合理配置流量工程、保护恢复、网管、QoS 等功能,被认为是目前最优的宽带多媒体通信网络体系结构设计。

传输网带宽的增长为宽带多媒体通信技术的发展奠定了坚实的基础,同时,基于现有通信网络的各种接入技术(如 ADSL 等)的发展,为向大众提供多媒体通信服务提出了过渡方案。目前许多国家都在加紧宽带多媒体通信项目的研究和建设,如日本的 2.5Gb/s ATM 光纤骨干网。

1.5.3　多媒体通信业务的移动化

随着移动通信技术的发展和智能终端设备的不断普及,人们迫切需要能够随时随地甚至在移动过程中都能方便地从互联网获取信息和服务。这种对信息及其服务的迫切需求促进了互联网技术与移动通信技术的迅速结合,形成了移动互联网。根据美国最大的风险基金公司 KPCB 发布的《全球移动互联网发展趋势报告》分析,自 2010 年末开始,全球已经步入了移动互联网高速发展的新时代。根据《2013—2017 年中国移动互联网行业市场前瞻与投资战略规划分析报告》数据统计,截至 2012 年 6 月底,中国网民数量达到 5.38 亿,其中手机网民达到 3.88 亿,网民中用手机接入互联网的用户占比由 2011 年底的 69.3% 提升至 72.2%,并且这种转变还在不断加剧。

移动多媒体通信系统能够提供移动的多媒体信息接收、处理和传输,支持图像处理和传输、电子地图、电子白板、电子邮件、远程监控、电视电话会议等分布交互式多媒体业务、电子商务、无线办公、电子娱乐等主要应用业务。可移动的多媒体通信业务被专家认为是未来多媒体通信的主要特征,其应用环境极其广阔,在智能终端、车载电视、个人掌上电脑等移动接收体上,包括大城市轻轨和磁悬浮列车、城市高架桥上行驶的公共汽车、出租汽车、靠近市区的轮渡站等,以及高速移动和有城市楼群遮挡等环境下都有应用。

随着 4G 移动通信系统在很多国家的商用开展,无线数据传输速率有了极大的提升。4G 移动通信系统提供 10～20Mb/s(最高可达 100Mb/s)的传输速率,支持多种模式、对称或非对称业务的开展,能够实现 IMT-2000、WLAN、BWA、卫星、广播等系统之间无缝的业务支持,并提供全球无缝漫游。上述特点为各种多媒体业务在移动终端的开展奠定了基础。但是,移动数据通信的传输质量不十分稳定,还有诸多技术问题亟待解决。

本章习题

1. 什么是多媒体? 它与传统的媒体形式有何区别?
2. 多媒体技术的本质特性有哪些?
3. 简述多媒体技术研究的主要内容。

4. 多媒体通信与传统通信的区别和联系有哪些？

5. 多媒体通信涉及的关键技术有哪些？

6. 举例说明日常生活中常见的多媒体通信业务类型。

7. 查阅相关资料，比较分析 Windows 操作系统在更新过程中增加了哪些多媒体功能。

8. 调查分析未来多媒体技术的发展趋势。

第2章

音频技术基础

    音频是多媒体信息的重要组成部分,主要包括人耳所能听到的语言信号和音乐音频信号。人类从外界获得的信息大约有 16% 是通过耳朵得到的,在多媒体信息和技术中,音频信息及其处理技术占有很重要的地位。随着多媒体信息技术的发展和计算机数据处理能力的增强,音频处理技术得到了广泛的应用。本章在介绍音频信号的基本特性、产生与存储方法的基础上,进一步分析音频信号的数字化处理过程,并从语音的合成技术、识别技术及音频信号的检索技术方面介绍音频技术的行业最新应用。

本章的重点内容包括:

➢ 音频信号的相关概念

➢ 人耳听觉感知特性

➢ 音频信号的产生与存储

➢ 音频信号的数字化处理

➢ 音频技术的行业应用

有声信息在实际应用中起着十分关键的作用,所以音频技术也是多媒体应用的重要组成部分。声音不仅与时间和空间有关,还与强度、环境等很多因素有关。在多媒体信息处理技术中,通常要把声音的模拟信号转换为计算机能够存储和分析的数字信号,并以文件的形式存储。音频信号的分析主要包括采样、识别、模拟、合成等技术。本章首先介绍音频信号的基本特性,分析音频信号的产生与存储方法,在此基础上介绍音频信号的数字化转换过程和音频技术的主要应用。

2.1　音频信号概述

从声音的产生到人耳接收的全过程来看,声音的产生及传播是物理现象,可以用很具体的物理量进行描述;而人感受到声音的过程却是生理和心理的综合活动,是一个主观的过程。所以,对声音信号的描述既可以使用客观参数也可以用主观参数。在具体研究音频信号的各种特征及数字化转换方法之前,首先应该了解音频信号的基本概念和特性。

2.1.1　音频信号特性

声音是通过空气传播的一种连续波,称为声波。声音的强弱体现在声波压力的大小上,而音调的高低体现在声音的频率上。用电信号表示声音时,声音信号在时间和幅度上都是连续的模拟信号。声波具有普通波所具备的反射、折射和衍射等特性,利用这些特点我们可以制造环绕声场。

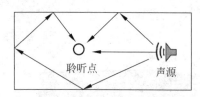

图 2-1　多次反射构成的环绕声场

图 2-1 简单给出了利用直达声和多次反射声构成的环绕声场。声音折射及衍射构成的环绕声场类似,都是借助人耳的听觉效应,利用声源发出的声音经过四周墙壁、玻璃及地板等对声音的反射、折射及衍射形成声场,构成对直达声的混响共鸣效果,加强了声音的丰满度和融合度。

在多媒体技术中,常用声波的频率、声压、声强等参数来描述声音。

1. 频率

声波的频率是描述声音时的常用参量,一般把频率小于 20Hz 的信号称为亚音信号(或者次音信号);高于 20kHz 的信号称为超音频信号(或超声波信号);位于上述频率之间的即为可听声,即音频信号。因此,多媒体计算机的声音处理技术被称为音频信号处理技术。虽然人类发声器官产生的声音频率为 80~3400Hz,但人说话的信号频率通常为 300~3400Hz,处于这种频率范围的信号称为话音信号。

2. 声压

声压或声压级(Sound Pressure Level,SPL)是用来描述人耳对声音强弱的感觉参量,简单来说,声压就是声音的压力。用它来说明当声音的强弱出现线性变化时,人耳对这种声音强弱线性的变化感觉是否也是线性的。当声压太小时,人耳感觉不到。能够使人耳听到声音的声压称为听阈,频率 1kHz 时的听阈为 2×10^{-5};引起人耳疼痛的声压称为痛阈,约为 20。人耳对声压强弱变化的感觉并不是线性变化的,大体上来说,人耳对声音强弱的感觉与声压有效值的对数成比例。为了适应人耳的这一特性,可以对声压有效值取对数,用对数值来表示声音的强弱。这种表示声音强弱的对数值就称为声压级,人耳的听阈和痛阈分别对应声压级 0dB 和 120dB。

3. 声强

声源在单位时间内向外辐射的声能量称为声功率,单位 W(瓦)。而单位时间内,通过垂直于声波传播方向单位面积上的声能量,称为声强(能量密度),单位为 W/m^2。由此得出:声强=声功率÷单位面积。声强和声压一样都是表示声音强度的物理量,只是描述的角度不同。对于人耳来说,声强也有一个上下限:人耳可听阈的强度为 $10\sim12W/m^2$,痛觉阈的强度为 $1W/m^2$。

除了上述参量,对音频信号的描述也可以从时域特性和频率特性两个方面来说明。声音信号的时域特性可以用来解释人们听到声音的整个过程:从起始阶段进入稳定阶段,最后结束。不同的声音信号经历的上述三个阶段可能不同,具体而言:在起始状态,声源(发出声音的物体)导致空气压力变化,引起鼓膜振动,这种振动经过听小骨和其他组织传给听觉神经,听觉神经把信号传给大脑,这样人就听到声音;在稳定状态,声音一直存在,语音信号的时域波形会随着时间一直发生变化;结束时声音停止,振动也停止。人耳听到声音的过程如图 2-2 所示。

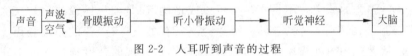

图 2-2 人耳听到声音的过程

声音信号可以分为周期信号和非周期信号。根据傅里叶变换原理,周期信号可以用傅里叶级数来表示,即一系列单频信号的加权和;非周期信号可以用傅里叶积分来表示,即一定连续频带内的所含频率分量。语音信号的时域波形和频谱如图 2-3 所示。从频谱来看,

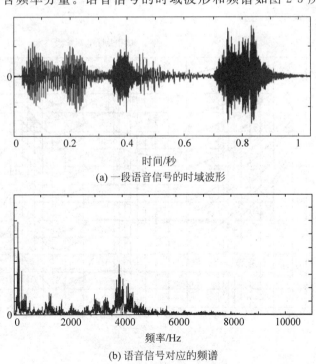

(a) 一段语音信号的时域波形

(b) 语音信号对应的频谱

图 2-3 一段语音信号的时域波形和频谱

单一频率信号是线状谱,包含所有频率分量的信号是连续谱,这样声音信号在频谱上呈现出线状谱和连续谱的特性。从幅度来看,连续谱相比于线状谱来说比较弱,使得整个声音在人耳的听觉中表现出有明确音高的有调音特性。连续谱虽然很弱,但却不能一概忽略,正是有了这些连续频谱成分,才使声音显得生动、活泼、真实。

2.1.2　人耳听觉感知特性

对于声音的度量,可以采用主观感觉和客观度量两种方式。对物理现象,可以用具体的客观度量方式来进行,例如使用声波特性的幅值、频率等物理量。人耳对声音的主观感觉,主要采用音强、音调、音色三个参量,它们被称为人耳听觉特性的三要素。音调与声音的频率有关,频率高则音调高,声音听起来比较尖锐,俗称高音;频率低则音调低,声音显得沉闷,俗称低音。声音的质量与其频率紧密相关,一般频率范围越宽,声音的质量越好。音强又称响度,就是声音的强弱,它取决于声音的振幅。振幅越大,声音就越响亮。音色即声音的质量,由叠加在声音基波上的谐波所决定,一个声波上的谐波越丰富,音色越好。

1. 响度和响度级

人耳对声音强弱的感觉并不是直接与声压成正比,而是与声压级成正比关系。响度是听觉判断声音强弱的属性,主要与引起听觉的声压有关,也与声音的频率和声音的波形有关。声压(级)从客观的角度描述声波的强弱,响度则从主观的角度描述人耳对声音强弱的感觉。一般来说,声压(级)大的声音,其响度也会较大,它们之间有一定的关系,但并不完全一致。声压级每增加 10dB,响度增加 1 倍。也就是说声压(级)大的声音,人耳的感觉不一定响。描述响度、声压以及声音频率之间关系的曲线称为等响度曲线,如图 2-4 所示。等响曲线与人的年龄和耳朵的结构有关。

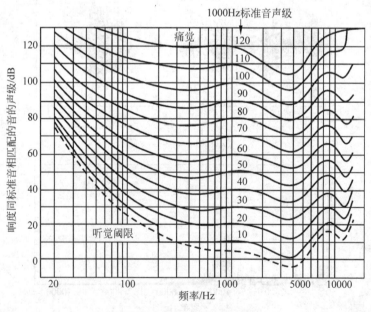

图 2-4　等响曲线

2. 听觉掩蔽效应

听觉掩蔽现象是指一种声音对听觉系统感受另一种声音的影响,这种现象在自然界中普遍存在。例如,当声音产生于一个回响的环境时,会向不同的方向进行传播,并且从附近的表面反射回来,第一个声音和反射回来的声音之间会相互影响,从而产生掩蔽效应。听觉掩蔽现象在人和动物对声音的感知和定位中起着重要的作用。一个频率声音的听阈由于另一个声音的存在而上升的现象称为掩蔽,前者称为被掩蔽声音,后者称为掩蔽声音。

掩蔽特性可以分为频域掩蔽和时域掩蔽。频域掩蔽发生在两个或两个以上激励同时出现在同一个音频系统的情况下,其原理可以认为是强噪声(或音调掩蔽信号)在耳朵底部的隔膜上产生了足够的刺激强度,该刺激强度在相应的临界频带内会有效阻止人耳对微弱信号的检测。当两个或多个频率不同的声音同时进入听觉系统时,也有可能发生频域掩蔽现象,两个声音的频率越接近,掩蔽效应就越明显。除了同时发出的声音之间具有频域掩蔽现象,在时间上相邻的声音之间也有掩蔽现象,称为时域掩蔽。时域掩蔽现象产生的原因主要有两种:一是人脑会在一段时间内集成声音,在听觉皮层中处理信息;二是人脑对于高音的处理快于低音。时域掩蔽现象又分前向掩蔽和后向掩蔽两种情况,被掩蔽音作用于掩蔽音之前,即一个声音影响了时间上先于它的声音的听觉能力,称为前向掩蔽或超前掩蔽;当掩蔽音作用在前,被掩蔽音作用在后,即当一个声音已经结束,它对另一个声音在听觉上还产生影响,称为后向掩蔽或滞后掩蔽。一般来说前向掩蔽时间很短,只有 5~20ms;而后向掩蔽可以持续 50~200ms。在实际应用中,后向掩蔽更加重要,掩蔽音与被掩蔽音在时间上相距很近时,后向掩蔽作用大于前向掩蔽作用。利用人耳对声音的掩蔽效应,可以用有用的声音信号去掩蔽那些无用的声音信号。根据上述分析,只需要将那些无用声音的声压级降低到掩蔽域之下就可以了,没有必要彻底消除无用的声音信号。

2.1.3 话音基础

人类语音是由人体发声器官在大脑控制下的生理运动产生的。人的发声器官包括肺、气管、喉、咽、鼻腔和口腔等,如图 2-5 所示。喉以上的部分称为声道,发出声音的不同会导致其形状的变化,所以听到的声音也不同;喉(包括声带)的部分称为声门,呼吸时左右两声带打开,讲话时则合拢。当人要发声时,肺部的空气受压并沿着声道到达声门,形成的气流经过声门时产生声音,再经咽腔由口腔和鼻腔送出。咽腔、口腔和鼻腔构成声道。

普通男性的声道从声门到嘴的平均长度约为170mm。这个事实反映在声音信号中,就相当于在1ms 内的数据具有相关性(短时相关)。可以将气流、声门等效为声音激励源;将声道等效为时变滤波器;组成声道的腔体呈现的不同形状以及舌头、嘴唇和牙齿处在的不同位置,相当于形成了具有不同零极点分布的滤波器;气流通过该滤波器就会产生相应的输出响应,发出不同的音素,从而构成不同的声音。

压缩空气通过声门激励声道滤波器。根据激励

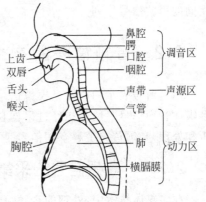

图 2-5 语音生成器官结构图

方式的不同,发出的话音可以分成三种类型:浊音、清音和爆破音。

(1)浊音也叫有声音,由声带振动产生的准周期脉冲(称为基音)引起。每次声带振动,都会使一股空气从肺部流进声道并激励声道,各股空气之间的间隔称为基音间隙,周期为4~20ms,相当于基音频率为50~250Hz(男性的基音频率为50~250Hz,女性的基音频率为100~500Hz)。气流冲出腔体发出的不同声音强度对应为音量的大小。

(2)清音是声带不振动的音,又称无声音。其波形与噪声类似,且没有周期特性,没有基音和谐波成分,较浊音更具有随机性。清音的能量大都集中在比浊音更高的频率范围内。

(3)爆破音,是在声道关闭之后产生的压缩空气在突然打开声道发出的声音。

虽然各种各样的话音都有可能产生,但声道的形状和激励方式的变化相对比较慢,所以话音信号在短时间周期内(20ms数量级)可以被认为是准静态的。由浊音和清音等构成的话音信号具有高度的周期性,这是由声门的准周期振动和声道的谐振所引起的。许多音频编码压缩方法都是利用这种周期性来降低数据速率,而不牺牲声音的质量。

语音的基本参数包括基音周期、共振峰、语音谱、声强等。结合如图2-5所示的语音生成器官结构图,语音生成机构的模型主要包含以下三个部分。

(1)动力区:包括气管、肺、横膈膜,它们为发音提供所需的动力,使得流经的气流促使声带振动。

(2)声源区:主要指声带,声带在空气动力的推动下通过振动发出声音,声带振动的频率决定了声音频率的高低。

(3)调音区:包括咽腔、口腔、腭、鼻腔。软腭和小舌上升时鼻腔关闭,口腔畅通,这时发出的声在口腔中共鸣,称为口音。软腭和小舌下垂,口腔有阻碍,气流只能从鼻腔中发出,这时发出的音主要在鼻腔中共鸣,称为鼻音。如果口腔没有阻碍,气流从口腔和鼻腔同时呼出,发出的音在口腔和鼻腔同时产生共鸣,称为鼻化音。

此外,鼻腔、口腔与舌头也称共鸣机构(声道);嘴唇和鼻孔组成放射机构,其功能是发出声音并传播出去。上述语音生成机构模型中的声源由基音周期参数描述,声道由共振峰参数描述,放射机构则由语音谱和声强描述。如果能够得到每一帧的语音基本参数,就不再需要保留该帧的波形编码,而只要记录和传输这些参数,就可以实现语音数据的压缩。了解了发声器官和语音信号的特征以后,便可以根据语音的产生过程建立实用且便于分析的语音信号模型,利用数字信号处理技术来实现发音器官的模拟,通过数字模型产生与发音器官相同的声波信号序列。

2.2 音频信号的产生与存储

用电信号表示的声音是模拟信号,而计算机能够存储和处理的却是数字化的音频信号。多媒体音频信号一般是指经过采样和量化后的数字化声音。要对音频信号进行进一步的分析和处理,必须首先了解音频信号是如何产生和存储的。

2.2.1 音频信号的采集

在多媒体技术中,处理的音频信号包括音乐、语音、效果声(例如自然界的风声、雨声及人工产生的声音)。声波是随着时间连续变化的物理量,通过能量转换装置,可以用随声波变化而改变的电压或电流信号进行模拟,利用模拟电压或电流的幅度可以表示声音的强弱。然而这些模拟量难以保存和处理,而且计算机无法处理这样的模拟量。因此,为了使计算机能够处理音频,必须先把模拟声音信号经过模/数(A/D)转换电路变成数字信号,然后由计算机进行处理。反过来,处理之后的数据再由数/模(D/A)转换电路还原成模拟信号,再放大输出到扬声器或其他设备,这就是音频数字化的转换处理过程。

多媒体技术中对声音的处理主要有录制、回放、压缩、传输和编辑等操作,涉及声音的两种最基本表示形式:模拟音频和数字音频。

1. 模拟音频及其采集

自然的声音是连续变化的模拟量,可以利用一些随着声波连续变化而变化的机械、电或磁的参量来模拟和记录自然声音,麦克风就是此类典型的设备。当人们对着麦克风讲话时,麦克风能够根据其周围空气压力的不同变化输出相应连续变化的电压位,这种变化的电压值便是一种对人类讲话声音的模拟量,称为模拟音频。当麦克风输出的连续变化的电压值进入到录音机时,相应的设备将它转换成对应的电磁信号记录在录音磁带上,从而便记录了声音。但是,以这种方式记录的声音不利于计算机存储和处理,必须将模拟音频进行数字化。

2. 数字化音频及其采集

多媒体音频信号一般指经过采样(Sampling)和量化(Quantization)之后的数字化音频。数字化音频是离散的,计算机可以对其进行存储、处理和播放。在多媒体计算机环境中,要使计算机能够记录和发出较为自然的声音,必须具备这样的设备。目前,大多数个人多媒体计算机中的此类设备集中在一块集成电路上,称为声卡,又称音频卡。声卡中的 A/D 转换电路对输入的音频模拟信号按照固定的时间间隔进行采样,并将采样信号送给量化编码器转换成数值,并以一定方式将所获得的数值保存下来。声卡已经广泛用于娱乐、教育、查询等方面,是多媒体硬件平台的主要设备之一。从技术角度上讲,声卡的主要功能有以下几种。

1) 音乐合成

利用声卡的合成器将存储在计算机中的 MIDI 文件合成为音乐乐曲。通过混合器混合和处理多个不同音频源的声音,控制和调节音量大小,最后送至音箱或耳机播放。

2) 音频信号的处理

可以录制和播放声音,通过连接在声卡上的话筒录制声音,并以文件形式保存在计算机中,随时可以打开声音文件进行播放。

3) MIDI 和 CD-ROM 接口

通过声卡上的 MIDI 接口,计算机可以与外界的 MIDI 设备相连,使计算机具有创作乐曲和播放 MIDI 文件的功能。声卡与外部设备连接的端口主要有以下几种。

(1) 线路输入口:连接录音机、CD 播放机或其他音频信号源,用于声音输入。

(2) 话筒输入口:连接话筒,用于话筒输入。

(3) 扬声器输出口:与耳机、立体声扬声器或立体声放大器连接,用于声音输出。

(4) MIDI 和操纵杆端口:连接 MIDI 和标准 PC 操纵杆。若为增强型卡,内部则包含有 CD-ROM 接口控制器。

2.2.2　音频信号的存储

自从个人计算机可以支持多媒体应用以来,很多公司在利用计算机处理音频信息方面做出了不懈的努力,先后出现了许多音频文件格式。根据数字化音乐创作产生的音频文件记录原理,通常将数字化音乐文件格式分为三类:声音文件、MIDI 文件和模块文件。三种数字化音乐文件格式的比较如表 2-1 所示。

表 2-1　各种声音文件的对比分析

	声音文件	MIDI 文件	模块文件
文件大小	大	小	大
回放质量	与设备无关	与设备有关	与设备无关
记录内容	真实声音	音乐演奏制定序列,不能真实记录声音	真实声音、音乐演奏制定序列
可编辑性	差	好,可以精确到每个音符	一般
通用性	好	好	差

声音文件是指对真实声音的模拟波形进行直接的记录,并且通过二进制采样过程最终得到的数据。采样过程是对声音最真实的反应,但是这样用来进行声音信号存储所需要的文件是相当大的,所以要对声音文件进行必要的压缩,在保证声音品质不变的情况下缩小文件的大小。

MIDI 文件记录的是根据音频波形提取的音乐演奏指令序列,它提供音乐演奏所用到的音符是何时出现,以及在某一段时间里要如何演奏等信息。MIDI 文件的演奏,主要通过声音的输出设备或者是与计算机相连的乐器来实现,所以文件尺寸很小。

模块格式是一种传统的记录声音的方式,它的模块文件中包括了演奏乐器的指令,又有声音信号的采样数据,所以音频硬件的质量对于声音质量影响比较小。即使在不同的文件格式中所得到的声音质量也是差不多的。

常见的音频文件格式有以下几种。

1) CD

CD Audio 音乐是 CD 唱片采用的格式,记录的是波形流。标准的 CD 格式是 44.1kHz 的采样频率,速率为 88Kb/s,16 位量化位数。CD 音轨是近似无损的,因此它基本上是忠于原声的。一个 CD 音频文件只是一个索引信息,并不是真正的声音信息文件,因此不论 CD 音乐的长度是多少,计算机中显示的"*.cda"文件长度都是 44 字节。

2) WAV

WAV 是 Microsoft Windows 本身提供的音频格式,符合 RIFF(Resource Interchange File Format)规范。由于 Windows 本身的影响力,这个格式已经成为通用的音频格式。由于本身可以达到比较高的音质要求,WAV 也是音乐编辑创作的首选格式,适合保存音乐素材。WAV 格式通常被用来保存一些没有压缩的音频,因此它的文件庞大,一般都以 MB 为单位。也正因为没有采用压缩技术,WAV 文件中声音的采样数据很容易被读取,便于做其他处理。WAV 文件在目前仍然有着相当广泛的应用价值。

3) MP3/MP4

MP3(Moving Picture Experts Group Audio Layer 3)即移动图像专家组音频压缩标准第三层。虽然名称中包含"移动图像",但从本质上讲,MP3其实是对音频进行压缩的一种技术。它利用 MPEG Audio Layer 3 这项技术把音乐进行压缩,压缩比例可以达到 1∶10甚至 1∶12。这样,音频在音质上没有什么过大的损耗,但是所占的存储空间大幅降低,每首歌曲所占用的存储空间为 3~4MB。体积小、音乐品质高等特点使得 MP3 格式广为传播,在互联网上占据了主要份额。

MP3 问世不久,就凭着较高的压缩比和较好的音质创造了一个全新的音乐领域。然而,MP3 的开放性却最终不可避免地导致了版权之争。在这样的背景下,文件更小、音质更佳,同时还能有效保护版权的 MP4 应运而生了。MP4 与 MP3 之间其实并没有必然的联系,首先,MP3 是一种音频压缩的国际技术标准,而 MP4 是一种新的音乐格式。其次,两者采用的音频压缩技术也迥然不同,MP4 采用的是美国电话电报公司(AT&T)所研发的、以"知觉编码"为关键技术的 a2b 音乐压缩技术,可将压缩比成功地提高到 1∶15(最大可达到1∶20)而不影响音乐的实际听感。同时,MP4 在加密和授权方面也做了特别的设计,只有特定用户才可以播放,保证了音乐版权的合法性。

4) RealAudio

RealAudio 文件是 RealNetworks 公司开发的一种新型流式音频(Streaming Audio)文件格式,它包含在 RealNetworks 公司所制定的音频、视频压缩规范 RealMedia 中。RealAudio 格式主要适用于网络在线音乐播放,主要音乐文件格式包括 RA(RealAudio)、RM(Real Media,RealAudio G2)、RMX(RealAudio secured)等。这些格式具有根据网络带宽的差别决定音频播放质量的特点,其优势是能够保证不同网络带宽的用户都能够听到流畅的音乐,让带宽比较充裕的用户听到更好的音质。

5) WMA

WMA(Windows Media Audio)格式的音质比 MP3 格式和 RA 格式要高,这种格式通过在保持音质的前提下降低数据流量来达到较高的压缩率。WMA 格式的压缩率一般在1∶18 左右,比 MP3 格式的压缩率更高。同时,它还具有安全性上的优点,音乐内容提供商可以通过数字版权管理(Digital Rights Management,DRM)方案,例如 Windows Media Rights Manager 7,加入防复制保护。另外,WMA 格式还支持音频流技术,在网络上进行在线播放也有不错的效果。

6) MIDI

乐器数码接口(Musical Instrument Digital Interface,MIDI)是人们为了解决不同的电声乐器在计算机上相互通信问题而制定的格式标准。MIDI 不是声音信号本身,而是传输一些指令来告诉 MIDI 设备要以怎样的方式做什么,例如需要开始演奏哪一个音符、以什么样的声音来演奏、以多大音量来演奏等。它们被一致地表示成 MIDI 消息。本质上讲,MIDI 系统其实是一个在计算机上模拟作曲、乐器、演奏等方式的模拟系统。与一般数字波形信号的音频文件不同,MIDI 音乐数据是以符号形式表示音乐的代码(或者称为电子乐谱),它通过固有的指令"告诉"电子设备,应该去做一件什么样的事情。因此,MIDI 文件所占的存储空间很小,一个 6 分多钟、有 16 个乐器的文件只有 80Kb 左右。MIDI 格式的缺点是播放效果因软、硬件而异,如果想得到较好的播放效果,电脑必须支持波表功能。使用日本 YAMAHA 公司出品的 YAMAHA SXG 进行播放,可以达到与真实乐器几乎一样的效果。

7）AIFF 文件

AIFF 是音频交换文件格式(Audio Inter change File Format)的英文缩写,文件扩展名为 AIF 或 AIFF。这种声音文件格式由苹果公司开发,被 Macintosh 平台及其应用程序所支持,Netscape Navigator 浏览器中的 LiveAudio、SGI 及其他专业音频软件包也支持 AIFF 格式。AIFF 支持 ACE2、ACE8、MAC3 和 MAC6 压缩,支持码位数为 16 位、采样频率为 44.1kHz 的立体声。

8）Audio 文件

Audio 文件是 Sun Microsystems 公司推出的一种经过压缩的数字声音格式,其扩展名为 AU。Audio 是 Internet 中常用的声音文件格式,Netscape Navigator 浏览器中的 Live Audio 也支持 Audio 格式的声音文件。

9）Sound 文件

Sound 文件是 NeXT Computer 公司推出的数字声音文件格式,支持压缩,其扩展名为 SND。

10）Voice 文件

Voice 文件是 Creative Laos 公司开发的声音文件格式,其扩展名为 VOC。多用于保存创新声霸(Creative Sound Blaster)系列声卡所采集的声音数据,被 Windows 平台和 DOS 平台所支持,支持 CCITT A 律和 μ 律等压缩算法。每个 VOC 文件由文件头块(header block)和音频数据块(data block)组成,文件头包含一个标识版本号和一个指向数据块起始的指针;数据块分成各种类型的子块,如声音数据静音标识、ASCII 码文件以及终止标志、扩展块等。

2.2.3　音频信号的评价

我们经常会对某一位歌手的歌声发表意见,并与其他歌手进行比较,这其实是在对音频的质量进行评价。声音的质量主要体现在音调、音强、音色等几个方面。如前所述,声音的产生和传播是一个物理过程,而人耳接收声音的过程是生理和心理的综合过程,因此对于声音质量的评价也有客观评价和主观评价两种基本方法。

对声音质量客观评价的一个主要指标是信噪比(Signal to Noise Ration,SNR),即信号功率与噪声功率的比值,单位是分贝(dB)。采用客观标准方法很难真正评定某种编码器的质量,因此在实际评价中,主观评价比客观评价更为合理和全面。可以说,人的感觉机理最具有决定意义。所以,通常要对某编码器输出的声音质量进行评价,要由数十名实验者在相同环境下试听声音并进行综合评定。当然,可靠的主观评价值是较难获得的。

常用的主观评价方法有三种:平均意见判分法(Mean Opinion Score,MOS)、判断韵字测试法(Diagnostic Rhyme Test,DRT)、判断满意度测量法(Diagnostic Acceptability Measure,DAM)。目前国际上最通用的主观评价方法是 MOS 评分(也称等级法),采用类似于考试的五级分制,不同的 MOS 分对应的质量级别和失真级别如表 2-2 所示。

表 2-2 MOS 评分标准

MOS	质 量 级 别	失 真 级 别
5	优(Excellent)	察觉不到失真
4	良(Good)	可以察觉但不难听
3	中(Fair)	有点难听
2	差(Poor)	难听但不令人反感
1	劣(Unacceptable)	令人反感

2.3 音频信号的数字化

自然界的声音是一种模拟的连续量,而计算机只能处理离散的数字量,这就要求必须将模拟的声音进行数字化转换。音频信号数字化的优点是传输时抗干扰能力强,存储时重放性能好,易处理、能进行数据压缩、可纠错、容易混合。

音频信号的数字化转换过程,就是将模拟音频信号转换成数字形式的离散序列(即数字音频序列),转换过程如图 2-6 所示,图中带限滤波器的作用是滤除原信号中频率较高的成分。要将音频信息数字化,关键的步骤是采样、量化和编码。整个音频信号的数字化转换为后续音频信号的压缩做好了充分的准备。

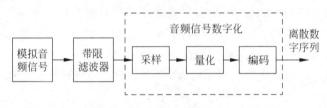

图 2-6 音频信号数字化框图

2.3.1 音频信号的采样

采样也称为抽样,就是将连续信号在时间上进行离散化的过程,一般按照固定的时间间隔进行。采样后的信号虽然在时间上是离散的,但其幅值的取值仍是连续的,所以采样信号仍然是模拟信号。每秒采样的次数称为采样频率,单位为 Hz。显然,采样频率越高,所获得的一系列值就越能精确地反映原来的模拟信号;采样频率越低,就越容易导致原信号失真。如图 2-7 所示,(a)是一个正弦信号,在满足奈奎斯特采样定理的前提下,(c)图的采样频率是(b)图的 2 倍,(c)图更能精确反映原正弦信号。

奈奎斯特采样定理规定,为了准确地表示随时间变化的模拟信号,采样频率不应低于声音信号最高频率的两倍。例如,电话话音信号的截止频率为 3.4kHz,采样频率就选为8kHz。在计算机多媒体音频处理中,通常使用的采样频率有三种:11.025kHz(话音效果)、22.05kHz(音乐效果)、44.1kHz(高保真效果)。常见的 CD 唱盘的采样频率为 44.1kHz。

2.3.2 音频信号的量化

量化是指将采样值在幅度上进行离散化处理,即将采样信号近似为有限多个离散值,量化的输出结果是数字信号。量化过程如图 2-8 所示。

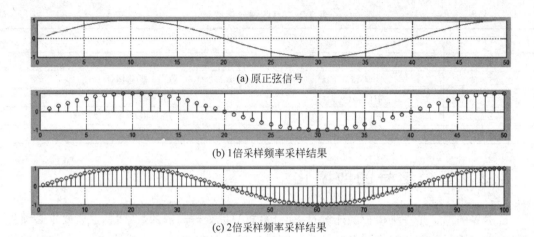

(a) 原正弦信号

(b) 1倍采样频率采样结果

(c) 2倍采样频率采样结果

图 2-7　正弦模拟信号的采样

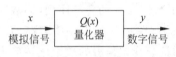

图 2-8　量化器示意图

量化过程一般分为均匀量化和非均匀量化。如果采用相等的量化间隔对采样信号进行量化,则称为均匀量化(或线性量化)。采用均匀量化时,大的输入信号与小的输入信号都一律使用相同的量化间隔,因此要想在适应输入信号幅度的同时又能满足高精度的要求,就需要增加采样样本的位数。非均匀量化的基本思想,是对输入的大幅值信号采用大的量化间隔,小幅值的输入信号采用小的量化间隔,这样就可以在满足精度要求的情况下,使用较少的位数来表示。

如图 2-9 所示是均匀量化器的量化特性,其中量化器的特性都是对称的,满足:

$$y_{i+1} - y_i = \Delta \tag{2-1}$$

$$x_{i+1} - x_i = \Delta \tag{2-2}$$

Δ 称为量化台阶或量化步长。图 2-9(a)所示的均匀量化特性称为中升型,图(b)所示的量化特性称为中平型,二者的区别仅在于输出的电平是否包括了零电平。

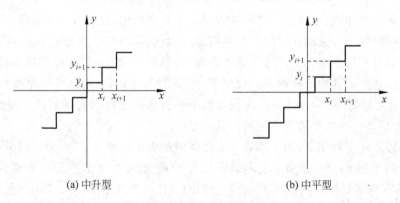

(a) 中升型

(b) 中平型

图 2-9　均匀量化器的量化特性

如图 2-10 所示是非均匀量化器的量化特性,其中的量化台阶 Δ 不相等。在量化过程中,设定的量化间隔数越多(即量化级越多),量化后的近似效果越好,越接近模拟值。但是误差总是存在的,因为有限的量化级数永远不可能完全地表示量化间隔内拥有无限幅度值的模拟信号。采用不同量化等级对信号进行量化的对比结果如图 2-11 所示,(a)图采用 20 个量化等级,(b)图采用 40 个量化等级,从图中可以看出,采用 40 个量化等级量化时,量化结果更接近于模拟值(图中的轮廓线)。同时,量化级数越多,需要的存储空间越大。量化会引入失真,称为量化失真或量化噪声。量化失真是一种不可逆的失真,在实际应用中应当综合考虑声音质量要求和存储空间的限制,以达到综合最优化。

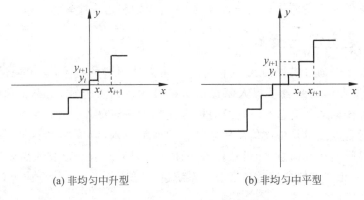

(a) 非均匀中升型   (b) 非均匀中平型

图 2-10 非均匀量化器的量化特性

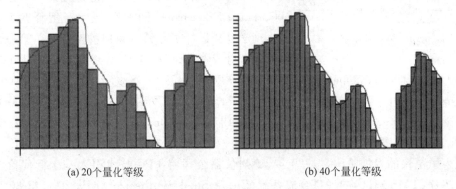

(a) 20个量化等级   (b) 40个量化等级

图 2-11 采用不同量化等级对信号量化

2.3.3 音频信号的编码

数字化的声音信号是使用二进制表示的串行比特流,它遵循一定的标准或规范进行编码。编码实际上就是设计如何保存和传输音频数据的方法,编码过程是将每个采样信号的量化值用二进制数进行表示。音频编码有许多标准,分别适用于不同的应用环境。如果是均匀量化,又采用二进制表示,这种编码方法就是脉冲编码调制(Pulse Code Modulation,PCM)。PCM 是一种最简单、最方便的编码方法,其主要优点有抗干扰能力强、失真小、传输特性稳定(尤其是远距离信号再生中继时噪声不积累),而且可以采用压缩编码、纠错编码和保密编码等方法来提高系统的有效性、可靠性和保密性;PCM 的缺点是数据量大,要求数据传输率高。

经过编码之后的声音信号就是数字音频信号,音频压缩编码等后续音频信号处理就是在它的基础上进行的。例如,常见的 MP3、WAV 等音频文件格式,就是采用不同的编码方法得到的数字音频文件。

2.4　行业应用：音频技术实践

随着数字信息技术和人工智能技术的发展，多媒体信息急剧增加。高效地利用和管理多媒体信息，意味着高效的工作和生活效率。音频信息在多媒体信息中占有很大的比重，音频处理技术典型的应用主要体现在语音合成、语音识别和语音检索等技术中。

2.4.1　语音合成技术

语音合成技术是通过机械的、电子的方法产生人造语音的技术，简单来说，就是利用电子、计算机和一些专门的装置模拟人制造语音的技术。语音合成，又称文语转换（Text to Speech），能够将任意文字信息实时转换为标准流畅的语音朗读出来，相当于给机器装上了人工嘴巴。语音合成技术是中文信息领域的一项前沿技术，解决的主要问题就是如何将文字信息转化为可听的声音信息，让机器像人一样开口说话。语音合成的简要过程如图 2-12 所示，输入的数字化文本信息通过语音合成系统进行语法分析和韵律合成等环节，最终输出模拟人发声的数字语音数据。

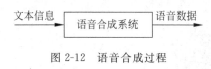

图 2-12　语音合成过程

语音合成技术的研究可以追溯到 1779 年俄国教授 Christian Kratzensteln 的工作，他为了解释五个元音的生理学差异设计了与笛子类似的发音器。第一个被视为语音合成器的设备，是 1939 年由 Homer Dudlyez 研制的 VODER（Voice Operating Demonstration）。第一个发声合成器（articulatory synthesizer）于 1958 年由麻省理工学院的 George Rosen 发明。在同一时代，共振峰合成器由 Walter Lawrenec 于 1953 年制作完成。1979 年，Allen 等人在麻省理工学院研制了 MITalk 文语转换系统，这使文语转换系统第一次用于商业化。此后，商业化使得语音合成技术进入了更快的发展阶段。1980 年，德州仪器公司将 LPC 技术引入基于低代价线性预测合成芯片（TMS-5100）的说拼合成系统（Speak Spell Synthesizer）。从 20 世纪 80 年代中后期，语音合成技术进入了拼接合成阶段，基音同步叠加（Pitch Synchronous Overlap Add，PSOLA）和谐波加噪声模型（Harmonic plus Noise Model，HNM）给语音合成领域开辟了新的研究天地。90 年代初，基于 PSOLA 技术的法语、德语、英语、日语等语种的文语转换系统都已经研制成功。这些系统比以前基于 LPC 方法或共振峰合成器的自然度要高。

在语音合成技术中，常采用语音编码技术来解决合成中资源有限的问题。语音合成系统按合成的字、词和句子，可以分为有限词汇语音合成系统和无限词汇合成系统。有限词汇语音合成系统一般用于专用场合，例如报时系统、指令调度系统等。在这样的场合中，使用的词汇相对固定，合成的实质与编码类似，可以说是一种狭义的语音合成。与其相反，无限词汇的语音合成有着广泛的意义，是一种更为智能化的技术，它根据不同语种的语言规则，合成出符合该语种特点的、不限定词汇的语音。在无限词汇合成系统中，不仅需要考虑语音编码问题，还有诸如语音特点的研究、语音规则的提取和应用等问题。语音编码问题如前面所提到的，已有大量的实质性内容可以借鉴；但语音特点和语音规则在各种语种中都有所不同，涉及语言学、生理学、统计学和心理学等诸多学科。而且，语音特点和语音规则在绝大多数情况下是定性的、模糊的，要转化成一种定量的、逻辑的表达将是一个浩大的工程，尤其针对语音这种时变非平稳信号而言,难度更大。即使这样,世界上很多国家还是开发出了相应语种的无限词汇语音合成系统。合成语音的音质、自然度、可懂度、清晰度等很多方面还达不到应用的要求,仍然需要研究工作者对语音特点和语音规则有更加透彻的理解。

语音合成技术从应用角度出发可以分为两类,一是说话,二是像人说话,两者的原理不尽相同。前者是让机器再生一个预先存入的语音信号(就像普通录音机一样),为了节省存储容量,在存入之前需要对语音信号进行数据压缩。这种合成本质上是将已有的声音还原出来,它不能控制语调、语气,也不能根据上下文来变音和转调等。存储容量的有限性导致合成语句的有限性,从构成上讲,是一种有限词汇语音合成系统。后者的目的在于让机器像人一样说话,使机器具备一定的分析能力,可以根据所说内容产生相应的声调和语气、语音。它一般是以说话内容的字符信息出发,根据上下文关系以及内容本身所具有的发音信息,将字符信息转换为由基本发音组成的序列,调整声调、重音以及停顿等韵律特征,以及陈述、命令和疑问等语气,最后产生出语音来。说话的过程犹如人的发音机理一样,首先在人脑中形成神经指令,这种指令指示肺、声带、舌和唇等部分协调动作发出声音。这种更近于人的语音合成技术是一种完整的语音合成技术,由于在构成系统时不能受合成词汇的限制,也即所谓的无限词汇语音合成技术。

按照人类言语功能的不同层次,语音合成可以分为三个层次:按规则从文字到语音的合成(Text-to-Speech),按规则从概念到语音的合成(Concept-to-Speech),按从意向到语音的合成(Intention-to-Speech)。这三个层次反映了人类大脑形成话语的不同过程。迄今为止,人类语音合成技术的研究对人类言语现象的理解还仅仅停留在声道系统的发音过程中,对大脑的神经活动知之甚少。因此,在相当长的一段时间内,语音合成技术的实现只能集中在语音合成的第一个层次:按规则从文字到语音的文语转换。

语音合成在现实生活中具有很大的用途,电子文档的有声输出和信息电话查询系统等都要用到语音合成技术。随着语音合成的研究,人机交互将变得更为方便。例如苹果公司的 Siri 对车载系统的支持,只要用户将 iPhone 通过车内蓝牙或 USB 线接入,便可以实现语音指令对电话、短信、查询等功能的控制,实现功能如图 2-13 所示。

图 2-13　Siri 汽车智能化语音合成系统

此外,百度语音技术团队也在语音合成技术方面取得了重大突破,使得机器也可以用接近人类的发音说话。例如在百度新闻中,用户可以下拉新闻列表选择语音播报功能,一个类似央视新闻主播的磁性男声就会开始朗读最新的新闻信息。任何人都可以登录"百度语音"（如图 2-14 所示）创建自己的应用,使用顶尖的语音合成技术。

图 2-14　百度语音开放平台

2.4.2　语音识别技术

语音识别是试图使机器能够"听懂"人类语音的技术,其作用是让计算机听懂人说话,从而让计算机通过识别和理解过程把语音信号转换成相应的文本或命令,例如口语对话系统。作为一门交叉学科,语音识别的最终目标是实现人与机器进行自然语言通信。

世界上第一个语音识别系统于 1952 年诞生在 AT&T 贝尔实验室,这个名为 Audry 的系统只能识别 10 个英文数字,并且在很大程度上依靠数字中元音的共振峰测量。20 世纪60 年代,计算机软、硬件的快速发展为语音识别研究工作提供了有利的条件。这一时期出现了动态时间规划(Dynamic Time Warping,DTW)技术以及 LPC,其中 LPC 技术可以很好地完成语音特征提取问题,而 DTW 则针对孤立词识别中语速的不均匀性提供了有效的解决方案。到了 70 年代,又出现了矢量量化和隐马尔可夫模型,IBM 和贝尔实验室在非特定人领域都进行了广泛深入的研究。80 年代以后,语音识别的研究重点逐渐转向大词汇量、非特定人连续词识别。基于隐马尔可夫模型的语音识别技术不断地获得突破性进展,并在当时成为语音识别的主要方法。进入 90 年代以后,语音识别技术在某些领域已经走向成熟,特别是在实际生活中的应用和有关产品方面都得到很大的进展。其中 Dragon 公司推出的 Dragon Dictate 系统,以及 IBM 公司的 Via Voice 系统最具代表性。随后,微软也将语音技术融入 OFFICE 办公系统,并在 2009 年融入 Windows 7 操作系统中,为用户提供简单控制电脑的功能。2011 年,美国 Apple 公司发布 iPhone 4S 智能手机,并提供 Siri 语音识别智能系统,方便人们更好地和智能手机交互。

语音识别本质上是一种模式识别过程,其基本原理框图如图 2-15 所示。语音识别系统一般具有两个主要的工作阶段:首先是系统的"训练"或"学习"阶段,接着是系统的"识别"或"测试"阶段。当语音信号进入系统时,首先要经过预处理变成离散的数字信号。预处理技术主要包括预滤波、采样、预加重、加窗、分帧及端点检测等。接着对预处理后的信号进行频域和时域的分析,得到语音信号的特征值;然后在学习阶段构建标准的参考模式数据库;最后在识别阶段按照模式匹配系统中定义的准则和测度进行判别,并给出最终的识别结果。

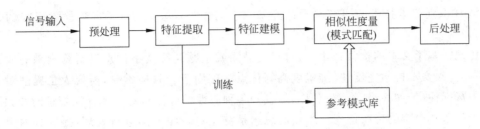

图 2-15 语音识别基本原理框图

虽然语音识别技术得到了很大的发展,但仍然面临着一些困难,需要进一步研究解决。语音识别面临的主要困难是理论上的突破,虽然各种新的修正方法不断涌现,但其普遍适用性都值得商榷。此外,语音识别系统要真正商品化,还有许多具体问题需要解决,例如识别速度、拒识问题以及关键词(句)检测等。

作为 2000 年至 2010 年信息技术领域十大重要技术之一,语音识别技术正逐步成为信息技术中人机接口的关键技术,语音识别技术的应用已经成为一个具有竞争性的新兴高技术产业。例如亚马逊在市场上大获成功的智能音箱 Echo (如图 2-16 所示),其中注入了最新的语音识别助手 Alexa。除了听音乐,用户还能用 Echo 叫外卖、打车、安排日程、查询天气等。用户只需通过

图 2-16 亚马逊推出的智能音箱 Echo

Echo 的麦克风说出命令,就可以借助扬声器与之进行交互,得到想要的帮助。此外,各大互联网公司相继推出具有不同特色的智能音箱产品,例如百度的 Raven、阿里巴巴的天猫精灵、腾讯公司的腾讯听听、京东的京东叮咚,小米公司的小米 AI 音箱等。这些智能音箱都能够"听懂"简单指令,语音识别技术都是其中的关键技术之一。

2.4.3 音频检索技术

音频是多媒体信息中重要的一种,对于人来说,最重要的音频就是语音和音乐。人类是通过听觉特征来感知声音的,所以也希望能够通过这些自然的听觉特征来检索声音信息。为了解决此类问题,需要研究一种新的技术——基于内容的音频检索技术。

基于内容的音频检索技术在国外研究得比较早。20 世纪 70 年代,基于内容的音频检索技术研究重点是语音识别、说话者鉴别等领域;20 世纪末,国外的一些公司和研究机构针对基于内容的音频检索技术开发出了一些原型系统,例如美国 Musele Fish 公司开发的 Muscle Fish 原型系统,波士顿初创公司 EveryZing 推出的一款视频和音频搜索引擎 PodZinger,2008 年日本产业技术综合研究所推出的一款关于音频检索的网站 Podcastle 等。

国内基于内容的音频检索技术的研究起步比较晚,近些年,基于内容的音频检索技术也引起了广泛的关注和重视。例如,浙江大学侧重于基于内容的广播新闻分割和音频检索等领域的研究,在国内处于领先地位;清华大学的计算机科学与语音实验室主要侧重语音方面的研究;国防科技大学主要研究多媒体数据库检索系统。经过多年的努力,

我国语音识别搜索技术的研究水平已经基本上与国外同步,推动了音频检索研究的迅速发展。

传统的基于文本的检索技术,通过对关键词或主题词等文字信息进行检索满足检索需求,主要针对文本检索速度快、准确度高等优点。应用于音频检索时,需要人工提前对音频信息进行标注(例如大小、类型、名称、作者等各种属性的标注),对于无标注信息的音频则无能为力。基于内容的音频检索技术核心思想是首先对音频数据进行处理,提取其内容的特征信息(比如时域特征、频域特征等),然后将音频特征向量以特定的方式组织起来并建立特征索引,最后将看似无规律的音频数据变成有规律可循,最终通过相似度匹配模型为用户提供音频检索服务。

基于内容的音频检索技术与传统的文本检索技术相比,在技术上的特点主要表现为以下几个方面。

(1) 基于内容的音频检索技术主要是从音频数据本身提取关键信息,不用人工进行信息标注,突破了传统文本检索的局限。

(2) 基于内容的音频检索技术通过对音频内容的语义分析进行检索,因此检索结果包含与待匹配音频内容相似的音频,与文本检索的唯一结果不同。

(3) 基于内容的音频检索速度更快。面对数据量庞大、种类日益繁多的音频数据,快速、准确地得到检索结果是基于内容的音频检索技术追求的目标。

基于内容的音频信息检索一般包括 4 个主要步骤,即特征提取、音频分割、识别分类以及音频检索,如图 2-17 所示。

图 2-17　基于内容的音频信息检索流程

特征提取是指寻找出能够代表原始信号的数据形式,与文本分析中关键字作为特征不同的是,音频数据中的特征是从音频中提取的听觉特征,例如音调、音高等。所有提取出来的音频特征都被用来表征音频数据流,并应用于后续的其他处理。

音频信息是时间序列数据流,就像不能直接对 100MB 大小的纯文本信息进行分析,而要将其分成不同主题子段一样,持续时间很长的音频信息也不能直接进行处理,而是在其特征发生突变的地方进行分割,把连续的音频数据流分成不同长度的数据片段,这就是音频分割需要完成的任务。

音频数据流的分割是根据所提取的音频低层物理特征完成的,分割出来的音频数据片段只是一些物理单元,需要对它们进行识别分类,将其归属成事先定义好的不同语义类。这项工作在音频识别分类步骤完成。在这一阶段中,可以对分割出来的音频物理单元进行粗分,例如将切分出来的音频分类为静音、音乐和语音、环境音等;也可以进行某一事件或某一人物的精细分类,例如"爆炸"事件、"演讲"事件等。至于要把分割出来的音频物理单元识别分类成哪些语义类,需要检索系统事先进行定义。

音频检索的最后一步就是对识别出来的语义类建立索引,进行检索。可以通过以下三个途径建立索引。

（1）用文字形成的抽象概念描述这些类别，这样用户必须通过文字查询音频数据。一般是对音频库进行手工语义标注，识别之后基于标注信息完成检索。其主要缺点在于：一方面，当数据量越来越多时，人工的注释强度加大；另一方面，人对音频的感知（例如音乐的旋律、音调、音质等）难以用文字注释表达清楚。

（2）用音频特征建立索引，查询时用户提交的是对特征的描述，例如对音频能量描述的"音调"。

（3）提交一个音频例子，提取这个音频例子的特征，按照前面介绍的音频例子识别方法判断这个音频例子属于哪一类，然后将识别出的这类所包含的若干样本按序返回给用户，称为基于例子的音频检索。

基于例子的音频检索遵循概率排队的规则，根据用户的查询需要，基于检索模型对查询样本和库中音频分别计算音频的相关特征，并比较相似性，最后按相似性值由大到小排列库中音频，完成一个查询过程。上述的音频检索需要首先建立数据库，对音频数据进行特征提取，并通过特征对数据进行聚类。音频检索主要采用示例查询方式（Query by Example），用户通过查询界面选择一个查询例子并设定属性值，然后提交查询。系统对用户选择的示例提取特征，结合属性值确定查询特征矢量，并对特征矢量进行模糊聚类。然后检索引擎对特征矢量与聚类参数集进行匹配，按相关性排序后通过查询接口返回给用户。

随着多媒体信息的海量增长，音频信息检索的重要性已经不言而喻。在我国，目前语音处理方面比较突出的公司是科大讯飞，该公司的研发产品占据了中国智能语音技术的绝大部分市场。在音乐识别方面，科大讯飞推出了自己的在线检索系统，如图 2-18 所示。

图 2-18　科大讯飞哼唱检索在线平台

音频检索是一个非常宽泛的研究领域，想要实现像人脑那样对音频语义的自动理解，还有很长的路要走，这是一个从实际认识向抽象理解发展的过程，也是多学科交叉的研究领域。

本章习题

1. 一般人的听力范围是多少？什么是基音？什么是纯音？
2. 物理上，描述声音强度的量值采用什么来表示？
3. 什么是掩蔽？什么情况下掩蔽效应会很强？
4. 声音的数字化过程有几个步骤？
5. 什么是采样周期和采样频率？如何量化采样值？
6. 语音合成技术可以通过哪两种途径实现？它们的特点是什么？
7. 简要分析基于内容的音频检索技术流程。

第3章

CHAPTER 3

图像技术基础

　　图像是可视的多媒体信息，是用各种观测系统以不同形式和手段从客观世界获得的、可以直接或间接作用于人眼并产生视知觉的实体。科学研究和统计表明，人类从外界获得的信息约有75％来自视觉系统。因此，图像是人们体验到的最重要、最丰富、信息获取量最大的媒体形式。本章在介绍视觉成像原理和图像相关知识的基础上，对图像信号的表示方法及常见图像存储格式进行了较为详细的描述；此外还介绍了模拟图像数字化转换的具体过程和图像技术的应用新领域。

　　本章的重点内容包括：

- ➢ 图像信号的相关概念
- ➢ 人眼的视觉特性
- ➢ 图像的表示与存储
- ➢ 图像信号的数字化
- ➢ 图像技术的行业应用

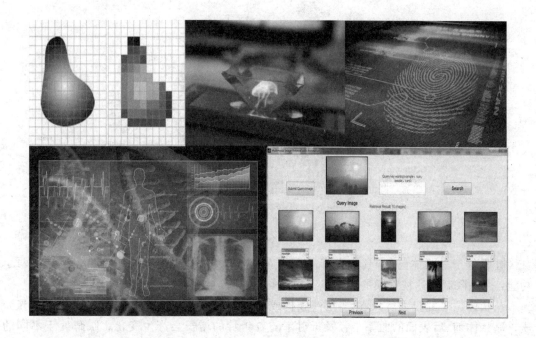

　　图像是人类视觉器官感受到的形象化媒体信息,例如周围的环境、景物、图画等。自然界中的大多数此类信息都属于模拟图像信息,因此需要借助数字化转换和分析技术对模拟图像进行数字化处理,以便实现图像信息的计算机存储和分析。数字图像处理技术是多媒体应用的重要组成部分,数字图像处理过程必须符合人眼的视觉特性,图像数据的应用领域已经遍及科学技术和日常生活的各个方面。本章主要介绍视觉成像原理和图像的基础知识,分析图像信号的表示方法以及常见图像的存储格式,讨论模拟图像数字化转换的具体过程,展望图像技术的最新应用。

3.1　图像信号概述

　　人类获取信息的能力主要来源于视觉系统,而数据量巨大的图像信息处理技术是多媒体技术中最重要、最困难和代价最高的部分。随着图像技术的广泛应用,尤其是通信实时性的要求,多媒体图像处理技术的要求也越来越高,而很多图像处理方法都是从人眼视觉系统的研究中得到启发。因此,本节重点介绍人眼的结构、视觉成像原理和人眼视觉特性。

3.1.1　人眼的结构

　　眼睛是一个可以感知光线的器官,能够辨别不同的颜色、不同的光线,再将这些视觉形象转变成神经信号传送给大脑。人眼的解剖结构如图 3-1 所示,其中角膜是眼睛最前面突出的透明部分,呈高度透明的新月形切面结构。角膜富含感觉神经,其前房是折射率为 1.0 的空气,后房是折射率为 1.336 的房水,这使得角膜产生很大的屈光力。角膜是眼睛主要的折光介质,承担眼睛三分之二以上的折光度。

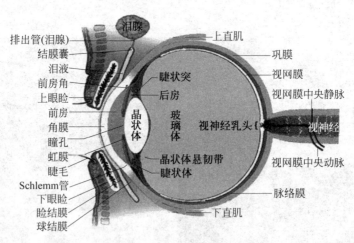

图 3-1　人眼解剖图

　　虹膜位于晶状体前面,其中央有一个 2.5~4mm 的圆孔,称为瞳孔。瞳孔主要有两个功能:一是限制到达视网膜的通光量;二是限制眼睛成像系统的数值孔径。

　　晶状体位于虹膜之后,是由多层薄膜构成的一个双凸镜,它是眼睛的又一个重要屈光介质。晶状体前、后表面的曲率半径及折射率随着年龄的增长会产生变化。眼睛处于不同的调节状态时,晶状体的形状发生变化,折射率的分布状态亦有所变化,从而改变眼睛的光焦度,将不同距离的物体都能成像在视网膜上。

玻璃体是晶状体后表面到视网膜的空间,是眼睛屈光系统终末的屈光介质。除了具有屈光的功能,它还起到对晶状体、视网膜等周围组织支持的减振和代谢作用。

眼睛后方的内壁与玻璃体紧贴的部分,是由视神经末梢组成的视网膜,它是眼睛光学系统成像的接收器,犹如相机中的底片,是一个凹形的球面。

黄斑是视网膜后部一个直径约为 2mm 的浅漏斗状凹陷区,其中心约 0.3mm×0.2mm 的凹部称为中心凹。中心凹密集了大量感光细胞,是视网膜上视觉最灵敏的区域。

视网膜上的视神经细胞是第一级神经元,分为视锥细胞和视杆细胞两种。视锥细胞感受强光明视觉和色觉,视杆细胞感受弱光暗视觉和无色视觉。视锥细胞有三种感受不同波长的细胞,相应波峰值分别对应蓝(440nm)、绿(530nm)、红(560nm)三种颜色。视杆细胞只有一种,相应波峰值在 500nm。视杆细胞在感光敏感度上要比视锥细胞高,因此在低照度下,视杆细胞仍能提供视觉响应,而且它对形状比较敏感,常称为暗感觉;视锥细胞却只能在高照度下提供视觉响应,也就是明视觉。另外,视杆细胞分布面广,几乎布满整个视网膜,而视锥细胞主要集中在眼睛的中央凹区,而且它局限性大,只能识别景物的细节。与此同时,视锥细胞对颜色很是敏感,可以区别彩色,视杆细胞却无法区别,这也是在低照度下人们无法分辨彩色的景物,而只能将其视为灰色轮廓形状的原因。

3.1.2 视觉成像原理

视觉是由眼球接收外界光刺激,通过视神经、大脑视觉中枢的共同活动来完成的复杂过程。外界物体发出或反射的光线,从眼睛的角膜、瞳孔进入眼球,穿过仿佛放大镜一般的晶状体,使光线聚焦在眼底的视网膜上,形成物体的像。图像刺激视网膜上的感光细胞,产生神经冲动,沿着视神经传到大脑的视觉中枢,在那里进行分析和整理,产生具有形态、大小、明暗、色彩、运动的视觉。由于晶状体的凸度可以由睫状肌调节,因此在一定范围内不同远近的物体都可以形成清晰的图像落在视网膜上。

但是,由于人的两眼相距 58～72mm,因此,用双眼同时观看同一物体时,左、右两眼视线方位不同,物体在左、右两眼视网膜上所成的像亦稍有差异,这种差异称为双眼视差。当用双眼观看一个立方体时,可能左眼只看到立方体的前平面和上平面,而右眼除了能看到这两个平面外,还能看到立方体的右侧平面。此外,即使是左、右两眼都能看到前平面和上平面,在左、右视网膜上所成的像也稍有差异,即呈现二重像。这时眼睛会做旋转运动,使两眼视网膜上的成像落在同一点上,从而使二重像变为单像。眼球的这种旋转动作被称为辐辏,它能给出不同的深度感觉,从而产生立体视觉。用单眼观看空间物体时,通过睫状肌的调节作用,可以使不同距离的景物在视网膜上呈现清晰的影像,即通过分辨其深度来产生立体视觉。人眼观看景物时产生的立体视觉是单眼和双眼立体视觉综合的效果。

3.1.3 视觉特性

1. 视觉灵敏度

人眼对不同波长的光具有不同的灵敏度响应,不同人的眼睛对波长灵敏度响应也有差异。为了了解人眼的视觉特性,国际照明委员会(CIE)推荐使用标准视度曲线(人眼视觉光谱灵敏度曲线),如图 3-2 所示。

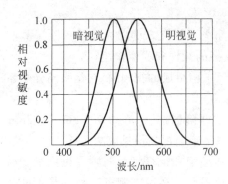

图 3-2 人眼视觉光谱灵敏度曲线

从图 3-2 中可以看出,随着波长的变化光谱颜色不同,人眼亮度感觉也不相同。换句话说,只有采用不同的照明功率才能使人眼对不同波长的光产生相同的亮度感觉。反之,当射入人眼的光具有完全相同的辐射功率时,人眼对不同波长的光的亮度感觉是不相同的。其中,明视觉响应是人眼适应大于或等于 $3cd/m^2$ 的视场亮度时,视觉由视锥细胞起作用。暗视觉响应是人眼适应小于或等于 $3\times10^{-5}cd/m^2$ 的视场亮度时,视觉由视杆细胞起作用。当视场亮度发生突变时,人眼的适应主要包括明暗适应和色彩适应。

2. 光度测量参数

由于无法直接使用辐射光功率来描述光源的照明效果,因此实际中使用两套参数来分别描述辐射光和照明光。前者与人眼的视觉特性无关,后者则考虑了人眼的视觉特性。下面介绍几种主要的光度量单位。

(1) 辐射功率(P):指辐射体在单位时间内所辐射出的总能量,它与辐射的功率频谱分布有关。

(2) 辐射强度(I):指点辐射源沿单位立体角所辐射出的功率,其单位为瓦/立体角弧度。辐射功率和辐射强度是与人眼视觉的光谱灵敏度无关的物理量。

(3) 光通量:表示光源在单位时间内发出的光能量,单位为流明,用 lm 表示。人眼感受到的光辐射功率不仅与光本身辐射的功率大小有关,还与人眼对不同波长光的视敏度有关。国际照明协会定义:辐射功率为 1W 的波长为 555nm 的单色绿光产生的光通量为 680 流明(1W=680lm)。对可见光以外的电磁波,无论辐射功率有多大,光通量都为零。光通量与人眼的特性有关,相同的光通量表示视觉的亮度感觉相同。因此,可以用光通量对可见光的亮度进行计量。

(4) 发光强度:定义为光源在单位立体角内发出的光通量,简称光强,单位为坎德拉,用 cd 表示。1lm 指 1cd 的光源相距单位距离,并与入射光垂直的单位面积上每秒钟流经的光通量。物体发出的光通量大,不一定发光强度大。

(5) 照度:受光源照射的面上的照度,是指光通量与被照射表面面积之比,即光通量的密度或单位面积上的光通量。照度的单位是勒克斯,用 lx 表示。照度为 1lx 是指在 $1m^2$ 的面积上照射 1lm 的光通量,它是描述环境受光源照射情况的量。

(6) 亮度:亮度是用来表征发光表面的明亮程度的物理量,定义为光源单位面积在法线方向上的发光强度,称为光源亮度。亮度是客观的物理量,它与观察的角度无关。

需要注意的是,发光强度、亮度和照度参量都是考虑到人眼的视觉特性之后的结果。

3. 亮度敏感性

在定义亮度时虽然考虑了人眼的光谱灵敏度,但实际观察景物时所获得的亮度感觉并不仅由景物的亮度决定,它与景物所处的周围环境亮度也有关。亮度感觉是指能分辨出不同的亮度层次。亮度敏感性可以反映人眼对某一个背景亮度下噪声的敏感程度,一般用该背景下可察觉的噪声门限来表达。

人眼对不同的亮度具有不同的敏感性,在平均亮度大的区域,人眼对亮度误差噪声敏感度较低;而在亮度变化平缓的区域,亮度的少量变化就容易被人眼觉察到。这说明,处于较低亮度背景下的噪声要比较高亮度背景下的噪声更容易被察觉。实验表明,人眼觉察亮度变化的能力非常有限。例如,在某一亮度下,亮度发生变化并且人眼刚好能够觉察出此变化,这个变化值就是最小亮度变化量,如果称此变化量为一级亮度级差,则每增加一个最小亮度变化量,就增加一级亮度级。

人眼在适应平均亮度的情况下,能够感受的相对亮度比较小,且主观亮度感觉存在相对性,这给图像的传送和再现带来了方便。亮度敏感性在图像处理方面有很大的应用价值,一方面,它使得重现图像的亮度无须等于实际图像的亮度,而只要保持两者的最大亮度和最小亮度比值不变即可;另一方面,人眼不能辨别的亮度差别在图像复现时没有必要复制出来,所以只要复现图像和实际图像具有相同的亮度层次,就会给人以真实的感觉。

通常将景物或重现图像的最大亮度 L_{max} 与最小亮度 L_{min} 之比称为对比度,用符号 C 表示,即

$$C = \frac{L_{max}}{L_{min}} \tag{3-1}$$

画面的最大亮度与最小亮度之间所能分辨的亮度感觉级数称为亮度层次,也称为灰度。由于人眼的亮度感觉是相对的,即同一亮度在不同的环境下给人的亮度感觉是不同的,因此当人们看电视时,在考虑到环境亮度后电视图像的对比度可以表示为

$$C = \frac{L_{max} + L_{\varphi}}{L_{min} + L_{\varphi}} \tag{3-2}$$

其中,L_{φ} 为环境亮度。

4. 视觉系统对颜色的感知特性

在自然界中,当阳光照射到不同的景物上时,所呈现的色彩不同。这是因为不同的景物在太阳光的照射下,反射(或透射)了可见光谱中的不同成分而吸收了其余部分,从而引起人眼的不同彩色视觉。例如,一张纸受到阳光照射后如果主要反射蓝光谱成分,而吸收白光中的其他光谱成分,这样,当反射的蓝光射入到人眼时就引起蓝光视觉效果,因此观察者判定这是一张蓝纸。彩色是与物体相关联的,但是彩色并不只是物体本身的属性,也不只是光本身的属性。所以,同一物体在不同光源照射下所呈现的彩色效果也不同。例如,当绿光照射到蓝纸上时,纸将呈现黑色。由此可见,彩色的感知过程包括了光照、物体的反射和人眼的机能三个方面的因素。从视觉的角度,描述彩色时会用到亮度、色调和饱和度三个术语,在3.2.1节会对这三个术语的概念进行详细介绍。

尽管不同波长的光波所呈现的颜色不同,但我们会经常观察到这样的现象:适当比例的红光和绿光混合起来,可以产生与单色黄光相同的彩色视觉效果;又如,日光也可以由红、绿、蓝三种不同波长的单色光以适当比例组合而成。实际上自然界中的任何一种颜色都能由这三种单色光混合而成,因而红、绿、蓝被称为三基色。通过对人眼的解剖发现,视网膜上有三种类型的锥状细胞,正好与三基色相对应,它们各自的光谱灵敏度曲线如图3-3所示。三条实线分别表示红敏细胞、绿敏细胞和蓝敏细胞的光谱灵敏度曲线,如果将三者叠加起来,则可获得明视觉情况下的光谱灵敏度曲线(虚线);反之,对某单色光来讲,它可以与一条、两条或三条灵敏度曲线相交。例如从图中可知,580nm黄光的波长所对应的光谱灵

敏度曲线有两条,这说明该波长的黄光既可以激励红敏细胞,又可以激励绿敏细胞。换句话说,就是当红光和绿光以适当的比例混合起来并同时作用在视网膜上时,将分别激励红敏细胞和绿敏细胞从而产生彩色感觉,而且可以与黄光所引起的视觉效果相同。这说明自然界中任何一种色彩都可以通过红、绿、蓝三基色混合而成。因此,人们研制出相关器件,成功地利用三基色实现各种色彩的合成。

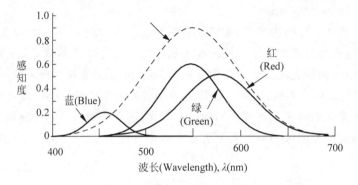

图 3-3　三种锥状细胞的光谱灵敏度曲线

5. 人眼的分辨率与空间频率

如果在人眼正前方一定的距离上有两个彼此靠近的黑点,当它们靠近到一定程度时,人眼便无法分辨出它们,只是感觉到前面是一个连在一起的黑点。这说明人眼分辨景物细节的能力是有限的,通常将人眼对这种分辨景物细节的能力称为分辨力。人眼的分辨力表征了眼睛分辨两点或两线的能力,但是没有普遍性,只有局限性。

人眼的分辨力究竟有多高?可以用什么方法对其进行描述?这一直是人们非常关注的问题。经过长期的研究发现,将人眼等效为一个空间频率滤波器,这样,在考虑到分辨力与照度、对比度和噪音等方面影响的同时,便可以利用滤波器的频率特性来表示人眼的分辨力。可见空间频率的概念在图像技术中占有很重要的地位。

对于时间频率,使用单位时间内的某物理量(如电压、电流)周期性变化的次数来定义,单位为周/秒,其自变量为时间。而空间频率则是某物理量(如亮度、发光强度)在单位空间距离内周期性变化的次数,单位为周/米。

实验研究发现,人眼对不同空间细节的分辨力是变化的,可用视觉空间频率响应曲线表示,如图 3-4 所示。图中横坐标为空间频率,即单位视角(1°)内所含的黑白条数;纵坐标则表示空间频率的传输特性。

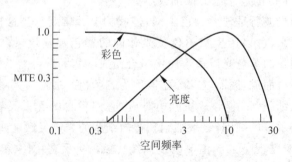

图 3-4　视觉空间频率响应曲线

从图 3-4 中可以看出,人眼对彩色细节的分辨能力远比对亮度细节的分辨能力低。例如,原有黑白相间的条纹,当它们距人眼一定距离时仍能分辨出黑白之间的差别;但是如果保持条纹之间的距离,将黑白条纹换成彩色条纹,此时便无法做出分辨。更典型的,如果此时条纹是红、绿相间,则观察到的只是一片黄色。另外,如果在白色的背景上刚好分辨出黑色细节的直径为 1mm,而在相同条件下,在红色背景上能分辨出绿色细节的直径却为2.5mm。可见,人眼对不同色调细节的分辨力是不同的。

据资料显示,人眼分辨景物彩色细节的能力很差。因此,彩色电视系统在传输彩色图像时,细节部分可以不传送彩色信息,而只传送黑白信息,以此来节约传输频带资源。

6. 视觉惰性和闪烁

人眼对亮度改变的响应滞后性称为视觉惰性,即人眼对亮度突变的适应需要一定的过渡时间。这就会造成在突变的亮度刺激下,亮度感觉要比实际的亮度大;而亮度消失后,亮度感觉并不立即消失,一般能保持 0.05～0.1s(称为眼睛的记忆性)。

实验表明,若景物以间歇性光亮重复呈现,只要重复频率大于 20Hz,视觉上始终保留有景物存在的印象。电影和电视中正是利用了人眼的这种特性,当连续播放原本时间和空间上不连续的多幅静止图像时,只要保证前一幅图像的印象还未消失,而后一幅图像的印象已经建立,便能够在大脑中形成图像内容连续运动的感觉。因此,在电影中通过每秒变换24 次静止画面以给人较好的连续运动感觉。而在电视技术中则是利用电子扫描的方法,每秒更换 25～30 幅图像来获得图像连续感。

如果观察者观察到一个具有周期性的光脉冲,当其重复频率不够高时,便会产生一明一暗的感觉,这种感觉就是闪烁。但当重复频率足够高时,闪烁感觉将会消失,随之看到的是一个恒定的亮点。临界闪烁频率就是指闪烁感觉刚刚消失时的频率,它与脉冲亮度有关,脉冲的亮度越高,临界闪烁频率也相应地增高。实验证明,在电影银幕的亮度照明下,人眼的临界闪烁频率约为 46Hz。因此,在电影中以每秒 24 幅图像的速度将其投向银幕,并在每幅图像停留的过程中用一个机械光阀将投射光遮挡一次,这样,重复频率达到每秒 48 次,就可以使观众产生连续的、不闪烁的视觉感受。

3.2　图像的表示与存储

生活中我们经常可以看到彩色图像、灰度图像和黑白图像,其中以彩色图像最为常见。对彩色图像进行采样和量化后的数据量非常庞大,不便于传输和存储,为此寻找了相应的解决办法,利用人眼的视觉特性降低彩色图像的数据量。

3.2.1　颜色的基本概念

在自然界中,光的颜色与波长是一一对应的,比如红、橙、黄、绿、青、蓝、紫,就是可见光谱中的彩色。而物体的颜色通常指的是在自然光(白光)下物体所呈现的彩色,它与物体对光的反射特性、透射特性有关。通常使用亮度、色调、饱和度来描述彩色视觉,人眼看到的任意彩色光都是这三个特性的综合效果。

(1)亮度:亮度是发射光或物体反射光明亮程度的度量,它是光作用于人眼所产生的明暗程度的感觉。物体的亮度决定于物体反射(或透射)光的能力,也决定于照射该物体的光源的辐射光功率。反射光(或透射光)的能力越强,即物体的反射系数(透射系数)越大,物体越明亮。照射物体的光源的辐射功率越大,物体越明亮。

(2) 色调:色调是某种波长的颜色光使观察者产生的颜色感觉,每个波长代表不同的色调,它反映颜色的类别,决定颜色的基本特性。例如,红色、黄色、蓝色等都是指色调。某一物体的色调取决于物体对光的反射特性,也就是该物体在日光照射下所反射的各光谱成分作用于人眼的综合效果,对于透射物体则是透过该物体的光谱综合作用的结果。例如,某物体为红色,就是指自然光照到该物体上物体反射红光,而其他波长的光全被物体吸收了。

(3) 饱和度:饱和度是颜色强度的度量,用来描述彩色的深浅程度。对于同一色调的彩色光,饱和度越高颜色越鲜明(或者越纯),反之颜色越浅。例如红色和粉红色的区别,虽然这两种颜色有相同的主波长,但粉红色混合了更多的白色在里面,因此显得不太饱和。彩色光的饱和度取决于这种彩色光所含白光的多少,所含白光越少则饱和度越高。

3.2.2 图像信号的表示

1. 二值图像

二值图像是指只有黑色和白色两种像素的图像,每个像素用 1 位二进制数表示。通常用"0"表示黑色,"1"表示白色。例如由黑白两种像素组成的地图、路线图等都是二值图像。二值图像主要用于早期不能识别颜色和灰度的设备,通常用于文字等目标的识别。

2. 灰度图像

灰度图像最多使用 256 级灰度来表现图像,图像中的每个像素具有 0(黑色)～255(白色)之间的亮度值。此外,灰度值也可以用黑色油墨覆盖的百分比来表示(0%表示白色,100%表示黑色)。在将彩色图像转换为灰度模式的图像时,会丢掉原图像中所有的彩色信息。与黑白图像模式相比,灰度模式能够更高地表现高品质的图像效果。

需要注意的是,彩色图像可以转化为灰度图像,但若想将一个灰度模式的图像重新转换为彩色模式的图像,则不可能恢复原先丢失的颜色。所以,在将彩色图像转换为灰度图像时,应当尽量保留备份文件。

3. 彩色图像

彩色空间是表示颜色的一种数学方法,人们用它来指定和产生颜色,使颜色形象化。彩色空间中的颜色通常使用三个参数的三维坐标来指定,这些参数描述的是颜色在彩色空间中的位置,但并没有告诉我们是什么颜色,其颜色要取决于我们使用的坐标。例如,使用色调、饱和度和明度构造的一种彩色空间,称为 HSB(Hue,Saturation and Brightness)彩色空间。RGB(Red,Green and Blue)和 CMY(Cyan,Magenta and Yellow)是最流行的彩色空间,它们都与设备相关,前者用在显示器上,后者用在打印设备上。

从技术角度区分,彩色空间可以分成如下三类。

(1) RGB 型彩色空间(计算机图形彩色空间):这类模型主要用于电视机和计算机的颜色显示系统,如 RGB、HSI、HSL、HSV 等彩色空间。

(2) XYZ 型彩色空间:这类彩色空间由国际照明委员会定义,通常作为国际性的彩色空间标准,用作颜色的基本度量方法。例如,CIE 1931 XYZ、$L^* a^* b^*$、$L^* u^* v^*$ 和 LCH 等彩色空间就可以作为过渡性的转换空间。

(3) YUV 型彩色空间(电视系统彩色空间):由广播电视的需求推动而开发的彩色空

间,主要目的是通过压缩色度信息以有效地播送彩色电视图像,如 YUV、YIQ、YC_bC_r、$Y'C_bC_r$ 和 $Y'P_bP_r$ 等彩色空间。

下面详细介绍各彩色空间。

1) RGB 彩色空间

RGB 彩色空间是用于显示和保存彩色图像的最常用方式,由 R(红)、G(绿)、B(蓝)三个分量组成,在三维空间中的三个分量由三个轴分别与之对应。原点对应于黑色,离原点最远的顶点对应于白色,其他颜色落于三维空间中。RGB 彩色空间可以表示成一个如图 3-5 所示的三维立方体,立方体内每一点的坐标分别代表 R、G、B 三个分量的值。任何一种颜色都可以由这三种颜色产生,并且这三种颜色的组合是唯一的;如果两种颜色是相同的,两者的三个分量乘以或除以相同的因子后所合成的颜色也是相同的;混合光的亮度等于各分量的亮度之和。RGB 通常用于电视系统和数码相机的建模,视频监视器就是通过调节每一像素的三基色(RGB)亮度来实现彩色图像显示的。

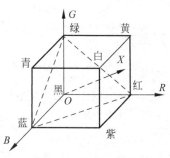

图 3-5 3D 立方体表示的 RGB 彩色空间

RGB 颜色空间的主要缺点:①不直观,从 RGB 值中很难看出其所表示的颜色属性;②不均匀,两个色点之间的距离不等于两个颜色之间的知觉差异;③对硬件设备具有依赖性。为了克服 RGB 颜色空间不均匀和不直观的缺点,在彩色图像处理中大多采用更加符合颜色视觉特性的颜色空间。RGB 颜色空间能够被转变成所需要的其他任何颜色空间。

2) YUV 和 YIQ 彩色空间

在彩色电视制式中,使用 YIQ 和 YUV 模型来表示彩色图像。YIQ 颜色空间是美国国家电视标准委员会(NTSC)定义的电视广播标准。在 YIQ 颜色空间中,Y 为亮度信息,I、Q 为色度值,是两个彩色分量。其中,I 为橙色向量,Q 为品红色向量,各分量近似正交。正交颜色空间主要应用在彩色电视系统,可以减少电视信号传输的带宽,也是彩色图像编码和压缩的基础。YIQ 颜色分量关系如图 3-6 所示。

欧洲定义并使用 YUV 格式,在这种颜色空间中,Y 为亮度信息,U、V 为色差信号。U、V 是构成彩色的两个分量,在平面上是两个相互正交的矢量,如图 3-7 所示。

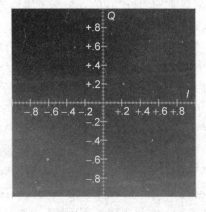

图 3-6 YIQ 颜色分量

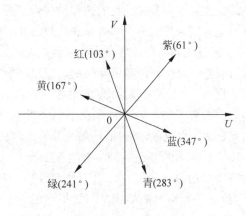

图 3-7 YUV 颜色空间

YUV 颜色空间与 YIQ 颜色空间类似，差别仅在于多了一个 33°的旋转，二者关系如图 3-8 所示。

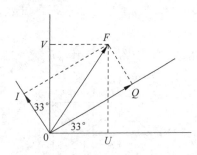

图 3-8　YUV 空间分量与 YIQ 空间分量关系

电视信号在发射时转换成 YUV 形式，接收时再还原成 RGB 三基色信号，由显像管显示。YUV 表示法中的亮度信号(Y)和色度信号(U、V)是相互独立的，也就是 Y 信号分量构成的黑白灰度图与用 U、V 信号构成的另外两幅单色图是相互独立的。黑白电视机能够接收彩色电视信号就是利用了 YUV 分量之间的独立性。YUV 表示法的另一个优点是可以利用人眼的特性来降低数字彩色图像所需要的存储容量。

3）HSI 彩色空间

HSI（Hue-Saturation-Intensity）是图像处理中另一种常用的彩色空间，与其他彩色空间相比，它更加符合人眼对色彩的感知心理，而且更能体现人眼的视觉特点。HSI 有一些其他的变形，例如 HSB（Hue-Saturation-Brightness）、HSL（Hue-Saturation-Lightness），以及 HSV（Hue-Saturation-Value）等。

HSI 系统把图像的彩色信息和亮度信息分开，亮度描述图像的明暗，色彩信息由色调和饱和度表示。由于人眼视觉对亮度的敏感程度远强于对颜色浓淡的敏感程度，视觉系统经常采用 HSI 色彩空间，它比 RGB 色彩空间更加符合人的视觉特性。在图像处理和计算机视觉中，大量算法都可以在 HSI 色彩空间中方便地使用，它们可以分开处理而且相互独立，因此在 HSI 色彩空间可以大大简化图像分析和处理的工作量。

HSI 系统用 H 和 S 表示颜色信息，I 表示一幅图像中像素的整体亮度，这与人眼对色彩的感知特征非常吻合。人眼视觉系统很容易区分不同的色调，但却难以通过不同亮度和饱和度去识别不同的色彩。由于 HSI 空间是由 RGB 空间直接经过线性变化而来，因此和 RGB 空间一样，其明显的缺点就是和设备有关，而且其色调通常是不连续的，这也为颜色的后续处理带来了不便。

4）CIE 均匀彩色空间

均匀颜色空间本质上仍是面向视觉感知的颜色空间，只是在视觉感知方面更为均匀。在对颜色的感知、分类和鉴别中，对颜色的描述应该是越准确越好。从图像处理的角度来看，对颜色的描述应该与人对颜色的感知越接近越好。从视觉均匀的角度来看，人所感知到的两种颜色的距离应该与这两个颜色在表达颜色空间中的距离越成比例越好。如果在颜色空间中任选一点，通过该点的任一方向上相同的距离能表示相同的颜色感觉变化，则称这样的颜色空间为均匀颜色空间。均匀颜色空间的确定是试图完全地按照人类对颜色的感知来划分颜色。

CIE L*a*b* 颜色空间是为感觉均匀而设计的一个国际标准，其目的是使人感受的颜色差别等同对应 CIE L*a*b* 颜色空间中相等的欧几里得距离，即所有颜色都按照其实验测得的相互之间知觉色差，尽可能均匀地分布于颜色空间，这是目前最均匀的颜色空间。

CIE 早期推荐的颜色空间主要有麦克斯韦三角形、RGB 坐标、XYZ 坐标等。因为提出它们的最初目的只是为了充分而方便地表达出自然界的色彩，所以没有考虑人眼的颜色分辨特性，独立性和均匀性都较差。如果颜色模型能够提供空间位置与视觉系统间良好的对应关系，就会给颜色的研究工作带来很多方便。CIE 于 1976 年提出的 CIE L*a*b* 色度系统就是这样一个颜色空间。在该系统中,明度 L 表示颜色明亮的程度,0 为黑色,100 为白色,1~100 为灰色;a^* 表示红色在颜色中占有的成分,$-a^*$ 表示红色的补色(绿色)在颜色中占有的成分;b^* 代表颜色中黄色的成分,$-b^*$ 表示黄色的补色(蓝色)在颜色中占有的成分,其颜色空间如图 3-9 所示。CIE $L^* a^* b^*$ 颜色空间是基于对立色理论和参考白点而建立的,与设备无关,适用于接近自然光照的应用场合。

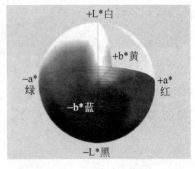

图 3-9 CIE $L^* a^* b^*$ 颜色空间图

CIE 同时定义了 CIE $L^* u^* v^*$ 颜色空间。与 CIE $L^* a^* b^*$ 类似,u^*、v^* 也表示由色调和饱和度形成的颜色感知属性。CIE $L^* u^* v^*$ 和 CIE $L^* a^* b^*$ 有一些共同的特点,它适用于显示器和根据加色原理进行组合的应用场合。

4. 彩色空间之间的转换

利用线性或非线性变换,可以由某个彩色空间推导出其他的彩色特征空间。不同颜色可以通过一定的数学关系相互转换。

1) RGB 与 YUV 空间的转换

YIQ 适用于 NTSC 彩色电视制式的信号编码,它通过 RGB 模型的线性变换而得到

$$\begin{cases} Y = 0.299R + 0.587G + 0.114B \\ I = 0.596R - 0.275G - 0.321B \\ Q = 0.212R - 0.523G + 0.311B \end{cases} \tag{3-3}$$

或表达成矩阵形式

$$\begin{bmatrix} Y \\ I \\ Q \end{bmatrix} = \begin{bmatrix} 0.299 & 0.587 & 0.114 \\ 0.596 & -0.275 & -0.321 \\ 0.212 & -0.523 & 0.311 \end{bmatrix} \begin{bmatrix} R \\ G \\ B \end{bmatrix} \tag{3-4}$$

其中 R、G、B 为归一化的值;Y 分量代表色彩的亮度;I、Q 是两个彩色分量。

RGB 与 YUV、YC_bC_r 之间的相互转换利用式(3-5)、式(3-6)进行

$$\begin{bmatrix} Y \\ U \\ V \end{bmatrix} = \begin{bmatrix} 0.229 & 0.587 & 0.114 \\ -0.147 & -0.289 & 0.436 \\ 0.615 & -0.515 & -0.100 \end{bmatrix} \begin{bmatrix} R \\ G \\ B \end{bmatrix} \tag{3-5}$$

$$\begin{bmatrix} Y \\ C_b \\ C_r \end{bmatrix} = \begin{bmatrix} 0.229 & 0.587 & 0.114 \\ -0.169 & -0.331 & 0.500 \\ 0.500 & -0.419 & -0.081 \end{bmatrix} \begin{bmatrix} R \\ G \\ B \end{bmatrix} + \begin{bmatrix} 0 \\ 128 \\ 128 \end{bmatrix} \tag{3-6}$$

2) RGB 与 HSI 空间的相互转换

对于彩色图像而言,有时需要将 RGB 变换为 HSI 坐标,对应的转换公式如下:

$$\begin{cases} I = \dfrac{R + G + B}{3} \\ H = \dfrac{1}{360}\left[90 - \arctan(F/\sqrt{3}) + a\right], \quad 其中 F = \dfrac{2R - G - B}{G - B}, a = \begin{cases} 0, & G \geqslant B \\ 180, & G < B \end{cases} \\ S = 1 - \dfrac{\min(R, G, B)}{I} \end{cases} \tag{3-7}$$

3）RGB 与 CIE 的转换

CIE 彩色系统是一种均匀彩色空间,它的三个分量为 X、Y、Z,可以通过 RGB 三分量线性变换而得到

$$\begin{bmatrix} X \\ Y \\ Z \end{bmatrix} = \begin{bmatrix} 0.607 & 0.174 & 0.200 \\ 0.299 & 0.587 & 0.114 \\ 0.000 & 0.066 & 1.116 \end{bmatrix} \begin{bmatrix} R \\ G \\ B \end{bmatrix} \tag{3-8}$$

当 XYZ 三色坐标定义好后,就可以定义 CIE 彩色空间,CIE $L^* a^* b^*$ 和 CIE $L^* u^* v^*$ 是典型的两种,它们是通过对 X、Y、Z 值的非线性变换得到的。

CIE $L^* a^* b^*$ 定义为

$$\begin{cases} L^* = 116\left(\sqrt[3]{\dfrac{Y}{Y_0}}\right) - 16 \\ a^* = 500\left(\sqrt[3]{\dfrac{X}{X_0}} - \sqrt[3]{\dfrac{Y}{Y_0}}\right) \\ b^* = 200\left(\sqrt[3]{\dfrac{Y}{Y_0}} - \sqrt[3]{\dfrac{Z}{Z_0}}\right) \end{cases} \tag{3-9}$$

X_0、Y_0、Z_0 为标准白光对应的 X、Y、Z 值。

CIE $L^* u^* v^*$ 色度空间定义为

$$\begin{cases} L^* = 116(\sqrt[3]{Y/Y_0}) - 16 \\ u^* = 13L^*(u - u_0) \\ v^* = 13L^*(v - v_0) \end{cases} \tag{3-10}$$

其中,$u = \dfrac{4X}{X + 15Y + 3Z}$,$v = \dfrac{9Y}{X + 15Y + 3Z}$,$u_0 = \dfrac{4X_0}{X_0 + 15Y_0 + 3Z_0}$,$v_0 = \dfrac{9Y_0}{X_0 + 15Y_0 + 3Z_0}$。

L^* 为明度;X、Y、Z 为 RGB 彩色空间样本,在 XYZ 空间坐标对应三个刺激值;u、v 为颜色样本的色度坐标;X_0、Y_0、Z_0 为 CIE 标准照明体照射在完全反射漫射体上再经完全反射漫射体射到观察者眼中的物体色刺激的三个刺激值,可以通过查表得到。

3.2.3 图像文件存储格式

在静态图像数据文件中,通常包含图像尺寸(宽度和高度)、颜色信息(彩色模型、深度和调色板等)、组织结构(色彩平面或图像平面)、压缩编码方式、位和字节顺序(低位在前或高位在前)等信息。伴随计算机技术的发展历程,出现过几十种图像文件的格式,常见的图像文件格式有以下几种。

1. GIF 格式(*. gif)

GIF 是英文 Graphics Interchange Format(图形交换格式)的缩写,这种格式是用来交换图片的。19 世纪 80 年代,美国一家著名的在线信息服务机构 CompuServe 针对当时网络传输带宽的限制,开发出了这种 GIF 图像格式。

GIF 文件的数据,是一种基于 LZW 算法的连续色调无损压缩模式,该格式的特点是压缩比高(压缩率一般在 50% 左右)、磁盘空间占用较少,所以这种图像格式迅速得到了广泛的应用。最初的 GIF 只是简单地用来存储单幅静止图像(称为 GIF87a),后来随着技术发展,可以同时存储若干幅静止图像进而形成连续的动画,使之成为当时为数不多的支持 2D

动画的格式之一(称为 GIF89a)。目前,Internet 上大量采用的彩色动画文件多为这种格式的文件,也称为 GIF89a 格式文件。

此外,考虑到网络传输的实际情况,GIF 图像格式还增加了渐显方式。也就是在图像传输的过程中,用户可以先看到图像的大致轮廓,然后随着传输过程的继续而逐步看清图像中的细节部分,从而适应了用户的"从朦胧到清楚"的观赏心理。GIF 格式的缺点是不能存储超过 256 色的图像。尽管如此,这种格式仍在网络上大行其道地应用,这和 GIF 图像文件短小、下载速度快、可用和许多具有同样大小的图像文件组成动画等优势是分不开的。

2. BMP 格式(＊.bmp)

BMP(Bitmap-File,位图)格式是常用的图像存取格式之一,是微软公司为其 Windows 操作系统环境设置的标准图像文件格式,最大色深为 24bit,可以不压缩存储,也可以用游程编码进行无损压缩方案存储,能够被多种 Windows 应用程序所支持。Windows 的应用程序"调色板"就是以这种格式存取图像文件的。随着 Windows 操作系统的流行和大量 Windows 应用程序的开发,BMP 位图格式理所当然地被广泛应用。这种格式的特点是包含的图像信息较为丰富,几乎不进行压缩,由此导致它占用磁盘空间过大。由于 Windows 系统内部各图像绘制操作都是以 BMP 为基础的,所以目前 BMP 在 PC 上比较流行。

3. JPEG(＊.jpg/＊.jpeg)和 JPEG 2000 格式

JPEG 也是常见的图像格式,它由联合照片专家组(Joint Photo Graphic Experts Group)开发并命名为"ISO10918-1",JPEG 仅是一种俗称。JPEG 格式的压缩技术十分先进,采用有损压缩方式去除冗余的图像和彩色数据,在获取极高压缩率的同时还能展现十分丰富生动的图像。同时,JPEG 还是一种很灵活的格式,具有调节图像质量的功能,允许使用不同的压缩比例对文件进行压缩,例如,最高可以把 1.37MB 的 BMP 位图文件压缩至 20.3KB,同时完全可以在图像质量和文件大小之间找到平衡点。

由于 JPEG 优异的品质和杰出的表现,它的应用也非常广泛,特别是在网络和光盘读物上应用较多。目前各类浏览器均支持 JPEG 图像格式,因为 JPEG 格式的文件尺寸较小,下载速度快,使得 Web 页面有可能以较短的下载时间提供大量美观的图像。

JPEG 2000 作为 JPEG 的升级版,有一个正式名称"ISO15444"。与 JPEG 相比,它是具备更高压缩率以及更多新功能的新一代静态影像压缩技术,其压缩率比 JPEG 高约 30%。与 JPEG 不同的是,JPEG 2000 同时支持有损和无损压缩,而 JPEG 只能支持有损压缩。JPEG 2000 的一个极其重要特征在于它能实现渐进传输,这一点与 GIF 的"渐显"相似,而不必像 JPEG 一样由上到下慢慢显示。此外,JPEG 2000 还支持所谓的"感兴趣区域"特性,用户可以任意指定影像上感兴趣区域的压缩质量,还可以选择指定的部分先解压缩。JPEG 2000 和 JPEG 相比优势明显,且向下兼容,可以应用于传统的 JPEG 市场,例如扫描仪、数码相机等,亦可应用于新兴领域,如网络传输、无线通信等。

4. TIFF 格式(＊.tif/＊.tiff)

TIFF(Tag Image File Format,标签图像文件格式)是一种主要用于存储照片和艺术图片的图像文件格式,由 Aldus 和微软联合开发。TIFF 的特点是图像格式复杂、存储信息多。也正因为它存储的图像细微层次信息非常多,图像的质量也得以提高,故而非常有利于原稿的复制。TIFF 最初的设计目的是 20 世纪 80 年代中期时给桌面扫描仪厂商提供一个公用的扫描图像文件格式,而不是每个厂商使用自己专有的格式。在刚开始的时候,TIFF

只是一个二进制图像格式,因为当时的桌面扫描仪只能处理这种格式。但是随着扫描仪的功能越来越强大,同时计算机的磁盘空间越来越大,TIFF 逐渐支持灰度图像和彩色图像。

TIFF 格式有压缩和非压缩两种形式,其中压缩形式可以采用 LZW 无损压缩方案存储。目前在 Mac 和 PC 上移植 TIFF 文件比较方便,因此 TIFF 也是 PC 上使用较广泛的图像文件格式之一。

5. PNG 格式(*.png)

PNG(Portable Network Graphics)是一种新兴的网络图像格式。1994 年底,Unisys 公司宣布 GIF 拥有专利的压缩方法,要求开发 GIF 软件的作者必须缴纳一定费用,由此促使了免费的 PNG 图像格式诞生。PNG 一开始便结合 GIF 和 JPG 两家之长,打算一举取代这两种格式。1996 年 10 月 1 日,由 PNG 向国际网络联盟提出并得到推荐认可标准,并且大部分绘图软件和浏览器开始支持 PNG 图像浏览,从此 PNG 图像格式焕发生机。

PNG 是目前最不失真的格式,它汲取了 GIF 和 JPG 两者的优点,存储形式丰富,兼有 GIF 和 JPG 的色彩模式;它的另一个特点是能把图像文件压缩到极限以利于网络传输,但又能保留所有与图像品质有关的信息。因为 PNG 采用无损压缩方式来减少文件的大小,这一点与牺牲图像品质以换取高压缩率的 JPG 有所不同。此外,PNG 的显示速度很快,只需下载 1/64 的图像信息就可以显示出低分辨率的预览图像。PNG 同样支持透明图像的制作,可以把图像背景设为透明,用网页本身的颜色信息来代替设为透明的色彩,这样可以让图像和网页背景很和谐地融合在一起。PNG 的缺点是不支持动画应用效果。

6. PSD 格式(*.psd)

PSD/PDD 是 Adobe 公司的图形设计软件 Photoshop 的专用格式,PSD 文件可以存储成 RGB 或 CMYK 模式,能够自定义颜色数并加以存储,还可以保存 Photoshop 的层、通道、路径等信息,是目前唯一能够支持全部图像色彩模式的格式。正是因为这样,通常 PSD 格式的文件相对来说比较大,而且能够直接识别的软件也较少。

3.2.4　图像质量的评价

对于视频和图像来说,人是最终的信息接收者。要评价图像的质量,就要以图像本身的属性及人对于图像的理解为研究的出发点,这其中涉及了很多领域,例如心理学、认知学、生物学等。所以,图像质量评价的方法应该是基于人类视觉系统,与人感知图像的内容信息保持一致,这也是图像质量评价的一个重大发展趋势。

1. 影响图像质量的因素

图像质量评价一直是图像处理领域研究的基础和重点。人们想获取的图像应该是美观、清晰的。但实际上,数字图像通信系统与一般的数字通信系统一样,对所传递的图像信号都要经过抽样、量化和编码这三大过程。其中,在信号量化过程中会存在不可逆的量化误差。另外,由于图像信号的数据量非常庞大,为了提高信道的频带利用率并降低存储容量,往往采取图像压缩技术,在此过程中同样存在失真问题。因此,图像在摄取、传输、被人眼视觉感知的整个过程中,或多或少存在图像信息的丢失以及被引入各种失真信息,导致图像质量的损失。评定图像相关系统及算法的好坏,一个重要的指标是图像的质量情况。图像质量评价方法主要有两种:主观质量评价方法(Subjective Quality Assessment)和客观质量评价方法(Objective Quality Assessment)。

2. 图像质量的主观评价

主观评价是指观察者根据自己的感觉对图像质量进行评价。由于每个人的经验不同，因此对于图像的理解角度也会不同。主观评价方法首先规定一些评价尺度，然后由实验人员在这些尺度范围内对图像进行客观打分，再把这些分数进行加权平均。因为人是接收图像信息的最终端，所以主观评价方法是最合理的图像质量评价方法。

主观评价有很多种，主要分为绝对评价和相对评价两种类型，如表 3-1 所示。

表 3-1　绝对尺度和相对尺度对照表

等　　级	绝 对 尺 度	相 对 尺 度
1	很好	一批中最好的图像
2	较好	好于该批中平均水平的图像
3	一般	该批中平均水平的图像
4	较差	差于该批中平均水平的图像
5	很差	该批中最差的图像

主观质量评价方法的主体是人，总体上能够比较好地评价出图像质量的具体情况，也是最自然、最直接的评价方式。但是，主观评价方法会受到观察者个人因素的影响，例如观察动机、观察环境及心理状态等。其次，主观评价方法不仅需要很大的人力付出，而且需要消耗很长的时间，要求观察者对图像一幅一幅地观测，但在实时图像传输过程中，这些都是不符合实际情况的，操作起来也是相当麻烦，所以一般的图像评价模型很少用到主观质量评价。但是，因为主观质量评价的准确性较高，可以作为一种标准来验证客观质量评价方法的有效性。

3. 图像质量的客观评价

图像质量的客观评价方法是指从图像的物理属性出发进行数学建模，利用数学公式来得到图像质量评分。客观评价方法的主体是机器，实际上是模拟人来进行图像质量评价。客观评价一般使用测评图像偏离参考图像的误差来衡量测评图像的质量，即保真度。

传统的图像质量评价算法主要有基于均方误差的评价方法（MSE）和基于峰值信噪比的评价方法（PSNR）。均方误差的表达式为

$$\text{MSE} = \frac{\sum_{0 \leqslant i \leqslant M} \sum_{0 \leqslant j \leqslant N} (p_{ij} - p_{ij}^*)^2}{M \times N} \tag{3-11}$$

其中，$p_{ij} - p_{ij}^*$ 表示原始标准图像与测评图像之间的对应像素差值，$M \times N$ 为像素总个数。均方误差从直观意义上描述了原始标准图像与测评图像之间的差异。峰值信噪比的表达式为

$$\text{PSNR} = 10\log_{10} \frac{255^2}{\text{MSN}} \tag{3-12}$$

这两个公式的优点在于算法简单、严格、便于理解。它们是基于每个像素的比较而得出的差别，把所有的像素点一视同仁。但事实上，每个像素之间是存在联系的，而 MSE 与 PSNR 的方法只是对图像进行纯误差统计计算，这偏离了人眼的视觉特性。

1) 客观质量评价的分类

随着数字图像技术的发展及理论突破，客观质量评价变得越来越重要，各种形式的评价

算法被提出。客观质量评价算法大致可以分为三类：全参考（Full Reference，FR）图像质量评价、部分参考（Reduced Reference，RR）图像质量评价和无参考（No Reference，NR）图像质量评价。

全参考质量评价是指在评价失真图像时，根据与参考图像之间的差异性进行判别，而且对于参考图像的要求非常高，一般是无失真的、最理想的图像。这种算法的思想是从两个图像的相似程度上去理解图像质量，假设参考图像为完全标准，如果两个图像完全一样，可以定义相似程度为100%；而出现失真则相似程度在0%～100%。因为人类视觉感知系统的发展还很有限，从图像本身出发来归类何种失真以及失真的状态还存在一定的困难。但是从参考图像出发则不同，因为它可以在评价图像质量时提供一个最为准确的标准，这样就不需要复杂的特征建模。因此，目前大多数图像质量评价方法都基于参考图像。

无参考质量评价方法是指在完全没有原始图像参与的情况下，对失真图像进行质量评价。虽然全参考质量评价性能比较优越，但有一个很大的条件就是需要参考图像，这在很多应用中是无法实现的，比如视频广播的质量监控。更重要的是，人类天生具有这样的功能，就是在完全没有任何参照物参与的情况下，能够轻易对图像、视频的质量做出独立准确的判断。而客观评价的最终目的就是最大程度拟人化，这使得设计无参考质量评价方法是可行的。当然，无参考质量评价所面临的困难还是很多，因为没有参考图像的这个标准，无参考质量评价目前所能达到的性能并不是很理想。

部分参考质量评价方法是指以图像的部分信息作为质量评价的参考，对失真图像进行评价，它是介于全参考评价和无参考评价之间的一种方法。因为在实际评价系统中，或多或少存在着信息的丢失，但是如果能够保证特征信息完整，同样可以很好地进行图像质量的评价。部分参考质量评价方法结合了全参考图像质量评价与无参考图像质量评价两者的优点，参考图像的部分信息也比较容易得到，而且更加符合实际情况。

2）图像质量客观评价的性能指标

分析图像质量客观评价的结果主要有以下步骤。第一步，得出图像的主观分与客观分。一般图像图库中包含了标准参考图像以及各种失真类型的图像，以失真图像作为评价对象，通过实验及测量分别获得图像的客观分和主观分。第二步，建立坐标系，画图。以主观评价和客观评价为轴建立坐标系，图像的主观分和客观分为坐标点，画主、客观数据的散点图。第三步，衡量性能。分析主、客观散点图，通过计算一致性参数指标来判定客观评价方法的性能。

分析图像客观评价与主观评价的一致性，比较常用的参数指标主要有 Pearson 相关系数（Correlation Coefficient，CC）和 Spearman 等级相关系数（Spearman Rank Order Correlation Coefficient，SROCC）。

Pearson 相关系数是一种简单的线性相关性度量方法，具体表达式如下：

$$R_{x,y} = \frac{\sum_{j=0}^{N-1}(x_j - \bar{x})(y_j - \bar{y})}{\sqrt{\sum_{j=0}^{N-1}(x_j - \bar{x})^2}\sqrt{\sum_{j=0}^{N-1}(y_j - \bar{y})^2}} \tag{3-13}$$

其中，N 为图像数目，$\bar{x}$、$\bar{y}$ 分别代表被测图像的主观分与客观分的平均值。Pearson 相关系数的取值在区间[-1,1]上，用于分析客观评价分回归拟合后的结果。其绝对值越接近1，主客观评价之间的相关性就越好。

Spearman 等级相关系数主要用来测量两组按顺序进行配对的样本次序的相关性,又被称为秩相关系数。SROCC 属于一种非参数的统计方法,它的特点是不需要研究样本的分布情况,因此适用性比较强。SROCC 同样也是视频质量专家组中来用判定客观评价方法是否能够很好描述主观质量的标准之一,它的具体计算公式如下:

$$\theta = 1 - \frac{6 \sum\limits_{i=1}^{N} (R_{x_i} - R_{y_i})}{N(N-1)} \qquad (3\text{-}14)$$

其中,R_{x_i}、R_{y_i} 分表代表 x_i、y_i 在各自代表的数组中的顺序序号,这里的顺序序号指的是将整个数组中 x 与 y 里的元素按照从小到大(或从大到小)排列。SROCC 的取值范围同样在区间 $[-1,1]$ 上,它的绝对值越接近 1,就说明主、客观评价之间的相关性越好。

3) 会议电视系统的图像质量评价

会议电视系统显示的是动态的图像,因此上述图像质量的评价方法实现起来难度较大。通常,衡量会议电视系统的图像质量要分别从图像的清晰度、帧速率、唇音同步、延时、运动补偿等几个方面加以考虑。

图像清晰度是指每幅图像所包含的像素数,像素数越多,图像的清晰度越好。帧速率是指每秒传输图像的最大帧数,帧速率越高,图像的动态效果越好。唇音同步是指语音传输和图像中人物的嘴唇运动的同步情况,两者之间的时间差最好不要超过几十毫秒。时延是指图像信号经过编解码、传输所延迟的时间,延迟时间越小越好,最好不要超过几百毫秒。运动补偿是指系统处理运动图像的能力,运动补偿越精确,动态物体的显示越逼真,屏幕的快速响应效果越好。

3.3 图像信号的数字化

人眼所感知的景物一般是连续的,称为模拟图像。这里所说的连续性包含两个方面的含义,即空间位置延续的连续性和每个位置上光强度变化的连续性。连续模拟函数表示的图像无法用计算机进行处理,也无法在各种数字系统中进行传输和存储,必须将代表图像的连续模拟信号转变为离散的数字信号。这样的变化过程称为图像信号数字化,主要包括图像信号的采样、量化和相应的编码三大部分。

3.3.1 图像信号的采样

图像信号的采样与音频信号的采样类似,是将图像信号进行空间离散化的过程。图像被一系列大小完全相等的网格分割成大小相同的小方格,每一个方格称为像素或像元。像素是构成图像的最小单位,每个像素具有独立的属性。一个像素最少包含像素位置和灰度值两个属性,位置由像素所在的行列坐标决定,通常用坐标对 (x,y) 来表示;像素的灰度值可以理解为图像上对应点的亮度值。从这个角度来解释,一幅图像是由许多大小有限的像素组成。一个模拟信号 $f(x,y)$ 的傅氏频谱为 $F(u,v)$,如果其水平方向的截止频率为 U_m,而垂直方向的截止频率为 V_m,那么,只要水平和垂直方向的采样频率分别为 $U_0 \geqslant 2U_m$ 和 $V_0 \geqslant 2V_m$,就可以从采样信号中精确地恢复出原图像,这就是二维采样定理。

假设二维模拟图像信号 $f(x,y)$ 的空间覆盖范围无限大,但其频域上占有有限的频率,当该信号与理想抽样函数相乘时,其抽样后的输出信号为离散图像 $f_P(x,y)$,可表示为

$$f_P(x,y) = f(x,y) \cdot S(x,y) \tag{3-15}$$

对于理想采样而言,其采样函数为空间采样函数 $S(x,y)$,离散形式可以表示为

$$S(x,y) = \sum_{i=-\infty}^{\infty} \sum_{j=-\infty}^{\infty} \delta(x-i\Delta x, y-j\Delta y) \tag{3-16}$$

其中,$\delta(x,y) = \begin{cases} 1, & x=y=0 \\ 0, & \text{其他} \end{cases}$;$\Delta x$、$\Delta y$ 分别为图像 x、y 方向上的采样间隔;δ 函数的采样阵列如图 3-10 所示。

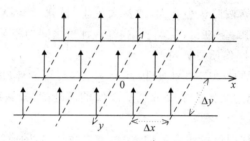

图 3-10 δ 函数的采样阵列

将式(3-16)代入式(3-15)可得

$$f_P(x,y) = f(x,y) \cdot S(x,y)$$

$$= f(x,y) \sum_{i=-\infty}^{\infty} \sum_{j=-\infty}^{\infty} \delta(x-i\Delta x, y-j\Delta y)$$

$$= \sum_{i=-\infty}^{\infty} \sum_{j=-\infty}^{\infty} f(i\Delta x, j\Delta y) \delta(x-i\Delta x, y-j\Delta y) \tag{3-17}$$

可见,采样之后的离散图像信号由一系列均匀采样值构成,其中每一个样值的位置处于 $x=i\Delta x, y=i\Delta y (i=0,\pm 1,\pm 2,\cdots, j=0,\pm 1,\pm 2,\cdots)$。通常都是从频率域观察,因而研究采样后离散图像信号的频谱具有很重要的意义。

根据二维傅里叶变换卷积定理,可以得到频域关系式为

$$F_P(u,v) = F\{f(x,y)\} * F\{\delta(x,y)\} = F(u,v) * \varphi(u,v) \tag{3-18}$$

式中,"$F\{\ \}$"代表傅里叶变换;

$$F(u,v) = F\{f(x,y)\} = \int_{-\infty}^{\infty} \int_{-\infty}^{\infty} f(x,y) e^{-j2\pi(ux+vy)} \mathrm{d}x\mathrm{d}y \tag{3-19}$$

为二维图像函数 $f(x,y)$ 的频谱;

$$\varphi(u,v) = F\{\delta(x,y)\} = \frac{1}{\Delta x \Delta y} \sum_{i=-\infty}^{\infty} \sum_{j=-\infty}^{\infty} \delta(u-i\Delta u, v-j\Delta v) \tag{3-20}$$

为空间域上 δ 函数无穷阵列的傅里叶变换,表示频率域中 δ 函数无穷阵列,其中 $\Delta u = \frac{1}{\Delta x}$,$\Delta v = \frac{1}{\Delta y}$。

经卷积计算可得

$$F_P(u,v) = \frac{1}{\Delta x \Delta y} \sum_{i=-\infty}^{\infty} \sum_{j=-\infty}^{\infty} F(u - i\Delta u, v - j\Delta v) \tag{3-21}$$

假定理想图像的频谱是有限的,由式(3-20)和式(3-21)可得如图 3-11 所示的采样图像频谱。

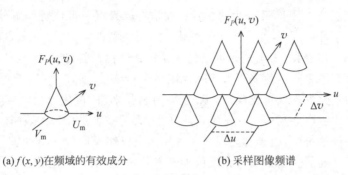

(a) $f(x,y)$在频域的有效成分   (b) 采样图像频谱

图 3-11 采样图像的频谱

图 3-11(a)中锥形区域代表二维图像信号 $f(x,y)$ 在频率域的有效成分,其水平 u 轴和垂直 v 轴截止频率分别为 U_m、V_m,即最大空间频率。由图 3-11(b)可以看出,采样图像频谱是原图像频谱在频域中的无穷多个重复。重复频谱之间间隔 Δu 和 Δv 取决于采样间隔 Δx、Δy 的大小。只要选取合适的 Δx、Δy,就能保证 Δu、Δv 等于或大于原图像截止频率 $2U_m$、$2V_m$,那么各个重复频谱之间就不会重叠。在这种情况下,选用合适的二维重建滤波器,就可以获得一个完整的原图像频谱,再由二维傅里叶反变换获得与原图像一样的重建图像。

3.3.2 图像信号的量化和编码

经过采样的图像只是在空间上被离散为像素的阵列,而每一个像素灰度值仍是具有无穷多个取值的连续变化量,必须将其转化为有限个离散值,赋予不同码字才能真正成为数字图像。上述的像素灰度值离散化过程称为量化。

图像的量化是指要使用多大范围的数值来表示图像采样之后的每一个点,量化的结果是图像能够容纳的颜色总数,它反映了采样的质量。图 3-12(a)说明了图像量化的过程,如果采样之后的连续灰度值用 Z 表示,对于满足 $Z_i \leqslant Z \leqslant Z_{i+1}$ 的像素值都量化为整数 q_{i+1}。q_{i+1} 称为像素的灰度值,Z 与 q_{i+1} 的误差称为量化误差。假设像素值量化后用 1 字节 8bit

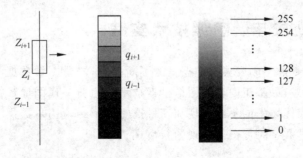

(a) 采样后连续灰度值进行灰度量化   (b) 量化为8bit

图 3-12 图像量化基本原理

来表示,如图 3-12(b)所示,把由"黑—灰—白"连续变化的灰度值量化为 $0\sim255$ 共 256 级灰度值,表示亮度从暗到明,对应图像中的颜色从黑到白。

常见的图像信号量化有两种方式:一种是将每个样值独立进行量化的标量量化方法;另一种是将若干样值联合起来作为一个矢量进行量化的矢量量化方法。在标量量化中,按照量化等级的划分方法不同又分为两种:一种是将像素点灰度值等间隔分档,称为均匀量化;另一种是不等间隔分档,称为非均匀量化。值得注意的是,量化本来是指对模拟样值进行的一种离散化处理过程,无论是标量量化还是矢量量化,其对象都是模拟值。

量化过程以有限个离散值来近似表示无限多个连续量,所以一定会产生量化误差,由此产生的失真称为量化失真或量化噪声。对于均匀量化来讲,量化分层越多,量化误差越小,但编码时占用的比特数会越多。在一定比特数下,为了减少量化误差,往往需要采用非均匀量化。在实际图像系统中,由于存在成像系统引入的噪声及图像本身的噪声,因此量化等级取得太多是没有必要的。如果噪声幅度值大于量化间隔,量化器输出的量化值就会产生错误,得到不正确的量化。在应用屏幕显示器输出图像时,灰度邻近区域边界会出现"忙动"现象。假设噪声是高斯分布,均值为 0,方差为 σ^2,在有噪声的情况下,最佳量化层次选取有两种方法:一是令正确量化的概率大于某一个阈值,二是使量化误差的方差等于噪声方差。

假定一幅图像包含 $M\times N$ 个像素,对像素值进行 Q 级分档取整,M、N、Q 一般总是 2 的整数次幂,例如 $Q=2^b$,b 为整数,通常称为对图像进行 b 比特量化。对于 b 值来讲,取值越大,重建图像的失真越小,若要完全不失真地重建原图像,则 b 必须取无穷大,否则一定存在失真(即所谓的量化误差),b 的取值一般 $5\sim8$bit 即可。对 $M\times N$ 的取值主要依据采样约束条件,也就是在 $M\times N$ 大到满足采样定理的情况下,重建图像就不会产生失真,否则就会因为采样点数不够而产生混淆失真。为了减少表示图像的比特数,应取 $M\times N$ 刚好满足采样定理,这种状态的采样即为奈奎斯特采样。在实际应用中,如果允许图像的总比特数 $M\times N\times b$ 给定,对 $M\times N$ 和 b 的分配往往根据图像的内容、应用要求,以及系统本身的技术指标来选定。例如,若图像中有大面积灰度变化缓慢的平滑区域,则采样点 $M\times N$ 可以少些,而量化比特数 b 多些,这样可使图像灰度层次多些。若 b 值太少,在图像平滑区往往会出现"假轮廓"现象。反之,对于复杂景物图像,量化比特数 b 可以取得少些,而采样点数 $M\times N$ 要取得多些,这样就不会丢失图像的细节。在电视广播、视频通信中,采用 8bit 对量化值进行编码已经能够满足技术要求;但对于高质量的静止图像、遥感图像处理等,需要 10bit 或更高的编码位数才能获得高质量的图像。

3.4 行业应用：图像技术实践

随着互联网技术的不断发展和数据量的不断膨胀,海量图像数据的有效存储和管理已经成为人们关注的焦点,基于内容的图像检索技术成为新一代图像数据库所使用的主流技术。与此同时,新媒体技术的不断出现和高科技的应用也为用户提供了丰富多彩的视觉感受,全息影像无疑是数字时代图像呈现的新模式。

3.4.1 基于内容的图像检索

基于内容的图像检索(Content-Based Image Retrieval,CBIR)是使用图像的可视特征对图像进行检索,也就是说,用户通过输入一张图片可以查找具有相同或相似内容的其他图片,如图 3-13 所示是基于内容的图像检索系统示例。

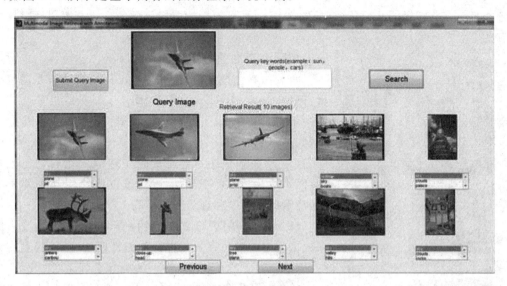

图 3-13 基于内容的图像检索系统示例

传统的图像检索是基于文本的,需要通过关键字或者自由文本进行描述,然后进行查询操作。这种图像检索方式虽然操作简单,但检索时需要人工指明文本特征。基于内容的图像检索技术实现了自动化、智能化的图像检索和管理,图像特征提取由计算机自动完成,避免了人工描述的主观性。CBIR 是大规模数字图像内容检索研究中的一部分,通常从图像的颜色、形状、纹理、空间关系、对象等特征方面进行检索,其检索过程如图 3-14 所示。利用某种特征提取算法得到图像的特征表示,并存储在特征库中;对于输入的查询图像,同样提取其中的特征表示,再利用某种相似性度量与特征库中的特征进行匹配,从而返回检索结果。

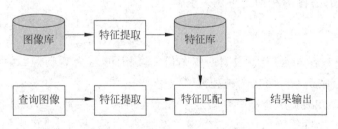

图 3-14 基于内容的图像检索过程

1. 基于颜色特征的图像检索

在基于颜色特征的图像检索中,颜色直方图是最常用的颜色特征表示方法。直方图的横轴表示颜色等级,纵轴表示在某一颜色等级上具有该颜色的像素在整幅图像中所占的比例。单纯基于颜色直方图的图像检索方法是难以判断两幅图像是否具有相似内容的,必须引入空域信息。直方图的值反映图像的统计特征,包括平均值、标准偏差、中间值和像素个数,颜色集中的地方峰值较高。

颜色内容包含全局颜色分布和局部颜色信息。具有相似的总体颜色内容的图像检索基于一个图像索引表,索引表可以按照全局颜色分布,通过计算每种颜色的像素个数并构造颜色灰度直方图来建立。局部颜色信息是指局部相似的颜色区域,例如 R、G、B 三个色域,包括分类色与一些初级的几何特征(如图 3-15 所示),便于抽取局部颜色信息并提供颜色区域的有效索引。

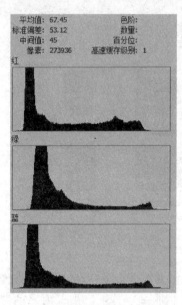

图 3-15　局部颜色信息直方图

1) 利用颜色直方图进行查询

在利用颜色直方图的查询中,可以使用域关系演算语言,例如 Query By Example(QBE)。如要给出需要查询的图像,一般可采用以下三种方式之一来指明查询的示例。

(1) 指明颜色组成:通常应在连续变化的色轮上指定,而不适合用文字进行描述。该方法使用起来并不方便,检索的准确率和查全率也不高。

(2) 指明一幅查询图像:将待查询图像的颜色直方图和数据库中的颜色直方图进行相似性匹配,从而得到查询结果。

(3) 指明图像中一个子图:利用图像分割出来的各个小块来确定图像中感兴趣的对象轮廓,通过建立更复杂的颜色关系来查询图像。

2) 颜色直方图的相似性匹配

假定用户待查询图像直方图和数据库中的直方图分别用 $G(G_1,G_2,\cdots,G_N)$ 和 $S(S_1,S_2,\cdots,S_N)$ 来表示,两个图像是否相似采用欧氏距离 Ed 来描述,则 Ed 值越小相似度就越大。

$$Ed(G,S) = \sqrt{\sum_{i=1}^{N}(G_i - S_i)^2} \tag{3-22}$$

检索后,全图直方图的相似度可用表示为

$$sim(G,S) = \frac{1}{N}\sum_{i=1}^{N}\left[1 - \frac{|G_i - S_i|}{\text{Max}(G_i,S_i)}\right] \tag{3-23}$$

其中,N 为颜色级数,sim 值为 1 说明两幅图像完全相同,若为 0 则说明两幅图像完全不相同。也就是说,值越接近 1,两幅图越相近。

全图的颜色直方图算法查准率和查全率都不是最高的,如果对图像进行分割,则图像子块能在一定程度上提供位置信息,如果对感兴趣的子块加大权重,就可以提高检索的智能性和查准率、查全率。

2. 基于形状特征的图像检索

形状特征也称为轮廓特征,是指整个图像或图像中子对象的边缘特征。一般而言,形状的表示可以分为基于边界和基于区域两类,一般可用矩形、圆形、面积、周长等参数来描述,而许多形状特征可能被包含在一个封闭的图像中。

为了提高检索的精确度,基于形状特征的数据库中常常包含图像库、形状库、特征库等信息,并提供形状特征的索引。检索是根据用户提供的形状特征从图像库中匹配出形状相似的图像。基于形状特征的检索主要有以下两种方式。

（1）针对轮廓线进行的形状特征检索是最常用的方式，用户可以选择形状或勾画一幅轮廓草图，通过形状分析获得目标的轮廓线。所谓形状分析主要是通过分割图像进行边缘提取，边缘也是图像分割的重要依据。较好的边缘提取过程必须与滤波器配合使用。

（2）直接对图形寻找适当的向量特征进行检索。

3. 基于纹理特征的图像检索

纹理特征是所有图像表面具有的内在特征，包含关于表面的结构布局、密度及变化关系等。图像或物体的纹理特征反映了其本身的属性，常用粗糙性、方向性和对比度等来描述。纹理特征是对图像局部区域中像素之间关系的一种度量，提取自灰度图像，因此不依赖于颜色或亮度。纹理特征从某种程度上反映了图像中的同质现象，由于纹理特征考虑的是像素之间的相互关系，从某种意义上讲，可以定义为一种局部的统计特征，具有一定的旋转不变性。

图像纹理分析的方法可以分为统计方法和结构方法两种。统计方法适用于分析木纹、草坪等细致而不规则的物体，并根据像素间灰度的统计性质对纹理规定出特征及参数间的关系。结构方法适用于纹理排列规则的图案，根据纹理基元及其排列规则来描述纹理、特征，以及特征与参数之间的关系。

Haralick等人提出的灰度共生矩阵（Gray Level Co-occurance Matrix，GLCM）表示法是较为常用的纹理特征统计方法，其思想是根据像素间的方向和距离构造一个共生矩阵，然后从共生矩阵中抽取有意义的统计量作为纹理表示。灰度共生矩阵定义为：将大小为$M \times N$的图像I中的任一点(x,y)和偏离它的另外一点$(x+\Delta x, y+\Delta y)$看作一个点对，其灰度值分别为$\text{gray}(x,y)=i$，$\text{gray}(x+\Delta x, y+\Delta y)=j$，固定$\Delta x$、$\Delta y$，GLCM中的某一位置$(i,j)$处的元素$p_{ij}$定义为

$$p_{i,j} = \{(x,y) \in I, (x+\Delta x, y+\Delta y) \in I \,|\, \text{gray}(x,y) = i, \text{gray}(x+\Delta x, y+\Delta y) = j\}$$

（3-24）

表示灰度为i的像素离某个固定点上灰度为j的概率。矩阵的大小由灰度等级Ng决定，即$(i,j) \in Ng \times Ng$，i、j之间的关系一般是利用两个像素的距离d以及两个像素点相连接后与水平轴的夹角θ来给定。基于GLCM的纹理特征表示是利用矩阵的一些统计特征（例如对比度、逆差矩、相关性和能量等）来表示图像。此外，还有一些其他的纹理表示法，如Tamura表示法，该方法的所有纹理性质都具有比较直观的视觉意义。

4. 基于内容的图像检索系统

迄今为止，已有许多基于内容的图像检索系统面世，国内外经典的检索系统主要有以下几个。

1）QBIC（Query By Image Content）图像检索系统

QBIC是IBM公司于20世纪90年代开发制作的图像和动态影像检索系统，是第一个基于内容的商业化的图像检索系统。QBIC系统提供了多种查询方式，包括利用标准范图（系统自身提供）检索，用户绘制简图或扫描输入图像进行检索，选择色彩或结构查询方式检索，用户输入动态影像片段和前景中运动的对象检索。在用户输入图像、简图或影像片段时，QBIC对输入的查询图像进行颜色、纹理、形状等特征进行分析和抽取，然后根据用户选择的查询方式分别进行不同的处理。QBIC中使用的颜色特征有色彩百分比、色彩位置分布等；使用的纹理特征是根据Tamura提出的纹理表示的一种改进，即结合了粗糙度、对比

度和方向性的特性；使用的形状特征有面积、圆形度、偏心度、主轴偏向和一组代数矩不变量。QBIC 还是少数几个考虑了高维特征索引的系统之一。

2）Virage 图像检索系统

由 Virage 公司开发的基于内容的图像检索引擎，同 QBIC 系统一样，它也支持基于色彩、颜色布局、纹理和结构等视觉特征的图像检索。该系统进一步提出了图像管理的一个开放式框架，将视觉特征分为通用特征（如颜色、纹理和形状）和领域相关特征（如用于人脸识别和癌细胞检测等）。Virage 图像引擎提供颜色、成分、纹理和形状四种可视属性检索，每种属性被赋予 0 到 10 的权值。该软件对选出的基础图像的色调、色彩以及饱和度进行分析，然后在图像库中查找与这些颜色属性最接近的图像。成分特性指相关颜色区域的近似程度，用户可以设定一个或多个属性权值来优化检索。要达到最佳平衡度需要反复实验，但检索过程是相当快的。

3）Photobook 图像检索系统

Photobook 是美国麻省理工学院的多媒体实验室开发的用于图像查询和浏览的交互工具。它由三个子系统组成，分别负责提取形状、纹理、面部特征。因此，用户可以在这三个子系统中分别进行基于形状、基于纹理和基于面部特征的图像检索。

4）VisualSeek 和 WebSeek 图像检索系统

VisualSeek 是基于视觉特征的检索工具，WebSeek 是一种面向 WWW 的文本或图像搜索引擎，这两个检索系统是由哥伦比亚大学开发的姊妹系统，它们的主要特点是采用了图像区域之间的空间关系和从压缩域中提取的视觉特征。系统所采用的视觉特征是利用颜色集和基于小波变换的纹理特征。VisualSeek 也支持基于视觉特征的查询和基于空间关系的查询。

相对于国外而言，我国基于内容的图像检索系统理论及应用的研究起步较晚，具有代表性的研究主要有：中国科学院计算机技术研究所智能信息处理重点实验室开发的基于内容的图像检索演示系统——Mires，该系统是一个综合利用高层语义特征和低层可视特征的图像检索系统，它通过提取图像语义类别来表示图像高层内容，低层特征则集成图像的颜色、纹理、边缘特征；浙江大学开发的基于图像颜色的检索系统——Photo Navigator，并将基于颜色的 CBIR 技术较为成功地应用于敦煌壁画数据库的研究和开发。

3.4.2　全息影像技术

1. 全息影像技术的概念

全息影像技术是利用干涉和衍射原理记录并再现物体真实三维图像的一种技术。全息影像也叫全息成像，或者是全息投影技术，在多数外文翻译过来的书籍里叫它全息摄影技术。从广义上讲，全息影像技术从本质上是信息储存和激光技术结合的产物。它是光学上极富诱惑的一项技术。全息影像技术的关键是寻找灵敏记录的介质及合适的再现方法。从狭义上讲，全息影像技术指多束激光对一定空间范围内的个点进行扫描，由于扫描个点的信息排列是真 3D 的，因此形成的影像也是真 3D 的，全息影像舞台效果如图 3-16 所示。

全息影像技术的发展历史比较短，该技术在 1947 年开始被发掘与研究，伦敦大学帝国理工学院的丹尼斯·伽伯博士发明了全息立体摄像技术，并因此在 1971 年获得了诺贝尔物理学奖。全息立体摄影富含大量的数据信息，全息图包含了被拍摄物体的形状、尺寸、亮度、

图 3-16　全息影像舞台

色彩和对比度等数据,并能制作成三维立体的影像。观察者可以前、后、左、右地观察被拍摄物体的影像,有身临其境的感觉。

　　与普通的摄影技术相比,全息影像技术记录了更多的信息,因此全息影像的容量要比普通照片信息量大得多(百倍甚至千倍以上)。全息影像的显示则是通过光源照射在全息图上,这束光源的频率和传输方向与参考光束完全一样,就可以再现物体的立体图像。观众从不同角度观看,就可以看到物体的多个侧面(只不过看得见摸不到,因为记录的只是影像)。目前最常用的光源是投影机,因为一方面光源亮度相对稳定,另一方面投影机还具有放大影像的作用,作为全息展示非常实用。

2. 数字全息技术

　　20 世纪 60 年代末期,古德曼和劳伦斯等人提出了新的全息概念——数字全息技术,开创了精确全息技术的时代。到了 90 年代,随着高分辨率 CCD 的出现,人们开始用 CCD 等新型光敏电子元件代替传统的感光胶片记录全息图,并借助数字方式通过电脑模拟光学衍射来呈现影像,使得全息图的记录和再现真正实现了数字化。数字全息技术的成像原理如图 3-17 所示。

　　首先通过 CCD 等器件接收参考光和物光的干涉条纹场,由图像采集卡将其传入计算机记录数字全息图;然后利用菲涅尔衍射原理在计算机中模拟光学衍射过程,实现全息图的数字再现;最后利用数字图像基本原理对再现的全息图进一步处理,去除数字干扰,得到清晰的全息图像。

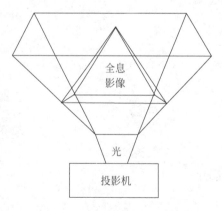

图 3-17　全息影像技术成像原理

　　全息影像技术从提出到如今,已经和许多学科交叉融合形成了各种不同领域的技术,并在人们生产生活的各个方面得到广泛应用。全息影像技术在艺术、科学和技术上有很多用途,可以用于产品的包装上,可以贴在出版物的封面上,也可以用在信用卡、驾照甚至衣服上以防假冒。如图 3-18(a)所示展示了一个片面的医学图像(例如一个 CT 扫描图像)制作而成的三维全息图；图 3-18(b)所示的计算机生成全息影像可以使工程师和设计师的设计图样获得前所未有的视觉效果。此外，全息影像技术还可以应用于工业无损探伤、超声全息、全息显微镜、全息摄影存储器、全息电影和电视等许多方面。

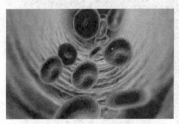 

(a) 医学中的全息影像　　　　　(b) 工程设计中的全息影像

图 3-18　全息影像的应用示例

本章习题

1. 简述人眼的空间频率响应。
2. 简述对比度和灵敏度的概念。
3. 写出 YUV 与 RGB 的关系。
4. 简述图像数字化的过程中采样、量化和编码的基本思路。
5. 写出常见的图像文件格式并分别说明其应用场合。
6. 简述目前基于内容的图像检索都有哪些常用的方法。

第4章

CHAPTER 4

视频技术基础

多媒体技术已经深入社会的各个领域,视频信息成为人们生产和生活中不可缺少的组成部分。将视频数据所提供的有用信息充分应用到生产、科研、生活和娱乐等各个方面,有利于促进社会发展和进步、增强生产力和推进科学发展、提高人们生活质量和水平。视频数据是由若干个随时间变化的静态图像形成的连续图像,可以充分借鉴静态图像的数字化及编码原理。本章首先介绍视频信号的基础知识及其应用,然后对电视技术基础、视频信号的产生与形成、视频信号的文件格式进行阐述,最后介绍基于内容的视频检索技术。

本章的重点内容包括:

➢ 视频信号的基本类型及特点

➢ 视频信号的产生与存储

➢ 电视技术基础

➢ 视频信号的行业应用

作为多媒体信息中很重要的一种类型,视频信息在人类生产、生活、科研等活动中被越来越多地选择和使用。视频信号本身是由文本、图像、声音等多种媒体组合而成,其直观性和形象性是多媒体表现形式中最好的。由于视频图像获取技术的不断改进,视频数据量每天都以惊人的方式增长,运用计算机和网络的高速数据存储、压缩、计算和传输能力,把视频数据所提供的有用信息充分应用到生产、科研、生活和娱乐等各个方面,已经成为许多重大应用需求的关键科学问题。视频信号本身来源于静态的图像,可以看作一系列的静态图像按照一定的顺序和频率进行播放,所以视频技术可以充分借鉴和参考图像处理的相关原理和方法。本章主要介绍视频信号的基本类型和特点、视频信号的产生原理与存储方式,分析电视系统中视频信号的表现形式,展望视频技术的最新应用。

4.1 视频信号概述

视频(Video)一般指活动影像,有时也称为视频图像或运动图像,一般是内容随时间变化的一组动态图像。视频既可以提供高速信息的传送,又可以显示瞬间的相互关系,是多媒体信息中最主要的一种,主要用于与电视、图像处理有关的技术中。视频的信息量最丰富,能够直观、生动、具体地承载信息,其处理技术也最为复杂。静止的图片称为图像,运动的图像称为视频,因此视频与图像既有联系又有区别。视频信号具有以下特点:第一,内容随时间的变化而变化;第二,伴有与画面同步的声音。多媒体视频多指数字化的视频信息,它是通过对模拟视频进行数字变换(也称为捕捉)后得到的格式相对统一、便于在数字平台上处理的数字视频文件。对现有的多种模拟视频信号进行数字化处理,是多媒体视频处理技术面对的首要问题。视频信息数字化的目的,是为了经过模数转换和彩色空间变换将模拟视频信号转换成数字计算机可以显示和处理的数字信号。

4.1.1 视频技术发展概况

视频一词源于电视技术,一般而言,电视视频是模拟信号而计算机视频则是数字信号。尽管这两种视频正在逐渐合并,例如高清晰度数字电视(HDTV),但两者之间仍有一定差距,画面尚未完全兼容。电视系统是采用电子学的方法来传送和显示活动景物或静止图像的设备。在电视系统中,视频信号是连接系统中各部分的纽带,其标准和要求也就是系统各部分的技术目标和要求。电视的发展前景是数字彩色电视,数字视频系统的基础是模拟视频系统,而彩色电视又是在黑白电视的基础上发展起来的。

1931年底,美国无线电公司(RCA)在纽约建立了实验性的电视系统,并在1932年上半年进行了电视信号发射实验。1933年12月,该公司同时发表了5篇论文,这是最早全面、系统研究电视图像信号产生、电视图像的特点、电视信号的传输、接收和显示的文献。1932年,RCA的一名工程师提出了奇数行的隔行扫描技术。1939年首次利用这种技术进行无线电电视广播。电子扫描技术的出现,使得在短短的几年内,系统的扫描线增加到第一代的4倍多。电视技术的应用不仅仅局限于美国,实际上最早开始电视广播的是欧洲的几个国家。1936年,英国利用240线的逐行扫描系统进行了电视广播。20世纪50年代中期诞生了彩色电视,60年代电视才真正在世界范围内普及。在20世纪60~70年代,各国学者对电视信号的时域处理、频域处理和压缩处理等进行了大量研究。20世纪70年代开始的高清晰度电视研究,有力地促进了视频信号的压缩处理和传输技术进展。20世纪60年代以前的电视系统,几乎都是采用模拟方式对信号进行处理和传输的,这种方法简单、直观,但是,这种传统方法在复杂的信号处理和远距离传播过程中会导致图像质量明显下降。应用数字视频技术,可以大大提高图像质量,这是人们关注数字视频技术的初衷。

人们对于数字电视的研究,可以追溯到20世纪40年代。在黑白电视出现不久,人们就开始研究数字化电视技术。然而,由于受到当时物质条件的限制,多数研究只停留在理论探索上。20世纪60年代,大规模集成电路问世之后,数字化电视技术才真正取得了进展。1960年,美国无线电工程学会的R. L. carbreg最先发表文章,对广播彩色电视信号进行PCM脉冲编码调制。1972年,美国公布的第一个低码率数字卫星电视传输系统,是数字电视进入实验和实用阶段的主要标志。美国Bell实验室在研究电视电话中奠定了数字电视的理论基础。20世纪70～80年代,对数字电视的研究工作主要围绕编码理论研究和局部数字化设备研究,这期间以视频压缩编码理论和技术的研究最为活跃,先后有大量的研究论文发表,公布了许多计算机仿真结果,为数字电视走向实际应用奠定了坚实的物质基础和技术储备。

此外,20世纪60年代开始,多媒体电视会议系统的最初形式——模拟视频会议系统,也开始发展起来。在20世纪60年代末,视频会议系统由模拟方式转向数字方式。20世纪80年代初期,2Mb/s的彩色数字视频会议系统开始投入使用。20世纪80年代后期,随着视频会议系统的系列标准(ITU-T的H. 200系列)形成,视频会议系统得到了极大的发展。

进入20世纪90年代,提供电话服务的固定和移动通信技术、提供数据服务的计算机技术和提供电视服务的广播电视技术相结合,有力地推动着数字视频技术向市场转化。同时涌现出的许多符合国际标准的实用系统,使得视频技术的应用日益普及。在多媒体阶段,计算机与视频产生了联姻,数字视频得到了蓬勃发展。数字视频的发展主要是指在个人计算机上的发展,可以大致分为初级、主流和高级几个历史阶段。

1) 初级阶段

其主要特点就是在台式计算机上增加简单的视频功能,利用计算机来处理活动画面。但是由于早期多媒体设备还未能普及,只是面向视频制作领域的专业人员,普通PC用户还无法奢望在自己的计算机上实现视频功能。

2) 主流阶段

数字视频的发展初期并没有像人们期望的那么快,原因很简单,就是对数字视频的处理很费力。这是因为数字视频的数据量非常之大,1分钟的满屏真彩色数字视频需要1.5GB的存储空间,而在早期,一般台式计算机配备的硬盘容量大约只是几百兆,显然无法胜任存储如此大的数据量。虽然在当时处理数字视频很困难,但它所带来的诱惑促使人们采用折中的方法。先是用计算机捕获单帧视频画面,可以捕获一帧视频图像并以一定的文件格式存储起来,利用图像处理软件进行处理并将其放进准备出版的资料中。后来,在计算机上观看活动的视频成为可能,虽然画面时断时续,但毕竟是动了起来,带给人们无限的惊喜。而最有意义的突破是计算机有了捕获活动影像的能力,将视频捕获到计算机中,随时可以从硬盘上播放视频文件。QuickTime和Video for Windows通过建立视频文件标准MOV和AVI,使得数字视频的应用前景更为广阔。而正是数字视频发展的这一步,为电影和电视提供了一个前所未有的工具,为影视艺术带来了影响空前的变革。

3）高级阶段

在这一阶段,普通个人计算机进入了成熟的多媒体计算机时代,各种计算机外设产品日益齐备,数字影像设备争奇斗艳,视音频处理硬件与软件技术高度发达,这些都为数字视频的流行起到了推波助澜的作用。

随着数字宽带时代的到来,人们已经不再满足于电视台播放什么节目就观看什么节目,而是以自己的需求主动进行信息的获取,或者说能够主动选择自己想看的电视节目,并可以对电视节目的播放过程进行某种程度的控制。视频点播系统 VOD(Video on Demand)使人们可以不受时空限制地主动实现视听信息服务,主动地按自己的兴趣爱好和时间安排节目。另外,我们熟悉的 VCD、DVD、数码摄像机、USB 摄像头、可视电话、数字监控系统等都属于视频技术在多媒体技术中的基本应用。

今天,可视信息仍然在很多领域扮演着重要的角色。视频信息以其直观、高效、确切、广泛等优点,深受人们的喜爱。相比于文字、音频等信息,视频信息的数据量要大很多。为了使视频信息得到更好的应用,研究高效的视频编码压缩技术显得至关重要。目前,相关国际标准化组织已经制定了一系列视频编码标准(例如 H.26x 系列和 MPEG 系列标准等)。其中,作为最新的视频编码标准,H.264/AVC 由国际电信联盟(International Telecommunication Union,ITU)远程标准化组(ITU-T)的视频专家组(Video Coding Experts Group,VCEG)和国际标准化组织(International Standardization Organization, ISO)联合制定。相应地,视频的压缩编码技术也一直在不停地发展,从传统的熵编码技术、预测编码和变换编码技术发展到现在的模型编码、小波变换、神经网络等新编码技术。

4.1.2 视频信号的基本类型及特点

一般来说,视频信号是指连续的、随时间变化的一组图像,通常具有时间上的连续性、帧之间的相关性以及强烈的实时性等特点。常见的视频信号有电影、电视和动画。视频信号按照其特点可以分为模拟视频和数字视频两种形式。

1. 模拟视频(Analog Video)

模拟视频采用电子学的方法来传送和显示活动景物或静止图像,也就是通过在电磁信号上建立变化来支持图像和声音信息的传播和显示,使用盒式磁带录像机将视频作为模拟信号存放在磁带上。简单来说,模拟视频是一种用于传输图像和声音的随时间连续变化的电信号,大多数家用电视机和录像机显示的都是模拟视频。用模拟摄像机拍摄的视频画面通过模拟通信网络传输,使用模拟电视接收机进行接收和播放,或者使用盒式磁带录像机将其作为模拟信号存放在磁带上。

常见的模拟视频有专用格式的 Betacam SP,家用格式的 VHS、8mm 和 Hi8 等。其中,VHS 使用 12mm 宽的录影带,水平解像度为 280～300 线。8mm 格式也叫 V8,水平解像度为 270 线。Hi8 与 V8 均使用 8mm 宽的录影带,但是水平解像度为 400 线。模拟视频具有以下特点。

(1) 以连续的模拟信号形式记录视频信息;

(2) 用隔行扫描方式在设备(如电视机)输出;

(3) 用模拟设备编辑处理;

(4) 用模拟调幅的手段在空间传播;

（5）使用模拟录像机将视频作为模拟信号存放在磁带上。

模拟视频信号的缺点是视频信号随存储时间、复制次数和传输距离的增加衰减较大，产生信号的损失，不适合网络传输，也不便于分类、检索和编辑。

模拟视频信号的重要参数主要包括垂直清晰度、宽高比。

垂直清晰度是指图像可以分解出多少水平线条数。最大垂直清晰度由垂直扫描总行数所决定。由于隔行扫描将造成局部的并行，所以实际的垂直清晰度还要把总的有效扫描行数乘以一个 Kell 系数。在 2∶1 隔行扫描方式中，Kell 系数为 0.7，即垂直清晰度为有效电视行数的 0.7 倍。扫描行数越多越清晰，垂直清晰度越高。我国电视图像的垂直清晰度为 575 行（或称 575 线），这只是一个理论值，实际垂直清晰度与扫描的有效区间有关。根据统计，电视接收机实际垂直清晰度约 458 线。

宽高比是指扫描行的长度与在图像垂直方向上的所有扫描行所跨过的距离之比，在电视中的宽高比标准为 4∶3，新型电视系统中的宽高比是 16∶9。

迄今为止，大多数视频的记录、存储和传输仍是模拟方式。例如，人们在电视机上所见到的图像便是以模拟电信号的形式来记录的，并依靠模拟调幅（Analog Amplitude Modulation）在空中传播。真实的图像是基于光亮度的，它是空间和时间的连续函数，将图像转换成电信号是通过使用合适的传感器来完成的。我们所熟悉的摄像机便是一种将自然界中真实图像转换成电信号的传感器。

2. 数字视频（Digital Video）

要使计算机能够对视频进行处理，必须把视频源（来自于电视机、模拟摄像机、录像机、影碟机等设备）的模拟视频信号进行数字化，形成计算机要求的数字视频信号格式，并保存在磁盘上，这一过程称为视频数字化过程。数字视频就是先用摄像机之类的视频捕捉设备将外界影像的颜色和亮度信息转变为电信号，再记录到储存介质（如录像带）。播放时，视频信号被转变为帧信息，以每秒约 30 帧的速度投影到显示器上，使人类的眼睛认为它是连续不间断地运动着的（例如电影播放的帧率大约是每秒 24 帧）。如果用示波器来观看，未投影的模拟电信号看起来就像脑电波的扫描图像，由一些连续锯齿状的山峰和山谷组成。

为了存储视觉信息，模拟视频信号必须通过模拟/数字（A/D）转换器来转变为数字的"0"或"1"，这个转变过程就是视频捕捉（或采集过程）。如果要在电视机上观看数字视频，则需要一个从数字到模拟的转换器将二进制信息解码成模拟信号，才能进行播放。

数字视频具有以下特点。

（1）以离散的数字信号形式记录视频信息。

（2）用逐行扫描方式在设备（如显示器）输出。

（3）用数字化设备编辑处理。

（4）通过数字化宽带网络传播。

（5）可将视频信息存储在数字存储媒体上。

数字视频系统的开放式结构，表现为同一可分级数字视频码流可以提供不同的空间、时间和信噪比分辨率，能够按照信道和存储媒体要求变速率传输和存储。视频信号数字化以后的处理和传输具有模拟视频不可替代的优越性，具体表现在以下几个方面。

（1）方便编辑、存储及特殊处理（例如特技、加密、按内容搜索等）。提供最为强大的视频编辑和处理能力，使剪贴、缩放、去噪、增强和多码流混合等极为方便。

（2）交互性更好。最佳的互操作性，使得视频的随机访问变得极为容易，目标检索也成为可能。此外，在同一多媒体平台上综合多种视频应用，不同标准间转码容易实现。

（3）再现性好，视频质量不会因为多次编辑而严重受损。

（4）图像质量高。表 4-1 是模拟电视和数字电视格式的比较。

（5）节约带宽资源，对信道噪声具有鲁棒性，极易加密。

（6）适合于网络应用。

表 4-1　模拟电视与数字电视格式的比较

传输方式	模拟 PAL	数字 SDTV	数字 SDTV	数字 HDTV	数字 HDTV
最大可视清晰度	480 隔行	480 隔行	480 逐行	720 逐行	1080 隔行
屏幕宽高比	4：3	4：3	4：3 或 16：9	16：9	16：9
每频道传输节目数	1 套	5 套或 6 套	5 套或 6 套	1 套	1 套
主观评价	现在的电视制式，清晰度低	DVD 画质	比 DVD 还清晰	非常清晰，人眼看不见像素点	非常清晰，人眼看不见像素点

4.1.3　数字视频的应用

随着视频处理技术的日趋成熟和应用的不断深入，数字视频已经并正在用于社会的许多方面，其应用领域主要有以下几方面。

1. 娱乐出版

数字视频在娱乐、出版业中广泛应用，其表现形式主要有 VCD、DVD、视频游戏和其他各种 CD 光盘出版物。电子出版物具有体积小、容量大、保存方便、检索容易等优点。一张普通的容量为 650MB 的 CD-ROM 可以存储约 3 亿字（按每个汉字 2 字节计算）的书籍；可以存储约 50 分钟采用 MPEG-1 标准压缩的 CIF 格式的视频及其伴音。随着更大容量的光盘问世以及压缩技术的进步，电子出版必将成为出版的主要方式。目前，VCD 和 DVD 已经成为电影电视的重要出版方式。

2. 广播电视

在广播电视业中，数字视频的主要应用有：高清晰度电视（HDTV）、交互式电视（ITV）、视频点播（VOD）、电影点播（MOD）、新闻点播（NOD）、卡拉 OK 点播（KOD）等。其中，数字电视指从节目的制作、编辑、存储、传输，以及接收全部实现数字化。数字电视可以通过卫星、有线电视电缆、地面无线广播等途径进行传输，具有图像质量高、声音效果好、节省带宽资源、节目更丰富等优点，是一个市场前景非常广阔的应用。

交互式电视（ITV）和传统电视的不同之处，在于用户在交互电视机中可以对电视台节目库中的信息按需选取，即用户主动与电视进行交互并获取信息。交互电视主要由网络传输、视频服务器和电视机机顶盒构成。用户通过遥控器进行简单的点按操作就可对机顶盒进行控制。交互式电视还可以提供许多其他信息服务，例如交互式教育、交互式游戏、数字多媒体图书、杂志、电视采购、电视电话等，从而将计算机网络与家庭生活、娱乐、商业导购等多项应用密切地结合在一起。

3. 可视通信

数字视频的实用化为通信业提供了新的应用服务,将数字视频技术与综合业务数字网(ISDN)相结合,可以提供可视通信(视频会议、电视电话、远程监视、在线影院等)功能。可视通信适用于军事、国防、公安、会议、个人或家庭娱乐等多方面的应用领域。此外,利用移动通信设备同样可以传输数字图像和数字视频。

4. 教育训练

数字视频在教育、训练中的应用主要有多媒体辅助教学、远程教学、远程医疗等。

5. 监控

数字视频也广泛应用于各种数字视频监控系统中,这种系统的性能优于模拟视频监控系统,有着广阔的发展前景。

6. 多媒体咨询服务

使用多媒体咨询系统,人们可以方便地找到自己需要的信息,例如新闻、金融资讯、天气预报、交通、旅游、购物以及自己感兴趣的电影电视节目等。

7. 多媒体家用电器

VCD/DVD、数码相机、MP3 播放机、PVR(Personal Video Recorder)等设备已经走入了人们的生活,多媒体计算机＋电视＋网络将形成一个极大的多媒体通信环境,不仅改变了信息传递的面貌,带来通信技术的大变革,而且计算机的交互性、通信的分布性和多媒体的现实性相结合,将向社会提供全新的信息服务。

8. 网络直播/在线视频

互联网已经成为每个人日常生活中不可缺少的存在,智能手机也越来越普遍化。随着网络速度的飞快提升,一种新兴的互联网产业正在崛起,这种新兴产业叫作网络直播平台。网络直播类平台是互联网飞速发展中的一个新事物,它以不经过处理、通过网络在线直播的方式向网友展示直播者的才艺和观点,甚至是真实的生活。在信息互通有无的当下,网络直播为网友更加直观地展现自己的观点和形象提供了便利。网络直播可以同一时间透过网络系统在不同的交流平台观看实时直播游戏、电影、电视剧、综艺场景等。图 4-1 展示了当下流行的游戏直播及全民直播平台。随着网络直播从文字到图片再到音频视频的发展,直播的形式越来越丰富,使得网络直播更加趋于移动化、垂直化、平民化、交互化发展。同时,网络视频也由短视频取代长视频,由移动端取代 PC 端。移动直播的爆发使得网络直播的便捷性和同步性逐步提升。此外,网络直播的平台也从视频网站、弹幕视频、PC 直播发展到如今的移动直播,内容越来越碎片化、娱乐化、生活化。今后,随着 VR/AR 的兴起和普及,网络直播将从跨屏、多屏直播过渡到无屏直播,网络直播的交互性和沉浸性会越来越强。

(a) 映客 (b) 花椒 (c) 秒拍 (d) 美拍 (e) YY (f) 一直播 (g) 龙珠

图 4-1 当下流行的游戏直播及全民直播平台

4.2 视频信号的产生与存储

视频图像是自然界景物通过人类的视觉在人脑中形成的主观映像,人眼所感觉的图像是时间和空间的函数。人的大脑具有对历史图像回放的特性,这种特性建立在对现实世界的感知和存储记忆的基础之上。然而,人的记忆是有限的,不可能记得很多,也不可能记得太久。从空间上讲,人不可能看到离自身很远的宏观世界,也不可能看到极其微小的微观世界。摄取客观世界的图像,并通过一定的存储、记录和传播,再由一定的显示设备重现所记录的光像,这就涉及数字视频信号的产生与形成。

4.2.1 视频图像的基本特征参数

在第 3 章图像技术基础中了解到,光源包括自然光源(日光、月光和星光等)和人工光源(各种照明灯及发光器件)。色源包括反射光引起的色源(不发光体的彩色)和发光体本身的色源。色彩与照明密切相关。白光是视频技术中使用的主要光源。为了对具有不同光谱特性的白光进行比较和色度计算,经常使用色温这个概念。绝对黑体(也称全辐射体)是指既不反射也不透射而完全吸收入射辐射的物体。当绝对黑体在某一特定温度下,其辐射光谱与某一光源的光谱具有相同的特性时,绝对黑体的这一温度就定义为该光源的色温;具有近似特性时,则称为相关色温;色温的单位是开氏度(K)。色温不等于发光体的温度,例如钨丝灯在 2800K 时发出的光,色温为 2854K。

视频技术中常用的标准白光光源有 A 光源(相关色温为 2854K)、B 光源(相关色温为 4800K)、C 光源(相关色温为 6770K)、D65 光源(相关色温为 6500K)和 E 光源(相关色温为 5500K)。NTSC 制式采用 C 光源,我国 PAL 制式采用 D65 光源,E 光源为假想等量白光。目前电视演播室和视频会议室多采用新式卤素钨灯,色温为 3200K,而显像管的色温多为 9300K。色温高的白光给人以偏蓝的感觉,色温低的白光给人以偏红的感觉。

表 4-2 列出了表征视频图像的基本参数,表中所列的参数大多数意义明确,比较好理解,在此只介绍容易产生歧义的几个参数。

表 4-2 视频图像的基本参数

参 数 类 型	参 数 名 称	参 数 分 类
光电参数	亮度(B)	平均亮度、最大峰值亮度
	色调(λ)	—
	饱和度(S_c)	—
	对比度(C)	平均对比度、最大对比度
几何参数	图像尺寸	水平、垂直、对角线
	幅型比(K)	4：3,16：9
	线性度	线性失真系数
	几何失真	枕形、桶形、梯形
主观感觉参数	连续性	—
	闪烁感	—
	清晰度	水平清晰度、垂直清晰度

续表

参 数 类 型	参 数 名 称	参 数 分 类
空间变换参数	扫描方式	—
	扫描行数(Z)	—
	扫描场频(f_V)	—
	扫描行频(f_H)	—
	通道带宽	—
	γ校正系数	—
	非线性失真系数	—
显像参数	荧光粉色度坐标	—
	基准白光源	—

1. 清晰度

1)系统清晰度

清晰度是主观感觉到图像细节呈现的清晰程度,与系统传送图像细节的能力有关,通常称为系统的分解力。

垂直分解力(M)指沿垂直方向区分黑白相间条纹的数目,其表达式为

$$M = K_1(1-\beta)Z \tag{4-1}$$

其中,$K_1 < 1$;β为逆程宽度;Z为扫描行数;$(1-\beta)Z$为有效行数。

水平分解力(N)指沿水平方向区分黑白相间条纹的数目,其表达式为

$$N = KK_1(1-\beta)Z \tag{4-2}$$

其中,K为幅型比。水平分解力大于垂直分解力。视频传输通道的通频带应适应这一水平分解力的要求。水平分解力与垂直分解力二者相当时图像质量最佳。通常我们所说的电视清晰度都是指垂直清晰度。

2)显示器分辨率

显示器分辨率通常用荧光粉的点距(Dot Pitch)或节距表示。点距是显示器上两个相邻发光点中心之间的水平距离。点距越小,代表屏幕上可以容纳构成影像的点越多,也代表着清晰度越高。显示器分辨率是图像显示系统清晰度的物理上限,故又称物理清晰度或基本分辨率(也称固有分辨率)。

3)图像信号清晰度

对于模拟视频图像信号,采用电视线的概念来描述其清晰度。对于数字视频图像信号,清晰度采用与计算机监视器中相同的描述方法(像素)来表示。图像信号清晰度又称原始分辨率。常用的数字视频图像的基本参量见表4-3。

表 4-3 常用数字视频图像的基本参量

图 像 格 式	分 辨 率
VGA	640×480
SVGA	800×600
XGA	1024×768/1152×864
SXGA	1280×1024/1280×960
SXGA+	1400×1050

图 像 格 式	分 辨 率
UXGA	1600×1200
UXGA+	1920×1440
QXGA	2048×1536
WVGA	852×480
WXGA	1280×768/1280×720(HDTV)
WXGA+	1366×768/1366×1024(16∶9 PDP/LCD)
WSXGA	1600×1024/1600×900
D1	852×480i(60Hz)/852×576i(50Hz)
D2	852×480p(60Hz)/852×576p(50Hz)
HDTV D3	1920×1080i
HDTV D4	1280×720i
HDTV D5	1920×1080p

注：i 为隔行扫描，p 为逐行扫描。

4）视频带宽与图像信号清晰度的关系

图像信号清晰度与视频信号带宽有关，视频带宽越高，代表画面的品质越好，也代表解像度越高。在 PAL 或 NTSC 制式状态下，通常 1MHz 视频频宽可以换算为大约 80 线水平解像度。彩色电视测试图卡包含 5 组清晰度测试用黑白条纹信号，如表 4-4 所示。

表 4-4 清晰度测试用黑白条纹

级　　别	1	2	3	4	5
频率/MHz	1.8	2.8	3.8	4.8	5.6
清晰度/线	140	220	300	380	450

5）支持显示分辨率

支持显示分辨率指通过视频处理电路采取重新计算或抽行方式，将高于基本分辨率格式的图像降频显示到屏幕上。例如屏幕基本分辨率为 1024×768，通过图形处理电路可支持分辨率为 1600×1200 的图像显示。但是，实际清晰度只有 1024×768，和真正的 1600×1200 基本分辨率显示屏画质是有差距的。

2. 对比度

对比度反映图像的亮度层次。亮度层次也称黑白层次、图像亮度梯度级数或灰度等级。图像一般由许多亮度不同的像素组成，如果从图像中最亮部分到最暗部分之间能分辨的亮度层次越多，则图像越清晰和逼真。

图像对比度定义为最大亮度与最小亮度的比值，即

$$C = \frac{B_{max}}{B_{min}} \tag{4-3}$$

实际上在提出图像对比度要求时，应考虑到人眼黑白分辨率有限的特点，过高的对比度要求有时并不能产生希望的效果。人眼所能分辨的亮度层次与图像对比度的对数成正比，并受图像最大对比度的限制，也受观看环境亮度的影响。当系统非线性系数大于 1 时，图像对比度随亮度的增加而增大；当系统非线性系数小于 1 时，图像对比度随亮度的增加反而

减小。人眼可分辨的亮度层次级数表达式为

$$n \approx \frac{1}{\xi}\ln C \qquad\qquad (4\text{-}4)$$

其中,ξ 为费赫涅尔系数,又称人眼的对比度灵敏度阈值(最小可区分亮度梯度与平均亮度的比值),一般取值为 0.005~0.02。

4.2.2　数字视频信号的产生

视频信息的获取主要有两种方式:其一,通过数字化设备,例如数码摄像机、数码照相机、数字光盘等获得;其二,通过模拟视频设备输出模拟信号再由视频采集卡将其转换成数字视频存入计算机,以便计算机进行编辑、播放等操作。高质量的原始素材是获得高质量视频产品的基础,首先是提供模拟视频输出的设备,例如录像机、电视机、电视卡等;然后是可以对模拟视频信号进行采集、量化和编码的设备,一般都由专门的视频采集卡来完成;最后,由多媒体计算机接收和记录编码后的数字视频数据。在这一过程中起主要作用的是视频采集卡,它不仅提供接口以连接模拟视频设备和计算机,而且具有把模拟信号转换成数字数据的功能。

1. 视频采集卡

1) 视频采集卡的定义及分类

通过计算机平台对视频进行数字处理时,为了在计算机屏幕上显示模拟视频,必须先把模拟视频变为数字信号,这一工作一般由计算机上的视频采集卡(也称视频捕捉卡、视频数字化覆盖卡或视频卡)来完成。它将模拟摄像机、录像机、LD 视盘机、电视机输出的视频数据或者视频/音频的混合数据输入计算机,并转换成计算机可以辨别的数字信号进行存储,成为可以编辑处理的视频数据文件。视频采集卡一般具有多种视频接口,可以接收来自录像机、影碟机和摄像机等多种模拟视频信号,并进行采样和量化,然后可以和图像、图形、动画及文字等多媒体信息一起显示。很多视频采集卡能在捕捉视频信息的同时获得伴音,使音频部分和视频部分在数字化时同步保存,同步播放。一些视频采集卡还提供了硬压缩功能,采集速度快,成功地实现了每秒 30 帧、全屏幕、视频的数字化抓取,但在回放时,还需要相应的硬件才能实现。视频采集卡不但能把视频图像以不同的视频窗口大小显示在计算机的显示器上,而且还能提供许多特殊效果,例如冻结、淡出、旋转、镜像以及透明色处理。

按照用途可以把视频采集卡分为广播级视频采集卡、专业级视频采集卡、民用级视频采集卡。它们的区别主要是采集的图像指标不同。

(1) 广播级视频采集卡的最高采集分辨率一般为 768×576(均方根值),PAL 制;或 720×576(CCIR-601 值),PAL 制,每秒 25 帧;或 640×480/720×480,NTSC 制,每秒 30 帧,最小压缩比一般在 4∶1 以内。这一类产品的特点是采集的图像分辨率高、视频信噪比高,缺点是视频文件庞大,每分钟数据量至少为 200MB。广播级模拟信号采集卡都带分量输入输出接口,用来连接 Beta Cam 摄/录像机,此类设备是视频采集卡中最高档的,用于电视台制作节目。

(2) 专业级视频采集卡比广播级视频采集卡的性能稍微低一些。两者的分辨率是相同的,但压缩比稍微大一些,最小压缩比一般在 6∶1 以内。输入/输出接口为 AV 复合端子与 S 端子。此类产品适用于广告公司、多媒体公司制作节目及多媒体软件。

（3）民用级视频采集卡的动态分辨率一般最大为 384×288，PAL 制，每秒 25 帧；320×240，NTSC 制，每秒 30 帧。输入端子为 AV 复合端子与 S 端子，绝大多数不具有视频输出功能。另外，有一类视频捕捉卡是比较特殊的，这就是 VCD 制作卡，从用途上来说它是应该算在专业级，而从图像指标上来说它只能算作民用级产品。它的分辨率为 352×288，25f/s(帧/秒)，PAL 制；320×288，30f/s(帧/秒)，NTSC 制。它采集的视频文件为 MPEG文件，采用 MPEG-1 压缩算法，所以文件尺寸较小，但视频指标低于 AVI 文件。

2）视频采集卡的工作原理

视频采集卡的工作原理如图 4-2 所示，经 ADC 解码后得到 YUV 信号格式。当以4：2：2 格式采样时，每 4 个连续的采样点中取 4 个亮度 Y，2 个色差 U，2 个色差 V 的样本值，共 8 个样本值。YUV 信号经过转换可变成 RGB 信号，然后 RGB 信号送入视频处理芯片，对其进行剪裁、变化等处理。视频处理芯片是用于视频捕获、播放、显示用的专用控制芯片。

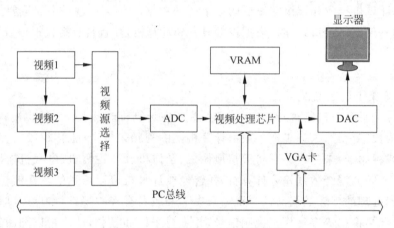

图 4-2 视频采集卡工作原理框图

视频信息可以实时地存入视频存储器 VRAM 中，计算机通过视频处理器对帧存储器的内容进行读写操作，帧存储器的视频像素信息读到计算机后通过编程可以实现各种算法，完成视频图像的编辑与处理。视频输出的 RGB 信号与 VGA 显示卡引过来的 RGB 信号是完全同步的，用适当的方法交替切换两路信号，即可实现两路输出的叠加。上述两种 RGB信号经过 DAC(数模转换器)转换变成模拟信号，并在显示器的窗口中显示。

由于视频信息量巨大，如果直接存储会占用大量的存储空间。以电视图像为例，电视上一秒钟的图像其实是由几十幅连续的画面所组成的，如果直接将这些视频信息存储起来，至少也要十几 MB 的容量。所以，视频卡接收来自视频输入端的模拟信号，对该信号进行采样、量化成数字信号，然后压缩、编码成数字视频序列。大多数视频卡都具备硬件压缩的功能，采集视频信号时首先在卡上对视频信号进行压缩，然后才通过计算机输入接口把压缩的视频数据传送到主机上。一般的计算机视频采集卡采用帧内压缩算法把数字化的视频存储成 AVI 文件，高性能的视频采集卡还能直接把采集到的数字视频数据实时压缩成 MPEG-1格式的文件。由于模拟视频输入端可以提供不间断的信息源，视频采集卡要采集模拟视频序列中的每帧图像，并在采集下一帧图像之前把这些数据传入计算机系统。因此，实现实时采集的关键是每一帧所需的处理时间。如果每帧视频图像的处理时间超过相邻两帧之间的相隔时间,就会出现数据的丢失(也即丢帧现象)。采集卡都是把获取的视频序列先进行压缩处理,然后再存入硬盘,也就是说视频序列的获取和压缩是在一起完成的,免除了再次进行压缩处理的不便。不同档次的采集卡具有不同质量的采集压缩性能。当在计算机上播放视频图像时,还得经过解压缩过程,使其还原成图像信息才能播放。

3) 视频采集卡的相关指标

以个人计算机为硬件环境的视频采集卡,需要具备如下的功能和相关技术指标。

(1) 视频采集卡的接口:视频采集卡的接口包括视频与计算机的接口和与模拟视频设备的接口。目前计算机视频采集卡通常采用 32 位的 PCI 总线接口,插到 PC 主板的扩展槽中,以实现采集卡与 PC 的通信与数据传输。采集卡至少要具有一个复合视频接口(Video In)以便与模拟视频设备相连。高性能的采集卡一般具有一个复合视频接口和一个 S-video 接口。一般的采集卡都支持 PAL 和 NTSC 两种电视制式。

视频采集卡一般不具备电视天线接口和音频输入接口,不能用视频采集卡直接采集电视射频信号,同时也不能直接采集到模拟视频中的伴音信号。要采集伴音,计算机上必须要装有声卡,视频采集卡通过计算机上的声卡获取数字化的伴音并把伴音与采集到的数字视频同步到一起。

(2) 驱动和应用程序:视频采集卡一般都配有硬件驱动程序以实现计算机对采集卡的控制和数据通信。根据不同的采集卡所要求的操作系统环境,各有不同的驱动程序。只有把采集卡插入了计算机的主板扩展槽并正确安装了驱动程序以后才能正常工作。采集卡一般都配有采集应用程序以控制和操作采集过程,也有一些通用的采集程序,数字视频编辑软件如会声会影、Adobe Premiere 等也带有采集功能,但这些应用软件都必须与采集卡硬件配合使用。对于数码摄像机这类数码视频源,通过自带的 IEEE 1394 端口,不必再添加其他采集卡,就可以用计算机上的 IEEE 1394 端口进行视频采集。

4) 视频采集卡的主要功能

简单来说,视频采集卡就是多媒体计算机中处理视频信号获取与播放的插件。它的主要功能如下:

(1) 从多种视频源中选择一种输入。

(2) 支持不同的电视制式(如 NTSC、PAL 等)。

(3) 同时处理电视画面的伴音。

(4) 可在显示器上监看输入的电视信号,位置及大小可调。

(5) 可将 VGA 画面内容(图表、文本、图片)与视频叠加处理。

(6) 可随时冻结(定格)一幅画面,并按指定格式保存。

(7) 可连续地(实时地)压缩视频及其伴音信息,编码格式可选。

(8) 可连续地(实时地)解压缩并播放视频及其伴音信息,输出设备可选(VGA 监视器、电视机、录像机等)。

2. 视频信息的获取

1) 系统组成

要使一台计算机具有视频信息的处理功能,需要将模拟视频设备输出的信号经由视频采集卡转换成数字视频存入计算机,以便计算机进行编辑、播放等操作。系统对硬件和软件的需求如图 4-3 所示。

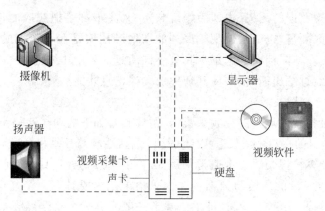

图 4-3　计算机存储视频系统需求

（1）视频采集卡：将模拟视频信号转化为数字化视频信号。

（2）视频存储设备：至少拥有 30MB 的自由硬盘空间。

（3）视频输入源：例如视频摄像机、录像机或光盘驱动器（播放器），这些设备连到视频捕获板上。

（4）视频软件：包括视频捕获、压缩、播放和基本视频编辑功能。

2）数字视频质量性能指标

视频卡将模拟视频信号转换为数字信号并记录在一个硬盘文件中，文件格式依赖于录制视频的硬件和软件。在多媒体计算机环境中，捕获视频质量的好坏是衡量其性能的一个重要指标。原则上讲，在多媒体计算机中，视频质量主要依赖于 3 个因素：视频窗口大小、视频帧速率及色彩的表示能力。

（1）视频窗口的大小是以像素来表示的，例如 320×240 或 180×120 像素。VGA 标准屏幕为 640×480 像素，这意味着一个 320×240 的视频播放窗占据了 VGA 屏幕的 1/4。目前，个人计算机显示器的常用分辨率有 800×600、1024×768 等。系统能够提供的视频播放窗口越大，对软、硬件的要求就越高。

（2）视频帧速率表示视频图像在屏幕上每秒钟显示帧的数量。一般把屏幕上的一幅图像称为一帧，视频帧速率的范围在 0～30 帧/s，帧速率越高，图像的运动就越流畅。

（3）色彩表示能力依赖于色彩深度和色彩空间分辨率。色彩深度指允许不同色彩的数量，色彩越多，图像的质量越高，并且表示的真实感就越强。计算机上的色彩深度范围从 VGA 调色板的 4 位、16 色到 24 位真彩色 1670 万种色彩。色彩空间分辨率指色彩的空间"粒度"或"块状"，即每个像素是否都能赋予它自身的颜色。当每个像素都能赋予它自身颜色时，质量最高。

3）视频采集的过程

采集视频的过程主要包括如下几个步骤。

（1）准备音频和视频源，把视频源的输出端口与采集卡相连、音频输出与声卡相连。

（2）准备好多媒体计算机系统环境，例如硬盘的优化、显示设置、关闭其他进程等。

（3）启动采集程序，预览采集信号，设置采集参数。启动信号源，然后进行采集。

（4）播放采集的视频影像。如果丢帧严重可修改采集参数或进一步优化采集环境，然后重新采集。

4）数字视频的输出

数字视频的输出是数字视频采集的逆过程，即把数字视频文件转换成模拟视频信号输出到电视机显示，或输出到录像机记录到磁带上，这需要专门的设备来完成数字信号到模拟信号之间的转换。根据不同的应用和需要，这种转换设备也有多种。目前已有集模拟视频采集与输出一体的视频卡，可以与录像机等设备相连，提供高质量的模拟。

3. 计算机视频和电视视频的区别

1）扫描方式与扫描线数不同

电视视频采用隔行扫描方式，对于每种电视制式，其扫描线数都是固定的 525 行或 625 行，场频与行频也是固定的。计算机视频采用逐行扫描方式，扫描线数、行频与帧频根据显示适配器的设置而变化。例如在 SVGA 方式下几乎全屏的图像，在 XGA 方式显示为一个小的窗口，而在 VGA 方式下只能部分显示。

2）过扫描问题

在电视广播中，电视台播送的画面总是比标准电视屏面所能容纳的画面略大，因此电视观众看到的图像"边界"总是受到电视的物理帧大小的限制。这种现象一般称为"过扫描"（Over Scan）。相比之下，计算机监视器上显示的图像较屏幕稍小，当数字化的视频图像显示在计算机监视器上时，在图像周围就会有一个边框。而当计算机监视器屏幕上的图像变换成电视视频时，该图像的外边界就会超出电视屏幕。

3）视频的颜色

在电视和计算机之间，颜色的再现和显示是不同的。计算机监视器使用的是 RGB 组合视频，其颜色比电视屏幕上所能看到的那些颜色更精确。当一个计算机的屏幕图像变换成视频时，显示出来的颜色就有差异。在电视中，使用有限颜色的调色板以及有限制的亮度电平和黑色电平。在计算机上产生的某些颜色，在 RGB 监视器上显示得很好，但在电视上就可能是不正确的。

4）隔行扫描的影响

在 RGB 监视器中，扫描线为一个像素厚度的逐行扫描线，这在监视器上看起来没有问题，但在电视上就会出现闪烁。为了避免闪烁，应确保扫描线的宽度大于两个像素的厚度，这也可通过图像编辑器中的去闪烁滤波器来解决。

4. 视频测量及视频图像质量评价

视频信号是一种电信号，具有客观性；视频图像是人的主观感觉，具有主观性。对视频的评价可从电信号测量和主观评价两方面进行。

视频测量的目的就是通过各种装置对视频处理设备和传输通道的工作状态进行监视，并对其光学、电气指标以及模拟、数字处理变换特性进行测量，通过各种参数来反映视频系统信息处理及传输的质量。视频测量通常对视频通道进行，所有对信号的处理过程在测量时均视为视频通道。通道的测试项目包括反射损耗、插入损耗、杂波（信噪比）、非线性失真（亮度信号非线性幅度失真、色度信号对亮度信号的互调失真、色度信号微分增益、色度信号微分相位、色度信号非线性幅度失真、同步信号非线性失真等）、线性失真、压缩损失等。测量可在频域和时域进行，测量一般采用监视矢量示波器和专用的视频特性参数测试仪（系统测试平台）来完成。

视频图像的质量最终由观看者评价，包含着十分复杂的主观因素。主观评价一般采用统计学的方法进行。我国电视图像质量评价标准一般采用 5 分制的主观评价与统计分析方法。评价具体内容在第 3 章中介绍过。对评分结果进行统计计算的方法有多种。一种常用的方法是：先求第 i 级 $(i=1\sim5)$ 评分次数 n_i 对评分总次数 N 所占的相对评分率 P_i,然后计算平均评价 Q,即

$$P_i = \frac{n_i}{N} \tag{4-5}$$

$$Q = \sum_{i=1}^{5} i \cdot P_i \tag{4-6}$$

图像质量的主观评价与图像各种失真的客观测量数据紧密相关,各种失真的测量参数可以反映图像质量的好坏。我国规定国家质量等级 P 与五项主要失真的换算关系为

$$P = 1.982 + 0.535 \times 10^{-1} x_1 - 0.254 \times 10^{-4} x_2 - 0.600 \times 10^{-2} x_3$$
$$0.346 \times 10^{-2} x_4 - 0.326 \times 10^{-1} x_5 \tag{4-7}$$

式中,x_1 为统一加权随机信噪比(分贝);x_2 为亮-色延时差(毫微秒),x_3 为微分增益(百分数);x_4 为微分相位(度);x_5 为亮-色增益差(百分数)。

目前数字视频中主要采用 MPEG-1/2、MPEG-4(SP/ASP)、H.264/AVC 等几种视频编码技术。对于最终用户而言,最为关心的主要有清晰度、存储量(带宽)、稳定性和价格。采用不同的压缩技术,将很大程度地影响以上几大要素。具体的视频编码技术将在第五章多媒体数据编码与压缩中进行详细介绍。

4.2.3　视频信号的存储

视频文件可以分两类,即动画文件和影像文件,本书中的视频文件主要指影像文件。按照动画性质不同,动画也可以分为两大类：帧动画和矢量动画。帧动画文件指由相互关联的若干帧静止图像所组成的图像序列,这些静止图像连续播放便形成一组动画,通常用来完成简单的动态过程演示;矢量动画是经过计算机计算生成的动画,表现变换的图形、线条和文字等,这种动画画面通常由编程或是矢量动画软件来完成的,是纯粹的计算机动画形式。影像文件,主要指那些包含了实时的音频、视频信息的多媒体文件,其多媒体信息通常来源于视频输入设备,由于同时包含了大量的音频、视频信息,影像文件往往相当庞大,动辄几MB 甚至几十 MB。

1. 动画文件存储格式

1) GIF 文件格式——".GIF"

GIF 是图形交换格式(Graphics Interchange Format)的英文缩写,顾名思义,这种格式是用来交换图片的。它是由 CompuServe 公司在 20 世纪 80 年代针对当时网络带宽的限制推出的一种高压缩比的彩色图像文件格式,主要用于图像文件的网络传输。鉴于 GIF 图像文件的尺寸通常比其他图像文件小,这种图像格式迅速得到了广泛的应用。GIF 格式的特点是压缩比高,磁盘空间占用少。考虑到网络传输的实际情况,GIF 图像格式除了一般的逐行显示方式之外,还增加了渐显方式,也就是说,在图像传输过程中,用户可以先看到图像的大致轮廓,然后随着传输过程的继续而逐渐看清图像的细节部分,从而适应了用户的观赏心理。GIF 既可存储单幅静止图像,又可以同时存储若干幅静止图像并进而形成连续的动画,目前 Internet 上大量采用的彩色动画文件多为这种格式的文件。GIF 动画制作简单、使用

广泛,在网页动画中的地位无可替代。目前制作 GIF 动画的软件非常多。

2) FLic 文件格式——".FLI"/".FLC"

Flic 文件是 Autodesk 公司在其出品的 Autodesk Animator/Animator Pro/3D Studio 等 2D/3D 动画制作软件中采用的彩色动画文件格式。其中,".FLI"是最初的基于 320×200 分辨率的动画文件格式,而".FLC"则是".FLI"的进一步扩展,采用了更高效的数据压缩技术,其分辨率也不再局限于 320×200。

3) Flash 文件格式——".SWF"

SWF 是基于 Macromedia 公司 Shockwave 技术的 Flash 流式动画格式。这种格式的动画图像能够用比较小的体积来表现丰富的多媒体形式。在图像的传输方面,不必等到文件全部下载才能观看,而是可以一边下载一边观看,因此特别适合网络传输,特别是在传输速率不佳的情况下,也能取得较好的效果。由于其具有体积小、功能强、交互性好、支持多个层和时间线程等特点,因此越来越多地应用到网络动画中,尤其在 Web 网页的多媒体演示与交互设计中被大量应用。此外,Flash 使用矢量图形制作动画,因此不管将画面放大多少倍,画面不会因此而有任何损害,具有缩放不失真、文件体积小、适合在网上传输等特点。目前 Flash 在网页制作、多媒体开发过程中得到广泛应用,已成为交互式矢量动画的标准。但它并非是初学者都能轻易掌握的,而且并不是所有的浏览器和多媒体编辑软件都支持。

2. 影像文件存储格式

影像视频的发展和变化可以从两方面进行分析:影像视频的超高清晰度当然是视频录制设备不断更新换代的结果,而影像视频体积的大幅度减小和像流水一样的视频文件传输性能则得益于视频压缩技术和视频编辑处理技术的不断创新和改进,这种视频技术的创新和改进在宏观上的表现就是视频格式。

目前,视频格式可以分为适合本地播放的本地影像视频和适合在网络中播放的网络流媒体影像视频两大类。值得一提的是,尽管后者在播放的稳定性和播放画面质量上可能没有前者优秀,但是网络流媒体影像视频的广泛传播性使之正被广泛应用于视频点播、网络演示、远程教育、网络视频广告等互联网信息服务领域。

1) 本地影像视频格式

(1) AVI 文件格式——".AVI"。AVI 即音频视频交错格式(Audio Video Interleaved),是将语音和影像同步组合在一起的文件格式。它是 Microsoft 公司于 1992 年随 Windows 3.1 一起推出的一种符合 RIFF 文件规范的数字音频与视频文件格式。AVI 格式的文件将视频信号和音频信号混合交错地存储在一起,是一种不需要专门硬件参与就可以实现大量视频压缩的视频文件格式。AVI 格式早期只用于 VFW(Video for Windows),现在已经在各种多媒体演示系统中广泛应用。所谓"音频视频交错",就是可以将视频和音频交织在一起进行同步播放。

AVI 文件在小窗口范围内(一般不大于 320×240 分辨率)演示时,其效果是令人满意的。因此,大多数的 CD-ROM 多媒体光盘系统都选用 AVI 作为视频存储格式。AVI 文件采用了 Intel 公司的 Indeo 视频有损压缩技术,将视频信息与音频信息交错地存储在同一文件中,较好地解决了音频信息与视频信息同步的问题。AVI 文件在计算机系统未添加额外硬件的情况下,一般可以实现每秒播放 15 帧,同时可以从硬盘、光盘播放或在内存容量有限的计算机上播放,具有加载和播放以及高压缩比、高视频序列质量等特点。

　　Windows 操作系统自带了几种常用的压缩格式,如 Cinepak Codec by Radius、Indeo Video 5.10、Intel Indeo(R)Video 3.2、Video 1 等。AVI 文件可以被再编辑,可以用一般的视频编辑软件如 Adobe Premiere 或 Media Studio 进行再编辑和处理。在采集原始模拟视频时常采用不压缩的方式,可以获得最优秀的图像质量。AVI 文件主要使用有损压缩的压缩方法,压缩比较高,目前主要应用在多媒体光盘上,用来保存电影、电视等各种影像信息,有时也出现在 Internet 上,供用户下载、欣赏新影片的精彩片断。这种视频格式的优点是图像质量好,可以跨多个平台使用,其缺点是体积过于庞大,压缩标准不统一。

　　(2) QuickTime 文件格式——".MOV"/".QT"。QuickTime 是 Apple 公司开发的一种音频、视频文件格式,用于保存常用的数字媒体类型(例如音频和视频信息),具有先进的视频和音频功能。QuickTime 视频文件播放程序,除了播放常见视频和音频文件外,还可以播放流媒体格式,支持 HTTP、RTP 和 RTSP 标准。该软件还支持主要的图像格式,例如 JPEG、BMP、PICT、PNG 和 GIF;支持多种数字视频文件,包括 MiniDV、DVCPro、DVCam、AVI、AVR、MPEG-1、OpenDML 以及 Macromedia Flash 等。QuickTime 文件格式支持 25 位彩色,支持领先的集成压缩技术,提供 150 多种视频效果,并配有提供了 200 多种 MIDI 兼容音响和设备的声音装置。它无论是在本地播放还是作为视频流格式在网上传播,都是一种优良的视频编码格式。一般认为,MOV 文件的图像格式较 AVI 格式好。国际标准化组织(ISO)也选择 QuickTime 文件格式作为开发 MPEG-4 规范的统一。

　　(3) MPEG 文件格式——".MPRG"/".MPG"/".DAT"。MPEG(Moving Pictures Experts Group)文件格式是动态图像专家组制定出来的运动图像压缩算法的国际标准,该标准专家组建于 1988 年,专门负责为 CD 建立视频和音频标准,其成员都是视频、音频及系统领域的技术专家。其后,他们成功将声音和影像的记录脱离了传统的模拟方式,建立了 ISO/IEC 1172 压缩编码标准,并制定出 MPEG-格式,令视听传播进入了数码化时代。因此,大家现在泛指的 MPEG-X 版本,就是由 ISO(International Organization for Standardization)所制定而发布的视频、音频、数据的压缩标准。MP3 音频文件就是 MPEG 音频的一个典型应用,而 VCD(Video CD)、SVCD(Super VCD)、DVD(Digital Versatile Disk)则是全面采用 MPEG 技术所产生出来的新型消费类电子产品。MPEG 的平均压缩比为 50∶1,最高可达 200∶1,压缩效率非常高。这种格式数据量较小,同时图像和音响的质量也非常好,并且在微机上有统一的标准格式,现已被几乎所有的计算机平台支持,兼容性相当好。

　　2) 网络影像视频

　　(1) RealVideo 文件格式——".RM"。RealVideo 文件是 RealNetworks 公司开发的一种新型流式视频文件格式,它包含在 RealNetworks 公司所制定的音频视频压缩规范 RealMedia 中,主要用来在低速率的广域网上实时传输活动视频影像。RealMedia 也可以根据网络数据传输速率的不同而采用不同的压缩比率,从而实现在低速率的网络上进行影像数据的实时传送和实时播放。

　　RealVideo 除了可以以普通的视频文件形式播放之外,还可以与 RealServer 服务器相配合,在数据传输过程中边下载边播放视频影像,而不必像大多数视频文件那样必须先下载然后才能播放。RM 格式的文件可以实现即时播放,即先从服务器上下载一部分视频文件,形成视频流缓冲区后实时播放,同时继续下载,为接下来的播放做好准备。这种"边传边播"

的方法克服了用户必须等待整个文件从 Internet 上全部下载完毕才能观看的缺点,因而特别适合在线观看影视。RM 同样具有体积小而又比较清晰的特点。目前,Internet 上已有不少网站利用 RealVideo 技术进行重大事件的实况转播。

(2) ASF 文件格式——". ASF"。ASF(Advanced Streaming Format,高级流格式)是 Microsoft 公司为 Windows98 推出的在 Internet 上实时传播多媒体的技术标准。

ASF 是一个开放标准,它能依靠多种协议在多种网络环境下支持数据的传送。同 JPG、MPG 文件一样,ASF 文件也是一种文件类型,但它是专为在 IP 网上传送有同步关系的多媒体数据而设计的,所以 ASF 格式的信息特别适合在 IP 网上传输。ASF 文件的内容既可以是我们熟悉的普通文件,也可以是一个由编码设备实时生成的连续的数据流,所以 ASF 既可以传送人们事先录制好的节目,也可以传送实时产生的节目。ASF 的主要优点有本地或网络回放、可扩充的媒体类型、部件下载以及扩展性等。

(3) WMV 文件——". WMV"。WMV(Windows Media Video)文件也是微软推出的一种流媒体格式,它是一种采用独立编码方式,并且可以直接在网上实时观看视频节目的文件压缩格式;它由 ASF 格式升级延伸而来。在同等视频质量下,WMV 的体积非常小,因此很适合在网上播放和传输。WMV 一般同时包括视频和音频部分。WMV 格式的主要优点有:本地或网络回放、可扩充的媒体类型、部件下载、可伸缩的媒体类型、流的优先级化、多语言支持、环境独立性、丰富的流间关系以及扩展性等。

4.3 电视技术基础

彩色电视是在黑白电视的基础上发展起来的,因此彩色电视信号必须与黑白电视信号兼容。所谓兼容,就是让彩色电视信号能为普通黑白电视机接收,并显示出通常质量的黑白图像的特性。同时,彩色电视接收机能够以显示黑白图像的方式收看电视信号的特性称为"逆兼容"性。要实现彩色与黑白电视兼容,应当满足以下的基本条件。

(1) 所传送的电视信号中应有亮度信号和色度信号两部分。亮度信号包含了彩色图像的亮度信息,它与黑白电视机的图像信号一样,能使黑白电视机接收并显示出无彩色的画面;色度信号包含彩色图像的色调与饱和度信息。

(2) 彩色电视信号通道的频率特性应与黑白电视通道频率特性基本一致,而且应该有相同的频带宽度、图像载频和伴音载频。图像和伴音应有相同的调制方式,同样的视频带宽(6MHz),同样的频道间隔(8MHz)。

(3) 彩色电视与黑白电视应有相同的扫描方式及扫描频率,相同的辅助信号及参数。

(4) 应尽可能地减小黑白电视机收看彩色节目时的彩色干扰,以及彩色电视中色度信号对亮度信号的干扰。

4.3.1 电视信号的摄取与重现

电视是利用光电和电光转换原理,将光学图像转换为电信号进行远距离传输,然后再还原为光图像的一门技术。电视图像的摄取与重现示意图如图 4-4 所示。摄取图像时,被摄景物通过摄像机的光学镜头恰好在摄像管光电靶面上成像,由于光像各部分的亮度不同,使靶上各部分的电导率也产生不同程度的变化。与光像较亮部分对应的靶像素电导较大,与光像较暗部分对应的靶像素电导较小,于是图像亮度分布的不同就转变成了靶面上各单元像素电导的不同,"光像"就变成了"电像"。从摄像管电子枪阴极发出的电子束,经电、磁场的作用以高速射向靶面,并在偏转磁场作用下按从左到右,从上到下的规律扫过靶上各点,从而完成了把图像分解为像素以及把各像素的亮度转变成相应强度的电信号的光—电转换过程,即完成图像的摄取。

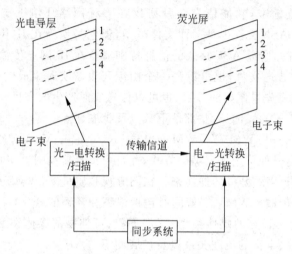

图 4-4　电视图像的摄取与重现示意图

显示图像时,电视机显像管和摄像管一样是一种电真空器件,主要由电子枪与荧光屏组成。由电子枪阴极发出的电子束,受到偏转场的作用同样按照从左到右、从上到下的规律以高速轰击荧光屏,这种扫描规律与摄像管中电子束的扫描规律同步。荧光屏上涂有一层荧光粉,它在电子轰击下发光,而发光强度则正比于电子束所携带的能量。最后在屏幕上显示的图像其各像素的亮度都比例于所摄取图像各对应点的亮度,因而在屏幕上就重现出原图像。

4.3.2　电视信号扫描

在摄像管和显像管中,电子束都是以某种周期规律在光电导层和荧光屏上来回运动,这一过程就是电子扫描,从而完成由空间分布的像素变为随时间而变化的电信号。同时显示器也利用电子扫描把所接收的随时间变化的电信号变换成空间分布的像素(与发送时的空间排列规律相同),从而复合成一幅完整的光图像。

1. 逐行扫描

逐行扫描是指电子束按一行紧跟一行的规律,从上到下地对整个一幅(帧)画面进行扫描的方式。在这种扫描中,扫描是分两个方向进行的,电子束从上到下的扫描,称为场扫描或垂直扫描;每一行从左到右的扫描,称为行正程扫描;从右回到左端称为行逆程。电子束从屏幕的最左端扫描到最右端,然后又回到最左端,才能开始第二行的扫描,因此一个完整的扫描过程应包括行正程和行逆程。由于摄像管电子束在逆程期间不拾取信号,因此电视机显像管在逆程期间不呈现图像。将完成一个行正程和行逆程所用的时间称为行扫描周期,用 T_H 表示,由此可以得出行扫描频率 $f_H=1/T_H$。可见行扫描频率(行频)f_H 是行周期的倒数。

场扫描过程也可分为场正程和场逆程。场正程是指电子束均匀地从屏幕的最上方扫描到最下方的过程；场逆程则是指从屏幕的下方又返回到最上方的过程。整个场扫描所用的时间包括场正程和场逆程的时间。完成一场扫描，也就完成了一帧图像的扫描。场扫描周期通常用 T_V 表示，则场扫描频率 $f_V = 1/T_V$。图 4-5 表示完成一帧图像逐行扫描电流波形图，其中 T_{Ht}、T_{Hr} 分别表示行正程和行逆程所用的时间，T_{Vt}、T_{Vr} 表示场正程和场逆程所用的时间。

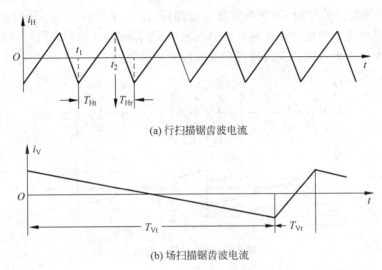

(a) 行扫描锯齿波电流

(b) 场扫描锯齿波电流

图 4-5　逐行扫描电流波形图

在逐行扫描过程中，要求一场的扫描行数必须是整数，即 $T_V = nT_H$。其中 n 为整数，代表每场中所包含的扫描行数，由此可以得到场频与行频之间的关系：$f_H = nf_V$，即行频率是场频率的 n 倍。扫描行数越多，图像越清晰。在人眼与屏幕保持一定距离的情况下，当行数足够多时，人眼将分辨不出行结构，只是看到一个均匀发光的面。若电子束受图像信号调制，则屏幕上就显示出了与所摄取图像有相同视觉效果的一幅幅重现图像。

2. 隔行扫描

根据人眼的视觉惰性和荧光粉的余辉特性，在不产生亮度闪烁感觉和保证有足够清晰度的情况下，场扫描频率须在 48Hz 以上，扫描行数须在 500 行以上。根据这些指标计算出的电视图像信号需要 10MHz 的频带，无论信道的利用率还是设备的复杂程度都要求很高。为了减小图像信号所占用的带宽，可以通过降低场频来实现，但随之又会带来闪烁的问题，而降低扫描行数，又会使图像的清晰度下降。为了解决这一矛盾，人们采用隔行扫描方式。

隔行扫描方式是将一帧(或称一幅)电视图像分成两场进行扫描(从上至下为一场)。第一场扫出光栅的第 1,3,5,7 等奇数行，第二场扫第 2,4,6,8 等偶数行，并把扫奇数行的场称为奇数场，扫偶数行的场称为偶数场(有时也将隔行扫描的两个场分别称为顶场和底场)。这样每一帧图像经过两场扫描，所有像素就可全部扫完。假如每秒传送 25 帧图像，那么每秒扫描 50 场，即场频为 50Hz，亮度闪烁现象可不出现。显然在隔行扫描方式中，$f_V = 2f_帧$，同样行扫描频率也降低到逐行扫描时的一半，结果使信号带宽也减小一半。而每帧画面扫描的总行数是两场扫描行数之和，仍与逐行扫描时相同。这样，隔行扫描既保持了逐行扫描的清晰度，又达到了降低图像信号频带的目的。

隔行扫描的行结构要比逐行扫描的复杂,以 11 行隔行扫描方式的扫描过程为例来说明。如图 4-6 所示,电子束由左上端开始按奇数行顺序扫描,即第一场(奇数场)顺序扫第 1, 3,5,7,9 等奇数行,当扫到第 11 行的一半时,正好扫过五行半,完成了第一场扫描。电子束立即返回 11′点,并由 11′点开始第二场(偶数场)的顺序扫描,首先扫完第 11 行余下的半行,紧接着扫描第 2,4,6,8,10 等偶数行。当扫到右下端第 10 末(点 10′)时,也扫了五行半,完成了第二场扫描。两场扫描行数共为 11 行,恰好是一帧的扫描行数。其中偶数场的光栅应刚好落在奇数场光栅的中间,即两场光栅恰好镶嵌,这样才能构成一幅隔行扫描的均匀光栅,并得到最高图像清晰度。由于隔行扫描既减小了闪烁感,又使图像信号的频带仅为逐行扫描的一半,因此世界各国都采用隔行扫描的电子扫描方式。

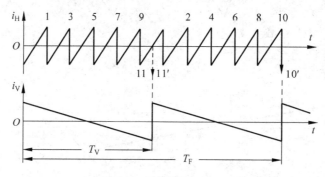

图 4-6 隔行扫描示意图

PAL(Phase-Alternative Line)和 SECAM(Sequential Couleur A Memoire)制式的广播电视信号是一种 $2:1$ 隔行扫描的视频信号,其每场 312.5 行(每帧 625 行),每秒 50 场,因而水平扫描频率 f_H 为 $625 \times 25 = 15.625\text{kHz}$,这意味着扫描每行需要 $1/15625\text{s} = 64\mu\text{s}$,行回程需要 $12\mu\text{s}$,则每行留给有效的视频信号为 $52\mu\text{s}$;625 行中只有 575 行是有效的,每场有 20 行用于行回程。

NTSC(National Television Systems Committee)制式的广播电视信号也是一种 $2:1$ 隔行扫描的视频信号,其每场 262.5 行(每帧 525 行),每秒 60 场,因而水平扫描频率 f_H 为 $525 \times 30 = 15.75\text{kHz}$,这意味着扫描每行需要 $1/15750\text{s} = 63.5\mu\text{s}$,行回程需要 $10\mu\text{s}$,则每行留给有效的视频信号为 $53.5\mu\text{s}$;525 行中只有 485 行是有效的,每场有 20 行用于行回程。

4.3.3 电视信号频谱分配

1. 电视信号的频谱特性

电视系统是通过行、场扫描来完成图像的分解与合成的,尽管图像内容是随机的,但电视信号仍具有行、场或帧的准周期特性。通过对静止图像电视信号进行频谱分析可知,它是由行频、场频的基波及其各次谐波组成的,其能量以帧频为间隔对称地分布在行频各次谐波的两侧。而对活动图像的电视信号,其频谱分布为以行频及其各次谐波为中心的一簇簇连续的梳状谱,如图 4-7 所示。

对于实际的电视信号,谐波的次数越高,其相对于基波振幅的衰减越大。在整个电视信号的频带中,没有能量的区域远大于有能量的区域。根据这一性质,彩色电视系统利用频谱

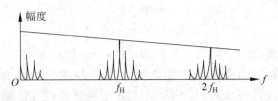

图 4-7 活动图像电视信号频谱

交错原理将亮度信号和色差信号进行半行频或 1/4 行频间置,完成彩色电视中亮度信号和色度信号的同频带传输。我国采用的 PAL-D 制彩色电视信号,亮度信号带宽为 6MHz;美、日等国采用的 NTSC 制电视系统中亮度信号带宽为 4.2MHz。由于人眼对于色度信号的分辨率远低于对亮度信号的分辨率,因此在彩色电视系统中色度信号的带宽一般均低于 1.3MHz,且调制在彩色副载频上置于亮度信号频谱的高端,以减少亮色信号之间的串扰。

2. 频谱交错原理

视频图像信号的能量主要分布在行扫描频率 f_H 及其各次谐波 nf_H 上。而在两个相邻频率之间能量则很微弱,以至于可以将其看成是空白的。由于 U 和 V 色差信号是 R、G、B 的线性组合,因此频谱遵循同样的规律。根据视频信号的频谱特点,若选择数值为半行频奇数倍的副载频 f_{sc},即令 $f_{sc}=(2n+1)f_H/2$,用 f_{sc} 来将两个色差信号进行频谱搬移,然后再与亮度信号 Y 叠加在一起,色度信号的能量则刚好落在亮度信号频谱的空白处,如图 4-8 所示,这就是亮度信号与色度信号按频谱交错间置的共频带传送基本原理。

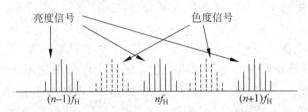

图 4-8 亮度信号与色度信号的频谱交错原理

选择 f_{sc} 时另一个需要考虑的问题是,在色度信号不超出 Y 信号的上限频率的前提下,将 f_{sc} 的数值尽量选高,如图 4-9 所示。因为 f_{sc} 越高,它对 Y 信号的干扰光点越细,能见度越低。另外,还要考虑到接收机中可能出现的副载频与伴音载频 f_s 之间的差拍干扰。为此要求 f_{sc} 与 f_s 之间的差拍频率$(f_{sc}-f_s)$也等于半行频的奇数倍,以降低干扰点的能见度。

由于副载频只有一个(即 f_{sc}),而作为调制信号的色差信号则有两个 U 和 V,因此需对同载频的两个不同相位进行两相调制。在 NTSC 和 PAL 制中是将色差信号 U 和 V 调制在载频 f_{sc} 的两个正交相位上,因此称正交调制。

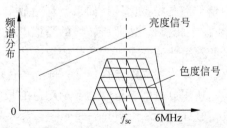

图 4-9 共频带的亮度信号和色度信号频谱

亮、色信号同频带传送所带来的最大问题是二者之间的干扰,为了降低这种干扰,需最大限度地抑制已调色差信号中不携带信息的功率,因此彩色电视中采用平衡调制的方法,将已调波中的载频分量抑制掉。抑制掉载频后的色差信号的平衡调幅波可表示为

$$u = k_1(B-Y)\sin(2\pi f_{sc}t) = U\sin(2\pi f_{sc}t) \tag{4-8}$$

$$v = k_2(R-Y)\sin(2\pi f_{sc}t) = V\sin(2\pi f_{sc}t) \tag{4-9}$$

由此可见,两个色差信号之间的极化方向不同,彼此相差90°。这样,在频率域内 Y、U、V 三个信号是交错间置的,而在时间域内 Y、U、V 是叠加在一起的,再加上各种复原图像所需的同步信号,最终形成的信号我们称其为全彩色电视信号,它们的带宽就是原黑白电视所占用的带宽。

3. 有线电视频道分配策略

为了能在同一条同轴电缆中同时传送多套电视节目,必须将它们分别调制到不同频率的高频载波上,这样电视接收机才能通过将高频头调谐到不同的频率来实现每一套节目的正确接收。当前地面电视广播中视频信号的调制都采用残留边带调幅方式,所谓残留边带调幅,是用普通的双边带调幅方式把带宽为 6MHz 的视频信号调制到图像载频上,得到带宽为 12MHz 的双边带调幅信号,再让双边带信号通过一个残留边带滤波器,把下边带的绝大部分滤去,最后保留上边带的全部及下边带的少部分信号。和双边带传送相比,残留边带传送方式所占用的频带要小得多,只有上边带的 6MHz 加上下边带的 1.25MHz,共计 7.25MHz。再加上给伴音信号的 0.5MHz 带宽,一个频道只需 8MHz 的带宽。

电视信号的传送既可以采用有线传输方式,也可以采用无线传播方式。由于每一路电视节目将占用 8MHz 的带宽,且可供使用的无线电频谱范围为 48.5～958MHz,我国规定的开路电视信号共包括 68 个频道,但目前只使用了 1～48 频道,其中第五频道划归调频广播,Ⅰ频段为电视广播的 1～5 频道,Ⅱ频段划分给调频广播和通信专用,Ⅲ频段为广播电视的 6～12 频道,Ⅳ频段为广播电视的 13～24 频道,Ⅴ频段为广播电视的 25～68 频道。

另外,在广播电视各频段之间仍有一定的间隔,一般这些频段被分配给调频广播、电信业务(如微波通信频段)和军事通信等应用。在无线电视广播中是不允许使用这些频段的,但在有线电视广播中,由于它是一个独立的、封闭的系统,因而可以利用这些频段来扩充节目数量,这就是有线电视系统中可以增补频道的原因。

4.3.4　彩色电视信号数字化

彩色电视信号的数字化与图像数字化过程一样,同样包括空间位置的离散化(采样)、样值的离散化(量化)以及编码三个过程。

目前实用的彩色电视系统所采用的制式有 PAL、NTSC 和 SECAM,但它们所规定的视频信号都是模拟信号。如果要利用数字信道进行信息的传送,就必须进行数字化处理(即模拟/数字转换)。按照所转换的模拟电视信号的内容,电视信号的数字化又分为分量电视信号的数字化和复合电视信号的数字化。分量电视信号(component video signal)是指每个基色分量作为独立的电视信号;每个基色既可以分别用 R、G、B 表示,也可以用亮度-色差表示。使用分量电视信号是表示颜色的最好方法,但需要比较宽的带宽和同步信号。复合电视信号(composite video signal)是包含亮度信号、色差信号和所有定时信号的单一信号,或者称为全电视信号。

1. 分量电视信号的数字化

由前面所介绍的取样定理可知,要精确地恢复出原信号,取样频率应不小于信号最高频率的 2 倍。另外,由于三种模拟彩色电视制式互不兼容,为了能够实现国际的数字视频信号的互通,国际电联无线电通信部门(原国际无线电咨询委员会)制定了第一个关于演播室彩色电视信号数字编码的建议,即现在的 ITU-R BT 601 建议,建议采用分量编码,亮度和色差信号的取样频率 f_Y 和 f_C 分别为

$$f_Y = 858 f_{\text{HNTSC}} = 864 f_{\text{HPAL}} \approx 13.5 \text{ MHz} \tag{4-10}$$

$$f_C = (1/2) f_Y \approx 6.75 \text{ MHz} \tag{4-11}$$

其中,f_{HNTSC} 和 f_{HPAL} 分别为 NTSC 和 PAL 制式中的行频。

考虑到人的眼睛对色度信号(饱和度)的分辨率比亮度信号低,色度信号的采样率要比亮度信号的采样率低一半。实际上为了节省视频数字化的数据量,充分利用人眼特性,经常对色度进行二次采样,从而出现了多种 YUV 的数字视频表达方式。这几种表达方式亮度分量采样位置都相同,区别只在于色度分量。注意当采用隔行光栅扫描时,任何一个分量相邻两行分别位于不同的两场,即顶场和底场。

1) YUV 4∶4∶4 格式

这种数字视频格式的色度信号采样与亮度信号完全一样,如图 4-10(a)所示。图中叉号代表亮度采样位置,圆圈代表色度采样位置,亮度信号和色差信号均为 PCM 8bit 量化编码,N_b=24bit。YUV 4∶4∶4 格式每个亮度采样位置也是色度 U、V 采样点位置,每 4 个 (2×2) Y 采样点也有 4 个 U 色度和 4 个 V 色度采样点。PAL 制 BT.601 数字视频有效区域中数据率为 $R = 25 \times 720 \times 576 \times 24 \approx 249 \text{Mb/s}$,NTSC 制 BT.601 数字视频有效区域中数据率也为 $R = 30 \times 720 \times 480 \times 24 \approx 249 \text{Mb/s}$,基本上是相同的。采用这种格式能得到相当高的视频质量,因而这种格式常被应用在高质量的视频制作和编辑上。

2) YUV 4∶2∶2 格式

YUV 4∶2∶2 格式采样点位置如图 4-10(b)所示,对色度信号进行水平方向 2∶1 的二次采样。也就是说,水平方向色度分量的分辨率降低一半;而垂直方向保持不变与亮度的采样点相同。每 4 个 (2×2) Y 采样点只有 2 个 U 色度和 2 个 V 色度采样点,亮度信号和色差信号仍为 PCM 8bit 量化编码,则 $N_b = (4 \times 8 + 2 \times 8 + 2 \times 8)/4 = 16 \text{bit}$。于是 BT.601 数字视频有效区域中数据率为 166Mb/s。它与 YUV 4∶4∶4 格式一样,能产生高质量的视频,同样可以在视频制作和视频编辑方面得到应用。

3) YUV 4∶1∶1 格式

YUV 4∶1∶1 格式采样点位置如图 4-10(c)所示,对色度信号进行水平方向 4∶1 的二次采样。水平方向色度分量的分辨率比 YUV 4∶2∶2 格式降低一半,而垂直方向仍然与 YUV 4∶4∶4 和 YUV 4∶2∶2 格式相同。每 4 个 (4×1) Y 采样点只有 1 个 U 色度和 1 个

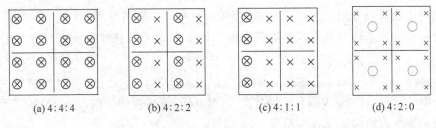

(a) 4∶4∶4　　　(b) 4∶2∶2　　　(c) 4∶1∶1　　　(d) 4∶2∶0

× 亮度采样点　　○ 色度采样点

图 4-10　四种常见格式的 YUV 不同采样位置

V 色度采样点,显然这种采样方式会产生很不对称的水平和垂直方向分辨率。如亮度信号和色差信号仍为 PCM 8bit 量化编码,则 $N_b = (4 \times 8 + 1 \times 8 + 1 \times 8)/4 = 12\text{bit}$。对应 BT.601 数字视频有效区域中数据率为 124Mb/s。它产生的视频质量要比上述两种低,但仍然具有很好的视频质量,可以应用在 DVD、VOD(Video-On-Demand)等方面。

　　4) YUV 4:2:0 格式

　　虽然在 BT.601 数字视频标准中没有这种格式,但它在实际应用中却是相当广泛的,特别是对 ITU-T 和 H.261/H.263 等视频压缩标准来说这是一种基本的缺省视频格式,其亮度和色度采样位置如图 4-10(d)所示。此时亮度和色度信号分别对应于隔行扫描帧的奇数场和偶数场,或者是偶数场和奇数场。而且色度分量进行所在场水平和垂直方向的一次下采样。

　　与 H.261/H.263 相比,MPEG-1 处理的是逐行扫描图像,如图 4-11(a)所示。此时 YUV 4:2:0 格式的亮度和色度分量采样都来自于同一帧图像,而色度分量则需由 CCIR601 YUV 4:2:2 或其他格式转换得到。

　　在 MPEG-2 中同样有 YUV 4:2:0 格式,对于逐行扫描方式,其色度分量与 MPEG-1 的 YUV 4:2:0 格式色度位置在水平方向相差 1/2 个像素,如图 4-11(b)所示。对于 MPEG-2 隔行扫描,每帧图像被分成两场,顶场和底场,其顶场和底场的 YUV 4:2:0 格式分别如图 4-12(a)、(b)所示。

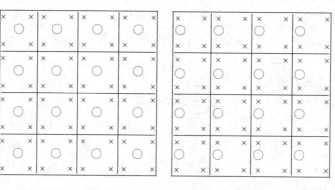

　　　　(a) MPEG-1 YUV 4:2:0　　　　　　　(b) MPEG-2 YUV 4:2:0

× 亮度采样点　　○ 色度采样点

图 4-11　逐行扫描方式 MPEG-1/2 YUV 4:2:0 格式采样位置

　　从图 4-10(d)、图 4-11 和图 4-12 可以看出,YUV 4:2:0 格式中色度分量不仅在水平方向上同时也在垂直方向上进行二次采样,其水平方向分辨率与 YUV 4:2:2 相同,而垂直方向分辨率却比上述三种格式都降低一半。每 4 个(2×2)亮度采样点只有 1 个 U 采样点和 1 个 V 采样点,它具有与 YUV 4:1:1 格式相同的 $N_b = 12\text{bit}$ 和相同的数据率。这种格式克服了 YUV 4:1:1 中水平和垂直方向分辨率的不对称性,因此颜色的显示比 YUV 4:1:1 更加真实。VCD、视频会议、可视电话、无线视频通信以及 SMPTE 所定义的几种高清晰度电视也都采用这种格式。

2. 复合电视信号的数字化

模拟视频信号经过空间和时间采样之后离散成一系列帧(场)图像像素的阵列,每个像

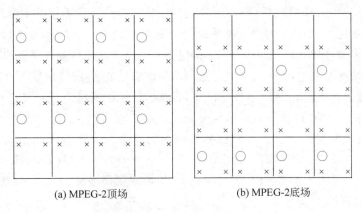

(a) MPEG-2顶场   (b) MPEG-2底场

× 亮度采样点   ○ 色度采样点

图 4-12 隔行扫描方式 MPEG-2 YUV 4∶2∶0 格式采样位置

素点所对应的值表示在该采样点的光能量,显然它是一个具有无限多个取值的连续变化量。必须将该连续量转化为有限个离散值,赋予不同码字才能真正成为数字视频,再由计算机或其他数字设备进行处理运算,这种转化称为量化。一般来说,量化既可以是对连续变化的变量进行,也可以是对已经离散的变量进行;量化既可以在空间域或时间域上进行,也可以在变换域(如频域)上进行。这里所讨论的量化是针对连续变量在空间域上的量化。量化既然是以有限个离散值来近似表示无限多个连续量,量化之后的数据通常是不能经反量化恢复到与原先完全一样的数据。因此,量化是一种信息有损的处理方法,由此所产生的失真即量化失真或量化噪声。此外,量化通常有两种不同的方法,标量量化(Scalar Quantization,SQ)和矢量量化(Vector Quantization,VQ)。根据香农率失真理论,矢量量化比标量量化效果好。只要码矢数量足够大,码矢量维数足够高,则矢量量化误差能够达到香农定理所规定的下限。但是矢量量化的运算量随着码矢数量、码矢维数的增加呈指数增大,因此在实际量化中用的比较多的还是标量量化。

4.4 数字电视系统

数字电视(Digital TV)是继黑白模拟电视、彩色模拟电视之后的第三代电视,是电视技术发展史上的一次革命。数字电视是数字技术、微电子技术、网络技术和软件技术等高新技术的综合应用,在信息化社会中占有重要的位置。

4.4.1 数字电视的特点

所谓数字电视,是拍摄、编辑、制作、传输、播出、接收电视信号的全过程都使用数字技术的电视系统。与模拟电视相比,它具有诸多优越性。

(1) 图像质量高。数字电视采用二进制纠错编码技术,对可能出现的误码具有纠错能力,和模拟制电视相比,几乎不产生图像失真。电视用户的图像/伴音质量完全取决于发送端编码器的质量水平。即使偶尔出现了极个别的错码,在接收端也可以采用"误码掩蔽"技术,使图像的损坏降低到不易被察觉的程度。

（2）抗干扰力强。模拟电视信号在传输过程,特别是地面广播情况下受外界干扰严重,因此图像质量因时、因地变化较大,效果总是不能令人满意。数字信号在传输中也会受干扰,但由于其基本信号只有高、低两种电平,即使做长距离传输或是多代复制,波形出现了较大失真,只需通过均衡和再生,仍可无失真地重现原来的信号波形,图像质量不会因此而下降。

（3）便于数据操作。数字信号容易存储和读取,且无积累误差,便于应用各种算法模型进行不同要求的压缩编码,这一点模拟信号是无法与之相比的。

（4）频谱资源利用率高。经数码压缩编码后的每套数字电视节目所占有频带宽度较窄,约为 0.5～0.75MHz,现在的一套模拟 PAL 制电视节目所占用的 8MHz 带宽内,无论是采用 OFDM/32-QAM 还是 8-VSB 的调制技术,均可向用户播送 4～6 套分辨率达 400 线的专业级数字电视节目。

（5）互操作性好。视频压缩方式中,MPEG-2 标准是一种工具箱式国际标准,这给用户提供了极为友好的操作环境。

（6）设备利用率高、发射功率低。数字设备同模拟设备相比较,具有调整方便、运行可靠性高、稳定性高、平均故障率低等极明显的优势。

（7）适于特殊专业的应用。由于数字电视容易实施加密/解密、加扰/解扰等技术,便于在军事领域、保密系统以及收费电视等特殊业务场合应用。

按照现阶段数字电视的发展及其应用,数字电视可以分为两大类。第一类是标准清晰度的数字常规电视,其中包括图像分辨率约为 500 线的广播级数字电视、图像分辨率约 400 线的相当于 DVD 的普通级数字电视(SDTV)和图像分辨率约 300 线的相当于 VHS 的普及型数字电视(DPTV 或 LDTV)。其中 LDTV 采用 MPGE-1 压缩编码标准,其视频速率为 1.5Mb/s 左右。第二类是图像分辨率在 800 线以上的高清晰度电视 HDTV,目前我国很多厂商都参与了这方面的研究与开发。

4.4.2　数字电视系统的结构

电视广播由节目源、广播和接收三大环节组成,数字电视也不例外。一个完整的数字电视系统结构如图 4-13 所示。数字电视系统主要由信源编解码、节目流与传送流多路复用/解多路复用、信道传输(主要有有线传输、卫星传输、地面开路广播三种传输方式)、信道编解码等设备组成。其中信源编码主要包括视频编码、音频编码和数据编码,信道编码主要是采用 RS 编码、数据交织、TCM 联合编码调制等技术,调制方案可以采用 QPSK、QAM、VBS、COFMD 等调制技术。在接收端可以采用数字电视接收机,它应具备解调、解码等功能,能将 MEPG-2 压缩编码后的码流解码还原为数字视频、音频信号,从而实现数字演播传送来的图像与伴音节目,也可以利用模拟电视接收机＋数字机顶盒(Set To Box,STB)的方式实现接收,最后由模拟电视机还原为原始的图像与伴音节目。

1. 编码组件(Compression and Encoding)

数字电视广播系统的中枢是压缩系统,其任务是对节目源进行压缩,使内容信息的存储容量尽可能小,从而能使用少量的带宽向用户传递高质量的视频和音频。一个压缩系统包括编码器和多路复用器。编码器用来对视频、音频和数据通道进行数字化、压缩及编码;信号被编码和压缩后,产生的 MPEG-2 流被送到多路复用器,在此从不同编码器来的输出和安全性、节目信息及其他数据被合并到同一个数字流。

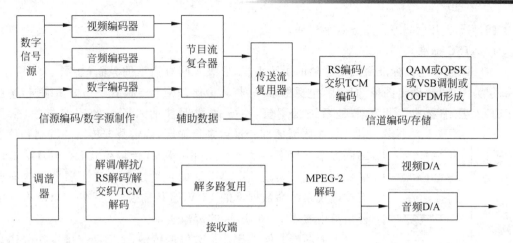

图 4-13 数字电视系统结构

2. 调制（Modulation）

调制技术的选用依赖于运营条件和网络结构，主要被采用的三种数字调制技术分别如下。

（1）QAM（正交调幅）：对于电缆运营商，QAM 是首选的调制方式，可达 40Mb/s 的传输速率。

（2）QPSK（正交相移键控）：常用于卫星环境或者有线电视系统的反向信道（Return Path）。QPSK 对于电磁噪声比 QAM 有更强的抵抗力，可以提高网络的鲁棒性，传输率约为 10Mb/s。

（3）COFDM（编码正交频分复用）：用于建筑密集区，欧洲基于地面广播主要采用该调制方案。

3. 条件访问系统（Conditional Access）

CA 系统的主要目的是控制用户对有偿数字 TV 的访问，保证运营者的商业利益，为网络运营商提供了对用户观看内容和时间的控制。CA 可以被看作一个允许用户访问数字服务的虚拟网关。对特定服务的访问限定通过加密技术来实现，将信号变成不可读的格式来保护数字服务。在用户的接收端，用数字机顶盒进行解密。机顶盒结合了接收和解码被加密信号的硬件和软件系统。加密-解密芯片负责具体的 CA 算法；安全处理器包含解密不同数字服务所需的密钥。用户只能取得相关授权才能解码和访问特定的数字服务。运营商对用户的授权一般以机顶盒的智能卡形式实现。除了加密数字服务，CA 系统还与用户管理系统（SMS）连接，协同工作。

4. 用户管理系统（Subscriber Management System）

SMS 系统处理用户数据库，并且向用户授权系统（Subscriber Authorization System，SAS）发送请求，其典型功能包括：机顶盒和智能卡目录管理、用户跟踪、记账、审核、账单准备和格式化等。用户授权系统将从 SMS 送来的请求转化成授权管理信息，这些授权信息是由数字多路复用器发送到机顶盒智能卡系统的。

4.4.3 数字电视系统的标准

目前数字电视尚无统一的国际标准，美国、欧洲和日本各自形成了 3 种不同的数字电视标准。美国的标准是 ATSC（先进电视制式委员会），欧洲的标准是 DVB（数字视频广播），日本的标准是 ISDB(综合业务数字广播)。

1. ATSC 标准

ATSC 数字电视标准由四个分离的层级组成,层级之间有清晰的界面,如图 4-14 所示。最高层为图像层,确定图像的形式,包括像素陈列、幅型比和帧频。接着是图像压缩层,采用 MPEG-2 压缩标准。再下来是系统复用层,特定的数据被纳入不同的压缩包中,采用

最高层	图像层
第二层	图像压缩层
第三层	系统复用层
最底层	传输层

图 4-14　ATSC 层结构

MPEG-2 压缩标准。最后是传输层,确定数据传输的调制和信道编码方案。地面广播系统采用 8-VSB 传输模式,在 6MHz 地面广播频道上可实现 19.3Mb/s 的传输速率。该标准也包含适合有线电视系统高数据率的 16-VSB 传输模式,可在 6MHz 有线电视信道中实现 38.6Mb/s 的传输速率。

下面两层共同承担普通数据的传输,上面两层确定在普通数据传输基础上运行的特定配置(例如 HDTV 或 SDTV),还确定 ATSC 标准支持的具体图像格式,共有 18 种(HDTV 6 种、SDTV 12 种),其中 14 种采用逐行扫描方式。

(1) HDVT,1920 像素(H)×1080 像素(V),宽高比 16∶9,帧频 60Hz/隔行扫描制,帧频 30Hz/逐行扫描制,帧频 24Hz/逐行扫描制;

(2) HDVT,1280 像素(H)×720 像素(V),宽高比 16∶9,帧频 60Hz/隔行扫描制,帧频 30Hz/逐行扫描制,帧频 24Hz/逐行扫描制;

(3) SDTV,704 像素(H)×480 像素(V),宽高比 16∶9 或 4∶3,帧频 60Hz/隔行扫描制,帧频 60Hz/逐行扫描制,帧频 30Hz/逐行扫描制,帧频 24Hz/逐行扫描制;

(4) SDTV,640 像素(H)×480 像素(V),宽高比 4∶3,帧频 60Hz/隔行扫描制,帧频 60Hz/逐行扫描制,帧频 30Hz/逐行扫描制,帧频 24Hz/逐行扫描制。

HDTV 除 1 种之外,图像格式都采用逐行扫描,因为 1920×1080 格式不适合在 6MHz 信道内以 60 帧/s 进行逐行扫描,故以隔行扫描取代。SDVT 的 640×480 图像格式与计算机的 VGA 格式相同,保证了与计算机的适用性。在所有 12 种 SDTV 格式中,有 9 种采用逐行扫描,保留 3 种为隔行扫描方式以适应现有的视频系统。

2. DVB 标准

DVB 传输系统涉及卫星、有线电视、地面、SMATV、MMDS 等所有传输媒体,它们对应的 DVB 标准为:DVB-S、DVB-C、DVB-T、DVB-SMATV、DVB-MS 和 DVB-MC。

(1) DVB-S(ETS 300421)数字卫星直播系统标准:该标准以卫星作为传输介质,卫星转发的压缩数字信号,经过卫星接收机后由卫星机顶盒处理,输出现有模拟电视机可以接收的信号。这种传输具有覆盖面广、节目容量大等特点。数据流的调制采用四相相移键控调制(QPSK)方式,工作频率为 11/12 GHz。在使用 MPGE-2MP@ML 格式时,用户端若达到 CCIR 601 演播室质量,码率为 9Mb/s;到 PAL 质量,码率为 5Mb/s。一个 54MHz 转发器传送速率可达 68Mb/s,可用于多套节目的复用。DVB-S 标准几乎为所有的卫星广播数字电视系统所采用。我国也选用这一标准。

(2) DVB-C(ETS 300429)数字有线广播电视系统标准:该标准以有线电视网作为传输介质,应用范围广。它具有 16、32、64QAM(正交调幅)三种调制方式,工作频率在 10GHz 以下。采用 64QAM 时,一个 PAL 通道的传送码率为 41.34Mb/s,可用于多套节目的复用。

系统前端可从卫星和地面发射获得信号,在终端需要电缆机顶盒。

(3) DVB-T(ETS 300744)数字地面广播系统标准:该标准是最复杂的DVB传输系统。地面数字电视发射的传输容量,理论上与有线电视系统相当,本地区覆盖好。采用编码正交频分复用(COFDM)调制方式,在8MHz带宽内能传送4套电视节目,传输质量高,但其接收费用高,频道也较少。

(4) DVB-SMATV(ETS 300473)数字 SMATV 广播系统标准:它是在 DVB-S 和 DVB-C 基础上制定的。

(5) DVB-MS(ETS 300748)高于10GHz的数字广播 MMDS 分配系统标准:该标准基于 DVB-S,使携带大量节目的微波信号直接入户。MMDS 是采用调幅微波向多点传送,分配多频道电视节目的系统。给 DVB-S 接收机配上一个 MMDS 频率变换器,就可接收 DVB-MS 信号。

(6) DVB-MC(ETS 300749)低于10GHz的数字广播 MMDS 分配系统标准:该标准基于 DVB-C,使携带大量节目的微波信号直接入户。给 DVB-C 接收机配上一个 MMDS 频率变换器,就可接收 DVB-MC 信号。

DVB 数字广播系统除传送普通的视频、音频信号外,还可传送接收 IRD 调谐、节目指南及图文、字幕、图标等信息。适合于此类基带附加信息系统的 DVB 标准包括:DVB-SI、DVB-TxT 和 DVB-SUB。

3. ISDB 标准

ISDB 是日本 DTBEG(数字广播专家组)制定的数字广播系统标准,它利用一种标准化的复用方案在一个普通的传输信道上可发送各种不同的信号,同时可以通过各种不同的传输信道发送复用信号。ISDB 具有柔韧性、扩展性、共通性等特点,可以灵活地集成和发送多节目的电视和其他数据业务。

4.5 行业应用:视频技术实践——基于内容的视频检索技术

基于内容的视频信息检索是当前多媒体数据库发展的一个重要研究领域,它通过对非结构化的视频数据进行结构化分析和处理,采用视频分割技术将连续的视频流划分为具有特定语义的视频片段——镜头(shot)。视频内容中包含了一系列的连续图像,其基本单位是镜头。每个镜头可包含一个事件或者包含一组连续的动作。镜头由在时间上连续的视频帧组成,它们反映的就是组成动作的不同画面,在一段经过非线性编辑的视频序列中,常常包含了许多镜头。镜头之间可存在多种类型的过渡方式,最简单的连接是切变,表现为在相邻两帧间发生突变性的镜头转换。此外,还存在一些逐渐过渡方式,如淡入、淡出等。有时,根据拍摄剧情的需要,还常采用摄像机镜头运动的方式来处理镜头。摄像机镜头的运动方式包括推拉镜头、摇镜头、镜头跟踪、镜头仰视、镜头卧视等。将镜头作为检索的基本单元,在此基础上进行代表帧的提取和动态特征的提取,形成描述镜头的特征索引;依据镜头组织和特征索引,采用视频聚类等方法研究镜头之间的关系,把内容相近的镜头组合起来,逐步缩小检索范围,直至查询到所需的视频数据。其中,视频分割、代表帧和动态特征提取是基于内容的视频检索的关键技术。

　　解决基于内容的视频检索的关键是视频结构的模型化或形式化。为此需要解决关键帧抽取与镜头分割的问题。基于内容的视频检索具体结构见图 4-15。首先要进行视频结构分析,将视频序列分割为镜头,并在镜头内选择关键帧,这是实现一个高效的基于内容的视频检索系统的基础和关键。然后提取镜头的运动特征和关键帧中的视觉特征,作为一种检索机制存入视频数据库。最后根据用户提交的查询按照一定特征进行视频检索,将检索结果按相似性程度交给用户,当用户对查询结果不满意时可以优化查询结果,自动根据用户的意见灵活地优化检索结果。

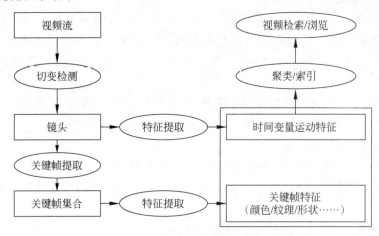

图 4-15　基于内容的视频检索结构

　　目前,基于内容的视频检索技术已经得到了较为广泛的应用,国内外已有多个基于内容的视频检索系统。其中,第 3 章提到的 IBM 研究中心开发的 QBIC 系统,除了可以进行基于内容的图像检索外,也可以利用颜色、纹理、形状、摄像机和对象运动等描述视频内容,并以此实现检索;哥伦比亚大学研发的 VisualSeek 系统和 WebSeek 系统同样支持视频搜索浏览和检索。此外,国内较早开始研究基于内容检索的清华大学计算机系也开发出视频节目管理系统 Tsinghua Video Find It(TV-FI),它提供多种访问视频数据库的模式,包括基于内容的浏览方式和基于关键字的查询方式,用户可以提交视频示例进行查询,也可以提交文本进行查询。

本章习题

　　1. 在视频会议室中应采用什么光源? 色温应为多少? 若色温偏高或偏低则会对摄像效果产生什么影响?

　　2. 简述逐行扫描与隔行扫描的区别。

　　3. 画出在 4：1：1 格式中,亮度信号和两个色差信号取样后所形成的矩阵大小。与 4：2：0 格式相比,对于每帧图像,两种格式所产生的数据率是否相同? 垂直和水平分辨率是否相同?

　　4. 在模拟彩色电视制式中,色度信号为什么占用较窄的带宽? 它是如何与亮度信号实现同频带传输的?

　　5. 简述视频采集卡的工作原理。

　　6. 查阅相关资料,介绍几种目前流行的视频技术的应用。

第5章 多媒体数据的编码与压缩

CHAPTER 5

音频、图像、视频等多媒体信息的数据量非常庞大,如果不能够进行有效的压缩编码,将对网络传输带宽和存储空间带来很大的压力,难以保证正常通信的顺利进行。因此,使用多媒体压缩和处理技术对多媒体数据进行压缩编码显得非常有必要。本章对多媒体数据编码的相关技术进行简要介绍,着重分析音频、图像、视频的压缩编码原理,并展望多媒体信息处理器 GPU 的应用。

本章的重点内容包括:

➤ 音频压缩编码技术
➤ 图像压缩编码技术
➤ 视频压缩编码
➤ 多媒体信息处理器 GPU

　　数字化后的音频、图像、视频等多媒体信息具有海量性,单纯采用扩大存储容量或增加传输线路带宽的办法很难满足实际应用需求,因此有必要以压缩的形式存储和传播多媒体信息。多媒体数据压缩是通过减少多媒体数据的冗余度,达到增大数据密度并最终减少多媒体数据存储空间的技术。本章着重分析音频、图像、视频等多媒体信息主要表现形式的压缩编码原理,介绍多媒体信息处理器 GPU 的特点与应用。

5.1　多媒体数据编码技术概述

　　未经压缩处理的多媒体数据量相当大。例如,普通电话通信中采用 8kHz 的采样频率和 12 位的量化位数,传输话音需要的数据传输率为 96Kb/s。激光唱盘 CD-DA(Compact Disk-Digital Audio)声音数据的采样频率是 44.1kHz,量化位数为 16bit,再取双声道立体声,则 600MB 的光盘仅能存放 1 小时的声音数据。对于视频图像而言,一帧 720×576、16bit 颜色的数字图像占用 1.35MB 的存储空间,则 25 帧/秒的视频所占的带宽将达到 33.75MB/s。显然,未经压缩的音频、图像和视频在信道上传输所占用的资源是无法容忍的,为了降低存储成本和提高通信效率,对多媒体信息进行数据压缩是十分必要的。

　　所谓数据压缩,就是将从信源发出的数据进行压缩编码,从而转化为简化的或压缩的版本,在有可能损失部分信息量的前提下,其逼真度的损失不超过某一允许规定的限度。因此,数据压缩属于信源编码的范畴。图 5-1 给出了常见的通信系统模型,它由信源、信源编码器、信道编码器、信道、信道译码器、信宿译码器和信宿构成。如果把信道编译码器一同归入信道,则信道可以看成是无噪声的。

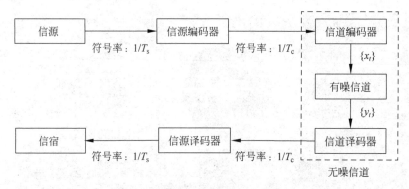

图 5-1　常见的通信系统模型

　　如果系统中的信源是一个数字信源,便可以将多媒体数据转换成具有 n 个符号的离散信号。若该信源是一个恒定速率信源,则每 T 秒产生一个符号,这样由信源输出号的符号速率为 $R_s = 1/T_s$。信源编码器负责完成数据压缩功能,它对每个符号进行映射变换,从而消除图像信息中的各种冗余信息,使数据得到压缩,而其中的失真又能被人眼或人耳的视觉、听觉效果所接受。应当说明的是,在限失真编码中需要对映射后的数据进行量化,而在无失真编码中则不需要量化与编码,量化会给系统引入失真。

　　如果信道处于理想状态,即信道是一个无噪声的信道,那么当信息通过该信道时可以实现无失真的传输,因此信源译码器所接收的信号就是信源编码器输出的信号。如果信道也是恒速率数字信道,则其速率 $R_c = 1/T_c$。

　　信源译码器完成的是信源编码器的逆过程,其输出信号直接送往信宿,从而重建多媒体信号。如果系统中采用无失真编码,那么所重建的信号将与原始信号相同。为了进一步提高信道的利用率,系统中可以使用限失真编码方案,但会给系统引入失真,因此经信源解码器输出的信号将不同于信源输出的信号,与原信号相比,经过信宿重建的信号中存在失真。但人的视觉/听觉对某些性质的失真不敏感,所以即便存在某些失真也是不影响人的视/听觉感知的。

5.2　音频数据编解码技术

　　音频编码的主要目的是以尽可能小的数据量表示尽可能多的信息。因此,音频编码也称为音频压缩编码。代表音频编码算法压缩效率的指标是编码速率,又称编码比特率。编码比特率实质上反映了处理的信息量,降低编码比特率必然会丢失一部分信息。然而,统计分析表明,无论是语音信号还是音乐信号,都存在着多种冗余信息,主要包括时域冗余、频域冗余和感知冗余信息,这为音频编码算法的发展提供了事实依据。现代音频编码算法大多根据音频信号的这种统计特性来降低比特率,并且形成两个方面的处理原则:一是用部分音频信号预测之后的部分信号或重建部分信号,或者利用一组适当的信号函数集来更有效地描述音频信号,从而去除音频信号的冗余信息;二是用"感知不相关"准则去除人耳不能感知的音频信息,从而去除感知冗余信息。

5.2.1　音频数据编解码分类

　　音频编码算法一般可分为有损编码和无损编码两大类,而按照具体处理方案的不同可将音频压缩编码分为波形编码、参数编码,以及多种技术相互融合的混合编码等。对于各种不同的压缩编码方法,其算法复杂度、重构音频信号的质量、压缩比、编解码延迟等都有很大的不同,因此其应用场合也各不相同。

1. 波形编码

　　波形编码基于对语音信号波形的数字化处理,它是指直接对音频信号时域(或频域)波形样值进行编码。1948 年,Oliver 提出了第一个编码理论——脉冲编码调制(Pulse Coding Modulation,PCM)。一路模拟话音信号在被转变为数字信号的过程中要经过抽样、量化和编码三个步骤。通信系统中采用的 PCM 编码采样频率为 8kHz,采用模拟压扩方法来实现量化和编码,每样值编 8 位码,一路模拟话音信号经数字化处理后的速率为 64Kb/s。波形编码主要利用音频样值的幅度分布规律和相邻样值间的相关性进行压缩,目标是使重构后的音频信号波形与原音频信号波形保持一致。由于这种编码系统保留了信号原始样值的细节变化,从而保留了信号的各种过渡特征。波形编码具有适应性强、算法复杂度低、语音质量好等优点,但所用的编码速率高,在对信号带宽要求不太严格的通信中得到了应用,而对频率资源相对紧张的移动通信来说,这种编码方式显然不合适。

　　常见的波形压缩编码方法有脉冲编码调制(PCM)、增量调制编码(DM)、差值脉冲编码调制(DPCM)、自适应差分脉冲编码调制(ADPCM)、子带编码(SBC)和矢量量化编码(VQ)等。波形编码的比特率一般在 16~64Kb/s,具有较好的话音质量与成熟的技术实现方法。当数码率低于 32Kb/s 的时候音质明显降低,16Kb/s 时音质就非常差了。采用波形编码时,编码信号的速率可以用以下公式计算。

$$编码速率 = 抽样频率 \times 编码比特数 \qquad (5\text{-}1)$$

若要计算播放某个音频信号所需要的存储容量,可以采用下面的公式。

$$存储容量 = 播放时间 \times 速率 \div 8(字节) \qquad (5\text{-}2)$$

由于波形压缩编码的保真度高,目前 AV 系统中的音频压缩都采用这类方案。采用 PCM 编码,每个声道 1 秒钟声音数据在 64Kb 以上。由于在多媒体应用中使用立体声甚至 使用更多的声道数,这样所产生的数据量仍旧很大。所以对存储容量和信道要求严格的很 多应用场合来说,就要采用比波形编码数据率低的编码方法,如参数编码和混合编码方法。

2. 参数编码

参数编码又称声源编码。它是通过构造一个人发声的模型,以发音机制的模型作为基 础,用一套模拟声带频谱特性的滤波器系数和若干声源参数来描述这个模型,在编码端分析 出该模型参数,并选择适当的方式对其进行高效率的量化和表示,而解码端则利用这些参数 和语音模型,用合适的激励源驱动合成器,重构出音频。参数编码的目标是降低数据率并使 重建音频保持原音频特性。这种编码器的数据率较低,基本上在 $2 \sim 9.6 \text{Kb/s}$。主要有针对 话音的线性预测编码(LPC),谐波矢量激励编码(HVXC)和滤波器组等。

虽然参数编码具有数据率低的优点,但也有其缺点:首先是合成语音的清晰度满足要 求而自然度不好,难于识别说话人,整体质量较差;再者是电路实现的复杂度比较高。目 前,编码速率小于 16Kb/s 的低比特话音编码大都采用参数编码。

图 5-2 为语音信号产生的数字模型。其中,激励源由浊音和清音组成,周期信号源表示 浊音激励源,随机信号表示清音激励源;$U(n)$ 表示波形产生的激励参数,可以用清/浊音判 决(U/V)来表示;G 是增益控制,代表语音信号的强度。线性时变滤波器用来模拟声道参 数,a 是线性时变滤波器的系统参数,$C(n)$ 是合成的语声输出。浊音和清音信号乘以它们的 增益参数之后通过时变数字滤波器就能合成语音信号。此外,语音信号之所以可以用这个 模型产生的原因是,语音信号除了相邻样点之间具有很强的相关性之外,还存在长时相关, 具有周期重复性。模型中的激励源就是模拟语音的长时相关性,而声道参数就是提取出来 的语音的短时相关,用来恢复语音频谱包络。数字语音处理中的语音分析和语音合成都是 基于这个模型来实现的。

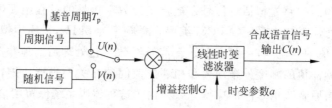

图 5-2 语音信号产生模型

3. 混合编码

波形编码和参数编码方法各有特点:波形编码保真度好,计算量不大,但编码后的速率 很高;参数编码速率较低,保真度欠佳,计算复杂。混合编码将波形编码和参数编码结合起 来,既利用了语音产生模型,通过对模型参数编码,减少了被编码对象的数据量,又使编码过 程产生接近原始语音波形的合成语音,保留说话人的自然特征,从而提高语音质量。混合编码方法克服了波形编码和参数编码的弱点,并很好地结合了上述两种方法的优点。

以上三种压缩编码的性能比较可以用图 5-3 来说明。

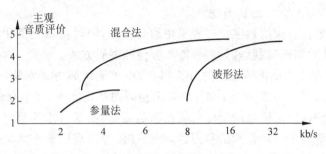

图 5-3 三种方法性能比较

码本激励线性预测编码(Code Excited Linear Predication,CELP)、代数 CELP (Algebraic CELP,ACELP)、规则脉冲激励编码(Regular Pulse Excitation,RPE)等方法都属于混合编码。尤其 ACELP 编码器已经被选入多个语音标准中,比如在蜂窝移动通信系统的编码器及美国 TDMA 系统中的编码器等。混合压缩编码自身的优点使得该方法在音频信号的压缩处理中得到了较为广泛应用。其压缩比特率一般在 4~16Kb/s。由于采用不同的激励方式,比较客观地模拟了激励源的特性,从而使重构语音的质量有了很大的提高。

实际应用的语音编码算法应综合考虑各种因素,以期得到特定条件下最佳编码性能。经过多年的发展,目前已有多个技术标准,并应用于不同的领域。表 5-1 给出了 3 种不同编码分类所涉及的编码方法、使用标准及用途。

表 5-1 音频编码方法及标准

分类	具体算法	中 文 名 称	速率/ (Kb·s⁻¹)	对应 标准	制定 组织	质量 等级
波形编码	PCM(μ/A)	脉冲编码调制	64	G.711	ITU	4.3
	ADPCM	自适应差值脉冲编码调制	32	G.721	ITU	4.1
			64/56/48	G.722	ITU	4.5
	SB-ADPCM	子带自适应差值脉冲编码调制	5.3/6.5	G.723	ITU	4.5
参数编码	LPC	线性预测编码	2.4	—	NSA	2.5
混合编码	CELPC	激励码 LPC	4.8	—	NSA	3.2
	VSELPC	矢量和激励码 LPC	8	GIA	CTIA	3.8
	RPE-LTP	长时预测规则码激励	13.2	GSM	GSM	3.8
	LD-CELP	低延时码激励 LPC	16	G.728	ITU	4.1
	MPEG	多子带感知编码	128	MPEG	ISO	5.0
	AC-3	感知编码	—	—	—	5.0

5.2.2 音频数据压缩编码

音频压缩编码可分为语音信号的压缩编码和宽带音频信号的压缩编码。前者即为声码器,出现较早(20 世纪 50~60 年代),现在主要用于数字电话通信,后者包括各种音乐节目信号,出现在 20 世纪 80 年代后期,是当前的热门课题,它要求达到 CD(激光唱片)的音质。它应用于数字声广播(DAB)、V-CD(Video-CD)、数字视盘(DVD-Digital Video Disc)及未来的高清晰度（HDTV）的伴音中。现代技术发展中处处会遇到信号的传送和存储,为充分利用有限的资源和有限空间,必须压缩数据量。下面介绍常用的数字音频压缩技术。

1. 非均匀 PCM（A/μ 律压扩方法）

如前所述,如果在音频的数字化过程采用均匀量化,同时将量化值用二进制数表示,这种编码方法就是脉冲编码调制,这是一种简单方便的编码方法。

对 PCM 编码方式的量化信噪比的分析可知,由于该编码方式对输入的音频信号进行均匀量化,不管输入的信号是大还是小,均采用相同的量化间隔,即量化误差是固定值;当输入信号是大信号时,输出信号的量化信噪比满足要求,而输入小信号时,输出信号的量化信噪比小,不能满足要求。对音频信号而言,小幅度信号出现的概率大,出现大幅度信号的概率很小。为了适应这种很少出现的大信号,且满足小信号时的输出量化信噪比要求,需要在均匀量化时增加二进制编码位数。对于具有大量小信号的语音信号而言,这样多的码位是一种浪费。因此,均匀量化 PCM 效率不高,有必要进行改进。

非均匀量化编码的基本思想是,当输入信号幅度小时,采用较小的量化间隔;当输入信号幅度大时,采用较大的量化间隔。实际中,非均匀量化的实现方法通常在进行量化之前,先将信号抽样值压缩（Compression）,再进行均匀量化,如图 5-4 所示。在接收端译码之前相应地加上扩张器,再通过低通滤波器即可恢复模拟音频信号。

图 5-4　非均匀量化模型

采用非均匀量化编码能够较少表示抽样的位数,从而达到数据压缩的目的。这样就可以做到在一定的精度下,用更少的二进制码位表示抽样值。

非均匀量化特性如图 5-5 所示。

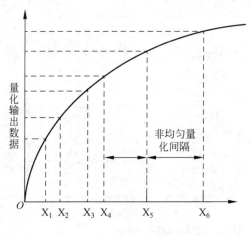

图 5-5　非均匀量化特性

在非均匀量化中,抽样输入信号幅度和量化输出数据之间定义了两种对应关系,一种称为 A 律压扩算法,另一种称为 μ 律压扩算法。

1）A 律压扩

常用的压扩特性为 A 律 13 折线,它实际上是将 A 律压扩特性曲线以 13 段直线代替而

成。A 律量化输入和输出的关系为

$$y = \begin{cases} \dfrac{Ax}{1+\ln A}, & 0 < x \leqslant \dfrac{1}{A} \\ \dfrac{1+\ln Ax}{1+\ln A}, & \dfrac{1}{A} \leqslant x \leqslant 1 \end{cases} \tag{5-3}$$

式中，x 为压缩器归一化输入电压；y 为压缩器归一化输出电压；A 为常数，它决定压缩程度。在实际应用中，规定某个 A 值，采用数段折线来逼近图压扩特性。这样就大大简化了计算并保证了一定的精度。例如，选择近似于 A 律函数规律的 13 折线（选择 $A = 87.6$）逼近 A 律压扩特性曲线，这样既保持了连续压扩特性曲线的优点，又有利于数字化的实现。在 13 折线法中，若用 8 位二进制码表示信号的抽样量化值。在这 8 位二进制数中，最高位表示符号位，其后 3 位用来表示折线编号，最后 4 位用来表示数据位。

A 律压扩数据格式如图 5-6 所示。我国和欧洲采用的是 A 律 13 折线压扩。对于 A 律 13 折线，一个量化信号样值的编码由三部分组成：极性码、段落码和段内码。

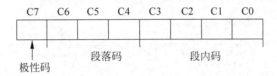

图 5-6　A 律压扩数据格式

2）μ 律压扩

μ 律压扩主要用在北美和日本等地区的数字电话通信中。按下面的式子确定量化输入和输出的关系

$$y = \operatorname{sgn}(x) \frac{\ln(1 + \mu |x|)}{\ln(1 + \mu)} \tag{5-4}$$

式中，x 为归一化输入电压，即当前输入电压与最大输入电压之比，其取值范围为 $(-1, 1)$；$\operatorname{sgn}(x)$ 为 x 的极性；μ 为压扩参数，其取值范围为 $(100, 500)$，μ 越大，压扩越厉害。由于 μ 律压扩的输入和输出关系是对数关系，所以这种编码又称为对数 PCM。

在解码恢复数据时，根据符号和折线即可通过预先做好的表恢复原始数据。

2. 预测编码

预测编码（Prediction Coding）的中心思想是对信号的差值而不是对信号本身进行编码。其实现方法是根据前几个抽样值计算出一个预测值，再取当前抽样值和预测值之差，将此差值编码并传输，该差值称为预测误差。由于话音信号等连续变化的信号，其相邻的抽样值之间有一定的相关性，这个相关性使信号中含有冗余信息。由于抽样值和预测值之间有较强的相关性，即信号值与预测值非常接近，使得预测误差的取值范围比抽样值的变化范围小，可以为其用较少的比特数对预测误差编码，进而起到了压缩数码率的目的。也就是说，预测编码利用减小冗余度的办法，降低了编码比特率。

在预测编码调制中，预测值可以由之前的抽样值进行预测，其计算公式如下：

$$\hat{y}_N = a_1 y_1 + a_2 y_2 + \cdots + a_{N-1} y_{N-1} = \sum_{i=1}^{N-1} a_i y_i \tag{5-5}$$

式中，$\hat{y}_N$ 为当前值 y_N 的预测值，$y_1, y_2, \cdots, y_{N-1}$ 为当前值前面的 $N-1$ 个样值。$a_1, a_2, \cdots,$

a_{N-1} 为预测系数。当前值 y_N 与预测值 $\hat{y}_N$ 的差值表示为

$$e_0 = y_N - \hat{y}_N \tag{5-6}$$

差分脉冲编码调制就是将上述每个样点的差值进行量化编码,而后用于存储或传送。由于相邻抽样点有较大的相关性,预测值常接近真实值,故差值一般都比较小,从而可以用较小的数据位来表示,这样就可以减少数据量。在接收端恢复数据时,可用类似的过程重建原始数据。预测编码、译码系统方框图如图 5-7 所示。

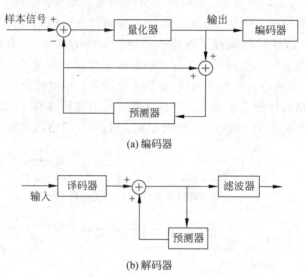

(a) 编码器

(b) 解码器

图 5-7　预测编码、译码系统方框图

为了求出预测值 $\hat{y}_N$,要先知道先前的样值 $y_1, y_2, \cdots, y_{N-1}$,所以预测器端要有存储器,以存储所需的系列样值。只要求出预测值,用这种方法来实现编码就不难了。而要准确得到 $\hat{y}_N$,关键是确定系数 a_i。如何求 a_i 呢?我们定义 a_i 就是使估计值的均方差最小的 a_i。

估计值的均方差可由下式决定

$$E[(y_N - \hat{y}_N)^2] = E\{[y_N - (a_1 y_1 + a_2 y_2 + \cdots + a_{N-1} y_{N-1})]^2\} \tag{5-7}$$

为了求得最小均方差,就需要对式(5-7)中各个 a_i 求导并使方程等于 0,最后解联立方程即可求出 a_i。

预测系数与输入信号特性有关,也就是说,抽样点同其前面抽样点的相关性有关。只要预测系数确定,问题便迎刃而解。

1) 差分脉冲编码调制

对语音信号采样得到的样值序列,其相邻样值间一般都较接近,相关性较强。在脉冲编码调制中,是对整个样值进行量化编码。如果考虑到相邻样值的相关性,只对相邻样值间的差值进行量化编码(一般这个差值很小,对其进行编码的码位数较少),这样就可以实现压缩。

差分脉冲编码调制(Differential Pulse Code Modulation,DPCM)的基本出发点就是对相邻样值的差值进行量化编码。由于此差值比较小,可以为其分配较少的比特数,进而达到了压缩数码率的目的。具体而言,在 DPCM 中,只将前一个抽样值当作预测值,再取当前抽样值和预测值之差进行编码和传输。

图 5-8 为 DPCM 编码、译码系统方框图,可以看出预测器被简化成为一个延迟电路,其延迟时间为一个抽样间隔时间 T_s。由于差分脉冲编码是最简单的预测编码,如果用预测器完成延迟器功能,则一阶预测系数 a_i 取值范围为 $0.8\sim1$。

2)自适应差分脉冲编码调制

自适应差分脉冲编码调制(Adaptive Differential Pulse Code Modulation,ADPCM)是在 DPCM 的基础上引入自适应量化技术和自适应预测技术,其简化编解码原理如图 5-9 所示。

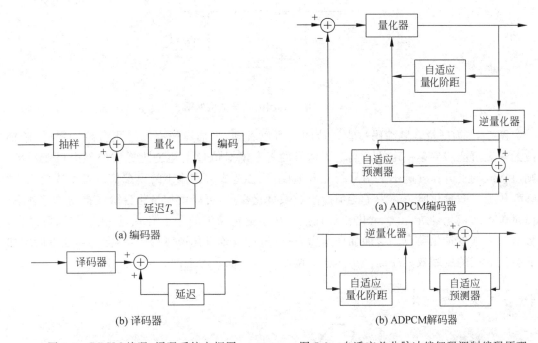

(a) 编码器

(b) 译码器

图 5-8　DPCM 编码、译码系统方框图

(a) ADPCM编码器

(b) ADPCM解码器

图 5-9　自适应差分脉冲编解码调制编码原理

自适应量化的基本思路是:使量化间隔Δ的变化与输入语音信号的方差相匹配,也就是使量化器阶距随输入信号的方差而变化,且量化阶距正比于量化器输入信号的方差。自适应量化的方式可以采用所谓的前向自适应量化,也可以采用后向自适应量化。无论使用哪种方式,都可以改善语音信号的动态范围和信噪比。自适应量化器首先检测差分信号的变化率和差分信号的幅度大小,而后决定量化器的量化阶距。自适应预测器能够更好地跟踪语音信号的变化。因此将两种技术组合起来使用,可以提高系统性能。

3)增量调制

增量调制也称 Δ 调制(Delta Modulation,ΔM 或 DM),是一种最简单的 DPCM。当 DPCM 系统中量化器的量化电平数取为 2 时,DPCM 系统就成为ΔM 系统。它也是一种波形编码方法。

增量调制的系统结构如图 5-10 所示。在编码端,有一个输入信号的编码值,经延迟单元后作为下一个信号的预测值。输入的模拟音频信号的抽样值与预测值在比较器上相减,从而得到差值。差值的极性可正可负。若为正,则编码输入为 1,若为负,则编码输出为 0。这样在增量调制的输出端可以得到一串 1 位编码。

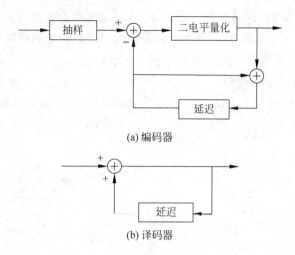

(a) 编码器

(b) 译码器

图 5-10　增量调制的系统结构框图

图 5-11 为增量调制编码过程。从图中可以看到,当抽样频率和量化台阶一定时,阶梯波的最大可能斜率是一定的。当输入信号的斜率绝对值过大超过阶梯波的最大可能斜率,则阶梯波的上升速度赶不上信号的上升速度,这会造成解码输出的模拟信号发生畸变,这种畸变称为过载量化噪声。为了避免产生过载量化噪声,可以增加量化台阶或提高抽样频率。但是若增加量化台阶,由于量化台阶直接和基本量化噪声的大小有关,量化台阶取值过大,势必增大基本量化噪声。增加抽样速度,可以避免过载量化噪声的产生,但抽样速度的增加又会使数据的压缩效率降低。实际增量调制中需要综合考虑两方面的影响。

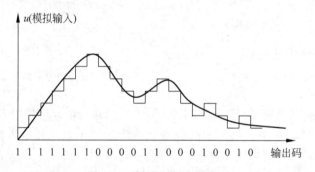

图 5-11　增量调制编码过程

从图 5-11 中还可以看出,当输入信号变化很小时,预测信号和输入信号的差值动态范围非常小,这时编码器的输出是 0 和 1 交替出现的,这种现象就叫作增量调制的"散粒噪声"。为了减少散粒噪声,就希望使输出编码 1 位所表示的模拟电压 Δ 小一些,但是减少量化阶距 Δ 会使在固定抽样速度下产生更严重的斜率过载。为了解决这些矛盾,人们将自适应技术引入到增量调制中,研究出了自适应增量调制(ADM)方法。

3. 线性预测编码

线性预测编码(Linear Predictive Coding,LPC)方法属于参数编码方式,参数编码的核心思想是构建人类语音的生成模型,通过这个模型,提取语音的特征参数,然后对特征参数进行编码传输。线性预测编码通过分析时间信号波形,提取出重要的音频特征(清音/浊音、基音、响度等特征),然后对这些特征参量量化并传输。在接收端将这些特征值重新合成出声音,其质量接近于原始信号。由于参数编码不考虑重建的波形信号是否与原始波形相同,所以重建的音频信号的自然度不足,速率过低时可以很直观地感觉到声音是合成的。

由于线性预测编码只传输代表语音信号特征的一些参数,所以能够获得很高的压缩比,4.8Kb/s 就可以获得高质量的语音编码,甚至可以在更低速率(2.4Kb/s 或 1.2Kb/s)传输较低质量的语音。该编码方式主要应用在窄带信道的语音通信和军事通信中。

在线性预测编码中,首先将输入的信号划分为帧,然后对每帧信号的抽样值进行分析,从中提取出听觉参数。如以 8kHz 速率抽样变成数字信号,以 180 个抽样样值为一帧,对应帧周期为 22.5ms,以一帧为处理单元逐帧处理。将结果进行编码并传输。编码器的输出是一个帧序列,每个分段对应于一帧,每帧都包含相应的字段,用以表示清音/浊音、基音、响度等特征参量。

线性预测编译码的原理如图 5-12 所示。语音信号用基音周期音 Tp,清/浊(u/v)音判决,声道模型参数 a_i 和增益 G 来表示。在接收端,经参量译码分出参量 a_i、G、Tp、u/v,由声道模型逐帧生成数字化语音信号,再经 D/A 变换还原为语音信号。

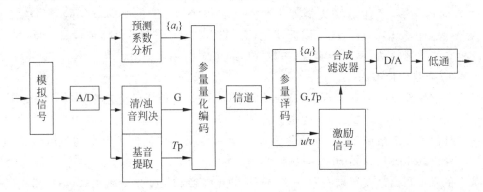

图 5-12　线性预测 LPC 编译码过程

4. 变换编码

变换编码是有失真编码的一种重要的编码类型,与预测编码一样,都是利用去除信源序列的相关性来达到数据压缩的目的。两者的不同之处在于,预测编码在空间域或时间域进行,而变换编码在变换域或频率域进行。

在变换编码中,将原始数据从空间域或时间域进行数学变换的目的是为给定的信号找到一种最有效的表示方式,使得信号中最重要的部分在变换域中易于识别,并且重点处理;相反使能量较少的部分较分散,可以进行粗处理。因为音频信息包含大量低频信号,由时域变换到频域后,在频域中比较集中,再进行抽样编码可以压缩数据。时域到频域变换本身并不进行数据压缩,它只把信号映射到另一个域,使信号在变换域里容易被压缩。

在变换域的编码系统中,用固定的比特数表示一组变换样值的量化值,它总是小于对所有变换样值用固定长度均匀量化进行编码所需的总数,所以量化使数据得到压缩。为了获得最小的失真,某些重要系数所占的编码位数比较多,某些较分散的系数可能会被忽略。在对量化后的变换样值进行比特分配时,要考虑使整个量化失真最小,该过程为有损压缩。在接收端,使用相应反变换可以恢复原始数据。

1）正交变换编码

在正交变化编码中，假设离散时间信号由 N 个抽样值组成，可以认为它是在 N 维空间中的一个点，而每个抽样值代表 N 维信息空间中数据向量 $\boldsymbol{X}$ 的一个分量。为了找到该分量的表示方法，选取 $\boldsymbol{X}$ 的一个正交变换，使得

$$Y = TX \tag{5-8}$$

式中，$\boldsymbol{Y}$ 和 $\boldsymbol{T}$ 分别为变换向量和正交变换矩阵。我们的目的是要找到一个变换矩阵 $\boldsymbol{T}$，将上式得到的 $\boldsymbol{Y}$ 用一个由 $M(M<N)$ 个分量构成的子集来近似，当忽略 $\boldsymbol{Y}$ 中剩下的 $(N-M)$ 个分量，仅用 $M(M<N)$ 个分量构成的子集来恢复 $\boldsymbol{X}$ 时不会造成明显的失真。这样就可以用只有 M 个分量的 $\boldsymbol{Y}$ 的子集表示含有 N 个分量的 $\boldsymbol{X}$，进而达到数据压缩的目的。

数据压缩对变换矩阵的选择有两方面的要求：一是要求尽可能地准确再现信源向量，即要求再现误差尽量地小；二是要求尽可能地去除信息相关性。根据这两条原则，产生了很多适合数据压缩的变换，其中基于均方误差最小准则下的卡南——洛伊夫变换（Karhunen-Loeve Transform，KLT）解除了随机向量 $\boldsymbol{X}$ 的分量之间的相关性，在变换域中变换向量 $\boldsymbol{Y}$ 的各分量之间是互不相关的，从而有利于对各个分量进行单独处理。由于构成 KLT 的基向量是输入数据协方差矩阵的本征向量，因此 KLT 的基向量与信号的统计特性有关，即变换矩阵随输入数据的不同而变化，必须针对某一类信号具体地设计。此外，KLT 也缺乏相应的快速算法，不利于实现，在数据压缩中应用并不普遍。

2）离散余弦变换编码

离散余弦变换（Discrete Cosine Transform，DCT）是与傅里叶变换相关的一种变换。在傅里叶级数展开式中，如果被展开的函数式是偶函数，那么其傅里叶级数中只包含余弦项，再将其离散化可导出余弦变换，因此称为离散余弦变换。它类似于离散傅里叶变换（DFT for Discrete Fourier Transform），但是只使用实数。

DCT 的基向量由余弦函数构成，一维 DCT 的正变换和反变换分别由式（5-9）和式（5-10）定义

$$S(n) = \left(\frac{2}{N}\right)^{\frac{1}{2}} C(n) \sum_{k=0}^{N-1} s(k) \cos \frac{(2k+1)n\pi}{2N} \quad n = 0, 1, \cdots, N-1 \tag{5-9}$$

$$s(k) = \left(\frac{2}{N}\right)^{1/2} \sum_{n=0}^{N-1} C(n) S(n) \cos \frac{(2k+1)n\pi}{2N} \quad k = 0, 1, \cdots, N-1 \tag{5-10}$$

式中，$s(k)$ 为信号样值，$S(n)$ 为变换系数，且

$$C(n) = \begin{cases} \dfrac{1}{\sqrt{2}}, & n = 0 \\ 1, & n \neq 0 \end{cases} \tag{5-11}$$

5. 子带编码

子带编码（Subband Coding，SBC）理论最早是由 Crochiere 等人于 1976 年提出的。与变换编码一样，子带编码是一种在频率域中进行数据压缩的方法。子带编码首先在语音编码中得到应用，其压缩编码的优越性，使它后来也在图像压缩编码中得到很好的应用。其基本思想是将输入信号分解为若干子频带，然后对各子带分量根据其不同的统计特性采取不同的压缩策略，以降低码率。对于子带的划分，如果划分的各子带带宽相同，则称为等带宽子带编码；若各子带的带宽互不相同，则称为变带宽子带编码。

子带编码的原理如图 5-13 所示。用一组带通滤波器将原始音频信号分成若干个在不同频段的子带信号,然后由各调制器将这些子带信号进行频率搬移转变为基带信号,再对它们在频率上分别抽样。抽样后的信号经过量化编码,再经复接器合成为完整的数字流传输到接收端。在接收端,首先由分配器将码流分成与原来各子带信号相对应的子带码流,然后由解调器完成信号的频移,将各子带搬移至原来外置,最后经过带通滤波器相加后得到重建信号。

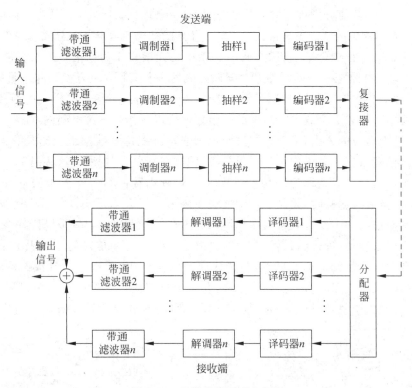

图 5-13 子带编码原理方框图

在音频子带编码中,子带划分的依据是与语音信号自身的特性分不开的。人所发出的语声信号的频谱不是平坦的,人的耳朵从听觉特性上来说,其频率分布也是不均匀的。语音信号的能量主要集中在 $500 \sim 3000 \mathrm{Hz}$,并且随频率的升高衰减很迅速。从人耳能够听懂说话人的话音内容来讲,只保留频率范围是 $400 \sim 3000 \mathrm{Hz}$ 的语音成分就可以了。根据语音的这些特点,可以对语音信号的频带采用某种方法进行划分,将其语音信号频带分成一些子频带,对各个频带根据其重要程度区别对待。

将语音信号分为若干个子带后再进行编码有以下几个突出的优点。

(1) 可以利用人耳对不同频率信号的感知灵敏度不同的特性,在人的听觉不敏感的频段采用较粗糙的量化,从而达到压缩数据的目的。

(2) 对不同的子带分配不同的比特数可以很好控制各个子带的量化电平数及重建信号时的量化误差方差值,进而获得更好的主观听音质量。

(3) 各个子带相互隔开,使各个子带的量化噪声也相互独立,互不影响,量化噪声被束缚在各自的子带内,这就可以避免某些能量较小的子带信号被其他子带的量化噪声所淹没。

（4）子带划分的结果使各个子带的抽样频率大大降低。

使用子带编码技术的编译码器已开始用于话音存储转发和语音邮件，采用两个子带和 ADPCM 的编码系统也已由 CCITT 作为 G.722 标准向全世界推广使用。子带编码方法常与其他一些编码方法混合使用，以实现混合编码。

6. 矢量量化编码

矢量量化（Vector Quantization，VQ）是相对标量量化而言的。对信号波形的每个取样值或信号的每个参数值分别进行独立量化，这就是标量量化。标量量化认为抽样值或者参数值是独立的、互不相关的。而矢量量化是将信号波形的抽样值或参数值分成一些组，每一组构成矢量，然后对每一个矢量进行量化。即各矢量中的元素是作为一个整体联合进行量化的。也就是说，矢量量化是把一个 N 维随机矢量映射成另一个离散取值的实 N 维矢量的过程。

矢量量化编码的原理如图 5-14 所示。在发送端，先将语音信号的样值序列按某种方式进行分组，假定每组有 k 个数据。这样的一组数据可以看作是 k 维空间的一个点，即 k 维矢量。每个矢量有对应的索引，索引用二进制数来表示。把每个数据组所形成的矢量视为一个码字，这样语音数据所分成的组就形成了各自对应的码字。把所有这些码字进行排列，可以形成一个表，这样的表就称为码本或码书，即矢量量化器有由 N 个 k 维矢量组成的码书。对每个输入矢量进行编码时，按照一定的方法在码书中搜索与该输入矢量之间失真最小的码字，再将其对应的索引发送到接收端。可以看出在进行编码时，只需对码本中每一个码字的位置（用索引来表示）进行编码就可以了，也就是说在信道中传输的不是码本中对应的码字本身，而是对应码字的下标。显然，与传送原始数据相比，传送下标时数据量要小很多。这样，就达到了数据压缩的目的。在接收端，有一个与编码端完全一样的矢量码本，根据接收到的索引在码书中找到对应的码矢量，以此码字作为重建语音的数据。

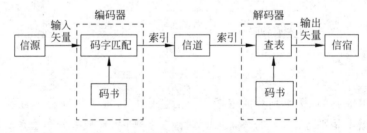

图 5-14　矢量量化编码及解码原理

如果每个采样有 M 个电平，采用标量量化时，每个采样需要 $\log_2 M$ 比特。采用矢量量化时，码书仅有 N 个码字，每个采样只需 $(\log_2 N)/k$ 比特，故压缩比为 $k(\log_2 M)/(\log_2 N)$。假设 $k=16$，即一个矢量由 16 个样值数据构成；则 $N=256$，表示码本的长度是 256，码本的索引用二进制来表示，共有 $\log_2 N=\log_2 256=8\text{b}$。由于对每组数据只需要传送下标，则比特率为 $R_b=(\log_2 N)/k=(\log_2 256)/16=0.5\text{b/sample}$。因此，在相同的速率下，矢量量化的失真比标量量化的失真小；而在相同的失真条件下，矢量量化所需的码速率比标量量化所需码速率低。

实现矢量量化的关键技术有两个：一个是如何设计一个优良的码本，另一个是量化编码准则。码书设计是矢量量化压缩系统的关键环节。码书设计得越优化，矢量量化器的性能就越好。实际中，不可能单独为每个音频信号设计一个码书，因此通常是以一些代表性音频信号构成的训练集为基础,为一类音频信号设计一个最优码书。

采用矢量量化技术可以对编码的信号码速率进行大大的压缩,它在中速率和低速率语音编码中得到了广泛应用。例如在语音编码标准 G.723,G.728 和 G.729 中都采用了矢量量化编码技术。矢量量化编码除了可以对语音信号的样值进行处理外,也可以对语音信号的其他特征进行编码。如在语音标准 G.723.1 中,在合成滤波器的系数被转化为线性谱对(Linear Spectrum Pair,LSP)系数后就是采用的矢量量化编码方法。

7. 感知编码

感知编码(Perceptual Coding,PC)是一种基于人耳听觉特性的音频编码,它主要是利用人类听觉的感知特性和信号的统计特性,把编码中量化噪声隐藏在与信号幅频特性有关的听觉阈值之下,从而实现较大的压缩比和较好的音质。心理声学的研究和实验结果表明,感知模型是感知音频编码的核心部分,它用于分析信号的掩蔽效应,提供信号掩蔽比(SMR)和掩蔽阈值。配合感知模型,感知音频编码还引入了量化噪声的控制和比特的动态分配。虽然感知编码是一种有损压缩的编码,但它却在低码率和高压缩的同时产生得到如CD 般令人满意的音质。

感知编码的理论基础是人耳的听域、临界频段和掩蔽效应。临界频段反映了人耳对不同频段声音的反应灵敏度是有差异的:在低频段对几赫兹的声音差异都能分辨,而在高频段的差异要达到几百赫兹才能分辨。实验表明,低频段的临界频段宽度有 100Hz 到200Hz,在大于 5kHz 后的高频段的临界频段宽度有 1000Hz 到几万 Hz,近 3/4 的临界频段低于 5kHz。因此在编码时要对低频段进行精细划分,而对高频段的划分不必精细。

掩蔽包括频域掩蔽和时域掩蔽。在频域,一个强音会掩蔽掉与之接近的弱音,掩蔽特性与掩蔽音的强弱、掩蔽音的中心频率以及掩蔽音与被掩蔽音的频率相对位置有关。时域掩蔽是指掩蔽音与被掩蔽音不同时出现的掩蔽效应,也称为异时掩蔽。在编码时,对被掩蔽的弱音不必进行编码,从而可以达到数据压缩的目的。

感知音频编码器以帧为单位对输入的信号进行处理,因此输入信号首先要进行时频分帧(Time Frequency Analysis,TFA)。不同的编码器对帧长的要求略有不同,但大都为 2~50ms。相邻帧之间往往互相重叠,以达到消除边界噪声的目的。为了保证帧与帧之间的很好地衔接,在进行时频分析之前,往往要对一帧数据进行加窗预处理。

感知音频编码器的结构框图如图 5-15(a)所示。图中的时间/频率映射完成将输入的时间域音频信号转变为亚取样的频率分量,使用不同的滤波器组来实现,其输出的频率分量也叫作子带值或者频率线。心理声学模型利用滤波器组的输出和输入数字声音信号计算出随输入信号而变化的掩蔽门限估值。量化和编码按照量化噪声不超过掩蔽门限的原则对滤波器组输出的子带值进行量化、编码。比特分配模块依据感知模型的输出结果,对每一帧分配适当的比特数,然后通知量化和编码模块。量化编码模块按照分配的比特数进行量化和编码,并将结果送给复用器,进行比特流的封装,并在比特流中加入头信息和必要的边带信息,最终形成输出码流。

感知音频解码器的结构框图如图 5-15(b)所示。感知音频解码器相对简单,除了没有感知模型外,解码的过程基本上就是编码过程的逆过程。解码时,将编码的比特流进行拆帧,得到数据流和边带信息,进而将两者解码得到频域参数,最后经过时频反变换,重构出数字音频信号并输出。

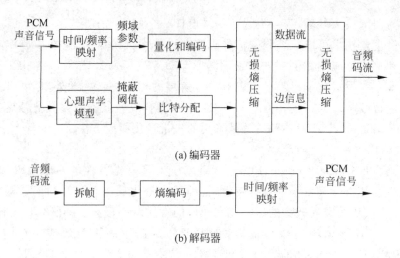

(a) 编码器

(b) 解码器

图 5-15　感知音频编解码框图

在此类编码中，以 MPEG 音频编码（MPEG layer1、2、3 和 ACC 标准）和 Dolby Digital 的应用最为广泛。

8. 码激励线性预测编码

1985 年，Manfred R. sehroeder 和 BIShnu S. Atal 在 IEEE 年会上首先提出了用码本作为激励源的线性预测编码技术（Code-Excited Linear Prediction，CELP），该方法属于混合编码。它的基本思想是以语音信号的线性预测模型为基础，对残量信号采用矢量量化，利用合成分析法（Analysis By Synthesis，ABS）搜索最佳激励码矢量，并采用感知加权均方误差最小判决准则，获得高质量的合成语音和优良的噪声性能。

CELP 方法使用的声道滤波器模型与 LPC 编码器中的相同，但在寻找滤波器的输入激励信号时，不是使用简单的两种信号状态（u/v），而是利用几乎是白噪声的信号激励两个时变的线性递归滤波器。每个滤波器反馈环路上有一个预测器，其中一个是长时预测器（或基音预测器）（Long-Term Predictor，LTP）$P(z)$，用来生成浊音语音的音调结构，即谱的细致结构；另一个是短时预测器（Short-Term Predictor，STP）$F(z)$，用来恢复语音的短时谱包络。这种模型的原理如图 5-16 所示。

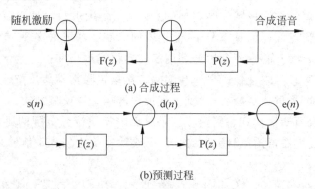

(a) 合成过程

(b)预测过程

图 5-16　随机激励线性预测模型

这里所说的合成分析法，是将合成滤波器引入到编码器中，使之与激励源后的感知加权滤波器相结合，在编码器中产生与解码器完全一致的合成语音，将此语音与原始语音相比较,根据一定的误差准则(如感知加权均方误差最小判决准则)对各相关参数进行计算和调整,使得两者之间的误差达到最小。

基于合成分析法的 CELP 语音编解码原理图如图 5-17 所示。

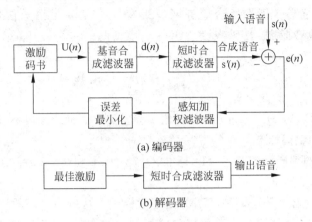

(a) 编码器

(b) 解码器

图 5-17　CELP 语音编解码原理框图

CELP 采用分帧技术进行编码,典型的帧长为 20～30ms,并将每一帧分为 2～5 个子帧,在每个子帧内搜索最佳的码矢量作为激励信号。为了获得与原始语音信号的最佳匹配,CELP 编码模型需要频繁地修正时变滤波器参数和激励参数。系统的分析过程是按帧分序进行的,即首先确定时变滤波器的参数,然后确定固定激励参数。分析帧的长度和修正速率决定了编码方案的比特率。

相对于 LPC 声码器,由于码激励线性预测的语音信号产生模型仅仅利用一些白噪声作为激励信号,通过 CELP 编码器中的综合滤波器来产生语音。码激励线性预测语音模型有几个突出的优点。第一,不用严格区分清音和浊音。第二,原始语音信号经过分析综合后能够保留部分原始语音的相位信息。我们知道 LPC 声码器没有保留原始语音的任何相位信息。由于码激励线性预测模型采用合成分析方法,所以能够捕捉到相位信息。在合成分析方法中,码本中最优的激励序列被选中,这样产生出的综合语音和原始语音非常接近。即便一个人对声音中的相位不敏感,如果仍然能够保持住部分相位信息将极大地提高合成语音的自然度,对合成语音质量有重大的提升。第三,码激励线性预测采用矢量量化,使用码本索引来传送激励序列,因此极大地提高了编码的压缩率。

CELP 是近年来最成功的语音编码方案。许多国际标准化组织及机构将这一编码方案作为语音编码标准,如 ITU-T 的 G.723.1、G.728、G.729、G.722.2 以及移动通信中的 AMR、SMV 等都是以此为基础进行编码的。

5.2.3　音频压缩编码标准

在不影响语音信号质量的前提下,除了提高通信带宽之外,对语音信号进行压缩是提高通信容量的重要措施。经过二三十年的研究开发,人们在音频信号的压缩编码方面取得了令人瞩目的成果,有许多实用的压缩编码方法被开发出来。当前编码技术发展的一个重要方向就是综合现有的技术,制定全球统一标准,使音频压缩系统具有普遍的互操作性,并确保未来的兼容性。

国际电报电话咨询委员会(CCITT)和国际标准化组织(ISO)针对不同的应用,先后提出了一系列有关音频编码的建议。最早于1972年制定了G.711 64Kb/s(A)律PCM标准,1984年又公布了G.721标准。这两个标准适用于200～3400Hz窄带语音信号,并广泛应用于公共电话网。之后为了在综合业务网(ISDN)上传输宽带语音信号,CCITT在1988年制定了G.722编码标准,其码率为64Kb/s。之后公布了G.723编码标准,其码率为40Kb/s和24Kb/s。1988年也提出了G.726标准,它是G.721和G.723的合成。1990年CCITT通过了镶嵌式ADPCM标准G.727,在1992年和1993年分别公布了基于浮点和定点算法的G.728标准。除此之外,ISO于1992年公布了码激励线性预测(CELP)方式的压缩和高保真音频信号,即MPEG的压缩,杜比实验室提出了杜比编码标准。

1. G.7XX系列编码标准

采用波形编码的编码标准有G.711标准、G.721标准和G.722标准。

1) G.711标准

G.711标准是为脉冲编码调制(PCM)制定的标准。从压缩编码的评价来看,这种编码方法的语音质量最好,算法延迟几乎可以忽略不计,但缺点是压缩率很有限。G.711标准给出了语音信号PCM编码的抽样标准,主要针对电话质量的窄带语音信号,频率范围是0.3～3.4kHz,抽样频率为8kHz,每个抽样值用8位二进制码编码,故码率为64Kb/s。标准推荐采用非线性压缩扩张技术,压缩方式有A律和μ律两种。由于使用了压缩扩张技术,其编码方式为非线性编码,而其编码质量却与11比特线性量化编码质量相当。在5级的MOS评价等级中,其评分等级达到4.3,话音质量很好。G.711标准的编解码延时只有0.125ms,可以忽略不计。算法的复杂度是最低的,定为1,其他编码方法的复杂度都与此作对比。

2) G.721/G.723/G.726标准

经过脉冲编码调制后所得到的语音信号,其速率是比较高的,占用的频带宽度也较大,限制了它的应用,需要对其进行压缩处理。在语音的压缩编码过程中,出现了速率低而质量又很好的自适应脉冲编码调制(ADPCM),其抽样频率为8kHz,对样值与其预测值的差值进行4b编码,其编码速率为32Kb/s。

G.721标准编码器的输入信号是G.711 64Kb/s(A律或μ律压扩技术)的PCM语音信号,输出为32Kb/s的ADPCM语音信号。利用G.721可以实现对已有PCM的信道进行扩容,即把2个30路的PCM基群信号转换成1个60路的ADPCM信号,两者速率均为2048Kb/s。此标准采用自适应脉冲编码调制技术,语音信号的抽样频率为8kHz,对样值与其预测值的差值进行4b编码,其速率为32Kb/s。语音评价等级达到4.0(MOS),质量也很好。系统延时0.125ms,可忽略不计,复杂度达到10。

G.726是ITU-T定义的音频编码算法。1990年CCITT在G.721和G.723标准的基础上提出。由于G.721和G.723都采用ADPCM算法,合起来形成G.726标准。G.726被推出后,G.721和G.723就被删除了。G.726可将64Kb/s的PCM信号转换为40Kb/s、32Kb/s、24Kb/s、16Kb/s的ADPCM信号。

G.726是一种基于ADPCM技术的语音编解码算法。编码速率可在16～40Kb/s范围内,应用最多的是32Kb/s。由于G.726的编码速率只有G.711的一半,所以信道的传输利用率增加了一倍。G.726具体规定了一个64Kb/s A律和μ律PCM信号如何被转化为

40Kb/s,32Kb/s,24Kb/s 或 16Kb/s 的 ADPCM 通道。在这些通道中,24Kb/s 和 16Kb/s 的通道被用于数字电路倍增设备(DCME)中的语音传输,而 40Kb/s 通道则被用于 DCME 中的数据解调。

3) G.722 标准

G.722 标准是针对调幅广播的音频信号制定的压缩标准,音频信号质量高于 G.711 和 G.721 标准。调幅广播的宽带语音信号频率范围是 50~7000Hz,这种话音在可懂度和自然度方面比带宽为 300~3400Hz 的话音有明显的提高。随着对话音质量要求的提高,7kHz 的频带显得较为理想,这是因为大部分的语音成分的信号都包含在该带宽内。CCITT 为此制定了 G.722 标准,即数据率为 64Kb/s 的 7kHz 声音信号编码。

此标准采用子带自适应差分脉冲编码调制 SB-ADPCM 编码方法,用正交镜像滤波器(QMF)将话音频带划分为高和低两个子带,高、低带间以 4kHz 频率为界限。其抽样频率为 16kHz,是 G.711 PCM 抽样频率的 2 倍,因而要被编码的信号频率可以由原来的 3.4kHz 扩展到 7kHz;编码比特数为 14b,编码后的信号速率为 224Kb/s。G.722 标准能将 224Kb/s 的调幅广播信号速率压缩为 64Kb/s,而质量又保持一致,可以在多媒体和会议电视方面得到应用。G.722 编码器所引入的延迟时间限制在 4ms 之内。

上述这些标准都采用波形编码的方法,因而编码的速率不会太低。要获得更低的编码速率,需要采用参数编码和混合编码方法。采用混合编码方法的编码标准有 G.728 标准、G.729 标准和 G.723.1 标准。

4) G.728 标准

CCITT 于 1992 年制定了 G.728 标准,采用低延时码激励线性预测(LD-CELP)算法将 64Kb/s 的 PCM 码流压缩成 16Kb/s 的低速率码流。

与 CELP 技术相比,LD-CELP 具有以下几个特征。

(1) 没有包含基音预测器(长期预测器),基音预测器的作用包含在一个高阶(50 阶)短期预测器中;

(2) 采用后向自适应预测技术对短时谱包络和对数域增益进行预测,保证了算法延迟 0.625ms,单向编解码延迟小于 2ms;

(3) 反向 LPC 分析使用了一种新型混合窗;

(4) 激励码书设计采用闭环最佳的 BLG 方法,考虑了人耳的听觉效应及增益的自适应变化,码书中码矢的标号设置使用格雷(Gary)编码,以提高鲁棒性;

(5) 解码器中使用一个自适应后置滤波器以提高三次异步转接后的语音质量,满足 ITU 的要求。

G.728 以其低延时、高质量等优点被广泛应用,不仅用作无线电话网 16Kb/s 速率编码标准,而且已列为 ITU H.323 会议电话系统标准语音编码中的一种。该技术还为电话会议、视频电话、高清晰度电视、多媒体音频处理系统等开辟了广阔的前景。

5) G.729 标准

国际电信联盟(ITU)于 1995 年推出了 G.729 标准,其压缩算法相比其他算法来说比较复杂,采用的基本算法仍然是码激励线性预测技术。为了使合成语音的质量有所提高,在此算法中也采取一系列措施,所以其具体算法也比 CELP 方法复杂。G.729 标准采用的算法称作共轭结构代数码激励线性预测(Conjugate Structure Algebraic Code Excited Linear

Prediction，CS-ACELP）。

G.729 标准主要应用对象是第一代数字移动蜂窝移动电话。对不同的应用系统，其速率也有所不同，日本和美国的系统速率为 8Kb/s 左右，GSM 系统的速率为 13Kb/s。由于应用在移动系统，因此复杂程度要比 G.728 低，为中等复杂程度的算法。由于其帧长时间增加了，因此所需的 RAM 容量比 G.728 多一半。

6）G.723.1 标准

G.723.1 语音压缩标准是 ITU-T 于 1996 年制定的应用于低速率多媒体服务中语音或其他音频信号的压缩算法，该编码标准属于参数编码。G.723.1 音频压缩标准是已颁布的音频编码标准中码率较低的，它可以根据不同的需要采用不同的码书和量化方式。对于自适应码书和固定码书的增益量化，自适应码书采用矢量量化，固定码书采用标量量化。这使得 G.723.1 编码可在 5.3Kb/s 和 6.3Kb/s 两种低码率上提供高质量的合成语音。在高速率模式（6.3Kb/s）下，编码器的激励信号采用多脉冲最大似然量化（Multipulse Maximum Likehood Quantization，MP-MLQ）方法；在低速率模式下（5.3Kb/s），编码器的激励信号采用代数码本激励线性预测（Algebraic Codebook Excited Linear Prediction，ACELP）方法。此建议标准同样能够对音乐和其他音频信号进行压缩和解压缩，但是处理效果不如语音。

2. MPEG 音频编码标准

MPEG 工作组于 1992 年 11 月发布了 MPEG-1（对采样率为 32kHz、44.1kHz、48kHz 的单、双信道音频信号进行编码），组合了自适应声音掩蔽特性的通用子带综合编码和复用技术（Masking-Pattern Universal Subband Intergrated Coding And Multiplexing，MUSICAM）以及自适应感知熵编码（Adaptive Spectral Perceptual Entropy Coding，ASPEC）的特点，提供了三个编码层；1994 年 11 月公布了 MPEG-2，在与 MPEG-1 兼容的基础上实现了低码率和多声道扩展，增加了 16kHz、22.05kHz、24kHz 的采样频率，扩展了编码器的输出速率范围，由 32～384Kb/s 扩展到 8～640Kb/s，增加了声道数，支持 5.1 声道和 7.1 声道的环绕声，此外 MPEG-2 还支持线性 PCM 和 Dolby AC-3（Audio Code Number-3）编码；1997 年 4 月完成的 MPEG-2 AAC（Advanced Audio Coding）对低至 64Kb/s 每声道的多声道编码，都能提供相当高的声音质量。1999 年 1 月完成的 MPEG-4 音频编码将音频的合成编码与自然编码相结合，定义了三种类型的编解码器：用于低比特率的参数编解码器、用于中比特率的 CELP 的编解码器、用于高比特率的时域 TF 编解码器（AAC 和基于矢量量化的编解码器）。随着为 MPEG-4 AAC 编码器选择的压缩率的增加，时延也会增加。例如，在 96Kb/s 码率下，AAC 时延约为 100ms；而在 24Kb/s 下，带有比特池技术的时延增加到超过 300ms，再加上数字音频传输路径中的其他延迟时间因素，这样大的时延将不能容忍。对于一些应用如网络实况转播、双向交互通信，更要求非常低的编解码时延，可以容忍的时延要少于 10ms。因此，在 MPEG-4 版本 2 中又定义了低延时（Low Delay）音频编解码器。

1）MPEG 心理声学模型 1

MPEG 心理声学模型 1 在 MPEG-1 Audio 中被第一次提出，它是 MPEG 推荐的两个模型之一。MPEG 心理声学模型 1 主要应用于 MPEG-1 Audio 的第 1 层和第 2 层，它的输入是 PCM 信号，一般由子带滤波器分为 32 个子带，它的输出是用于比特分配的所有子带的信号掩蔽比和最小掩蔽阈值。MPEG 心理声学模型 1 计算流程如下。

（1）输入信号的时频分析：采用 512 或 1024 点的 FFT 并加汉明窗来减少边界效应，将时域数据转换到频域，以精确计算掩蔽值。

（2）确定最大声压级：在每个子带内根据比例因子和频谱数据进行计算，在确定掩蔽阈值时采用取最大的方法。

（3）确定安静阈值，形成最低掩蔽边界。

（4）识别音调成分和非音调成分：由于信号中音调成分和非音调成分的掩蔽阈值不同，首先要识别音调成分和非音调成分，然后分别进行处理。

（5）掩模换算，得到相关的掩模。

（6）计算掩蔽阈值：每个子带噪声的掩蔽阈值由信号的掩蔽曲线决定。当子带相对于临界带宽比较宽时，选择最小的阈值；当其比较窄时，将覆盖子带的阈值进行平均。

（7）计算全局掩蔽阈值：全局掩蔽阀值通过对相应的各子带掩蔽阈值和安静阈值求和得到。

（8）确定最小掩蔽阈值：基于全局掩蔽阈值来确定各个子带的最小掩蔽阈值。

（9）计算信号掩蔽比值：最大信号电平和最小掩蔽阈值之间的差异决定了每个子带的信号掩蔽比值（SMR），这个值将用于比特分配。

2）MPEG 心理声学模型 2

MPEG 心理声学模型 2 主要应用于 MP3 和 MPEG-2 AAC。为了降低运算复杂度，MPEG 心理声学模型 2 往往不针对每个频率点运算，而以阈值计算分区为单位计算。同时，MPEG 心理声学模型 2 中没有实际区分音调分量和非音调分量，而是计算一个频率的函数——音调性索引，这个索引值给出了一种判断当前分量是类声调还是非音调的指标。MPEG 心理声学模型 2 利用这个索引值来区分音调掩蔽噪声和噪声掩蔽音调的比例值，并进一步改进了可用于窗型切换判定感知熵（Perceptual Entropy，PE）的计算过程，将所有的谱线都参与了阈值的计算，从而得出信噪比。MPEG 心理声学模型 2 比 MPEG 心理声学模型 1 计算要复杂，但计算出的掩蔽阈值更为精确，处理的音质更好。

MPEG 心理声学模型 2 的输入值有三个，它们分别是掩蔽阈值计算过程中的移位长度 iblen、信号的最新 iblen 样点、采样频率。iblen 在整个计算过程中必须保持常数。对于长窗 FFT 来说，iblen=1024；对于短窗 FFT 来说，iblen=128。心理声学模型必须同时考虑音频数据通过滤波器组造成的延迟和将相应音频数据放置到分析窗的中央位置所需的偏移量。因而要使用信号的最新样点延迟进行调整，使得音频数据始终保持在分析窗的中心。同移位长度一样，针对不同的输入音频信号的采样频率也要做相应的变化，而且在一个阈值计算过程中采样频率也必须保持为常数。

MPEG 心理声学模型 2 的输出有三个，它们分别是一组对应于不同频谱范围的 SMR、用于计算滤波器组 MDCT 延迟的时域样点、PE。

3）MPEG-1 音频编码

MPEG-1 音频编码标准是 MPEG 组织制定高保真音频数字压缩的第一个国际性标准。MPEG-1 Audio 标准是 MPEG-1 标准中三个部分中的一部分，其他的两个部分是视频压缩和系统部分。MPEG-1 标准是一个总比特率为 1.5Mb/s 的音视频压缩标准，其中大约 1.2Mb/s 的带宽用于视频信号，大约 0.2Mb/s 的带宽用于音频信号。MPEG-1 Audio 编码器的输入信号为线性 PCM 信号，采样频率为 32kHz、44.1kHz 或 48kHz，输出为 32～

384Kb/s。MPEG-1 Audio 算法的关键是有损编码,这种算法能提供透明的、感觉上无损的压缩。MPEG-1 Audio 不针对特定声源,它利用的是人耳听觉系统的感知极限,将与人耳感知过程无关的信号舍弃。这种舍弃产生的失真是不能被人耳察觉的。MPEG-1 Audio 可以对任何对人耳有意义的声音信号进行压缩。另外,MPEG-1 Audio 的比特流方式使得被其编码的音频具有随机存取性,并可以快进和倒退。

MPEG-1 Audio 提供三个独立的压缩层次:MPEG-1 Audio Layer 1、MPEG-1 Audio Layer 2 和 MPEG-1 Audio Layer 3(简称为层 1、层 2 和层 3)。这三层的基本模型是相同的。层 1 是最基础的,层 2 和层 3 在层 1 的基础上有所提高。每个后继的层次都有更高的压缩比,但需要更复杂的编码解码器。MPEG-1 Audio 的每一个层都自含子带编码,其中包含"多相滤波器组""心理声学模型""量化和编码""比特分配"和"数据流帧包装",而高层子带编码可使用低层子带编码的声音数据。此外,MPEG-1 Audio 还支持用户预先定义压缩后的数据率,编码后的数据流支持循环冗余校验(Cyclic Redundancy Code,CRC),在数据流中添加附加信息。

4)MPEG-2 AAC 音频编码

MPEG-2 先进音频编码(Advanced Audio Coding,AAC)是 MPEG-2 音频标准的重要组成部分。它支持 32kHz、44.1kHz、48kHz 的采样频率,支持输入单声道配置、双通道立体声、左/中/右、左环绕/右环绕、低频增强声道等各种多声道配置。MPEG-2 AAC 标准可支持 48 个主声道、16 个低频音效加强通道、16 个配音声道(或者叫作多语言声道)和 16 个数据流。在压缩比为 11∶1 的情况下,MPEG-2 AAC 很难区分还原后的声音与原始声音之间的差别。与 MP3 相比,在质量相同的条件下数据率是它的 70%。MPEG-2 AAC 采用了心理声学模型 2,应用了心理声学中的临界频带、同时掩蔽、掩蔽扩展以及绝对听觉阈值等效应,但是在具体计算和参数方面与 MP3 不一样。为了减小其声音粗糙度,它定义了一个预定义的音频接入单元。同时为了得到更好的误码恢复能力,它还支持在存在误码的情况下维持码流同步的机制和某种误码掩蔽机制。

依据应用的不同,MPEG-2 AAC 在质量与复杂性之间提供不同的折中,它定义了三个档次。

(1)主配置(Main Profile):在这种配置中,除了增益控制(Gain Control)模块之外,AAC 系统使用了所有模块,在三种配置中提供最好的声音质量。而且 AAC 的解码器可以对低复杂度配置编码的声音数据进行解码,但对计算机的存储器和处理能力的要求方面,主配置比低复杂度配置的要求高。

(2)低复杂度配置(Low Complexity Profile):当规定了 RAM 容量、处理能力及压缩要求时采用。在这种配置中,不使用预测模块和预处理模块,时域噪声整形(Temporal Noise Shaping,TNS)滤波器的级数也有限,这就使声音质量比主配置的声音质量低,但对计算机的存储器和处理能力的要求可明显减少。

(3)可变采样率配置(Scalable Sampling Rate Profile):在这种配置中,使用增益控制对信号作预处理,但 4 个多相正交滤波器子带的最低子带不应用增益控制。可变采样率配置不使用预测模块,TNS 滤波器的级数和带宽也都有限制,因此它比主配置和低复杂度配置更简单,可用来提供可变采样频率信号。在音频带宽较窄的情况下应用 SSR 档次可以相应地降低复杂性。当某档次的主音频声道数、独立耦合声道数及从属耦合声道数不超过相同档次解码器所支持的各声道数时,其码流可被该解码器解码。

MPEG-2 AAC 的输入是一段有限长窗(256 点或 2048 点)内的声音信号的采样值以及该信号的采样频率,输出是各个比例因子带的量化噪声掩蔽阈值、MDCT 的窗类型以及对这些数据编码所需要的比特数估计值。

5) MPEG-4 AAC 音频编码

与 MPEG-1、MPEG-2 比较,MPEG-4 的优越之处在于,它不仅支持自然声音(如语音和音乐),还支持合成语音(如 MIDI)。MPEG-4 的音频部分将音频的合成编码和自然声音的编码相结合,并支持音频的对象特征。MPEG-4 标准化了从 2Kb/s 到高于 64Kb/s 范围的音频编码。在 2Kb/s 到 24Kb/s 码率的语音编码通过谐音矢量激励编码(HVXC)和码激励线性预测(CELP)来实现。码率在 6Kb/s 或更高情况下的通用音频编码应用在除最低码率之外的一般音频编码中,以改进的 MPEG-2 AAC 为主,主要体现在增加了 PNS 和 LTP 部件;并针对极低比特率编码需求和 CELP 语音编码处理音乐信号的不足采用 TwinVQ 算法作为补充。在 MPEG-4 的框架里,AAC 补充以下两种功能。

(1) 感知噪声替换(Perceptual Noise Substitution,PNS):使在量化时完全放弃量化噪声类型的频率范围成为可能。若待处理信号在噪声类型的频率范围内,当编码器发现类似噪音的信号时,并不对其进行量化,而是作个标记就忽略过去,当解码时再还原出来,这样就提高了效率。

(2) 长时期预测(Long Term Prediction,LTP):用来减少连续两个编码音框之间的信号冗余,对于处理低码率的语音非常有效。LTP 利用本帧信号与前一帧信号之间的时间冗余(后向预测),前一帧信号的频域参数经过反向 TNS 滤波器变换到时域与当前信号相比得到最精确的预测系数(增益和时延)以推导出预测信号。然后预测信号的当前信号频域参数经过 TNS 滤波器取两者的差值得到残差信号。在此使用一个频率选择开关对每一频带确定采用原始信号还是残差信号。

AAC 标准定义了两种文件格式:ADIF(Audio Data Interchange Format)和 ADTS (Audio Data Transport Format)。ADIF 格式适用于磁盘文件交换,整个文件只有一个文件头包含有解码信息,可以用来配置解码器。而 ADTS 格式是当前比较通用的 AAC 码流格式,采用的是帧的形式,适用于网络音频数据的传输。每帧中都包含有固定头信息,可变头信息和音频数据块。每帧的固定头中都包含有一个同步字,同一音频数据的固定头是相同的,包含如采样率和声道配置等基本信息。可变头中的信息依据不同帧而不同,如具有帧长度和帧内数据块个数等信息。在两种格式中,原始数据块是码流的基本语法单元。每个原始数据块都包含一个 3bit 的标志和相对应标志的数据块元素。本章中上述各模块产生的所有数据都存储在此数据块中,如频谱的量化值、比例因子的大小、立体编码信息、时域噪声整形信息等。

3. 杜比(AC-3)编码

杜比 AC-3 是杜比实验室开发的一种感知数字音频编码技术,它在编码效率、声音质量、通用性方面是空前的,1992 年开始用于电影院里的多声道数字伴音,1994 年开始用于 DBS。它所提供的多声道数字环绕能力已在消费电子领域产生了轰动,并被 ATSC 采纳为美国 HDTV 的音频业务标准。

杜比 AC-3 不是一个固定的方案,而是灵活的处理,允许码率及声道的不同配置以适合特定的应用。所有的变化基于相同的工作原理,但同时保证了各格式的兼容及对将来需要的可扩展性。更重要的是,杜比 AC-3 在较低的码率下实现了良好的声音质量。它使用低于单声道 CD 的码率就可以表示多声道环绕声,而声音质量可以满足听众的要求。

从技术的角度讲,AC-3 能处理 24 比特动态范围、频率在 20Hz 到 20kHz 的数字音频信号,低音效果声道覆盖 20Hz 到 120Hz。采样频率支持 32kHz、44.1kHz、48kHz 的采样频率,码率最低是用于单声道的 32Kb/s,最高是 640Kb/s,所以能满足多种需要。典型的应用是 384kHz 的 5.1 声道格式和 192kHz 的双声道格式。

5.3 图像数据编码技术

通常一幅图像中各个像素点之间存在一定的相关性。对于活动图像而言,两幅相邻的图像间隔时间很短,所以两幅图像包含大量相关信息,这些都属于图像信息中的冗余。图像数据压缩的目的就是要去除图像信息中的冗余信息,同时还要保证图像的质量。针对不同的冗余信息,可以采用不同的图像数据压缩编码技术。

5.3.1 图像信息中的冗余

1. 空间冗余

图 5-18 是一幅图像,其中心部分为一个灰色的方块,在灰色区域中的所有像素点的光强和彩色以及饱和度都是相同的,因此该区域中的数据之间存在很大的冗余度。可见所谓的空间冗余就是指一幅图像中存在着许多灰度或颜色相同的邻近像素,由这些像素组成的局部区域中各像素值具有很强的相关性。

空间冗余是图像数据中最基本的冗余。为了去除这种冗余,通常将其视为一个整体,并用极少的数据量来表示,从而减少邻近像素之间的空间相关性,以达到数据压缩的目的。这种压缩方法称为空间压缩或帧内压缩。

2. 时间冗余

由于活动图像序列中的任意两幅相邻图像之间的时间间隔很短,因此两幅图像中存在大量的相关信息,如图 5-19 所示。从图中可以看出,前后三幅图像的背景没有变化,所不同的是其中的运动小人的位置随时间发生变化,因此这三幅图像之间存在相关性。此时在前一幅图像的基础上,只需改变少量的数据,便可以表示出后一幅图像,从而达到数据压缩的目的。

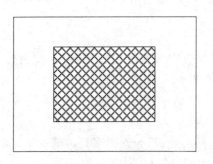

图 5-18 空间冗余

图 5-19 时间冗余

3. 信息熵冗余

信息熵是针对数据的信息量而言的,它代表从图像信息源中发出的一个符号的平均信息量。如果图像中平均每个像素的信息量(即每个像素使用的比特数)大于该图像的信息熵,则图像存在冗余。假设某种图像编码的平均码长单位(符号)数据量为 L,这种压缩的目的就是要使 L 接近于 $H(x)$,但实际上 $L=H(x)+e$,其中 e 为任意小的正数。可见 L 以 $H(x)$ 为下限,即其含义是指描述某一信息所需的"比特数"大于理论上表示该信息所需要的最小"比特数",因此它们之间存在冗余,这种冗余被称为信息熵冗余或编码冗余。

4. 结构冗余

图 5-20 表示了一种结构冗余。从图中可以看出,它存在着非常强的纹理结构。

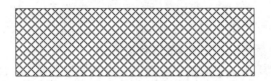

图 5-20　结构冗余

5. 知识冗余

随着人们认识的深入,某些图像所具有的先验知识,如人脸图像的固有结构(包括眼、耳、鼻、口等)为人们所熟悉,这些由先验知识得到的规律结构就是知识冗余。

6. 视觉冗余

由于视觉特性所限,人眼不能完全感觉到图像画面的所有细小变化。例如人眼的视觉对图像边缘的剧烈变化不敏感,而对图像的亮度信息非常敏感,因此经过图像压缩后,虽然丢掉了一些信息,但从人眼的视觉上并未感觉到其中的变化,而仍认为图像具有良好的质量。实际上,人眼视觉系统的一般分辨率为 2^6 灰度等级,而一般图像的量化采用的是 2^8 的灰度等级,这种差别就是视觉冗余。

5.3.2　无失真图像压缩编码

图像压缩编码的方法有很多种,从不同角度出发有不同的分类方法,如果从信息论角度出发可以分为两大类。

(1) 无损压缩:也称为无失真压缩编码,指解码图像和压缩编码前的图像严格相同,没有失真,从数学上讲是一种可逆运算。

(2) 有损压缩:也称为限失真压缩编码,指解码图像和原始图像是有差别的,允许有一定的失真。

由于图像无失真编码的理论极限是图像信源的平均信息量(熵),因而总能找到某种适宜的编码方法,使每像素的平均编码码长不低于此极限,并且任意地接近信源熵,也称无失真压缩编码为熵编码。

一幅图像由几十万以上的像素构成,各像素不仅在空间上存在相关性,而且还存在着灰度或色度概率分布上的不均匀性。另外,在运动图像中还存在时间上的相关性,因而无失真图像编码可以通过减少图像数据的冗余度来达到数据压缩的目的。由于其中并没有考虑人眼的视觉特性,因此其所能达到的压缩比非常有限。

常用的无失真图像压缩编码有许多种,如赫夫曼编码、行程编码和算术编码。在实际应用中,常将行程编码与赫夫曼编码结合起来使用,根据信源符号出现的概率分布特性进行压缩编码。其目的在于在信源符号和码字之间建立明确的一一对应关系,以便在恢复时能准确地再现原信号,同时要使平均码长或码率尽量小。本节介绍熵编码中的赫夫曼编码、行程编码和算术编码。

1. 赫夫曼编码

赫夫曼编码是由赫夫曼(D. S. Huffman)于 1952 年提出的一种不等长编码方法,这种编码的码字长度排列与符号的概率大小排列是严格逆序的,理论上已经证明其平均码长最短,因此被称为最佳码。

1)编码步骤

(1) 将信源符号的概率由大到小排列;

(2) 将两个最小的概率组合相加,得到新概率;

(3) 对未相加的概率及新概率重复步骤(2),直到概率达到 1.0;

(4) 对每对组合,概率小的指定为 1,概率大的指定为 0(或相反);

(5) 记下由概率 1.0 处到每个信源符号的路径,对每个信源符号都写出 1、0 序列,得到非等长的 Huffman 码。

下面以一个具体的例子来说明其编码方法。假设某信源符号集 X 中包含 7 个符号:a1,a2,…,a7,它们各自出现的概率为

$$X = \left\{ \begin{matrix} a1 & a2 & a3 & a4 & a5 & a6 & a7 \\ 0.2 & 0.19 & 0.18 & 0.17 & 0.15 & 0.1 & 0.01 \end{matrix} \right\}$$

其赫夫曼编码过程如图 5-21 所示。

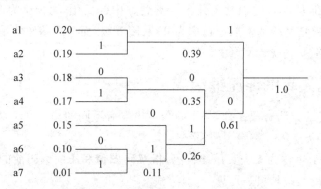

图 5-21 赫夫曼(Huffman)编码的示例

表 5-2 列出了各个信源符号的概率、赫夫曼编码及码长。

表 5-2 信源符号的概率、赫夫曼编码及码长

输入灰度级	出 现 概 率	赫 夫 曼 编 码	码　长
a1	0.2	10	2
a2	0.19	11	2
a3	0.18	000	3
a4	0.17	001	3

续表

输入灰度级	出 现 概 率	赫夫曼编码	码 长
a5	0.15	010	3
a6	0.10	0110	4
a7	0.01	0111	4

2）赫夫曼编码的编码效率计算

（1）求出前例信息熵为

$$H(x) = -\sum_{i=1}^{7} p_i \log_2 p_i$$

$$= -(0.2\log_2 0.2 + 0.19\log_2 0.19 + 0.18\log_2 0.18 + 0.17\log_2 0.17 +$$

$$0.15\log_2 0.15 + 0.10\log_2 0.10 + 0.01\log_2 0.01)$$

$$= 2.61$$

（2）求出平均码字长度为

$$L = \sum_{i=1}^{7} \beta_i p_i$$

$$= 0.2 \times 2 + 0.19 \times 2 + 0.18 \times 3 + 0.17 \times 3 + 0.15 \times 3 + 0.10 \times 4 + 0.01 \times 4$$

$$= 2.72$$

（3）求出编码效率为

$$\eta = \frac{H}{L} = \frac{2.61}{2.72} = 95.9\%$$

可见赫夫曼编码效率很高。

3）赫夫曼编码实例

使用赫夫曼编码算法对实际图像进行编码，使用的图像为 Couple 和 Lena，这两幅图像均为 256 级灰度图像，大小 256×256 像素，图像如图 5-22 所示。

(a) Couple

(b) Lena

图 5-22 实例图像

编码结果如表 5-3 所示，限于篇幅，给出了部分结果。从表中可以看出，Couple 图像的色调比较暗，因此低灰度值像素较多，而 Lena 图像的色调相对较亮，所以低灰度值像素较少。两幅图像比起来，Couple 图像的低灰度值像素点概率比 Lena 图像相同灰度值像素的概率要大，因此赫夫曼编码也相对短一些。整个赫夫曼编码的长度严格地和概率成反比。

表 5-3　Couple 和 Lena 赫夫曼编码结果（部分）

灰度值	Couple.bmp 文件		Lena.bmp 文件	
	概率值	赫夫曼编码	概率值	赫夫曼编码
0	0.000015	00100101000000101	0.000000	—
1	0.057877	0111	0.000000	—
2	0.023636	11100	0.000000	—
3	0.036606	01001	0.000015	0101100110001111
4	0.042953	00010	0.000061	01011001100010
5	0.020279	001011	0.000244	100010101000
6	0.016998	010101	0.000305	001011111010
7	0.012070	110101	0.000626	00001111001
8	0.011642	111100	0.000610	00101111100
9	0.011780	111010	0.000900	1000101011
10	0.009842	0011001	0.001526	110111001
11	0.009811	0011010	0.001663	110001010
12	0.011017	0000110	0.002289	001011110
…	…	…	…	…

表 5-4 给出了对 Couple 和 Lena 两幅图像赫夫曼编码后的性能指标计算。

表 5-4　图像赫夫曼编码的性能指标

文件	Couple.bmp	Lena.bmp
信息熵	6.22	7.55
原平均码字长度	8	8
压缩后平均码长	6.26	7.58
压缩比	1.28	1.06
原文件大小	65.0KB	65.0KB
压缩后文件大小	50.78KB	61.32KB
编码效率	99.41%	99.63%

从表中可以看出，赫夫曼的编码效率还是很高的，但由于赫夫曼编码是无损的编码方法，所以压缩比不高。从表中还发现 Couple 图像的压缩比较大，但是编码效率却较小，这主要是该幅图像的信息熵较小，冗余度较高造成的。

4）赫夫曼编码的特点

(1) 编码不唯一，但其编码效率是唯一的。由于在编码过程中，分配码字时对 0、1 的分配原则可不同，而且当出现相同概率时，排序不固定，因此赫夫曼编码不唯一。但对于同一信源而言，其平均码长不会因为上述原因改变，因此编码效率是唯一的。

(2) 编码效率高，但是硬件实现复杂，抗误码力较差。赫夫曼编码是一种变长码，因此硬件实现复杂，并且在存储、传输过程中，一旦出现误码，易引起误码的连续传播。

(3) 编码效率与信源符号概率分布相关。编码前必须有信源的先验知识，这往往限制了赫夫曼编码的应用。当信源各符号出现的概率相等时，此时信源具有最大熵，编码为定长码，其编码效率最低。当信源各符号出现的概率为 2^{-n}（n 为正整数）时，赫夫曼编码效率最高，可达 100%。由此可知，只有当信源各符号出现的概率很不均匀时，赫夫曼编码的编码效果才显著。

（4）只能用近似的整数位来表示单个符号。赫夫曼编码只能用近似的整数位来表示单个符号而不是理想的小数，因此无法达到最理想的压缩效果。

在信源概率分布比较均匀情况下，赫夫曼编码的效率较低，而此时算术编码的编码效率要高于赫夫曼编码，同时又无须像变换编码那样，要求对数据进行分块，因此在 JPEG 扩展系统中以算术编码代替赫夫曼编码。

2. 算术编码

算术编码也是一种熵编码。当信源为二元平稳马尔可夫源时，可以将被编码的信息表示成实数轴 0～1 的一个间隔，这样一个信息的符号越长，编码表示它的间隔就越小，同时表示这一间隔所需的二进制位数也就越多。下面对此作一具体分析。

1）码区间的分割

设在传输任何信息之前信息的完整范围是 $[0,1]$，算术编码在初始化阶段预置一个大概率 p 和一个小概率 q。如果信源所发出的连续符号组成序列为 S_n，那么其中每个 S_n 对应一个信源状态，对于二进制数据序列 S_n，可以用 $C(s)$ 来表示其算术编码，可以认为它是一个二进制小数。随着符号串中"0""1"的出现，所对应的码区间也发生相应的变化。

如果信源发出的符号序列的概率模型为 m 阶马尔可夫链，那么表明某个符号的出现只与前 m 个符号有关，因此其所对应的区间为 $[C(s),C(s)+L(s)]$，其中 $L(s)$ 代表子区间的宽度，$C(s)$ 是该半开子区间中的最小数，而算术编码的过程实际上就是根据符号出现的概率进行区间分割的过程，算术编码过程的码区间分割如图 5-23 所示。

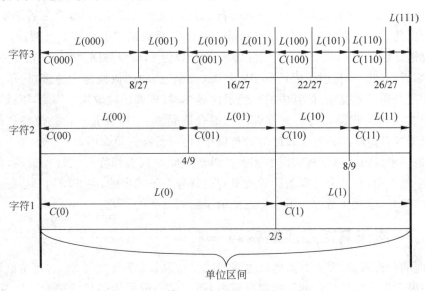

图 5-23　码区间的分割

图中假设"0"码出现的概率为 $\frac{2}{3}$，"1"码出现的概率为 $\frac{1}{3}$，因而 $L(0)=\frac{2}{3}$。如果在"0"码后面出现的仍然是"0"码，则"00"出现的概率为 $\frac{2}{3}\times\frac{2}{3}=\frac{4}{9}$，即 $L(00)=\frac{4}{9}$。同理如果第三位码仍然为"0"码，"000"出现的概率为 $\frac{2}{3}\times\frac{2}{3}\times\frac{2}{3}=\frac{8}{27}$，该区间的范围为 $\left[0,\frac{8}{27}\right)$。

2）算术编码规则

在编码过程中，随着信息的不断出现，子区间按下列规律减小：新子区间的左端＝前子区间的左端＋当前子区间的左端×前子区间长度；新子区间长度＝前子区间长度×当前子区间长度。

3）算术编码效率

算术编码的模式选择直接影响编码效率。在信道符号概率分布比较均匀情况下，算术编码的编码效率高于赫夫曼编码，但硬件实现时的复杂程度高。

3. 行程编码

有许多这样的图像，在一幅图像中具有许多颜色相同的图块。在这些图块中，许多行上都具有相同的颜色，或者在一行上有许多连续的像素都具有相同的颜色值。在这种情况下就不需要存储每一个像素的颜色值，仅存储一个像素的颜色值，以及具有相同颜色的像素数目就可以，或者存储一个像素的颜色值，以及具有相同颜色值的行数。这种压缩编码称为行程编码(run length encoding，RLE)，具有相同颜色并且连续的像素数目称为行程长度。

以二值图像为例，二值图像是指图像中的像素值只有两种取值，即"0"和"1"，因而在图像中这些符号会连续地出现，通常将连"0"这一段称为"0"行程，而连"1"的一段则称为"1"行程，它们的长度分别为 $L(0)$ 和 $L(1)$。往往"0"行程与"1"行程会交替出现，即第一行程为"0"行程，第二行程为"1"行程，第三行程又为"0"行程。

下面以一个具体的二值序列为例进行说明。已知一个二值序列00101110001001…，根据行程编码规则，可知其行程序列为21133121…。计算过程如下：已知二值序列的起始比特为"0"，而且占 2 个比特，因而行程序列的首位为 2，又因为 2 个"0"行程之后必定为"1"行程，上述给出的二值序列只有一个 1，因此第二位为 1，后面紧跟的应该是"0"行程，0 的个数为一个，故第三位也为 1，接下去是"1"行程，1 的个数为 3，所以第四位为 3。依此下去，最终获得行程编码序列。可见图像中具有相同灰度（或颜色）的图像块越大越多时，压缩的效果就越好，反之当图像越复杂，即其中的颜色层次越多时，则其压缩效果越不好，因此对于复杂的图像，通常采用行程编码与赫夫曼编码的混合编码方式，即首先进行二值序列的行程编码，然后根据"0"行程与"1"行程长度的分布概率，再进行赫夫曼编码。

以上是一个二值序列行程编码的例子。对于多元序列也同样存在行程编码，但与二值序列行程序列不同，在某个行程的前后所出现的符号是不确定的，除非增加一个标志以说明后一行程的符号，因此所增加的附加标志抵消了压缩编码的好处。

5.3.3　限失真图像压缩编码

从前面的分析可知，无失真图像压缩编码的平均码长存在一个下限，这就是信源熵。换句话说，如果无失真图像编码的压缩效率越高，那么编码的平均码长越接近于信源的熵，因此无失真编码的压缩比不可能很高。在限失真图像编码方法中，允许有一定的失真存在，因而可以大大提高压缩比。压缩比越大，引入的失真也就越大，这就提出了一个新的问题，就是在失真不超过某限值的情况下，所允许的编码比特率的下限是多少？率失真函数回答的便是这一问题。本节首先介绍率失真函数，然后着重对预测编码、变换编码、子带编码等典型应用方案进行详细介绍。

1. 率失真函数

信息率失真理论是由香农提出来的,同时,香农定义了信息率失真函数 $R(D)$,还论述了关于这个函数的基本定理。定理指出:在允许一定失真度 D 的情况下,信源输出的信息率可以压缩到 $R(D)$ 值。信息率失真理论是量化、数模转换、频带压缩和数据压缩的理论基础。

要定义率失真函数,必须先定量地表达失真的程度,因此需要规定失真函数 $d(u,v)$。u 是信源符号 U 的样,$u \in A$,A 是信源集,可以是连续的实数区间,也可以是离散的有限集 $A = \{a_1, a_2, \cdots, a_n\}$。$v$ 是信宿得到的符号 V 的样,$v \in B$,B 可以等于 A 也可以不同。因此失真函数 d 是一个二元函数。当用 v 代替 u 不引起失真时,可使 $d(u,v) = 0$,若引起失真,就按失真程度规定 $d(u,v)$ 为正实数集内的一个数。由于 U 和 V 都是随机量,$d(u,v)$ 也将是随机量,因此还须定义平均失真 $\bar{d}$ 作为失真的度量,即

$$\bar{d} = E[d(u,v)] \tag{5-12}$$

式中,E 表示数学期望。

当信源和信宿是随机序列 $U_1, U_2, \cdots, U_N$ 和 $V_1, V_2, \cdots, V_N$ 时,可定义长度为 N 的符号组的平均失真为

$$\bar{d}_N = \frac{1}{N} \sum_{r=1}^{N} E[d_r(u_r, v_r)] \tag{5-13}$$

式中 u_r 和 v_r 分别为第 r 个信源和信宿符号 U_r、V_r 的样,各失真函数 d_r 可以是同一函数,也可以是不同的函数。对于连续参量 t 的随机过程的信源和信宿,可把上面的求和改成积分,即有了平均失真就可定义率失真函数。

若信源和信宿都是离散的,$p(u)$ 和 $p(v)$ 分别为它们的概率,则

$$p(v) = \sum_{u \in A} p(u) p(v/u) \tag{5-14}$$

式中 $p(v/u)$ 是 U 和 V 间的条件概率。则 U 和 V 间的互信息为

$$I(U; V) = \sum_{u \in A} p(u) \sum_{v \in B} p(v/u) \log_2 \frac{p(v/u)}{p(v)} \tag{5-15}$$

而率失真函数为

$$R(D) = \min_{p(u/v) \in p_D} I(U; V) \tag{5-16}$$

式中,p_D 为所有满足平均失真不大于一定失真度 D 的情况下的条件概率 $P(u/v)$ 的集合,即

$$p_D = \{p(v/u) : \bar{d} = \sum_{v \in B} \sum_{u \in A} p(u) p(v/u) d(u,v) \leqslant D\} \tag{5-17}$$

当信源概率 $p(u)$ 已给定时,$I(U; V)$ 是各 $p(v/u)$ 的函数。在 p_D 中选一组 $p(v/u)$ 使 $I(U; V)$ 最小,这个最小值将是 D 的函数,这就是率失真函数 $R(D)$,也就是使恢复信源符号时平均失真不大于 D 所需的最小信息率。这一定义对于连续信源仍然适用,只要将 $p(u)$ 和 $p(v/u)$ 理解为概率密度,表达式中的求和号改为积分即可。

当信源概率 $p(u)$ 已知,失真函数 $d(u,v)$ 已规定时,可用求极值法来计算 $R(D)$ 函数。实际计算一般相当复杂,有时还需要借助计算机作迭代运算。

最常见的二元信源,当失真函数为对称函数时,即 $d(0,0) = d(1,1) = 0, d(0,1) =$

$d(1,0)=a$，其率失真函数为

$$R(D) = \begin{cases} H(p) - H\left(\dfrac{D}{a}\right), & D < pa \\ 0, & D \geqslant pa \end{cases} \tag{5-18}$$

其中，pa 为较少出现的信源符号的概率，即 $pa \leqslant \dfrac{1}{2}$，$D$ 为允许的失真度，H 是熵函数，即 $H(z) = -z\log_2 z - (1-z)\log_2(1-z)$ $(0 \leqslant z \leqslant 1)$。

其曲线如图 5-24 所示。

正态分布的信源在均方失真的规定下，率失真函数为

$$R(D) = \begin{cases} \dfrac{1}{2}\log_2 \dfrac{\sigma^2}{D}, & 0 \leqslant D \leqslant \sigma^2 \\ 0, & D > \sigma^2 \end{cases} \tag{5-19}$$

其中，D 为允许的均方误差失真，σ^2 为信号的方差，其曲线如图 5-25 所示。

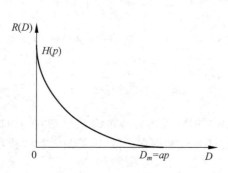
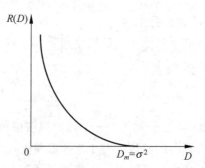

图 5-24   二元信源的率失真函数   图 5-25   正态信宿的率失真函数

其实，其他信源的率失真函数也都与上述两种情况有类似的趋势，即对于离散信源，$R(0)=H(p)$，对于连续信源，$R(0) \to \infty$。两者都有一个最大失真值 D_m，当 $D \geqslant D_m$ 时，$R(D)=0$。此外，$R(D)$ 必为 D 的严格递减下凸函数，这些都可由定义直接推出。

从理论上讲，尚应能证明实际存在一种编码方法，用这样的信息率就能实现限失真的要求。这就是限失真信源编码定理。这个定理可表述为：只要信源符号序列长度 N 足够大，当每个符号的信息率大于 $R(D)$，必存在一种编码方法，其平均失真可无限逼近 D；反之，若信息率小于 $R(D)$，则任何编码的平均失真必将大于 D。

对于无记忆平稳离散信源，上述定理已被严格证明，并知其逼近误差是依指数关系 $e^{-NB(R)}$ 而衰减的。其中 $B(R)$ 是信息率 R 的函数，当 $R>R(D)$ 时，$B(R)$ 是正值，且随 R 的增大而增大。因此当序列长度 N 增大时，误差将趋于零。对于其他信源，结果还不太完善。

2. 预测编码的帧内预测

预测编码的基本思想是分析信号的相关性，利用已处理的信号预测待处理的信号，得到预测值，然后仅对真实值与预测值之间的差值信号进行编码处理和传输，达到压缩的目的，并能够正确恢复。如在视频编码中，预测编码可以去掉相邻像素之间的冗余度，只对不能预测的信息进行编码。相邻像素指在同一帧图像内上、下、左、右的像素之间的空间相邻关系，也可以指该像素与相邻的前帧、后帧图像中对应于同一位置上的像素之间时间上的相邻关系。预测编码的方法易于实现，编码效率高，应用广泛，可以达到大比例压缩数据的目的。

预测编码又可细分为帧内预测和帧间预测。其中,帧内预测主要适用于图像压缩,而帧间预测可用于视频压缩编码。本节内容的预测编码只介绍帧内预测,帧间预测的内容在视频压缩编码章节中介绍。

帧内预测编码针对一幅图像以减少其空间上的相关性来实现数据压缩。通常采用线性预测法,也称为差分脉冲编码调制(Differential Pulse Code Modulation,DPCM)来实现,这种方法简单且易于硬件实现,得到了广泛应用。差分脉冲编码调制的中心思想是对信号的差值而不是对信号本身进行编码。这个差值是指信号值与预测值的差值。DPCM 系统的原理如图 5-26 所示。

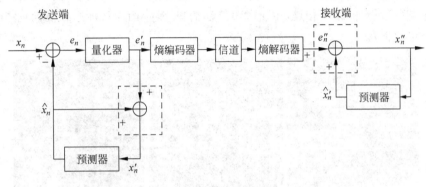

图 5-26 DPCM 系统原理

设输入信号 x_n 为时刻 t_n 的取样值。$\hat{x}_n$ 是根据 t_n 时刻以前已知的 m 个取样值 x_{n-m},x_{n-m-1},…,x_{n-1} 对 x_n 所作的预测值,即

$$\hat{x}_n = \sum_{i=1}^{m} a_i x_{n-i} = a_1 x_{n-1} + \cdots + a_m x_{n-m} \tag{5-20}$$

式中,$a_i(i=1,2,\cdots,m)$ 为预测系数,m 为预测阶数。

设 e_n 为预测误差信号,显然有

$$e_n = x_n - \hat{x}_n \tag{5-21}$$

设 q_n 为量化器的量化误差,e_n' 为量化器的输出信号,可见 $q_n = e_n - e_n'$,接收端解码输出为 x_n''。如果信号在传输中不产生误差,则有 $e_n' = e_n''$,$x_n' = x_n''$,$\hat{x}_n = \hat{x}_n'$。此时发送端的输入信号与接收端的输出信息 x_n 之间的误差为

$$x_n - x_n'' = x_n - x_n' = x_n - (e_n' + \hat{x}_n) = (x_n - \hat{x}_n) - e_n' = e_n - e_n' = q_n \tag{5-22}$$

可见,接收端和发送端的误差由发送端量化器产生,与编解码无关。

对于 DPCM 编码有如下结论。发送端必须使用 x_n 本地编码器(图 5-26 发送端虚框中所示部分),以此保证预测器对当前输入值的预测。接收端解码器(图 5-26 所示接收端虚框部分)必须与发送端的本地编码器完全一致,换句话说,就是要保持收发两端具有相同的预测条件。由式(5-20)可知,预测值是以 x_n 前面的 m 个样值(x_{n-m},x_{n-m-1},…,x_{n-1})为依据作出的,因此要求接收端的预测器也必须使用同样的 m 个样本,这样才能保证收、发之间的同步关系。如果式(5-20)中的各预测系数是固定不变的,则这种预测被称为线性预测,而根据均匀误差最小准则来获得的线性预测则被称为最佳线性预测,存在误码扩散现象。由于在预测编码中,接收端以所接收的前 m 个样本为基准来预测当前样本,因而如果信号传

输过程中一旦出现误码,就会影响后续像素的正确预测,从而出现误码扩散现象。可见采用预测编码可以提高编码效率,但它是以降低其系统性能为代价的。

下面介绍一种简单的图像有损预测编码方法——德尔塔调制。其预测器为 $\hat{f}_n = a f_{n-1}$,即采用一阶预测。对预测误差的量化器为

$$e_n = \begin{cases} +\delta, & \text{当 } e_n > 0 \\ -\delta, & \text{其他} \end{cases} \tag{5-23}$$

图 5-27 给出了图像的原图、预测编码结果及解码结果。在图 5-27(b)所示的编码图中,误差大于 0 的用白色像素点表示,误差小于 0 的用黑色像素点表示,图 5-27(c)为解码结果,与图 5-27(a)所示的原图相比,由于预测算法简单,整个图像目标边缘模糊且产生了纹状表面,有一定的失真。

(a) 原图　　　　　　　　(b) 预测编码结果　　　　　　　(c) 解码结果

图 5-27　德尔塔调制编解码示例

3. 变换编码

对图像数据进行某种形式的正交变换,并对变换后的数据进行编码,从而达到数据压缩的目的,这就是变换编码。无论是单色图像还是彩色图像,静止图像还是运动图像都可以用变换编码进行处理。变换编码是一种被实践证明的有效的图像压缩方法,它是所有有损压缩国际标准的基础。

变换编码不直接对原图像信号压缩编码,而首先将图像信号映射到另一个域中,产生一组变换系数,然后对这些系数进行量化、编码、传输。在空间上具有强相关性的信号,反映在频域上能量常常被集中在某些特定的区域内,或是变换系数的分布具有规律性。利用这些规律,在不同的频率区域上分配不同的量化比特数,可以达到压缩数据的目的。

图像变换编码一般采用统计编码和视觉心理编码。前者是把统计上彼此密切相关的像素矩阵,通过正交变换变成彼此相互独立,甚至完全独立的变换系数所构成的矩阵。为了保证平稳性和相关性,同时也为了减少运算量,在变换编码中,一般在发送端先将原始图像分成若干个子像块,然后对每个子像块进行正交变换。后者对每一个变换系数或主要的变换系数进行量化和编码。量化特性和变换比特数由人的视觉特性确定。前后两种处理相结合,可以获得较高的压缩率。在接收端经解码、反量化后得到带有一定量化失真的变换系数,再经反变换就可恢复图像信号。显然,恢复图像具有一定的失真,但只要系数选择器和量化编码器设计得好,这种失真可限制在允许的范围内。因此,变换编码是一种限失真编码。

经过变换编码而产生的恢复图像的误差与所选用的正交变换的类型、图像类型和变换

块的尺寸、压缩方式和压缩程度等因素有关。在变换方式确定以后，还应选择变换块的大小。因为只能用小块内的相关性来进行压缩，所以变换块 N 的尺寸选得太小，不利于提高压缩比。当 N 小到一定程度时，可能在块与块之间的边界上存在被称为"边界效应"的不连续点。对于 DCT，当 $N<8$ 时，边界效应比较明显，所以应选 $N \geqslant 8$。变换块选得大，计入的相关像素也多，压缩比就会提高，但计算也变得更复杂，而且距离较远的像素间的相关性减少，压缩比就提高不大。所以一般选择变换块的大小为 8×8 或 16×16。

图像内容的千变万化，图像结构的各不相同，因而变换类型和图像结构的匹配程度决定了编码的效率。非自适应变换编码与图像数据的统计平均结构特性匹配，而自适应的变换编码则与图像的局部结构特性匹配。

正交变换的变换核(变换矩阵)是可逆的，且逆矩阵与转置矩阵相等，能够保证解码运算有解且运算方便，所以变换编码总是选用正交变换。正交变换的种类很多，例如傅氏变换、沃尔什变换、哈尔变换、余弦变换、正弦变换、Karhunen-Loeve 变换(K-L 变换)和小波变换等。其中 K-L 变换后的各系数相关性小，能量集中，舍弃低值系数所造成的误差最小，但它存在计算复杂，速度慢等缺点，因此一般只将它作为理论上的比较标准，用来对一些新方法、新结果进行分析和比较，可见 K-L 变换的理论价值高于实际价值。

离散余弦变换(DCT)与 K-L 变换性质最为接近，且计算复杂度适中，具有快速算法等特点，因此在图像数据压缩编码中广为采用。下面对离散余弦变换作简要介绍。设 $f(x,y)$ 是 $M \times N$ 子图像的空域表示，则二维离散余弦变换(DCT)定义为

$$F(u,v) = \frac{2}{\sqrt{MN}} c(u)c(v) \sum_{x=0}^{M-1} \sum_{y=0}^{N-1} f(x,y) \cos \frac{(2x+1)u\pi}{2M} \cos \frac{(2y+1)v\pi}{2N}$$
$$(u=0,1,\cdots,M-1 \quad v=0,1,\cdots,N-1) \tag{5-24}$$

逆向余弦变换(IDCT)的公式为

$$f(x,y) = \frac{2}{\sqrt{MN}} \sum_{u=0}^{M-1} \sum_{v=0}^{N-1} c(u)c(v) F(u,v) \cos \frac{(2x+1)u\pi}{2M} \cos \frac{(2y+1)v\pi}{2N}$$
$$(x=0,1,\cdots,M-1 \quad y=0,1,\cdots,N-1) \tag{5-25}$$

以上两式中，$c(u)$ 和 $c(v)$ 的定义为

$$c(u) = \begin{cases} 1/\sqrt{2}, & u=0 \\ 1, & u=1,2,\cdots,M-1 \end{cases}$$

$$c(v) = \begin{cases} 1/\sqrt{2}, & v=0 \\ 1, & v=1,2,\cdots,M-1 \end{cases} \tag{5-26}$$

二维 DCT 和 IDCT 的变换核是可分离的，即可将二维计算分解成一维计算，从而解决二维 DCT 和 IDCT 的计算问题。空域图像 $f(x,y)$ 经过式(5-24)正向离散余弦变换后得到的是一幅频域图像。当 $f(x,y)$ 是一幅 $M=N=8$ 的子图像时，其频域图像 $\boldsymbol{F}(u,v)$ 可表示为

$$\boldsymbol{F}(u,v) = \begin{bmatrix} F_{00} & F_{01} & \cdots & F_{07} \\ F_{10} & F_{11} & \cdots & F_{17} \\ \vdots & \vdots & \ddots & \vdots \\ F_{70} & F_{71} & \cdots & F_{77} \end{bmatrix} \tag{5-27}$$

其中 64 个矩阵元素称为 $f(x,y)$ 的 64 个 DCT 系数。正向 DCT 变换可以看成是一个谐波分析器，它把 $f(x,y)$ 分解成为 64 个正交的基信号，分别代表着 64 种不同频率成分。第一个元素 F_{00} 是直流系数（DC），其他 63 个都是交流系数（AC）。矩阵元素的两个下标之和小者（即矩阵左上角部分）代表低频成分，大者（即矩阵右下角部分）代表高频成分。

由于大部分图像区域中相邻像素的变化很小，所以大部分图像信号的能量都集中在低频成分，高频成分中可能有不少数值为 0 或接近 0 值。图 5-28 给出了 DCT 变换示例图，其中(a)图为原图，将原图分为 8×8 的块进行 DCT 变换。(b)图为对变换后的每个块的 64 个系数只保留 10 个低频系数，其余的设为 0，对每个块进行反变换后重建的图像。(c)图是对变换后的每个块的 64 个系数只保留 3 个低频系数，其余的设为 0，对每个块进行反变换后重建的图像。从图像中可以看出，虽然大量的 DCT 系数被舍弃了，但是重建的图像质量只是略有下降。

(a)原图　　　　　　　　(b)反变换图像1　　　　　　　(c)反变换图像2

图 5-28　图像 DCT 变换示例

4. 矢量量化

根据香农的信息率失真理论，即使信源是无记忆的，利用矢量编码代替标量编码总能在理论上得到更好性能。矢量量化可看作标量量化的推广，其定义如下。

定义 1　维数为 k，尺寸为 N 的矢量量化器 Q 定义：从 k 维欧几里得空间 R^k 到一包含 N 个输出（重构）点的有限集合 C 的映射，即 Q：$R^k \rightarrow C$，其中 $C = \{y_0, y_1, y_2, \cdots, y_{N-1}\}$，$y_i \in R^k$，$i \in \Gamma = \{0, 1, \cdots, N-1\}$。其中集合 C 称作码书，其尺寸（大小）为 N。码书的 N 个元素称作码字或码矢量，它们均为 R^k 中的矢量。

在数据与图像的压缩中，无论是数据还是图像，都可看成是一串数据。设这一串数据长度为 m，把它截成 M 段（一般是相等的，例如每段 k 个数据），即把 m 个数据变成了 M 个数据矢量。再把这 M 个矢量分成 N 个组，对每个组挑选一个数据矢量作为这个组的代表。例如，第 i 组的代表为 y_i，$i = 0, 1, \cdots, N-1$。所谓压缩，就是图像上的数据矢量如果属于第 L 个组，则这个数据矢量就用这组的代表矢量 Y 本身代替，这时的编码就是在编码结果的相应位置上记下编号 i，而不必记下 y_i 本身，记录 $\{y_i\}$ 的文件称为码书（码本）。

如上，N 为量化矢量 y 的个数，即码书长度为 N，这时传输或存储下标所需比特数为 $\log_2 N$。因此，平均传输一个像素所需比特率为 $(\log_2 N)/k$。例如，一个图像的每个像素用 256 级灰度，则每个像素占用 8 比特。如果压缩后平均每个像素点占 R 比特，则有

$$R = (\log_2 N)/k \tag{5-28}$$

即 N 应该满足关系

$$N = 2^{kR} \tag{5-29}$$

实用中,一般 kR 总为正整数以便用于计算。这样,矢量量化方法的压缩比是可以控制的,编解码过程如图 5-29 所示。

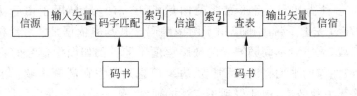

图 5-29　矢量量化编码和解码示意图

如上所述,在数据和图像的压缩中,当 k 确定后,问题就变成了如何分组及如何对每个组挑选代表的问题。当然,这个代表可以是组中的向量,也可以不是组中的向量,这个理想的代表应当是各个向量的"中心"向量。

矢量量化的三大关键技术是码书设计、码字搜索和码字索引分配,其中前两项最为关键。

1) 码书设计

矢量量化的首要问题是设计出性能良好的码书。假设采用平方误差测度作为失真测度,训练矢量数为 M,目的是生成含 N 个码字的码书。码书的设计过程就是寻求把各训练矢量分成 N 类的一种最佳方案,使均方误差最小,而把各类的质心矢量作为码书的码字。通过测试所有码书的性能可得到全局最优码书。然而,在 N 和 M 比较大的情况下,搜索所有的码书是根本不可能的。为了克服这个困难,各种码书设计方案都采用搜索部分码书的方法得到局部最优或接近全局最优的码书。因此研究码书设计算法的目的,就是寻求全局最优或接近全局最优的码书以提高码书性能,并尽可能减少计算复杂度。

2) 码字搜索

矢量量化码字搜索算法是指在码书已经存在的情况下,对于给定的输入矢量,在码字中搜索与输入矢量之间失真最小的码字。给定码书 $C=\{y_0,y_1,\cdots,y_{N-1},y_i \in R^k\}$,其中 N 为码书尺寸,如果矢量 x 于码字 y 之间的失真测度为 $d(x,y)$,则码字搜索算法就是找到码字 y_i,使 $d(x,y_i)=\min d(x,y)$,其中 $0 \leqslant j \leqslant N-1$。如果采用平方误差测度,对于 k 维矢量,每次失真计算需要 k 次乘法、$2k-1$ 次加法,从而对矢量 x 进行穷尽搜索算法需要 Nk 次乘法、$N(2k-1)$ 次加法和 $N-1$ 次比较。可以看出,计算复杂度由码书尺寸和矢量维数决定。对于大尺寸码书和高维数矢量,计算复杂度将很大。研究码字搜索算法的主要目的就是寻求快速有效的算法以减少计算复杂度,且尽量使算法易于硬件实现。

3) 码字索引分配

在矢量量化编码和解码系统中,如果信道有噪声,则信道左端的索引 i 经过信道传输可能输出索引 j 而不是索引 i,从而在解码端引入额外失真。为了减少这种失真,可对码字索引进行重新分配。如果码书大小为 N,则码字索引分配方案一共有 $N!$ 种。码字索引分配算法就是在 $N!$ 种码字索引分配方案中寻求一种最佳的码字索引分配方法使信道噪声引起的失真最小。然而,当 N 较大时,测试 $N!$ 种码字索引分配方案是不可能的。为了克服这个困难,各种码字索引分配方法都采用局部搜索算法,往往只能得到局部最优解。因此,研究码字索引分配算法的目的就是寻求有效的算法,尽可能找到全局最优或接近全局最优的码字索引分配方案,以减少由信道噪声引起的失真,并尽可能减少计算复杂度和搜索时间。

5. 子带编码

子带编码是一种高质量、高压缩比的图像编码方法,最早用于语音编码。Wood 和 O'Neil 在 1986 年首先把子带编码应用于图像编码。其基本依据是:语音和图像信号可以划分为不同的频段,人眼对不同频域段的敏感程度不同。例如图像信号的主要能量集中在低频区域,它反映图像的平均亮度,而细节、边缘信息则集中在高频区域。子带编码的最大优点是复原图像无方块效应,因此得到了广泛的研究,是一种很有潜力的图像编码方法,其关键技术是综合滤波器组的设计。工作原理如图 5-30 所示。

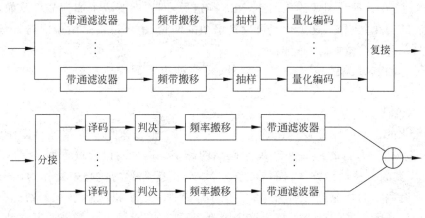

图 5-30　子带编解码工作原理

1) 子带编码的特点

子带编码的基本思想是把一个图像的傅里叶频谱分解(析)成若干个互不重叠的子频带,所有子带的带宽和仍为原信号的总频带。然后对每一个子带进行反变换,得到一组带通图像,根据每一个带通图像的频率特性,对它们进行二次采样(抽取),并且单独用一个比特率进行编码,可以是 DCT、DPCM、矢量量化编码(VQ)等编码方法,总之这个比特率要和各子带的概率以及主观视觉能力的要求相匹配,这正是子带编码的显著特点。解码器通过上行采样(内插)和经适当过滤的子图像变形来重构(综合)原始的图像。因为插入滤波目的在于消除因填零过程而引起的复制,这就需要对已填满的信号进行低通滤波。在时域内,滤波操作可以看作经由一个平滑运算使得零采样值被非零值所代替。

2) 子带编码的优点

(1) 质量高:某子带内的编码噪声在解码时只限于该子带内,不会扩散到其他子带;可以根据人的视觉,按不同子带的频率特性,采用不同的编码方法及码率分配;有效地保护了能量较小的子带信息。

(2) 易处理:一幅图像被分成若干个不同的子带,可以对每个子带进行并行处理。

(3) 多层次:原图像被分成若干频率不同且不重叠的子带,便于图像以"逐步浮现"的形式进行处理与传输,得到多分辨率即多层次图像,按照这种方法编码的数字电视信号,适合 ATM 传输或 Internet 传输。

5.3.4 图像压缩编码新技术

1. 小波变换编码

1) 小波变换

小波变换作为一种数学工具广泛应用于图像纹理分析、图像编码、计算机视觉、模式识别、语音处理、地震信号处理、量子物理以及众多非线性科学领域,被认为是近年来分析工具及方法上的重大突破。原则上讲,凡是使用傅里叶分析的地方,都可以用小波分析取代。

小波分析优于傅里叶分析的地方是它在时域和频域同时具有良好的局部化性质,而且由于对高频成分采用逐渐精细的时域或空域(对图像信号处理)取样步长,从而可以聚焦到分析对象的任意细节,小波分析的这一特性被誉为"数学显微镜"。不仅如此,小波变换还有许多优异的性能。

(1) 小波变换是一个满足能量守恒方程的线性变换,能够将一个信号分解成其对空间和时间的独立贡献,同时又不丢失原始信号所包含的信息。

(2) 小波变换相当于一个具有放大、缩小和平移等功能的数学显微镜,通过检查不同放大倍数下信号的变化来研究其动态特性。

(3) 小波函数簇(即通过一基本小波函数在不同尺度下的平移和伸缩而构成的一簇函数,用以表示或逼近一个信号或一个函数)的时间和频率窗的面积较小,且在时间轴和频率轴上都很集中,即小波变换后系数的能量较为集中。

(4) 小波变换的时间、频率分辨率的分布非均匀性较好地解决了时间和频率分辨率的矛盾,即在低频段用高的频率分辨率和低的时间分辨率(宽的分析窗口),而在高频段则用低的频率分辨率和高的时间分辨率(窄的分析窗口),这种变焦特性与时变信号的特性一致。

(5) 小波变换可以找到正交基,从而可方便地实现无冗余的信号分解。

(6) 小波变换具有基于卷积和正交镜像滤波器组(QWF)的塔形快速算法,易于实现。该算法在小波变换中的地位相当于 FFT 在傅里叶变换中的地位。

小波变换也可以分为连续小波变换(有的文献中也称为积分小波变换)和离散小波变换。

假设一个函数 $\psi(x)$ 为基本小波或母小波,$\hat{\Psi}(\omega)$ 为 $\psi(x)$ 的傅里叶变换,如果满足条件的连续小波变换的定义为 $C_\Psi = \int_{-\infty}^{\infty} \frac{|\hat{\Psi}(\omega)|^2}{\omega} d\omega < \infty$,则对函数

$$f(x) \in L^2(R)$$

$$(W_\psi f)(b,a) = \int_R f(x) \overline{\psi}_{b,a} dx = |a|^{-\frac{1}{2}} \int_R f(x) \overline{\psi\left(\frac{x-b}{a}\right)} dx \tag{5-30}$$

小波逆变换为

$$f(x) = \frac{1}{C_\psi} \int_{-\infty}^{\infty} \int_{-\infty}^{\infty} (W_\psi f)(b,a) \psi_{b,a}(x) \frac{da}{a^2} db \tag{5-31}$$

上面两式中,$a,b \in R, a \neq 0, \psi_{b,a}(x)$ 是由基本小波通过伸缩和平移而形成的函数簇 $\psi_{b,a} = |a|^{-\frac{1}{2}} \overline{\psi\left(\frac{x-b}{a}\right)}$,$\overline{\psi}_{b,a}$ 为 $\psi_{b,a}$ 的共轭复数。

2) 小波变换图像编码

小波变换图像编码的主要工作是选取一个固定的小波基,对图像作小波分解,在小波域

内研究合理的量化方案、扫描方式和熵编码方式。关键的问题是怎样结合小波变换域的特性,提出有效的处理方案。一般而言,小波变换的编/解码具有如图 5-31 所示的统一框架结构。

图 5-31　小波编/解码框图

熵编码主要有游程编码、赫夫曼编码和算术编码。而量化是小波编码的核心,其目的是更好地进行小波图像系数的组织。

小波变换采用二维小波变换快速算法,就是以原始图像为初始值,不断将上一级图像分解为四个子带的过程。每次分解得到的四个子带图像,分别代表频率平面上不同的区域,它们分别含有上一级图像中的低频信息和垂直、水平及对角线方向的边缘信息。从多分辨率分析出发,一般每次只对上一级的低频子图像进行再分解。图 5-32 中给出了对实际图像进行小波分解的实例。

采用可分离滤波器的形式很容易将一维小波推广到二维,以用于图像的分解和重建。二维小波变换用于图像编码,实质上相当于分别对图像数据的行和列进行一维小波变换。图 5-33 给出了四级小波分解示意图。图中 HHj 相当于图像分解后的 $D^3_{2^{-j}}f$ 分量,LHj 相当于 $D^2_{2^{-j}}f$,HLj 相当于 $D1^3_{2^{-j}}f$。这里 H 表示高通滤波器,L 表示低通滤波器。

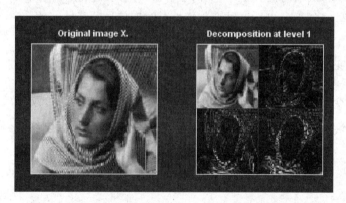

图 5-32　实际图像进行小波分解的实例

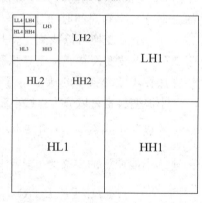

图 5-33　四级小波分解示意图

以四级小波分解为例,小波变换将图像信号分割成三个高频带系列 HHj、LHj、HLj 和一个低频带 $LL4$。图像的每一级小波分解总是将上级低频数据划分为更精细的频带。其中 HLj 是通过先将上级低频图像数据在水平方向(行方向)低通滤波后,再经垂直方向(列方向)高通滤波而得到的,因此 HLj 频带中包括了更多垂直方向的高频信息。相应地,LHj 频带中则主要是原图像水平方向的高频成分,而 HHj 频带是图像中对角方向高频信息的体现,尤其以 $45°$ 或 $135°$ 的高频信息为主。对一幅图像来说,其高频信息主要集中在边缘、轮廓和某些纹理的法线方向上,代表了图像的细节变化。从这种意义上讲,可以认为小波图像的各个高频带是图像中边缘、轮廓和纹理等细节信息的体现,并且各个频带所表示的边缘、轮廓等信息的方向是不同的,其中 HL_j 表示了垂直方向的边缘、轮廓和纹理,LH_j 表示的是水平方向的边缘、轮廓和纹理,而对角方向的边缘、轮廓等信息则集中体现在 HH_j 频带中。小波变换应用于图像的这一特点表明小波变换具有良好的空间方向选择性,与 HVS (人眼的视觉特性)十分吻合,我们可以根据不同方向的信息对人眼作用的不同来分别设计量化器,从而得到很好的效果,小波变换的这种方向选择性是 DCT 变换所不具备的。

2. 分形编码

分形就是指那些没有特征长度的图形的总称。目前对分形还没有明确的定义,但是分形集合一般具有下述特征。

(1)该集合具有精细结构,在任意小的尺度内包含整体。

(2)分形集很不规则,其局部或整体均无法用传统的几何方法进行描述、逼近或度量。

(3)通常分形集都有某种自相似性,表现在局部严格近似或统计意义下与整体相似。

(4)分形集的分形维数一般大于其拓扑维数。

(5)在很多情况下,分形可以用简单的规则逐次迭代生成。

只要符合上述特征,即可认为是一个分形图形或集合。因此从分形的角度看,许多视觉上感觉非常复杂的图像其信息量并不大,可以用算法和程序集来表示,再借助计算机可以显示其结合状态,这就是可以用分形的方法进行图像压缩的原因。

分形最显著的特点是自相似性,即无论几何尺度怎样变化,景物的任何一小部分的形状都与较大部分的形状极其相似。这种尺度不变性在自然界中广泛存在。图 5-34 是用计算机生成的分形图。可以说分形图之美就在于它的自相似性,而从图像压缩的角度,正是要恰当、最大限度地利用这种自相似性。

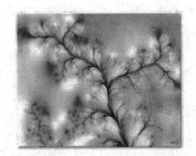

图 5-34　计算机生成的分形图

1)分形编码的基本原理

对一幅数字图像通过一些图像处理技术,如颜色分割、边缘检测、频谱分析、纹理变化分析等将原始图像分成一些子图像,然后在分形集中查找这样的子图像。分形集实际上并不是存储所有可能的子图像,而是存储许多迭代函数,通过迭代函数的反复迭代可以恢复出原来的子图像。也就是说子图像所对应的只是迭代函数,而表示这样的迭代函数一般只需要几个参数即可确定,从而达到了很高的压缩比。

2)分形编码的压缩步骤

对于任意图形来说,如何建立图像的分形模型,寻找恰当的仿射(affine)变换来进行图像编码仍是一个复杂的过程。Bransley 观察到所有实际图形都有丰富的仿射冗余度,也就是说,采用适当的仿射变换,可用较少的比特表现同一图像。利用分形定理,Bransley 提出了一种压缩图像信息的分形变换步骤。

(1) 把图像划分为互不重叠、任意大小形状的 D 分区，所有 D 分区拼起来应为原图。

(2) 划定一些可以相互重叠的 R 分区，每个 R 分区必须大于相应的 D 分区，所有 R 分区之"并"无须覆盖全图。为每个 D 分区划定的 R 分区必须在经由适当的三维仿射变换后尽可能与该 D 分区中的图像相近。每个三维仿射变换由其系数来描述和定义，从而形成一个分形图像格式文件 FIF(Fractal Image Format)。文件的开头规定 D 分区如何划分。

(3) 为每个 D 分区选定仿射变换系数表。这种文件与原图像的分辨率毫无关系。例如，为复制一条直线，如果知道了方程 $y=ax+b$ 中 a 和 b 的值就能以任意高的分辨率画出一个直线图形。类似地，有了 FIF 中给出的仿射变换系数，解压缩时就能以任意高的分辨率构造出一个与原图很像的图。

D 分区的大小需作一些权衡。划得越大，分区的总数以及所需作的变换总数就越少，FIF 文件就越小。但如果把 R 分区进行仿射变换所构造出的图像与它的 D 分区不够相像，则解压缩后的图像质量就会下降。压缩程序应考虑各种 D 分区划分方案，寻找最合适的 R 分区，并在给定的文件大小之下，用数学方法评估出 D 分区的最佳划分方案。为使压缩时间不至太长，还必须限制为每个 D 分区寻找最合适的 R 分区的时间。

从以上阐述中可以看出，分形的方法应用于图像编码的关键在于，一是如何更好地进行图像的分割。如果子图像的内容具有明显的分形特点，如一幢房子、一棵树等，这就很容易在迭代函数系统(Iterated Function System, IFS)中寻找与这些子图像相应的迭代函数，同时通过迭代函数的反复迭代能够更好地逼近原来的子图像。但如果子图像的内容不具有明显的分形特点，如何进行图像的分割就是一个问题。二是如何更好地构造迭代函数系统。由于每幅子图像都要在迭代函数系统中寻求最合适的迭代函数，使得通过该函数的反复迭代，尽可能精确地恢复原来的子图像，因而迭代函数系统的构造显得尤为重要。由于存在以上两方面问题，在分形编码的最初研究中，要借助于人工的参与进行图像分割等工作，这就影响了分形编码方法的应用。但现在已有了各种更加实用可行的分形编码方法，利用这些方法，分形编码的全过程可以由计算机自动完成。

3) 分形编码的解压缩步骤

分形编码的突出优点之一就是解压缩过程非常简单。首先从所建立的 FIF 文件中读取 D 分区划分方式的信息和仿射变换系数等数据，然后划定两个同样大小的缓冲区给 D 图像(D 缓冲区)和 R 图像(R 缓冲区)，并把 R 图像初始化到任一初始阶段。

根据 FIF 文件中的规定，可把 D 图像划分成 D 分区，把 R 图像划分成 R 分区，再把指针指向第一个 D 分区。根据它的仿射变换系数把其相应的 R 分区作仿射变换，并用变换后的数据取代该 D 分区的原有数据。对 D 图像中所有的 D 分区都进行上述操作，全部完成后就形成一个新的 D 图像。然后把新 D 图像的内容复制到 R 图像中，再把这新的 R 图像当作 D 图像，D 图像当作 R 图像，重复操作，即进行迭代。这样一遍一遍地重复进行，直到两个缓冲区的图像很难看出差别，D 图像中即为恢复的图像。实际中一般只需迭代七八次至十几次就可完成。恢复的图像与原图像相像的程度取决于当初压缩时所选择的那些 R 分区对它们相应的 D 分区匹配的精确程度。

4) 分形编码的优点

分形编码具有以下 3 个优点。

（1）图像压缩比比经典编码方法的压缩比高。

（2）由于分形编码把图像划分成大得多、形状复杂得多的分区，因此压缩所得的 FIF 文件的大小不会随着图像像素数目的增加（即分辨率的提高）而变大。而且，分形压缩还能依据压缩时确定的分形模型给出高分辨率的清晰边缘线，而不是将其作为高频分量加以抑制。

（3）分形编码本质上是非对称的，在压缩时计算量很大，所以需要的时间长，而在解压缩时却很快。在压缩时只要多用些时间就能提高压缩比，但不会增加解压缩的时间。

3. 基于模型的编码

模型基编码是将图像看作三维物体在二维平面上的投影。在编码过程中，首先建立物体的模型，然后通过对输入图像和模型的分析得出模型的各种参数，再对参数进行编码传输，接收端则利用图像综合来重建图像。可见，这种方法的关键是图像的分析和综合，而将图像分析和综合联系起来的纽带就是由先验知识得来的物体模型。图像分析主要是通过对输入图像以及前一帧的恢复图像的分析，得出基于物体模型的图像的描述参数，利用这些参数就可以通过图像综合得到恢复图像，并供下一帧图像分析使用。由于传输的内容只是数据量不大的由图像分析而得来的参数值，它比起以像素为单位的原始图像的数据量要小得多，因此这种编码方式的压缩比是很高的。

根据使用模型的不同，模型基编码又可分为针对限定景物的语义基编码和针对未知景物的物体基编码。在语义基的编码方法中，由于景物里的物体三维模型为严格已知，该方法可以有效地利用景物中已知物体的知识，实现非常高的压缩比，但它仅能处理限定的已知物体，并需要较复杂的图像分析与识别技术，因此应用范围有限。物体基编码可以处理更一般的对象，无须识别与先验知识，对于图像分析要简单得多，不受各种场合的限制，因而有更广阔的应用前景。但是，由于未能充分利用景物的先验知识，或只能在较低层次上运用有关物体的知识，因此物体基编码的效率低于语义基编码。

1）物体基编码

物体基编码是由 Musmann 等提出的，其目标是以较低比特率传送可视电话图像序列。其基本思想是：把每一个图像分成若干个运动物体，对每一物体的基于不明显物体模型的运动 Ai、形状 Mi 和彩色纹理 Si 等三组参数集进行编码和传输。物体基图像编码原理框图如图 5-35 所示。

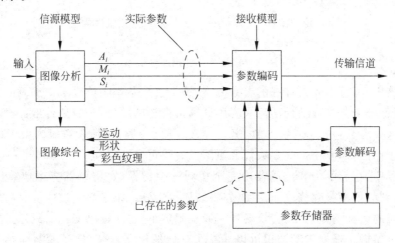

图 5-35 物体基图像编码原理框图

　　物体基编码的特点是把三维运动物体描述成模型坐标系中的模型物体,用模型物体在二维图像平面的投影(模型图像)来逼近真实图像。这里不要求物体模型与真实物体形状严格一致,只要最终模型图像与输入图像一致即可,这是它与语义基编码的根本区别。经过图像分析后,图像的内容被分为两类:模型一致物体(MC 物体)和模型失败物体(MF 物体)。MC 物体是被模型和运动参数正确描述的物体区域,可以通过只传送运动 A_i 和形状 M_i,参数集以及利用存在存储器中的彩色纹理 S_i 的参数集重建该区域;MF 物体则是被模型描述失败的图像区域,它是用形状 M_i 和彩色纹理 S_i 参数集进行编码和重建的。目前研究比较多的头—肩图像实验结果显示,通常 MC 物体所占图像区域的面积较大,约为图像总面积的 95% 以上,而 A_i 和 M_i 参数可用很少的码字编码;另一方面,MF 通常都是很小的区域,约占图像总面积的 4% 以下。

　　物体基编码中最核心的部分是物体的假设模型及相应的图像分析。选择不同的源模型时,参数集的信息内容和编码器的输出速率都会改变。目前已出现的有二维刚体模型(2DR)、二维弹性物体模型(2DF)、三维刚体模型(3DR)和三维弹性物体模型(3DF)等。在这几种模型中,2DR 模型是最简单的一种,它只用 8 个映射参数来描述其模型物体的运动。但由于过于简单,最终图像编码效率不很高。相比而言,2DF 是一种简单有效的模型,它采用位移矢量场,以二维平面的形状和平移来描述三维运动的效果,编码效率明显提高,与3DR 相当。3DR 模型是二维模型直接发展的结果。物体以三维刚体模型描述,优点是以旋转和平移参数描述物体运动,物理意义明确。3DF 是在 3DR 的基础上加以改进的,它在3DR 的图像分析后,加入形变运动的估计,使最终的 MF 区域大为减少,但把图像分析的复杂性和编码效率综合起来衡量,2DF 则显得较为优越。

　　2) 语义基编码

　　语义基编码的特点是充分利用了图像的先验知识,编码图像的物体内容是确定的。图 5-36所示为语义基编码原理框图。

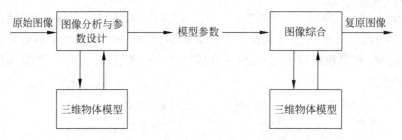

图 5-36　语义基编码原理框图

　　在编码器中,存有事先设计好的参数模型,这个模型基本上能表示待编码的物体。对输入的图像,图像分析与参数估计功能块利用计算机视觉的原理,分析估计出针对输入图像的模型参数。这些参数包括:形状参数、运动参数、颜色参数、表情参数等。由于模型参数的数据量远小于原图像,故用这些参数代替原图像编码可实现很高的压缩比。

　　在解码器中,存有一个和编码器中完全相同的图像模型,解码器应用计算机图形学原理,用所接收到的模型参数修改原模型,并将结果投影到二维平面上形成解码后的图像。例如在视频会议的语义基编码中,会议场景一般是固定不变的,运动变化的只是人的头部和肩部组成的头—肩像。根据先验知识可以建立头—肩像模型,这时模型参数包括:头与肩的大小、形状、位置等全局形状参数，以及面部表情等局部形状参数，此外还有运动参数、颜色参数等。解码器存有一个与编码器中的模型完全一样的模型，收到模型参数后，解码器即可对模型作相应的变换，将修改后的模型投影到二维平面上形成解码图像。

语义基编码能实现以数千比特每秒速率编码活动图像，其高压缩比的特点使它成为最有发展前途的编码方法之一。然而语义基编码还很不成熟，有不少难点尚未解决，主要表现为模型的建立和图像分析与参数的提取。

首先，模型必须能描述待编码的对象。以对人脸建模表达为例，模型要能反映各种脸部表情：喜、怒、哀、乐等，要能表现面部，例如口、眼的各种细小变化。显然，这有大量的工作要做，数据量很大，有一定的难度。同时模型的精度也很难确定。只能根据对编码对象的了解程度和需要，建立具有不同精度的模型。先验知识越多模型越精细，模型就越能逼真地反映待编码的对象，但模型的适应性就越差，所适用的对象就越少。反之，先验知识越少，越无法建立细致的模型，模型与对象的逼近程度就越低，但适应性反而会强一些。

其次，建立了适当的模型后，参数估计也是一个不可低估的难点，根本原因在于计算机视觉理论本身尚有很多基本问题没有圆满解决，如图像分割问题与图像匹配问题等。而要估计模型的参数，如头部的尺寸，就需在图像上把头部分割出来，并与模型中的头部相匹配；要估计脸部表情参数，需把与表情密切相关的器官如口、眼等分割出来，并与模型中的口、眼相匹配。

相比之下，图像综合部分难度低一些。计算机图形学等已经相当成熟，而用常规算法计算模型表面的灰度，难以达到逼真的效果，图像有不自然的感觉。现在采用的方法是，利用计算机图形学方法，实现编码对象的尺度变换和运动变换，而用"蒙皮技术"恢复图像的灰度。"蒙皮技术"通过建立经过尺度和运动变换后的模型上的点与原图像上的点之间的对应关系，求解模型表面灰度。

语义基编码中的失真和普通编码中的量化噪声性质完全不同。例如，待编码的对象是头—肩像，则用头—肩语义基编码时，即使参数估计不准确，结果也是头—肩像，不会看出有什么不正确的地方。语义基编码带来的是几何失真，人眼对几何失真不敏感，而对方块效应和量化噪声最敏感，所以不能以均方误差作为失真的度量，而参数估计又必须有一个失真度量，以建立参数估计的目标函数，并通过对目标函数的优化来估计参数。找一个能反映语义基编码失真的准则，也是语义基编码的难点之一。

5.4　视频压缩编码技术

视频压缩是指通过对视频进行一系列运算，把原始的视频信息编码成码流的过程。对于符合 ITU-R BT.601 标准并采用 4∶2∶2 采样的 PAL 制视频图像，一帧视频的数据总量为$(720+360\times2)\times576\times8=6.63552\text{Mb}$。显然，如此大的数据在现有的数字信道中传输或在现有的媒体上存储，其成本是昂贵的。虽然数字信号有很多优点，但是如果加大在模拟信号上的采样率，将极大地增加数字信号的数据量，这将使数字信号失去实用价值。因此，必须对其进行压缩。尤其是数字视频信号，由于视频本身的数据量非常大，给存储和传输带来了很多不便，所以视频压缩得到了非常广泛的应用。另一方面，视频图像存在空间冗余（由信源特性引起）和心理视觉冗余（由信宿特性引起），并且图像显示或输出设备也存在分辨率限制,这说明视频压缩是可能的。用户熟悉的 VCD、DVD、数码摄像机、USB 摄像头、可视电话、视频点播系统、视频会议系统、数字监控系统等,都使用到了视频压缩技术。

由于各种空间模式发生的概率不同,视频图像存在时间域和空间域的冗余,它们反映了图像的统计特性。空间域统计特性包括像素值的概率分布、帧内像素差值的概率分布、各种变换域的频谱特性、帧内图像的自相关系数等;时间域统计特性包括帧间图像的相关性、帧差的概率分布等。此外还有心理冗余,它起源于人眼对某些空间频率的感觉迟钝。图像压缩技术就利用了这些特性,从原始图像中提取代表图像特征的有效信息,进行传输和存储,而在输出时采用相反的变换获得与原始图像相近的显示效果。

5.4.1 视频压缩编码的方法

视频压缩有两个目的:一是要满足一定的压缩比,将信息压缩在一定的带宽内发送;二是视频经过一定压缩后,在压缩重建后要保持一定的视频质量。目前,主流的视频压缩编码标准都采用了有损压缩和无损压缩相结合的混合编码,即主要采用基于帧间运动估计/补偿技术来消除时间冗余;采用帧内预测编码去除帧内空间冗余;进一步基于块的 DCT 变换和矢量量化编码去除预测后残差中的空间冗余;最后采用熵编码去除前面步骤生成数据的统计冗余或信息熵冗余。5.3 节已介绍了大部分压缩编码方法,这里仅对预测编码中的帧间预测进行介绍。

对于视频图像,当图像内容变化或摄像机运动不剧烈时,前后帧图像基本保持不变,相邻帧图像具有很强的时间相关性。如果能够充分利用相邻帧图像像素进行预测,将会得到比帧内像素预测更高的预测精度,预测误差也更小,可以进一步提高编码效率。这种基于时间相关性的相邻帧预测方法就是帧间预测编码。在采用运动补偿技术后,帧间预测的准确度相当高。

1. 运动估计与补偿

在帧间预测编码中,为了达到较高的压缩比,最关键的就是要得到尽可能小的帧间误差。在普通的帧间预测中,实际上仅在背景区进行预测时可以获得较小的帧间差。如果要对运动区域进行预测,首先要估计出运动物体的运动矢量 V,然后再根据运动矢量进行补偿,即找出物体在前一帧的区域位置,这样求出的预测误差才比较小。这就是运动补偿帧间预测编码的基本机理。简而言之,通过运动补偿可以减少帧间误差,提高压缩效率。理想的运动补偿预测编码应由以下四个步骤组成。

(1) 图像划分:将图像划分为静止部分和运动部分;

(2) 运动检测与估值:即检测运动的类型(平移、旋转或缩放等),并对每一个运动物体进行运动估计,找出运动矢量;

(3) 运动补偿:利用运动矢量建立处于前后帧的同一物体的空间位置对应关系,即用运动矢量进行运动补偿预测;

(4) 预测编码:对运动补偿后的预测误差、运动矢量等信息进行编码,传送给接收端。

由于实际的序列图像内容千差万别,把运动物体以整体形式划分出来是极其困难的,因此有必要采用一些简化模型。例如把图像划分为很多适当大小的小块,再设法区分是运动的小块还是静止的小块,并估计出小块的运动矢量,这种方法称为块匹配法。目前块匹配算法已经得到广泛应用,在 H.261、H.263、MPEG-1 以及 MPEG-4 等国际标准中都被采用。

2. 块匹配运动估计

运动估计从实现技术上可以分为像素递归法(Pixel Recursive Algorithm,PRA)和块匹配法(Block Matching Motion Estimation,BMME)。像素递归法是对当前帧的某一像素在前一帧中找到灰度值相同的像素,然后通过该像素在两帧中的位置差求解出运动位移。块匹配是将图像划分为许多互不重叠的子图像块,并且认为子块内所有像素的位移幅度都相同,这意味着每个子块都被视为运动对象。对于 k 帧图像中的子块,在 k−1 帧图像中寻找与其最相似的子块,这个过程称为寻找匹配块,并认为该匹配块在第 k−1 帧中所处的位置就是 k 帧子块位移前的位置,这种位置的变化就可以用运动矢量来表示。

在一个典型的块匹配算法中,一帧图像被分割为 $N\times N$ 或者是更为常用的像素大小的块。在 $(N+2W)\times(N+2W)$ 大小的匹配窗中,当前块与前一帧中对应的块相比较。基于匹配标准,找出最佳匹配,得到当前块的替代位置。常用的匹配标准有平均平方误差(Mean Square Error,MSE)和平均绝对误差(Mean Absolute Error,MAE),定义如下:

$$\mathrm{MSE}(i,j)=\frac{1}{N^2}\sum_{m=1}^{N}\sum_{n=1}^{N}(f(m,n)-f(m+i,n+j))^2 \quad (-W\leqslant i,j\leqslant W) \quad (5\text{-}32)$$

$$\mathrm{MAE}(i,j)=\frac{1}{N^2}\sum_{m=1}^{N}\sum_{n=1}^{N}\mid f(m,n)-f(m+i,n+j)\mid \quad (-W\leqslant i,j\leqslant W) \quad (5\text{-}33)$$

其中,$f(m,n)$ 表示当前块在位置 (m,n),$f(m+i,n+j)$ 表示相应的块在前一帧中位置为 $(m+i,n+j)$。

全搜索算法(Full Search Algorithm,FSA)在搜索窗 $(N+2W)\times(N+2W)$ 内计算所有的像素来寻找具有最小误差的最佳匹配块。对于当前帧一个待匹配块的运动向量的搜索要计算 $(2W+1)\times(2W+1)$ 次误差值,如图 5-37 所示。

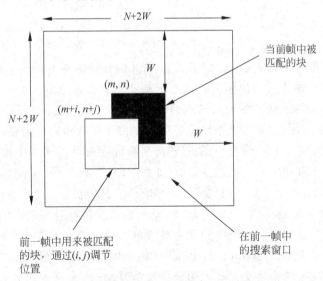

图 5-37　块匹配原理图

由于全搜索算法的计算复杂度过大,近年来,快速算法的研究得到了广泛的关注。很多运动估计的快速算法从降低匹配函数复杂度和降低搜索点数等方面进行了改进。早期的运动估计改进算法主要有三步搜索法(Three-Step Search,TSS)、二维对数搜索法(Two-Dimensional Logarithm Search,TDLS)和变方向搜索法(Conjugate Direction Search,

CDS),这些快速算法主要建立在误差曲面呈单峰分布,存在唯一的全局最小点假设上;后来为了进一步提高计算速度和预测矢量精度,利用运动矢量的中心偏移分布特性来设计搜索样式,相继又提出了新三步法(New Three-Step Search,NTSS)、四步法(Four-Step Search,FSS)、梯度下降搜索法(Block-Based Gradient Descent Search,BBGDS)、菱形搜索法(Diamond Search,DS)和六边形搜索法(Hexagon-Based Search,HEXBS)等算法,而运动矢量场自适应搜索技术(Motion Vector Field Adaptive Search Technique,MVFAST)、预测运动矢量场自适应搜索技术(Predictive Motion Vector Field Adaptive Search Technique,PMVFAST)等算法是目前较为成功的运动估计算法。MPEG 组织推荐 MVFAST 和 PMVFAST 算法作为 MPEG-4 视频编码标准中主要使用的运动估计算法。实际上,快速运动估计算法就是在运动矢量的精确度和搜索过程中的计算复杂度之间进行折中,寻找最优平衡点。

5.4.2 视频压缩编码的国际标准

针对视频压缩,国际上有两大组织制定相关标准:ITU-T 的视频编码专家组 VCEG 和 ISO/IEC 的运动图像专家组 MPEG。VCEG 和 MPEG 根据不同的应用需求,分别制定了 H.26X 系列和 MPEG 系列。其中,ITU-T 制定了 H.261、H.263、H.264/AVC 等标准,ISO/IEC 则制定了 MPEG-1、MPEG-2、MPEG-4、MPEG-7、MPEG-21 等标准。

1. H.261 标准

H.261 是 ITU-T 于 1984—1989 年制定的针对可视电话和视频会议等业务的视频压缩标准,目的是在窄带综合业务数字网(N-ISDN)上实现速率 $p \times 64 \text{Kb/s}$ 的双向声像业务,其中 $p=1 \sim 30$。因此,H.261 又被称为 $p \times 64$ 标准。H.261 只对 CIF(Common Intermediate Format)和 QCIF(Quarter CIF)两种图像格式进行处理。CIF 和 QCIF 的亮度信号 Y 的分辨率分别为 352×288 像素和 176×144 像素,色度信号 C_r 和 C_b 的水平和垂直分辨率均为亮度信号的 1/2。两种格式均为逐行扫描,CIF 格式的扫描帧频率为 30f/s,QCIF 格式为 15 或 7.5f/s。通常 CIF 格式用于视频会议,QCIF 格式用于可视电话。

H.261 压缩编码算法是一种采用帧间编码减少时间冗余、变换编码减少空间冗余的混合编码方法,具有压缩比高、算法复杂度低等优点。由于会话双方都需要同样的编码器和解码器,故 H.261 标准的一个特点是编、解码器的复杂程度相当。H.261 仅使用 I 帧和 P 帧,格式为每 1 对 I 帧之间有 3 个 P 帧。在 I 帧(帧内编码帧)和 P 帧(帧间预测编码帧)中每 6 个 8×8 的像素块(Block)构成一个宏块(Macroblock),其中包括 4 个亮度(Y)块和 2 个色度(C_b 和 C_r)块。每个宏块都会有一个专门的地址来标识宏块本身,另外还会有一个类字段,用来说明该宏块是独立编码(帧内编码)还是参考前一帧内的宏块进行了帧间编码。一定数量的宏块构成一个块组 GOB(Group of Block),若干块组构成一帧图像。块层、宏块层、块组层和帧层 4 个层次中每个层次都有说明该层次信息的头,编码后的数据和头信息逐层复用就构成了 H.261 的码流。

2. MPEG-1

MPEG-1 由 ISO 和 IEC(International Electrotechnical Commission,国际电工委员会)的共同委员会中的活动图像专家组 MPEG(Moving Picture Experts Group)为速率 1.5Mb/s 的数字声像信息的存储而制定的。它通常用于能够提供录像质量(VHS)视频节目的光盘存储系统,图像采用 SIF(Source Intermediate Format)格式,图像分辨率为 352×288 像素,双声道立体声伴音具有 CD(激光唱盘)音质。

MPEG-1 码流的构成分为 6 个层次:最高层为视频序列层,然后依次为图组层、图层、条层、宏块层和块层。其中每一层都支持一个确定的函数,或者是一个信号处理函数(DCT,MC),或者是一个逻辑函数(同步,随机存储点)等。MPEG-1 支持的编辑单位是图组和音频帧,通过对包头图组的信息和音频帧头进行修改,可以完成对视频信号的剪接。由于 MPEG-1 的主要应用领域为视频和伴音的存储,因此采用逐行扫描,帧频率分别为 30Hz(NTSC 制式)和 25Hz(PAL 制式)。

MPEG-1 与 H.261 侧重点不同,各自采用的编码方法也有显著差别。最主要的差别是 H.261 有两种类型的帧:帧内编码帧,又称 I 帧,和预测编码帧,即 P 帧。而 MPEG-1 采用的图像有 3 种类型:帧内编码图(I 图)、预测编码图(P 图)和双向预测编码图(B 图)。MPEG-1 中压缩编码数据流是 I,P 和 B 图的组合,这些图的组织结构十分灵活。在 MPEG-1 中必须通过 I 图来提供各种与 VCR 相关的随机接入操作,通常人们可接受的最大随机接入时间是 0.5s。随机接入时间以及图像质量是影响序列中 I 图之间间隔的主要因素。

3. MPEG-2

MPEG-2 是由活动图像专家组和 ITU-T 于 1994 年共同制定的。在 ITU 标准中,MPEG-2 被称为 H.262。MPEG-2 标准是一个通用的标准,它克服了 MPEG-1 不能满足日益增长的多媒体技术、数字电视技术、多媒体分辨率和传输率等方面的技术要求上的缺陷,即能在很宽范围内对不同分辨率和不同输出比特率的图像信号有效地进行编码,它的编码效率为 4~100Mb/s。MPEG-2 标准广泛应用于多媒体、视频会议/可视电话、数字电视、高清晰度电视(HDTV)、广播、通信和网络等领域。

MPEG-2 视频体系向下兼容 MPEG-1,其图像分辨率有低(352×288)、中(720×576)、高 1440(1440×1152)和高(1920×1152)4 种级别。对于每一个级别,MPEG-2 又分为 5 个档次(Profile):简单(Simple)、主(Main)、空间分辨率(Spatial Resolution)、量化精度(Quantization Accuracy)和高(High)。这样,4 种级别和 5 个档次组合起来构成一个二维表,作为 MPEG-2 的标准框架,这有利于在现有标准的基础上做相应的改进和新标准的建立。

4. H.263

H.263 标准是 ITU-T 于 1995 年制定的甚低比特率视频压缩编码标准,其传输码率可以低于 64Kb/s。H.263 特别适用于无线网络、PSTN 和因特网等环境下的视频传输,所有的应用都要求视频编码器输出的码流在网络上进行实时传输。为了提高编码效率,ITU-T 对 H.263 进行了多次补充,补充修订的版本有 1998 年制定的 H.263+,2000 年制定的 H.263++。

H.263 标准采用的是基于运动补偿的 DPCM 的混合编码,在运动矢量搜索的基础上进行运动补偿,然后运用 DCT 变换和"之"字扫描游程编码,从而得到输出码流。H.263 可以处理以下 5 种图像格式:sub-QCIF,QCIF,CIF,4CIF 和 16CIF。H.263 视频编码器的基本结构与 H.261 基本类似。H.261 编码器由于仅使用了 I 帧和 P 帧,所以一定要采用较高的量化阈值和低的频率,才能输出相对较低的码率,因此当码率低于 64Kb/s 时输出的图像质量较差。使用高阈值量化和使用低阈值量化所编码的宏块之间的差别导致了所谓的方块效应;而使用低帧率会使物体的运动看起来不连续。为了减少上述方法带来的不利影响,

H. 263 在 H. 261 的基础上,运动估计采用半像素精度,同时又增加了无限制运动矢量、基于语法的算术编码模式、先进的预测模式和 PB 帧模式等 4 种可选编码模式。

H. 263+增加了 12 个新的高级模式,并修正了 H. 263 中的一个模式。H. 263++则又增加了 3 个高级模式。H. 263 标准版本升级主要体现在增加或修正一些高级编码模式,既保持了对旧版本的兼容,又增加了新的功能。因而其应用范围进一步扩大,压缩效率、抗误码能力和重建图像的主观质量等都得到了提高。

5. MPEG-4

为适应多媒体通信的快速发展,ISO/IEC 于 1994 年开始制定新一代视频编码标准 MPEG-4,并于 1998 年 12 月公布了版本,2000 年正式成为国际标准。该标准支持多种多媒体应用,主要侧重于对多媒体信息内容的访问,可根据应用的不同要求现场配置解码器。它不仅针对一定比特率下的视频、音频编码,更加注重多媒体系统的交互性和灵活性,为多媒体数据压缩编码提供了更为广阔的平台,适用于多媒体因特网、视频会议和视频电话等个人通信、交互式视频游戏和多媒体邮件、电子新闻、基于网络的数据服务、光盘等交互式存储媒体、远程紧急事件系统、远程视频监视及无线多媒体通信等。

MPEG-4 最初是为了满足视频会议等的需要而制定的可以对音频、视频对象进行高效压缩的算法和工具,仅限于低比特率的应用,后来不断发展成为一个可以适应各种多媒体应用、提供各种编码比特率的新一代视频编码标准。其目标在于提供一种通用的编码标准,以适应不同的传输带宽、不同的图像尺寸和分辨率、不同的图像质量等,进而为用户提供不同的服务,满足不同处理能力的显示终端和用户个性化的需求。

与基于像素和像素块的第一代编码标准 MPEG-1/2 相比,MPEG-4 采用的是基于内容的视频编码方法,包括基于对象和基于语义两种,属于第二代压缩编码技术。一方面,为支持对多媒体内容的访问和操作,在这一标准中引入了视频对象(Video Object,VO)的概念。视频对象是一个个能在视频场景中被任意访问和操作的实体,采用了基于对象的压缩编码方法,针对不同的对象进行比特流控制,以增强用户和对象间的可交互性。另一方面,充分利用了人眼视觉特性,抓住了图像信息传输的本质,从轮廓、纹理思路出发,不仅可以实现对视频图像数据的高效压缩,还可以提供基于内容的交互功能,适应了多媒体信息的应用由播放型转向基于内容的访问、检索及操作的发展趋势。除此之外,为了使压缩后的码流具有对于信道传输的鲁棒性,MPEG-4 还提供了用于误码检测和误码恢复的一系列工具。因而,一标准压缩的视频数据可以应用于带宽受限、易发生误码的网络环境中,如无线网络、Internet 网和 PSTN 网等。

MPEG-4 不只是具体压缩算法,还是针对数字电视、交互式绘图应用影音合成内容、交互式多媒体等整合及压缩技术需求而制定的国际标准。这一标准将众多的多媒体应用集成于一个完整的框架内,旨在为多媒体通信及应用环境提供标准的算法及工具,从而建立起一种能被多媒体传输、存储、检索等应用领域普遍采用的统一数据格式。MPEG-4 系统的一般框架是对自然或合成的视听内容的表示以及对视听内容数据流的管理,如多点、同步、缓冲管理等对灵活性的支持和对系统不同部分的配置。与 MPEG-1、MPEG-2 相比,MPEG-4 具有如下特点。

1) 基于内容的交互性

MPEG-4 提供了基于内容的多媒体数据访问工具,如索引、超级链接、上下载、删除等,利用这些工具,用户可以方便地从多媒体数据库中有选择地获取自己所需的与对象有关的内容。MPEG-4 提供了内容的操作和位流编辑功能,可应用于交互式家庭购物,淡入淡出的数字化效果等。MPEG-4 提供了高效的自然或合成的多媒体数据编码方法,可以把自然场景或对象组合起来成为合成的多媒体数据。

2) 高效的压缩性

同其他标准相比,在相同的比特率下,MPEG-4 具有更高的视觉听觉质量,这就使得在低带宽的信道上传送视频、音频成为可能。同时还能对同时发生的数据流进行编码,一个场景的多视角或多声道数据流可以高效、同步地合成为最终数据流。

3) 通用的访问性

MPEG-4 提供了易出错环境的鲁棒性来保证其在许多无线和有线网络以及存储介质中的应用。MPEG-4 还支持基于内容的可分级性,即把内容、质量、复杂性分成许多小块来满足不同用户的不同需求。MPEG-4 支持具有不同带宽、不同存储容量的传输信道和接收端。

MPEG-4 除采用变换编码、运动估计与运动补偿、量化、熵编码等第一代视频编码核心技术外,还提出一些新的有创见性的关键技术,充分利用人眼视觉特性,抓住图像信息传输的本质,从轮廓、纹理思路出发,支持基于视觉内容的交互功能。MPEG-4 标准同以前标准的最显著差别在于它采用基于对象的编码理念,即在压缩之前每个场景被定义成一幅背景图和一个或多个前景音视频对象,然后背景和前景分别进行编码,再经过复用传输到接收端,然后再对背景和前景分别解码,从而组合成所需要的音视频。

图 5-38 是 MPEG-4 视频编码器框图。首先是视频对象的形成,即从原始视频流中分割出 VO,然后由编码控制机制为不同的 VO 以及描述各个 VO 的 3 类信息即运动信息、形状信息和纹理信息分配码率,再将各个 VO 分别独立编码,最后将各个 VO 的码流复合成一个位流。其中在编码控制和复合阶段可以加入用户的交互控制或智能化算法的控制,解码基本上为编码的逆过程。

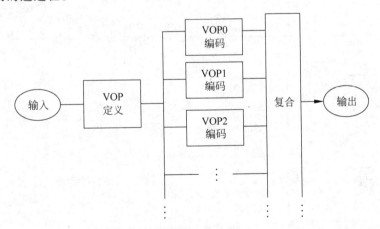

图 5-38 MPEG-4 视频编码器框图

6. H.264/AVC

H.264 标准是由 ITU-T 的视频编码专家组(VCEG)和 ISO/IEC 的活动图像专家组共同成立的联合视频小组(JVT)于 2003 年 3 月公布的视频压缩标准。H.264 也称 MPEG-4

的第 10 部分,即高级视频编码(AVC)。H.264 是在 ITU-T 增强型多媒体通信标准 H.26L 基础上提出的,它继承了 H.263、MPEG-1、MPEG-2 和 MPEG-4 的优点,在沿用 MC-DCT 结构,即运动补偿加变换编码的混合结构基础上,增添了类 DCT 整数变换、CAVLC 和 CABAC 等新技术,进一步提高了编码算法的压缩效率和图像播放质量。与以往标准相比,在相同失真率条件下 H.264 的编码效率提高了 50% 左右。

H.264/AVC 的应用场合相当广泛,包括可视电话、实时视频会议系统、视频监控系统、因特网视频传输以及多媒体信息存储等。目前各国都在将该标准产品化。国际上,加拿大的 UB Video 公司开发出了一套基于 TMS320C64x 系列的 H.26L 实时视频通信系统,它可以在 160Kb/s 的码率下获得与 H.263+ 在 320Kb/s 下相同的图像质量。加拿大的另一家公司 VideoLocus 通过在系统中插入一块基于 FPGA 的硬件扩展卡,在平台上实现了 H.264 的实时编解码。在国内,一些公司和企业也开始研究该标准的相关产品。

H.264 标准有三个档次,分别是基本档次、主档次和扩展档次。每个档次都定义了一系列的编码工具或算法。低于 1Mb/s 的低延时会话业务使用基本档次,具体应用有 H.320 会话视频业务、3GPP 会话 H.324/M 业务、基于 IP/RTP 的 H.323 会话业务和使用 IP/RTP 和 SIP 的 3GPP 会话业务。带宽为 1~8Mb/s 且时延为 0.5~2s 的娱乐视频应用使用主档次,具体应用有广播通信、DVD 和不同信道上的 VOD。带宽为 50Kb/s~1.5Mb/s 且时延为 2s 或以上的流媒体业务使用基本档次或扩展档次,如 3GPP 流媒体业务使用基本档次,有线 Internet 流媒体业务使用扩展档次。其他低比特率和无时延限制业务可以使用任意档次,具体应用有 3GPP 多媒体消息业务和视频邮件。

H.264 标准在编码框架上仍沿用以往的 MC-DCT 结构,即运动补偿加变换编码的混合结构。因此它保留了一些先前标准的特点,如不受限制的运动向量,对运动向量的中值预测等。同时,一些新技术的使用使得它比之前的视频编码标准在性能上有了很大的提高。应当指出的是,这个提高不是单靠某一项技术实现的,而是由各种不同技术带来的小的性能改进而共同产生的。H.264/AVC 的编码器框图如图 5-39 所示。

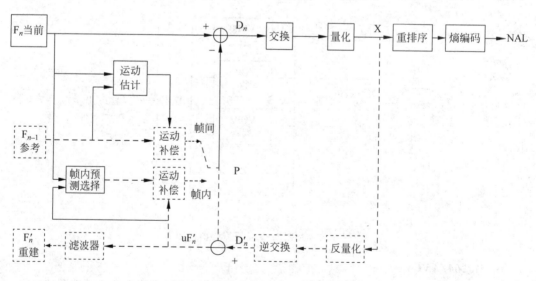

图 5-39　H.264/AVC 的编码器框图

H.264 标准使用了以下视频编码新技术。

1) 熵编码

若是 Slice 层预测残差,H.264 标准采用两种高性能的熵编码方式:基于上下文的自适应变长码(CAVLC)和基于上下文的自适应二进制算术编码(CABAC)。仿真测试结果得到 CABAC 比 CAVLC 压缩率高 10%,但计算复杂度也高。若不是 Slice 层预测残差,H.264 采用 Exp-Golomb 码或 CABAC,视编码器的设置而定。

在 CAVLC 中,H.264 采用若干 VLC 码表,不同的码表对应不同的概率模型。编码器能够根据上下文,如周围块的非零系数或系数的绝对值大小,在这些码表中自动选择,最大可能地与当前数据的概率模型匹配,从而实现上下文自适应的功能。

CABAC 根据过去的观测内容,选择适当的上下文模型提供数据符号的条件概率的估计,并根据编码时数据符号的比特数出现的频率动态地修改概率模型。数据符号可以近似熵率进行编码,提高编码效率。

2) 帧内预测

H.264 采用帧内预测。帧内预测编码具有运算速度快,压缩效率高的优点。帧内预测编码就是用周围邻近的像素值来预测当前的像素值,然后对预测误差进行编码。这种预测是基于块的,对于亮度分量,块的大小可以在 4×4 和 16×16 之间选择,4×4 块的预测模式有 9 种(模式 0 到模式 8,其中模式 2 是 DC 预测),16×16 块的预测模式有 4 种(vertical,horizontal,DC,plane);对于色度分量(chroma),预测是对整个 8×8 块进行的,有 4 种预测模式(vertical,horizontal,DC,plane)。除了 DC 预测外,其他每种预测模式对应不同方向上的预测。

3) 帧间预测

H.264 采用 7 种树型宏块结构作为帧间预测的基本单元,每种结构模式下块的大小和形状都不相同,这样更有利于贴近实际,实现最佳的块匹配,提高了运动补偿精度。

在 H.264 中,亮度分量的运动矢量使用 1/4 像素精度,色度分量的运动矢量使用 1/8 像素精度,并详细定义了相应更小分数像素的插值实现算法。帧间运动矢量估值精度的提高,使搜索到的最佳匹配点(块或宏块中心)尽可能接近原图,减小了运动估计的残差,提高了运动视频的时域压缩效率。

H.264 支持多参考帧预测,即在当前帧之前解码的多个参考帧中进行运动搜索,寻找出当前编码块或宏块的最佳匹配。在出现复杂形状和纹理的物体、快速变化的景物、物体互相遮挡等一些特定情况下,多参考帧的使用会体现更好的时域压缩效果。

4) 灵活的宏块排序

宏块排序是将一幅图像中的宏块分成几个组,分别独立编码。某一组中的宏块不一定是在常规的扫描顺序下前后连续,而可能是随机地分散在图像中的不同位置,如图 5-40 所示。这样在传输时如果发生错误,某个组中的某些宏块不能正确解码时,解码器仍然可以根据图像的空间相关性依靠其周围正确译码的像素对其进行恢复。

5) 4×4 块的整数变换

H.264 对帧内或帧间预测的残差进行 DCT 变换编码。为了克服浮点运算带来的硬件设计复杂问题,新标准对 DCT 定义作了修改,变换仅使用整数加减法和移位操作即可实现。这样,在不考虑量化影响的情况下,解码端的输出可以准确地恢复编码端的输入。该变

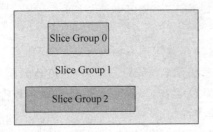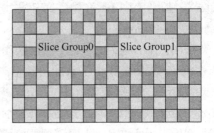

图 5-40 宏块排序的示意图

换是针对 4×4 块进行的，也有助于减少块效应。

6）流间转换帧

H.264 定义了一种新的流间转换帧（SP Slice），它可以在不同的视频流或一个视频流的不同部分进行切换，也可以用于码流的随机访问、快进快退和错误恢复等。切换操作可以通过在解码器的运动补偿预测过程中放置一个前向变换和量化操作来实现。切换过程如图 5-41 所示，帧 AB2 就是从视频流 A 转到视频流 B 的切换帧。AB2 由 A1 预测得到，然后 AB2 作为参考帧预测 B2，B2 再用来预测 B3。这样就实现了两个不同的视频流间的切换。SP Slice 主要用于基于服务器的视频流应用中。

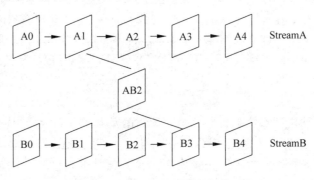

图 5-41 H.264 视频流间的切换过程

5.4.3 视频压缩编码新标准

1. AVS

AVS 是"数字音视频编解码技术标准（AudioVideo Coding Standard）"的英文缩写，它是我国具有自主知识产权的第二代信源编码的国家标准，也是 IPTV 视频编码的国际标准。AVS 是基于我国创新技术和部分公开技术的自主标准，编码效率比 MPEG-2 高 2～3 倍，与 H.264 相当，技术方案简洁，芯片实现复杂度低，达到了第二代标准的最高水平。AVS 还通过简洁的一站式许可政策，解决了 H.264 专利许可问题，开放、易于推广。此外，H.264 仅是一个视频编码标准，而 AVS 是一套包含系统、视频、音频、媒体版权管理在内的完整标准体系，为数字音视频产业提供更全面的解决方案。与其他国际标准相比，AVS 更注重应用的需求，为不同的应用提供不同的技术解决方案，以达到复杂度和效率之间的兼顾。目前已分别对面向高清数字电视广播、HD-DVD 存储等高端应用，以及面向移动、无线通信、流媒体传输等低端应用，分别制定相应的标准，即 AVS1-P2（工作组常称

AVS1.0)以及 AVS1-P7(工作组常称 AVS-M)。综上所述,AVS 堪称第二代视频压缩编码标准的上选。

1) AVS 技术特点

无论是 AVS1-P2 还是 AVS1-P7 标准,都和 H.264 标准具有相同的编码框架,如图 5-42 所示。

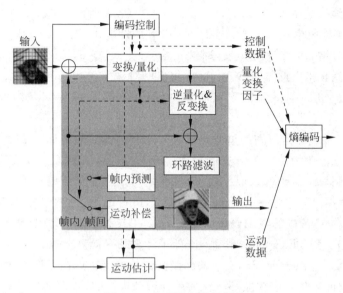

图 5-42　典型视频编码框架

由于标准制定时出于对不同应用的考虑,AVS 与 H.264 标准相比,在技术取舍上和对复杂度性能的衡量指标不同,因而在复杂性、编码效率上的表现也各有异同。比如一般认为 H.264 的编码器大概比 MPEG-2 复杂 9 倍,而 AVS1-P2 则由于编码模块中的各项技术复杂度都有所降低,其编码器复杂度大致为 MPEG-2 的 6 倍,但编码在高清序列上表现出与 H.264 相近的性能。

AVS 的主要技术特点如下。

(1) 帧内预测:AVS 的帧内预测技术沿袭了 H.264 帧内预测的思路,用相邻块的像素预测当前块,采用代表空间域纹理方向的多种预测模式。但 AVS1-P2 亮度和色度帧内预测都是以 8×8 块为单位的。亮度块采用 5 种预测模式,色度块采用 4 种预测模式,而这 4 种模式中又有 3 种和亮度块的预测模式相同。在编码质量相当的前提下,AVS 采用较少的预测模式,使方案更加简洁、实现的复杂度大为降低。除了模式种类外,其他区别主要体现在对相邻像素的选取以及对相邻像素所采用的滤波器上。

(2) 多参考帧预测:多参考帧预测能够使得当前块可以从前面几帧图像中寻找更好的匹配,能够提高编码效率。但一般来讲 2~3 个参考帧基本上能达到最高的性能,更多的参考图像对性能提升影响甚微,复杂度却会成倍增加。

H.264 为了支持灵活的参考图像引用,采用 16 个参考帧和复杂的参考图像缓冲区管理机制,实现较烦琐。而 AVS 则针对这一情况限定最多采用 2 个参考帧。尤其是对 AVS1-P2,这一限制还有一个优点就是在没有增大缓冲区的条件下提高了编码效率,因为 B 帧本身也需要两个参考图像的缓冲区。

（3）变块大小运动补偿：变块大小运动补偿是提高运动预测精确度的重要手段之一，对于提高编码效率起着重要的作用。在高清序列上的大量实验数据表明，去掉 8×8 以下大小块的运动预测模式，整体性能降低大概在 2%～4%，但其编码复杂度降低估计可达到 30%～40%。因此在 AVS1-P2 中将宏块划分最小限制为 8×8，这一限制大大降低了编解码器的复杂度，而只有在 AVS1-P7 中仍采用最小 4×4 块划分编码，以保证对 QCIF、CIF 等低分辨率图像的编码效率。

（4）B 帧宏块编码模式：在 AVS1-P2 中，B 帧的性能比 H.264 中 B 帧编码技术性能有所提高。这一部分增益主要来自空域/时域相结合的直接模式（Direct mode）以及直接模式运动矢量舍入控制技术。此外，AVS1-P2 中提出的对称模式（Symmetric mode）可以在只编码一个前向运动矢量的条件下实现双向预测，但其编码效率与 H.264 的双向编码效率相近。

（5）熵编码：熵编码是压缩的重要组成部分之一。H.264 采用基于上下文的适应性编码算法。在基本规范中为基于上下文的自适应变长编码（CAVLC）；在核心规范中为基于上下文适应二进制算术编码（CABAC）。这两种编码方法更充分地挖掘了编码系数的上下文相关性，可以根据上下文选择合适的上下文模型进行编码，进一步提高编码效率，但软硬件实现较为复杂。AVS 中的熵编码可以说是 H.264 与 MPEG-2 熵编码方法的综合。采用上下文自适应 2D-VLC，Exp-Golomb 码，降低了计算及存储复杂性。

（6）环路滤波：起源于 H.263++ 的环路滤波技术。特点在于把去块效应滤波放在编码的闭环内，而此前去块效应滤波都是作为后处理来进行的，如 MPEG-4。在 AVS1-P2 中，由于最小预测块、变换都是基于 8×8 的，环路滤波也只在 8×8 块边缘进行，与 H.264 对 4×4 块变换进行滤波相比，其滤波边数变为 H.264 的 1/4。同时由于 AVS1-P2 滤波点数、滤波强度分类数都比 H.264 中的少，大大减少了判断、计算的次数。AVS1-P7 虽然也基于 4×4 块进行滤波，但其判断、计算量也都大大降低，从而降低了环路滤波的复杂度，这对解码器来讲是十分重要的。

为了读者能对 AVS 技术特点有更明了的概念，特将以上特点简明列表，如表 5-5 所示。

表 5-5　AVS 技术特点

技 术 模 块	AVS 视频	H.264 视频	复杂性分析
帧内预测	基于 8×8 块，5 种亮度预测模式，4 种色度预测模式	基于 4×4 块，9 种亮度预测模式，4 种色度预测模式	降低约 50%
多参考帧预测	最多 2 帧	最多 16 帧，复杂的缓冲区管理模式	降低 30%～40%
变块大小运动补偿	16×16、16×8、8×16、8×8 块运动搜索	16×16、16×8、8×16、8×8、8×4、4×8、4×4 块运动搜索	节省 30%～40%
B 帧宏块对称模式	只编码前向运动矢量即可	双向编码	最大降低 50%

续表

技 术 模 块	AVS 视频	H.264 视频	复杂性分析
熵编码	上下文自适应 2D-VLC，Exp-Golomb 码降低计算及存储复杂性	CAVLC：与周围块相关性高，实现较复杂；CABAC：硬件实现特别复杂	相比 CABAC 降低 30% 以上
环路滤波	基于 8×8 块边缘进行，简单的滤波强度分类，滤波较少的像素	基于 4×4 块边缘进行，滤波强度分类繁多，滤波边缘多	降低 50%

2) AVS 的应用前景

AVS 可应用于数字电视、广播电视直播卫星、移动视频通信、宽带网络流媒体、视频会议与视频监控、激光视盘及播放机等领域，它是数字音视频产业链的一个重要环节。目前芯片厂商已经有上海龙晶、天津宏景、上海展迅、宁波中科等。此外，美国博通公司生产出支持 AVS 标准的芯片，意法半导体用于 IPTV 的机顶盒芯片也支持 AVS 标准。编码器已经有上广电和联合信源公司在开发，并都有成熟的产品推出，上广电除了开发出 AVS 编码器产品外，还开发出了 MPEG-2 到 AVS 的转码器产品。

从 AVS 的应用领域来看，中国网通 IPTV、移动电视 CMMB 已经使用 AVS，并进一步推进到地面无线数字电视广播和高密度光盘等领域。目前，AVS 标准已经被列入北京市视频监控地方标准，成为其中的视频编解码标准必选项之一，如果采用其他标准，要保证能平滑升级到 AVS 标准。AVS 中有 90% 以上的必要专利由中国掌握，成为国际标准，这不但对 AVS 本身在国内外的推广有积极意义，更是中国自主创新历程上的一次胜利。

2. HEVC(H.265)协议

在数字视频应用产业链的快速发展中，面对视频应用不断向高清晰度、高帧率、高压缩率方向发展的趋势，当前主流的视频压缩标准协议 H.264(AVC)的局限性不断凸显。同时，面向更高清晰度、更高帧率、更高压缩率视频应用的 HEVC(H.265)协议标准应运而生。

1) HEVC(H.265)的技术亮点

作为新一代视频编码标准，HEVC(H.265)仍然属于预测加变换的混合编码框架。然而，相对于 H.264，H.265 在很多方面有了革命性的变化。HEVC(H.265)的技术亮点有以下几点。

(1) 编码结构更加灵活。在 H.265 中，宏块大小从 H.264 的 16×16 扩展到了 64×64，以便于高分辨率视频的压缩。同时，采用了更加灵活的编码结构来提高编码效率，包括编码单元(Coding Unit)、预测单元(Predict Unit)和变换单元(Transform Unit)，如图 5-43 所示。

(2) 块结构(Residual Quad-tree Transform，RQT)更加灵活。RQT 是一种自适应的变换技术，是对 H.264/AVC 中 ABT(Adaptive Block-size Transform)技术的延伸和扩展。对于帧间编码来说，它允许变换块的大小根据运动补偿块的大小进行自适应地调整；对于帧内编码来说，它允许变换块的大小根据帧内预测残差的特性进行自适应地调整。大块的变换相对于小块的变换，一方面能够提供更好的能量集中效果，并能在量化后保存更多的图像细节，但是另一方面在量化后却会带来更多的振铃效应。因此，根据当前块信号的特性，

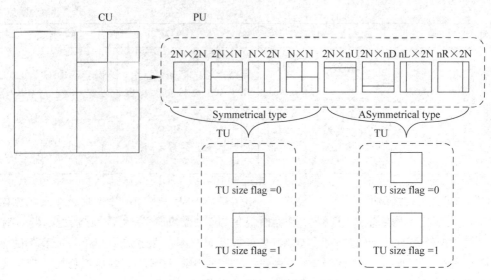

图 5-43　编码单元、预测单元、变换单元

自适应地选择变换块大小,如图 5-44 所示,可以得到能量集中、细节保留程度以及图像的振铃效应三者最优的折中。

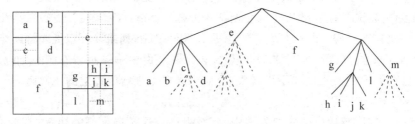

图 5-44　灵活的块结构示意图

（3）采样点(Sample Adaptive Offset,SAO)自适应偏移。SAO 在编解码环路内,位于 Deblock 之后,通过对重建图像的分类,对每一类图像像素值加减一个偏移,达到减少失真的目的,从而提高压缩率,减少码流。采用 SAO 后,平均可以减少 2‰～6‰的码流,而编码器和解码器的性能消耗仅仅增加了约 2%。

（4）采用自适应环路滤波(Adaptive Loop Filter,ALF)。ALF 在编解码环路内,位于 Deblock 和 SAO 之后,用于恢复重建图像以达到重建图像与原始图像之间的均方差最小。 ALF 的系数是在帧级计算和传输的,可以整帧应用 ALF,也可以对于基于块或基于量化树 (quadtree)的部分区域进行 ALF,如果是基于部分区域的 ALF,还必须传递指示区域信息的附加信息。

（5）引入了并行化设计。当前芯片架构已经从单核性能逐渐往多核并行方向发展,因此为了适应并行化程度非常高的芯片实现,HEVC/H.265 引入了很多并行运算的优化思路。

2）H.264 中已有特性的改进

相对于 H.264,H.265 标准的算法复杂性有了大幅提升,以此获得了较好的压缩性能。 H.265 在很多特性上都做了较大的改进,如表 5-6 所示。

表 5-6 H.264 和 H.264 关键特性对比

	H.264	H.265
MB/CU 大小	$4\times4\sim16\times16$	$4\times4\sim64\times64$
亮度差值	Luma-1/2 像素$\{1,-5,20,20,-5,1\}$ Luma-1/4 像素$\{1,1\}$	Luma$-1/2$ 像素$\{-1,4,-11,40,40,$$-11,4,-1\}$ Luma$-1/4$ 像素$\{-1,4,-10,57,19,$$-7,3,-1\}$ Luma$-1/4$ 像素$\{-1,3,-7,19,57,$$-10,4,-1\}$
MVP 预测方法	空域 MVP 预测	空域＋时域 MVP 预测 AMVP\Merge
亮度 Intra 预测	$4\times4/8\times8/16\times16$：9/9/4 模式	34 种角度预测 Planar 预测 DC 预测
色度 Intra 预测	DC,Horizontal,Vertical,Plane	DM,LM,Planar,Vertical,Horizontal, DC,Diagonal
变换	DCT $4\times4/8\times8$	DCT $4\times4/8\times8/16\times16/32\times32$ DST 4×4
去块滤波器	4×4 和 8×8 边界 Deblock 滤波	较大的 CU 尺寸，4×4 的边界不进行 滤波

3）HEVC(H.265)技术应用前景展望

H.265 标准是在 H.264 标准的基础上发展起来的，结合 H.264 在视频应用领域的主流地位可以预见 H.265 协议在未来广大的发展前景。世界的一些主流电视组织以及媒体运营商已经选择 H.264 作为媒体格式标准，一些主要的编解码设备厂商也一直积极参与到 H.265 标准的研究当中。华为是 ITU-T 视讯标准的主要报告人（Reporter）和编辑者（Editor）。作为国际电信联盟（ITU-T）成员单位，华为牵头并参与制定了多项国家标准和行业、企业标准。在 H.265 协议制定期间，华为提交了多项相关提案、建议，并提供了非常典型的应用场景测试序列，得到 ITU-T 的高度认可和接纳。华为提供的 ChinaSpeed 序列已经被标准组织采纳作为 Class F 的标准测试序列。

随着芯片处理能力越来越强，算法复杂性对应用的影响因素越来越小。相反，在算法实时通信应用以及 IPTV 应用中，业务的不断扩展和需求的增加使得有限的带宽资源逐渐成为瓶颈，高压缩率的编码是解决这一难题的有效技术手段，这也为 H.265 在基于 IP 进行流媒体服务领域的应用奠定了坚实的基础。目前很多电信运营商使用 H.264 标准作为其媒体格式，也有很多厂商推出了基于 H.264 标准的机顶盒以及基于 H.264 标准的视频会议解决方案。

5.5 行业应用：多媒体信息处理的利器——GPU

5.5.1 GPU 简介

图形处理器（Graphics Processing Unit，GPU），又称显示核心、视觉处理器、显示芯片。事实上，GPU 就是显卡的处理器，相当于显卡的心脏，一般专门用于个人计算机、工作站、游

戏机、一些移动设备(如平板电脑、手机等)和进行图像运算工作的微处理器(如图5-45所示)。

图5-45 GPU实物示例

在GPU产生之前,处理2D、3D图像都依赖于中央处理器(Central Processing Unit,CPU),但是由于CPU任务繁多,而且还有设计上的原因,这样面对日益复杂的3D图形图像时,常常会出现显卡等待CPU的情况。正是在这种情况下,一种全新的图形图像处理器诞生了,从而大大加快了图形图像的处理速度,这种处理器就是GPU。

GPU是显示卡的大脑,它决定了显卡的档次和大部分性能。现在市场上的显卡大多采用NVIDIA和AMD-ATI两家公司的GPU,当代的GPU不再只能用来运行高分辨率的3D图形应用,它还能用来加速一些具有数据并行特征的应用程序,在图算法、加密算法、代数运算、浮点运算、并行计算等方面,GPU能够提供数十倍乃至上百倍于CPU的性能,因此现在的GPU又叫作通用GPU(General Purpose GPU,GPGPU)。

GPU通用计算方面的标准目前有Open CL、CUDA、ATI STREAM。其中,OpenCL(Open Computing Language,开放运算语言)是第一个面向异构系统通用目的并行编程的开放式、免费标准,也是一个统一的编程环境,便于软件开发人员为高性能计算服务器、桌面计算系统、手持设备编写高效轻便的代码,而且广泛适用于多核心处理器、图形处理器、Cell类型架构以及数字信号处理器等其他并行处理器,在游戏、娱乐、科研、医疗等各种领域都有广阔的发展前景。AMD-ATI、NVIDIA现在的产品都支持Open CL。

1985年8月20日ATI公司成立,同年10月ATI使用ASIC技术开发出了第一款图形芯片和图形卡。1992年4月ATI发布的Mach32图形卡集成了图形加速功能。1998年4月ATI被IDC评选为图形芯片工业的市场领导者,但那时候这种芯片还没有GPU的称号,很长一段时间ATI都是把图形处理器称为VPU,直到AMD收购ATI之后其图形芯片才正式采用GPU的名字。

20世纪90年代,NVIDIA进入个人计算机3D市场,并于1999年推出具有标志意义的图形处理器——GeForce 256,首次提出GPU的概念。GPU使显卡减少了对CPU的依赖,并进行部分原本CPU的工作,尤其是在3D图形处理时。GPU所采用的核心技术有T&L、立方环境材质贴图和顶点混合、纹理压缩和凹凸映射贴图、双重纹理四像素256位渲染引擎等,而T&L技术可以说是GPU的标志。GeForce 256第一次在图形芯片上实现了3D几何变换和光照计算,此后GPU进入高速发展时期。由于其独特的体系架构和超强的浮点运算能力,人们希望将某些通用计算问题移植到GPU上来完成以提升效率,所以出现了GPGPU(General Purpose Graphic Process Unit)。2006年NVIDIA推出了第一款基于Tesla架构的GPU(G80),GPU已经不仅仅局限于图形渲染,开始正式向通用计算领域迈进。2007年6月,NVIDIA推出了CUDA(Computer Unified Device Architecture计算统一设备结构)。CUDA是一种将GPU作为数据并行计算设备的软硬件体系。CUDA架构不再像过去GPGPU架构那样将通用计算映射到图形API中,对于开发者来说,CUDA的开发门槛大大降低了。CUDA的编程语言基于标准C,因此任何有C语言基础的用户都很容易地开发 CUDA 的应用程序。由于这些特性,CUDA 在推出后迅速发展,被广泛应用于石油勘测、天文计算、流体力学模拟、分子动力学仿真、生物计算、图像处理、音视频编解码等领域。而到目前为止,GPU 已经过了六代的发展,每一代都拥有比前一代更强的性能和更完善的可编程架构。

5.5.2　GPU 工作原理

可以说,GPU 是加速科学计算最快的并行处理器,2010 年世界上最快的超级计算机前五名中有三台(排名第一的天河 1 号,排名第三的曙光"星云"和排名第四的 Tsubame 2.0)都使用了 GPU 和 CPU 混架结构,实现了高性能计算的历史性突破。这里通过与 CPU 比较来简要说明 GPU 的工作原理。

GPU 与传统的 CPU 的不同之处在于,从硬件体系来看,CPU 追求的目标往往是提升单个线程的性能,而 GPU 则着眼于提升整个应用程序的吞吐量,如图 5-46 所示。GPU 和 CPU 最直观上的区别是,GPU 拥有数以千计的核心(cores),而 CPU 一般都是 4 核、8 核等。

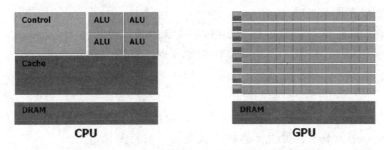

图 5-46　CPU 与 GPU 中晶体管的使用分布

GPU 主要由流处理器和显存控制器组成。流处理器作为 GPU 的基本计算单元,与通用 CPU 的内核相比逻辑电路大大简化。同时,根据应用需求,GPU 指令集主要保留了基本算术运算指令,舍弃了复杂的控制逻辑以及多媒体处理指令。GPU 的处理器数目远高于CPU,如 NVIDIA 公司的早期 GPU 产品 G80 有 128 个流处理器,而最新的 Fermi 架构的GF100 拥有 512 个处理器,相对于目前的多核 CPU(最多 8~16 个内核),GPU 可以称为"众核"。GPU 中处理器的数量决定了其运算能力,随着技术的发展,处理器的数目还将不断增加,GPU 的计算能力还将不断增强。GPU 最初的设计目标是尽可能快速完成图像像素点的处理和显示。设计结构决定了 GPU 适合于并行计算,其流处理器能够用于大规模并行处理。

CPU 工作时,输入一条程序指令,经过控制单元调度分配,被送往逻辑运算单元,处理后的数据再存储到存储单元中,最后交由应用程序使用。而 GPU 最初的设计就能够执行并行指令,从一个 GPU 核心收到一组多边形数据,到完成所有处理并输出图像可以做到完全独立。由于最初 GPU 就采用了大量的执行单元,这些执行单元可以轻松地加载并行处理,而不像 CPU 那样的单线程处理。在 GPU 中,并行数据是被同一个程序处理的,程序员在编写并行程序时,需要将应用程序分割成大量的子任务,然后 GPU 会对所有的子任务执行同样的程序。

5.5.3 GPU 特点及优势

1. 更快的计算能力与带宽

GPU 不仅能实现数据库的许多功能,而且其强大的计算能力能实现实时分析。GPU 擅长的是图形类的或者是非图形类的高度并行数值计算,可以容纳上千个没有逻辑关系的数值计算线程,它的优势是无逻辑关系数据的并行计算。最好的 CPU 大约能达到 50GB/s 的内存带宽,而最好的 GPU 能达到 750GB/s 的内存带宽。因此,在内存方面,计算操作越复杂,GPU 对 CPU 的优势就越明显。GPU 有许多处理单元(流处理器,或者 SM),且每个处理单元中都有一组寄存器,这样,GPU 就有着大量体积小、处理速度快的寄存器,这也是 GPU 的优点。

2. 节省成本和运营费用

基于 GPU 的高性能计算机价格相对低廉,维护费用低。如华美公司(AMAX)推出的基于 NVIDIA 公司 Tesla20 系列 GPU,计算解决方案与最新的四核 CPU 解决方案相比,能够以 1/10 的成本和 1/20 的功耗实现同等超级计算性能。

3. 节省大量空间

基于 GPU 的高性能计算机体积较小,可以实现桌面高性能计算,能满足实验室及野外场地的高性能计算需求,避免了在公共高性能计算机计算时的任务排队。

5.5.4 GPU 的研究领域

由于强大的计算能力和高存储带宽,GPU 已经在众多高性能科学与工程领域得到广泛使用,其应用领域已涵盖了各种设计多媒体数据处理的相关领域。

在并行计算行业中,由于图形处理器 GPU 善于处理大规模密集型数据和并行数据,通用并行架构 CUDA 让 GPU 在通用计算领域越来越普及。GPU 超算工作站、GPU 超算服务器以及 GPU 并行集群在行业应用越来越多。其高性能主要归功于其大规模并行多核结构、多线程浮点算术中的高吞吐量,以及使用大型片上缓存显著减少了大量数据移动的时间。

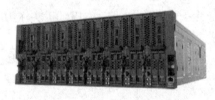

图 5-47　TC4600E 刀片服务器

曙光公司携手 NVIDIA 公司发布的 GPU 服务器产品 TC4600E(如图 5-47 所示),是以高性能计算 HPC、虚拟化、云计算等企业业务为主要应用目标的业界领先的最新一代符合开放性标准的刀片服务器产品。TC4600E 采用 4U 高度 8 个计算节点的架构,集高计算性能、高核心密度、高网络速率于一体,兼具低噪节能、扩展灵活、便捷部署等特点,广泛应用于教育与科研、石油与化工、金融机构、气象信息、互联网数据中心等关键业务的核心应用场景。

1. 地理信息系统

地理信息系统数据集已经变得越来越复杂,并且常常会涉及许多千兆字节的交互式地图。能够快速、高效并准确处理这些数据集的产品应运而生,从前需要 20 分钟才能完成的运算现在只需 30 秒即可完成,而从前需要 30 到 40 秒钟完成的运算现在能够实现实时运算。

2．生命科学研究

在癌症研究中经常需要跟踪数据工作,如果使用原有 CPU 运算,以常见项目为例可能需要一周左右时间,而这还必须是高性能计算机多个 CPU 集群完成。但是如果改用 GPU,可以成百倍的速度来完成整个工作。相对现有 HPC(High Performance Computing,高性能计算机群)来说,GPU 集群占地面积极小,从运算速度和能耗来说,也绝对优于 CPU 为主的 HPC。

3．医疗成像技术

成像技术的一个主要领域就是裸眼立体成像技术。东京大学的 Takeyoshi Dohi 教授与他的同事研究了 NVDIA 的 CUDA 并行计算平台之后认为,医疗成像是这种平台非常有前途的应用领域之一。根据小组的研究,NVIDIA 的 GPU 比最新的多核 CPU 至少要快 70 倍。另外,测试显示,对于较大规模的体纹理数据,GPU 的性能更为突出,如图 5-48 所示。

4．专业音频处理

GPU Impulse Reverb 是目前第一款可以利用显卡来运算的效果器插件,这意味着用户可以用它来得到高精度的卷积混响效果。GPU Impulse Reverb(如图 5-49 所示)利用 NVidia 显卡的 CUDA 运算技术,可运行在 NVIDIA 的显卡上。GPU Impulse Reverb 很简单,就是读取一个 8~32bit 的立体声 wav 文件,将它作为脉冲响应来运算卷积混响效果。这样完全解放了 CPU 资源,理论上可以得到音质更好的混响效果。

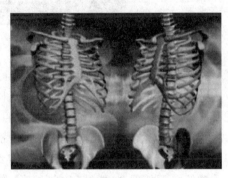

图 5-48　3D 立体成像

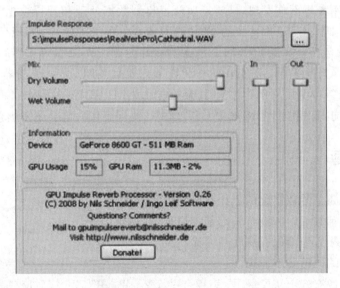

图 5-49　GPU Impulse Reverb

5．专业视频压缩

视频编码的转化是令人非常头疼的一件事,处理器在转换容量巨大的视频文件时速度也是非常缓慢的。NVIDIA 与许多软件开发商在推广支持 GPU 加速的视频压缩软件,在 GPU 群核并行处理的巨大优势下,NVIDIA 开发的 CUDA 技术可以实现众多 GPU 计算功能,包括并行数据高速缓存器,让最新一代的多个 GPU 流处理器之间能够在执行复杂计算任务时互相协作,实现高速运算。如图 5-50 所示的 BadaBOOM Media Convertor 就是一个利用 GPU 实现高速编码的软件。

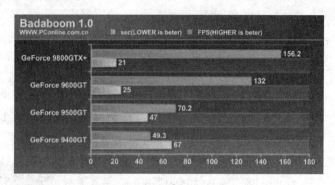

图 5-50   BadaBOOM Media Convertor

6. 金融数据分析

金融衍生品的场外交易是具有高风险、高压力的行为。很多金融方面的数据模型分析需要非常复杂的数学模型,通常需要上百万个场景,因此快速而精确的运算是相当必要的,这样金融机构就能够测试备选模型、增加场景分析并更好地了解他们所承担的潜在风险;否则,在瞬息万变的市场里,稍有延迟或结果不精确就会造成价值数百万的损失。GPU 是一款群核并行处理器,能够以高于计算机 CPU 数倍的速度来运行并行应用程序。这种强大的并行计算能力在 NVIDIA CUDA 架构中能够被良好地释放出来。

通过上述应用分析不难发现,只要是涉及密集型数据处理和并行数据计算的行业都可以通过 GPU 来实现。GPU 比传统的 CPU 群具有更好的成本效益。GPU 不仅在速度性能上有巨大飞跃,而且显著降低了对空间、能源和冷却的要求。GPU 和 CPU 协同工作时需搭建 CPU-GPU 并行计算平台,平台中每个计算节点都以 CPU 为主处理器 GPU 为协处理器,将并行数值计算部分由 GPU 完成,其余操作由 CPU 完成。这种技术已经成为当前行业的必然发展方向,高性能计算领域中 GPU、CPU 协同工作集群会越来越普遍。

本章习题

1. 请分析音频信号数字化的方法及影响因素。

2. 简要说明参数编码和混合编码基本原理,并进行比较。

3. 常用的音频压缩编码有哪几种? 简要说明各自的特点。

4. 说明感知编码的基本原理。

5. 设一幅图像有 6 个灰度级 $W=\{W_1,W_2,W_3,W_4,W_5,W_6\}$,对应各灰度级出现的概率 $P=\{0.3,0.25,0.2,0.1,0.1,0.05\}$,对此图像进行赫夫曼编码,并计算其编码效率。

6. 简述率失真函数概念,并写出正态分布的信源率失真函数表达式及其含义。

7. 介绍运动补偿的概念,并说明在预测编码中使用此概念的原因。

8. 简述前向预测、后向预测和双向预测概念。

9. 简述语音信号与图像信号的子带编码思路,并说明其特点。

10. 解释小波变换编码的基本思想。

11. 试述 H.261 与 H.263 的区别。

12. 查阅资料,阐述图像压缩方法的最新进展。

第 6 章

多媒体数据存储技术

计算机应用和多媒体技术的日益普及带来的显著问题就是数字化的音频、图像、视频等数据量庞大,传统的磁盘、磁带、光盘等存储设备已经无法满足信息对大容量和实时性的要求。随着互联网技术的深度发展,云计算、大数据等新兴技术崛起,网络存储、云存储等新兴技术进入到人们的视野,这些大规模存储的新技术为多媒体技术的进一步发展注入了活力。本章首先对基于磁介质和光介质的传统多媒体信息存储技术进行简单介绍,然后针对多媒体数据库介绍其设计方式与实现原理,最后结合互联网和云计算等技术的发展动态介绍网络存储技术和云存储技术。

本章的重点内容包括:

➢ 基于磁介质的存储技术

➢ 基于光介质的存储技术

➢ 存储卡及 USB 移动存储设备

➢ 多媒体数据库

➢ 多媒体数据的网络存储

随着多媒体技术的快速发展与进步,音频、图像、视频等多媒体信息的质量迅速提高,与此同时,多媒体数据量也呈爆炸式增长。虽然已有很多先进的多媒体信息压缩技术问世,但是经过压缩编码处理后的多媒体信息所需的存储空间仍然十分可观。解决海量多媒体数据的存储问题,一直是计算机领域非常重要的技术研究和开发课题。为了适应多媒体通信的应用需求,存储设备的性能正朝着大容量和高速响应的方向发展。本章在介绍传统磁介质和光介质多媒体信息存储技术的基础上,分析多媒体数据库的实现原理,以及网络存储技术和云存储技术的发展动态。

6.1 基于磁介质的存储技术

磁记录方式以读写速度快、价格低廉等特有的优势,一经问世便成为主要的数字信息记录方式。磁盘作为信息保存的介质,其优势在于高速性、安全性和维护方便。磁盘的读写速度比内存低,但是比光存储和磁带存储速度快很多,而且属于随机存储设备,这些特点决定了磁盘存储作为数据输入/输出的主要设备,被广泛用于电信、金融等信息化和数据安全要求很高的领域,成为实现数据备份、信息归档的强有力工具。开发高可靠、大容量、高性能的磁盘存储系统一直是学术界和工业界研究的热点。

6.1.1 磁盘的物理结构及工作原理

1. 磁盘的物理结构

磁盘又称硬盘(Hard Disk Drive,HDD),其物理结构主要由磁头驱动器、磁头、盘片和印制电路板及相关组件构成。印制电路板组件主要为半导体集成电路元器件,负责处理各种信号。磁盘主要靠盘片的磁性介质材料来存储信息,磁性介质材料用来记录信息之前必须先进行格式化,将盘体划分成磁道、柱面和扇区,磁盘的物理结构如图 6-1 所示。

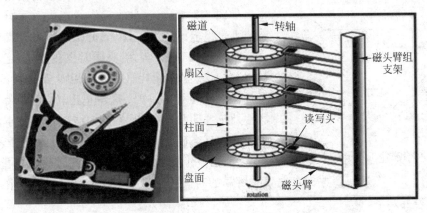

图 6-1 磁盘的硬件外观与物理结构

(1) 盘面:磁盘的每个盘片都由上、下两个面组成,每个面都称为盘面。每个盘面都可以记录数据信息,一般情况下,把记录信息的盘面从上到下进行编号,从 0 开始。每个盘面都对应着一个读写磁头,因此盘面号也叫磁头号。

(2) 磁道:在对磁盘进行低级格式化时,盘面被划分成许多同心圆,这些同心圆称为磁道。通俗来说,磁道就是磁盘上一个面的数据存储圆圈,数据以脉冲的形式存储在这些圆圈中。按照从外到内的顺序给磁道编号,编号一般从 0 开始。每个盘面有 300~1024 个磁道。对于容量比较大的磁盘,每个盘片的磁道数会更多。磁道并不是连续地存储信息,每个磁道都被划分成一段段的圆弧,每个圆弧中的数据作为一个整体的读写单元。

(3)柱面:磁盘所有盘面都被划分相同的磁道数,具有相同编号的磁道构成一个圆柱,通常称作柱面。每个柱面上的磁头从上到下顺序编号,编号顺序一般从 0 开始。因为磁头进行电子切换,而柱面的改变则必须通过机械切换才能够完成,所以磁头存取数据会优先选择同一柱面,从 0 磁头开始读取或写入。当存取完成一个磁道后,就往相同柱面的不同盘片上进行存取操作。只有当同一柱面所有的磁头全部读写完成后,磁头才经过机械切换移到下一柱面。由此可见,读写数据是按柱面进行的,而不按盘面进行。当一个磁道读完或写满数据后,转移到同一柱面的下一个盘面来写,该柱面读完或写满后,才移到下一个柱面读写,很显然采用这样读写方式磁盘的读写效率更高。磁盘的柱面数是由磁道的宽度和磁道之间的间距决定的,磁道的宽度越大,磁道之间的间距越小,柱面数就越多。

(4)扇区:磁道被划分成的许多有间隔的圆弧段称为扇区,从 1 开始对扇区进行编号。一个磁道划分为 63 个扇区,每个扇区一般为 512 字节。扇区由扇区位置标识符和数据信息两部分组成,扇区位置标识符由磁头、磁道和磁道上的扇区偏移量标识;数据存储以扇区为单位。

2. 磁盘的工作原理

磁盘响应一个 I/O 请求,一般可分为以下 4 个阶段。

(1)寻道阶段:磁头移动到对应的柱面上;

(2)旋转阶段:等待盘片旋转到对应的位置上;

(3)数据传输阶段:磁头从盘片上读取数据或写入数据到盘片上;

(4)空闲阶段:当前 I/O 请求响应完毕后到开始响应下一个 I/O 请求之间的阶段。

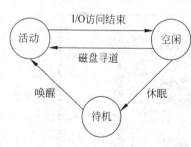

图 6-2 磁盘工作状态转移

如图 6-2 所示,磁盘的工作状态大致可分为 3 个状态:活动状态、空闲状态和待机状态。当磁盘处于活动状态时,盘片高速旋转,磁头同时也在寻道、定位或存取数据,此时磁盘的能耗最大;当磁盘处于空闲状态时,盘片保持旋转状态,磁头臂停止运转,其他大多数电子器件处于关闭状态,此时磁盘的能耗较其处于活动状态时稍低;而当磁盘处于待机状态时,除电子器件关闭外,盘片也停止旋转,磁头归位,此时磁盘的能耗最低。但磁盘从待机状态返回到数据存取状态所需的时间长达数秒(实际时间的长度依磁盘的不同而有所差异)。

6.1.2 磁盘存储系统

存储设备受制于其机械速度,其性能提高的速度滞后于处理器和传输设备,从而使得存储系统成为计算机系统的性能瓶颈。因此,计算机系统结构的研究工作重点逐渐从信息的处理和传输转向了信息存储。鉴于存储系统在计算机系统中地位越来越重要,它与其他系统之间的性能差距越来越明显,因此发展新型存储结构,大幅度提高存储系统各方面性能的需求也越来越迫切。

1. RAID 概述

1988年,加州大学伯克利分校的 David A. Patterson 等人为了研究效能与成本的关系,提出了一种新的技术,能够在短期内立即提升效能来平衡计算机的运算能力。该方法被称为廉价冗余磁盘阵列(Redundant Arrays of Inexpensive Disks,RAID),后来在工业界将其称为独立冗余磁盘阵列(Redundant Arrays of Independent Disks,RAID)。

最初的磁盘阵列是由很多便宜、容量较小、稳定性较高、速度较慢的磁盘组合成一个大型的磁盘组,利用个别磁盘提供数据所产生加成效果提升整个磁盘系统效能。从设计原理上讲,磁盘阵列利用数组方式来形成磁盘组,将多个磁盘通过某种方式组织起来提供一个逻辑上的磁盘设备。配合使用数据分散排列的设计,将数据切割成许多区段,分别存放在各个硬盘上。在读写数据时,利用多个磁盘间的并行性来提高磁盘的读写性能,并利用冗余数据提供更高的数据可靠性。利用这项技术,可以有效提升数据的安全性。同时,磁盘阵列还能利用同位检查的观念,当数组中任一个硬盘发生故障时仍可读出数据;在数据重构时,将数据计算后重新置入新硬盘中。从应用原理上讲,磁盘阵列作为独立系统在主机外直连或者通过网络与主机相连。磁盘阵列有多个端口,可以被不同主机或不同端口连接。一个主机连接阵列的不同端口可以提升数据传输的速度。与 PC 使用单磁盘内部集成缓存一样,在磁盘阵列内部,为了加快与主机交互的速度,都带有一定量的缓冲存储器。主机与磁盘阵列的缓存交互,缓存与具体的磁盘交互数据。在应用过程中,有些数据是需要经常读取的,磁盘阵列可以根据内部的算法,查找出这些经常读取的数据并将其存储在缓存中,加快主机读取这些数据的速度。对于其他缓存中没有的数据,如果主机需要读取,则由阵列从磁盘上直接读取并传输给主机。对于主机写入的数据,只写在缓存中,因此主机可以立即完成写操作,然后由缓存再慢慢写入磁盘。

磁盘阵列的主要特性体现在两个方面。

(1) 备份:为了加强容错功能并使系统在磁盘故障的情况下能够迅速地重建数据,以维持系统的性能,一般的磁盘阵列系统都具备热备份的功能。所谓热备份是在建立磁盘阵列系统的时候,将其中一个磁盘指定为后备磁盘,此磁盘在平常并不操作,但若阵列中其他某一磁盘发生故障时,磁盘阵列即以后备磁盘取代故障磁盘,并自动将故障磁盘的数据重建在后备磁盘之上。因为反应快速,加上快取内存减少了磁盘的存取,所以数据重建很快即可完成,对系统的性能影响不大。对于要求不停机的大型数据处理中心或者控制中心而言,热备份更是一项重要的功能,因为可以避免晚间或无人守护时发生磁盘故障所引起的种种不便。

(2) 坏扇区转移:坏扇区转移是当磁盘阵列系统发现磁盘有坏扇区时,以另一空白且无故障的扇区取代该扇区,以延长磁盘的使用寿命、减少坏磁盘的发生率以及系统的维护成本。坏扇区是磁盘故障的主要原因,磁盘在读写时发生坏扇区的情况即表示此磁盘故障,不能再读写,甚至有很多系统会因为不能完成读写的动作而死机。但若因为某一扇区的损坏而使工作不能完成或要更换磁盘,则使得系统性能大打折扣,同时系统的维护成本也提高了。所以,坏扇区转移功能使磁盘阵列具有更好的容错性,同时使整个系统有最好的成本效益比。

磁盘阵列通过两种方式实现,即软件阵列(Software Raid)与硬件阵列(Hardware Raid)。

（1）软件阵列：是指通过网络操作系统自身提供的磁盘管理功能，将连接的普通 SCSI 卡上的多块硬盘配置成逻辑盘，从而组成磁盘阵列。软件阵列方法可以提供数据冗余功能，但是磁盘子系统的性能会有所降低（有的降低幅度还比较大，达 30% 左右），因此会拖累机器的速度，并不适合大数据流量的服务器。

（2）硬件阵列：是使用专门的磁盘阵列卡来实现的，既可以形成外接式磁盘阵列柜，又可以形成内接式磁盘阵列卡。硬件阵列能够提供在线扩容、动态修改阵列级别、自动数据恢复、驱动器漫游、超高速缓冲等功能，其性能要远远高于常规非阵列硬盘，并且更加安全、稳定。

2. RAID 的规范

RAID 技术可以满足应用程序对数据存取的高效率和数据安全性要求，因此被广泛应用于文件服务器和数据库服务器的数据保护。同时，其数据传输的高速特性也被用于大多数桌面系统，例如 CAD 系统、多媒体编辑和回放数据系统等。RAID 技术根据数据块分布的规则不同，被划分为多个 RAID 级别。根据数据存取应用的要求选择不同的 RAID 的级别非常重要。下面对几个常用的 RAID 模式给予简单介绍。

1）RAID 0

RAID 0 连续以位或字节为单位分割数据，当主机写入数据时，RAID 控制器将数据分成许多块，然后并行地将它们写到磁盘阵列的各个硬盘上；读出数据时，RAID 控制器从各个硬盘上读取数据，把这些数据恢复为原来顺序后传给主机。这种方法的优点是采用数据分块、并行传送方式（如图 6-3 所示），能够提高主机的读写速度。但是，RAID 0 没有数据冗余，并没有为数据的可靠性提供保证，而且其中的一个磁盘失效将影响所有数据，任何一个磁盘介质出现故障时系统都无法恢复。因此，RAID 0 并不能算是真正的 RAID 结构。

2）RAID 1

RAID 1 至少需要两块磁盘，它把磁盘阵列中的硬盘分成相同的两组，互为镜像（如图 6-4 所示）。当任意一个磁盘介质出现故障时，系统可以自动切换到镜像磁盘上读写，而不需要重组失效的数据，还可以利用其镜像上的数据进行恢复，从而提高系统的容错能力。当原始数据繁忙时，可以直接从镜像复制中读取数据，因此 RAID 1 可以提高读取性能。对数据的操作仍然采用分块后并行传输的方式，所以 RAID 1 不仅提高了读写速度，也加强了系统的可靠性。RAID 1 是磁盘阵列中单位成本最高的，其缺点是硬盘利用率低、成本高。

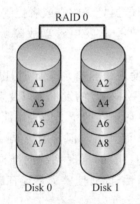

图 6-3　RAID 0 结构示意图

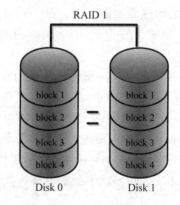

图 6-4　RAID 1 结构示意图

3) RAID 01/10

RAID 01/10 根据组合可以分为 RAID 10 和 RAID 01,它实际上是将 RAID 0 和 RAID 1 标准结合的产物,在连续地以位或字节为单位分割数据并且并行读/写多个磁盘的同时,为每一块磁盘作磁盘镜像进行冗余(如图 6-5 所示)。它的优点是同时拥有 RAID 0 的超凡速度和 RAID 1 的数据高可靠性,但是 CPU 占用率同样也更高,而且磁盘的利用率比较低。

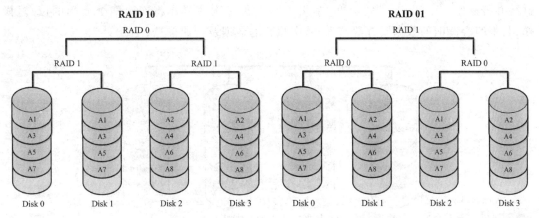

图 6-5　RAID 10 与 RAID 01 结构示意图

RAID 1+0 先进行磁盘镜像后进行数据分区,再将所有硬盘分为两组,然后将这两组各自视为 RAID 1 运作。RAID 0+1 则与 RAID 1+0 程序相反,先进行数据分区再将数据镜射到两组硬盘。它将所有的硬盘分为两组,而将两组硬盘各自视为 RAID 0 运作。从性能上讲,RAID 0+1 比 RAID 1+0 有着更快的读写速度;在可靠性上,当 RAID 1+0 有一个硬盘受损时,其余三个硬盘会继续运作,RAID 0+1 只要有一个硬盘受损,同组 RAID 0 的另一只硬盘亦会停止运作,只剩下两个硬盘运作,可靠性较低。因此,RAID 10 远较 RAID 01 常用。

4) RAID 3

RAID 3 同 RAID 2 非常类似,都是将数据条块化分布于不同的硬盘上(如图 6-6 所示)。区别在于 RAID 3 最少需要 3 块磁盘,数据块被打散写到每块磁盘上。它使用简单的奇偶校验,并用单块磁盘存放奇偶校验信息。如果一块磁盘失效,奇偶盘及其他数据盘可以重新产生数据;如果奇偶盘失效,则不影响数据的使用。RAID 3 对于大量的连续数据可提供很好的传输率,但对于随机数据来说,奇偶盘会成为写操作的瓶颈。

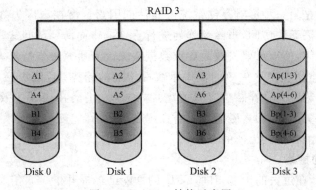

图 6-6　RAID 3 结构示意图

5）RAID 5

RAID 5 不单独指定奇偶盘，而是在所有磁盘上交叉地存取数据及奇偶校验信息（如图 6-7 所示）。在 RAID 5 上，读/写指针可以同时对阵列设备进行操作，提供了更高的数据流量。RAID 5 更适合于小数据块和随机读写的数据。RAID 3 每进行一次数据传输就需要涉及所有的阵列盘，而对于 RAID 5 来说，大部分数据传输只对一块磁盘操作，并且可以进行并行操作。RAID 5 模式存在"写损失"，即每一次写操作将产生四个实际的读/写操作，其中两次读旧的数据及奇偶信息，两次写新的数据及奇偶信息。

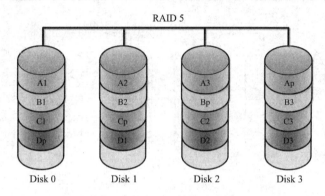

图 6-7　RAID 5 结构示意图

6.1.3　存储系统面临的挑战

作为存储系统中的主要设备，磁盘阵列在不断地提高自身的性能、可靠性以及可用性。然而，面对不断变化的现代应用需求，磁盘阵列仍然面临着巨大的挑战。主要表现在以下几个方面。

1. 可靠性挑战

存储系统规模的增加以及磁盘单盘容量的增加对磁盘阵列的可靠性提出了挑战。根据 IDC 的调查，全球创建和复制的所有数字信息增长速度远远超过了人们的预期，从 2006 年到 2011 年，数字宇宙年均增长率接近 60%。在医院、金融等大数据行业中，现有的数据库可能达 PB 级大小，且以每周 TB 的数量不断增加。在所有新产生的数据中，90% 的数据都存储在磁盘中。分析影响磁盘寿命的主要因素，一些分析结果显示磁盘的失效率与磁盘的环境温度以及磁盘的活动时间没有很明显的相关性，而一些 SMART 参数（例如扫描错误、寻址错误等）对磁盘的失效率有很大的影响。

潜在扇区失效是另一种影响存储系统可靠性的因素。潜在扇区失效是指在某个时刻，磁盘内部的某些扇区无法访问，当磁盘阵列进行重建操作而需要访问这些失效的扇区时，由于这些扇区无法访问，使得重建失败而导致数据丢失。有研究报告指出，随着使用时间的增加，企业级磁盘发生潜在扇区失效的概率呈线性增加的趋势；近线级磁盘发生潜在扇区失效呈超线性增加的趋势；随着磁盘容量的增加，磁盘发生潜在扇区失效的概率也会增加。潜在扇区失效具有关联性，即当磁盘发生潜在扇区失效后，它随后继续发生潜在扇区失效的概率大于没有发生潜在扇区失效的磁盘。

2. 性能需求的挑战

调查研究显示，在过去的十多年间，CPU 的性能已经提升了 175 倍。而同一时期内，硬盘驱动器的性能增长倍数仅仅只是个位数,尤其是磁盘的相关性能指标,例如寻道时间和旋转延迟等,只以 10％左右的速度在增长。以这样的发展趋势看来,存储系统和 CPU 之间的性能差距还会继续拉大。受限于机械硬盘的工作原理,磁盘在性能方面的提升很容易遇到瓶颈。除了磁盘容量能保持明显的增长趋势外,主流的硬盘转速已在 7200RPM 停留了很长时间,硬盘其他方面的性能一直无法获得有效提高。由于处理器速度以及网络带宽性能日益提升,相比之下,磁盘作为 PC 木桶里的短板,有越来越短的趋势。

此外,存储系统中源源不断地产生新数据,存储系统的规模也不断增加,使得存储系统中发生硬盘故障的可能性也在不断增长。随着磁盘单盘容量的增加,大容量硬盘在存储系统中已经日渐普及,而与大容量硬盘相伴随的,是单盘发生潜在数据失效的概率也在增加。因此,在采用磁盘阵列技术的数据中心,发现磁盘故障或者潜在扇区失效时将会启动磁盘阵列的重建进程来生成失效的数据。在磁盘阵列的重建过程中,系统的性能会大大降低,严重影响用户的使用感受。

3. 能耗的挑战

数据的快速增长带动着数据中心的规模越来越大,服务器和存储设备的数量也急速增加。拥有成千上万台设备的数据中心已经非常普遍。数据中心规模的增长,使得企业在能耗、散热管理以及机房空间管理等方面承受了巨大的压力。据统计,在过去的十年中,数据中心服务器供电密度平均增长了十倍。统计数据显示,数据中心的能源支出每五年就会增加一倍。这种状况使得企业在能源消耗方面的投入非常大。在我国,这种情况更甚。据统计,国外先进机房的能源效率值(Power Usage Effectiveness,PUE)一般为 1.7,而我国数据中心的 PUE 平均值则在 2.5 以上。由此可见,我国数据中心在运行能效方面与国外存在的差距比较明显。数据中心在能耗管理方面所面临的"能耗大、能效低、成本高"的状态,既不符合我国当前节能减排的政策,同时也面临着巨大的成本竞争压力。

6.2　基于光介质的存储技术

采用光学方式的存储介质具有容量大、可靠性好、存储成本低廉等特点,越来越受到用户的喜爱,从磁介质到光学介质是信息记录的一大飞跃。光介质存储技术的应用领域十分广泛,凡是有大量数据存储需求的地方,都可以使用光存储系统。

6.2.1　光盘存储技术的产生与发展

光盘存储技术的发展始于 20 世纪 60~70 年代。1960 年,美国人 T. H. 梅曼制成红宝石激光器。1972 年 9 月,MCA 公司联合荷兰 Philips 公司推出能长时间播放电视节目的模拟光盘系统。1978 年,日本 Pioneer 公司对其加以改进,并推出了 LV(Laser Videodisc/Laser Vision,激光视频盘/激光版),1981 年改名为 LD(Laser Disc,激光盘)。其标准为 Blue Book,直径为 12 英寸(30cm),双面,可播放 2 小时模拟视频节目。1972 年 9 月,荷兰 Philips 向全世界展示了长时间播放电视节目的光盘系统,在光盘上记录的是模拟信号。从此,利用激光来记录信息的革命便拉开了序幕,它的诞生对人类文明进步产生了深刻的影响和巨大的贡献。

大约从 1978 年开始，人们把声音信号变成用"1"和"0"表示的二进制数字，然后记录到以塑料为基片的金属圆盘上。1979 年，Philips 公司研制出小型数字化光盘 CD(Compact Disc,紧凑盘)，4.75 英寸(12cm)，采用 780nm 的红外激光。为了便于光盘的生产、使用和推广，几个主要的光盘制造公司和国际标准化组织还为这种盘制定了标准，这就是世界闻名的"红皮书(Red Book)标准"，符合这种标准的盘又称为数字激光唱盘(Compact Disc-Digital Audio,CD-DA)。1987 年，Philips&Sony 推出交互式多媒体系统 CD-I(Compact Disc-Interactive,交互式紧凑光盘)，可存储视频、音频和二进制数据。绿皮书(Green Book)于 1988 年成为标准，1992 年推出第 2 代。1990 年，Philips&Sony 推出 CD-MO(CD-Magneto-Optical,磁光盘)和 CD-R(CD-Recordable,可记录光盘)，橙皮书(Orange Book)Ⅰ和Ⅱ。1991 年，Philips 和美国的 Kodak 公司联合推出照片光盘 Photo-CD。1993 年，Philips 和 Sony 推出 Video CD(VCD)，白皮书(White Book)。1995 年 10 月，Philips 和 Sony 的多媒体光盘 MCD(Multimedia Compact Disc)和日本的松下、东芝、日立、先锋以及美国的时代华纳等 8 个公司的 SD(Super Disc,超级光盘)合二为一推出 DVD(Digital Video Disc,数字视频光盘)，4.75 英寸(12cm)，4.7~17GB，采用 650nm 的橙红色激光。1997 年，HP、三菱化学公司、Philips、Ricoh 和 Sony 联合推出 CD-RW(CD-Rewritable,可擦写光盘)，橙皮书(Orange Book)Ⅲ。1998 年，日本的松下和日立等公司推出 DVD-BAM(2.6GB)，1999 年 10 月推出 V2.0(4.7GB)，采用带有磁光特性的相变技术，与 DVD-ROM 不兼容。1999 年春，以日本先锋公司为首的 DVD 论坛(Forum)公布 DVD-Audio 标准。1999 年底，DVD 论坛又推出 DVD-RW，采用相变技术，与 DVD 光驱存在一些兼容性问题。

1999 年 10 月，中国若干骨干数字光存储企业和研究单位共同组建"中国数字光盘技术联合体"实施"新一代高密度数字激光视盘系统技术开发"专项；2000 年 3 月 1 日，该联合体改制成立了北京阜国数字技术有限公司；2005 年 2 月 23 日推出国家电子行业推荐性标准——《高密度激光视盘系统技术规范》(即 EVD)。EVD 采用 DVD 技术和新的压缩算法，实现了高清晰度(1920×1080i)EVD 盘片的播放，并可兼容播放 DVD 盘片。2001 年 3 月，Philips、Sony、Dell、Yamaha 公司组成 DVD+RW 联盟(Alliance)推出 DVD+RW。

2002 年 12 月 19 日，索尼、飞利浦和先锋等 9 个公司组成的蓝光盘创立者(Blu-ray Disc Founders)提出 BD(Blu-ray Disc,蓝光盘)，2006 年 6 月 20 日正式推出产品。BD 采用 405nm 的紫色激光、单面单层 25GB～单面 8 层 200GB、速率 36Mb/s。蓝光盘的容量大，带保护外壳，但与现有 DVD 不兼容，且制作成本较高。2002 年初，在蓝光盘创立者组织成立不久，以东芝和 NEC 为首的其他 DVD 论坛成员，投票赞成推出完全不同的另一个高密度光盘标准——HD DVD(High-Definition DVD,高清晰 DVD)。HD DVD 也采用 405nm 紫色激光、单面单层 15GB。双面三层 90GB、速率是 36.55Mb/s，结构与现有 DVD 相同。HD DVD 兼容现有 DVD，生产成本也较低，但是容量比蓝光盘小，且盘片的保护性不好。

多媒体数据量庞大，大容量的光盘正是存储多媒体数据的理想介质。这些产品的出现，是 20 世纪 90 年代以来，大规模集成电路、微处理机及数字信息编码技术的飞速发展而使数字音视产品逐渐代替模拟产品的必然结果。表 6-1 是当前主要光盘技术的比较。

表 6-1 主要光盘技术比较

指标	LD	CD	VCD	SVCD	DVD	EVD	HD DVD	BD
制定机构	MCA 等	Philips	JVC 等	CVD	DVD 论坛	阜国数字	DVD 论坛	BDA
推出时间	1978	1979	1993.10	1998.10	1995.10	2005.2	2002.2	2006.6
激光波长/nm	632.8	780	780	780	650	650	405	405
分辨率	482 线	44.1MHz	352×288	480×576	720×576	1920×1080	1920×1080	1920×1080
编码标准	FM	PCM	MPEG-1	MPEG-2	MPEG-2	MPEG-2	AVC、CV1、MPEG-2	AVC、CV1、MPEG-2
尺寸/cm	30	12/8	12/8	12/8	12/8	12/8	12/8	12/8
盘面	双面	单面	单面	单面	单面/双面	单面	单面/双面	单面/双面
层数	单层	单层	单层	单层	单层/双层	单层/双层	1~3 层	1~8 层
容量	5.4 万帧	650MB	650MB	650MB	4.7~17GB	4.7/8.5GB	15~90GB	25~200GB
播放时间	60/120 分	74 分	74 分	60 分	133~480 分	50/105 分	120~720 分	180~1440 分
传输速率	30f/b	150Kb/s	1.5Mb/s	2.25Mb/s	4.69Mb/s	4.69Mb/s	36.55Mb/s	36Mb/s

6.2.2 光存储技术的基本概念

光存储技术是一种通过光学的方法读写数据的存储技术、设备和产品,如光盘、激光驱动器、相关算法和软件等。因为一般使用激光作为光源,也常称为激光存储。光存储器的特点是容量大、寿命长、价格低、携带方便,是存储多媒体信息的理想媒体。光存储器由光盘驱动(光盘机)和光盘盘片组成,驱动器和读写头是由激光器和光路组成的光头,记录材料是磁性材料。

1. 光盘的分类

光盘按照物理格式可以分为 CD 和 DVD;按照用途的不同可以分为音频、视频、数据和混合光盘;按照工作原理不同可以分为光技术和磁光技术结合的光盘;按照读写方式可以分为只读光盘、只写一次光盘和可控写光盘。下面对按照读写方式的光盘种类做一详细介绍。

1) CD-ROM(只读)光盘

只读光盘由母盘压模制成,一旦复制成型,永久不变。它的内容在工厂制作好,用户只能读出信息,不能修改或写入新的信息。只读式光盘以 CD-ROM 为代表,还有 CD-DA、CD-I、CD-Photo 及 VCD 等类型。CD-ROM 光盘的容量为 650~700MB,常见的尺寸是 4.7 英寸,特别适于廉价、大批量地存储同一种信息。

通常人们将激光唱盘、CD-ROM、数字激光视盘等统称为 CD 盘。CD 盘片的结构如图 6-8 所示,它主要由保护层、铝反射层、刻槽和聚碳酸酯衬垫组成。保护层主要起到保护铝反射层的作用;反射层是喷镀的金属膜,读取数据时用来反射激光;刻槽是数据记录层;最下面是聚碳酸酯衬垫。

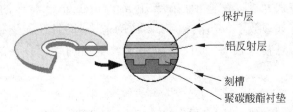

图 6-8 CD 盘片的结构

2) WORM(一次写多次读)光盘

WORM(Write Once Read Many)光盘,也称追记型光盘。用户能够自己将数据、程序或节目记录到光盘上。WORM 光盘的特点是只能写入一次数据,但可进行多次读出,信息一旦写入就不能再更改。目前这种光盘主要产品为 CD-R(Recordable),尺寸规格为 3.5 英寸、5.25 英寸、14 英寸、20 英寸不等。其中 5.25 英寸的 CD-R 光盘最为常用,容量为 400~800MB。CD-R 适用于需少量 CD 盘的场合,一般多用于永久保存,如教育部门、图书馆、档案管理、会议、培训、广告等,可以免除高成本母盘的制作过程,具有经济、方便的优点。

3) Rewritable(可擦写)光盘

在可擦写光盘系统中,光盘像普通计算机磁盘一样写入后可以擦除,并再次写入,主要应用于开发系统及大型信息系统中。目前市场上的可读写光盘主要为 CD-RW(CD-Rewritable),分为磁光盘 MOD(Magneto-Optical Disk)和相变光盘 PCD(Phase Change Disk)两类。

MOD 简称"MO 光盘",它在擦写时需要激光和外磁场共同作用,利用磁的记忆特性借助激光来写入和读出数据。MOD 有 5.25 英寸(容量为 500~600MB)和 3.5 英寸(20MB或者 128MB)两种类型。

PCD 简称"PC 光盘",它的刻录层是多晶体,刻录时激光束有选择性地加热相变材料某一区域,使得这部分迅速成为液态,然后"凝结"形成非结晶状态。由于非结晶状态和结晶状态有不同的光学反射率,这样就可以通过 CD-ROM 来读取数据了。当把相变材料加热,非结晶状态的原子又回到有序的结晶状态,这样就恢复到可写状态。PCD 可以直接读写,而不需要擦、写、校过程,容量可达 1GB。

光盘的选用应当视其用途和主机类型而定,例如声音、图像、文字或数据的电子形式发行,文档及技术资料保存或发行,软件等长期保存性的用途,选用 CD-ROM 较为合适。虽然它的制作费用高,但发行数量大、价格便宜。一次性写光盘 WROM 将被可重写光盘逐步代替,因此在需要反复读写的应用中多选用磁光盘,但要考虑它和硬盘之间的差异。

2. 光盘的应用

光盘的应用领域十分广泛,可以说有大量数据需要存储的地方,都可以使用光盘。其中,与通信关系密切的几种应用如下。

1) 多媒体平台

声音和图像等信息数字化后的数据量是十分惊人的,这些庞大的数据量需要有大容量的存储系统。CD-ROM 因具有存储容量大、介质可换、易于大量复制等特点,特别适用于多媒体计算机系统。Philips&Sony 公司于 1986 年 4 月公布了基本 CD-I 系统,该系统把高质量的声音、文字、计算机程序、图形、动画以及静止图像等都以数字形式放在 650MB 的 5 英寸 CD-ROM 上,用户可以把该系统连到电视机或计算机上,通过交互方式选择感兴趣的视听材料进行播放,完成培训、教学、娱乐等任务。Intel 公司推出的 DVI(Digital Video Interactive)系统具有处理数字、声音、文字、图像的能力,而且还能支持录像机、摄像机、扫描仪等多种多媒体信息输入设备,被广泛应用于教学培训、导购、导游、信息工业、娱乐等领域。

2) 电子出版物

一片 CD-ROM 光盘通常可以存储 600MB 以上的数据,相当于 20 万页文本或 1.2 万个扫描图像数据量,等同于500张高密度软盘的容量。而CD-ROM盘片价格十分低廉,而且具有易于分发、携带轻便、保密性强等特点。因此CD-ROM十分适用于电子出版物,主要应用有以下三个方面。

(1)作为声音、文本、图像、数据并茂的存储交换介质,例如百科全书、手册、说明书、纸、产品样本等,特别是电子图书已受到用户的广泛欢迎。

(2)实用数据库,例如专利文献数据库、情报检索系统、政府部门的统计公报等。

(3)软件出版物,包括软件程序、软件使用说明等。

用CD-ROM代替纸介质出版图书是印刷业的一次巨大革命,用一张小小的光盘就可以装下一套百科全书的全部内容。在美国,至少已出版了3000种电子图书,这些图书可以通过计算机阅读,也可以通过专门的阅读器阅读。在中国,电子图书的出版热正在各大多媒体公司兴起。

有些材料,如政府部门的年度统计报告、财务、法律事务、医院的特殊病历、气象资料、军事测绘所得的图形、数据以及各种各样的档案资料,它们需要长期保存、随机写入却不允许更改,因此不适合用CD-ROM,而比较适合用一次写入多次读出的WORM盘来记录。

3)联机数据存取

如果想要读取数据又想改变数据,应该考虑使用可重写光盘,这种光盘能大量随机存取联机数据,可以像使用软盘或硬盘那样方便地存取、修改数据成文件。目前,可重写光盘有三种:磁光型(Magneto Optic,MO)、相变型(Phase Change,PC)及染料聚合物(Dye Polymer)型。前两者发展比较成熟,产品很多,特别是MO盘发展非常迅速。大容量的可重写光盘驱动器还可以在图像处理、广告制作、CAD程序设计、建筑设计、医疗保健等领域得到广泛的应用,特别是多功能光盘机面世,给计算机用户使用光盘存储信息提供了极大的方便。

光盘库已成为普及光盘驱动器的重要因素。光盘库因其巨大的存储容量可以作为微机、图形及图像工作站、网络服务器等的大容量在线存储系统。光盘库能够使大量用户通过网络文件服务器快速访问数据量极大的图像、数据资源,实现资源共享,并能使众多新的、成本低、效果好的大型机图像与数据库混合应用得以实现,同时大容量的光盘存储系统还可以用来为网络服务器提供硬盘系统备份。

光盘驱动器的技术正在不断发展,存储容量越来越大、速度更快、尺寸越来越小,而且其应用领域也在不断扩展。计算机技术日新月异的发展以及各种电子产品的数字化大趋势,对数字化的信息存储提出了几乎无止境的容量需求,这种需求将刺激光盘工业更迅速地发展。高密度、小型化、高数传率是技术发展的主要方向。

6.2.3　光盘存储系统

光盘为数量巨大的多媒体数据提供了理想的存储介质,从CD、DVD再到HD DVD和BD,光盘的存储量越来越大,技术也越来越先进,在物理特性和逻辑特性上遵循相应的国际标准,并朝着高密度、大容量、小体积、多品种、快速存取及网络化的方向发展。

1. CD-ROM

20世纪80年代初,Philips和Sony公司便共同为数字音乐光盘片制定标准,随后,这项技术又进一步应用到计算机上。1983 年,CD-ROM 制定了正式的标准,从此它在计算机的信息存储上获得了极为广泛的应用。光驱的数据传输速度从最初音频 CD 的标准 150KB/s(1 倍速),发展到现在的 48 倍速以上,平均寻道时间从 400ms 以上降低到 100ms 以下,速度得到了很大提高。支持的碟片类型从刚开始的 CD-DA,到支持所有符合 ISO 9660 格式的碟片,包括:CD-ROM、CD-I、Video-CD、CD-DA、Photo-CD、Kodak-CD、CD-R、CD-RW等。接口类型由 ATAPI-IDE 发展到 Enhanced-IDE,而且支持 Ultra DMA33 接口。CD-ROM广泛用来分发计算机软件,由于它容量大、寿命长、价格低、携带方便、信息永久存放,在很大程度上影响着人们的工作和生活。CD-ROM 的主要性能参数可以归纳如下。

(1) 容量:CD-ROM 常见的容量为 550MB 或 680MB。但由于不同的标准、不同的设计造成 CD-ROM 模式不同,光盘面的利用程度不同以及计算方法不同,有些厂家产品标称值可能不同。

(2) 数据传输速率:以每秒传输速率 150KB 定为一倍速(或单速,记为"1×"),常采用的数据传输速率有单速 150KB/s、双速 300KB/s、三速 450KB/s、四速 600KB/s、六速900KB/s、八速 1.2MB/s、十二速 1.8MB/s。通过提高光盘转速,可以提高数据传输率。随着技术的发展,目前常见的传输速率一般都达到"48×"或者"52×"。表 6-2 列出了常见的CD-ROM 传输速率与转速。

表 6-2　几种 CD-ROM 读取速率与转速

速率类型	速率/(KB·s⁻¹)	转速(PRM)	速率类型	速率/(KB·s⁻¹)	转速(PRM)
1×	150	200~500	20×	1200~3000	4000
4×	600	800~2000	32×	1920~4000	4800
8×	1200	1600~4000	48×	2880~7200	9600
12×	1800	2400~6000	52×	3120~7800	10400

(3) 访问时间:几百到 1000ms。

(4) 误码率:一般为 10^{-12} 到 10^{-15},视纠错编码技术的复杂程度而变。

(5) 存储缓冲器:64~256KB。

(6) 音频输出:一般 CD-ROM 都具有音频输出,以便播放普通的激光唱片,音频信号可以输出,也可以配监听。

(7) 接口:CD-ROM 驱动器允许选择 PC 总线接口和 SCSI 接口,接口可以是单独插卡,也可以组合在音频卡、视频卡,甚至主机板上,后者节省主线槽口。

(8) 平均无故障时间:25000 小时。

(9) 兼容性:支持相片光盘 Photo-CD(1992 年白皮书)和 CD-ROMXA 扩展结构(1991年 CD-ROMXAⅡ,ISO9660Ⅱ)。

(10) 体积:长(41mm)×宽(146mm)×深(206mm),和 5.25 英寸半高软盘驱动器尺寸相同。

2. CD-R/CD-RW

尽管 CD-ROM 驱动器的价位低,并在计算机的存储领域得到了极为广泛的应用,但其不能写入的致命弱点已逐步成为其发展的障碍。CD-R 是英文 CD Recordable 的简称,意为小型可写光盘。它的特点是只写一次,写完后的 CD-R 光盘无法被改写,但可以在

CD-ROM 驱动器和 CD-R 刻录机上被多次读取。CD-R 光盘的最大优点是其记录成本在各种光盘存储介质中最低,而且其使用寿命很长,因此 CD-R 已逐渐成为数据存储的主流产品,在数据备份、数据交换、数据库分发、档案存储和多媒体软件出版等领域获得了广泛应用。另外一种相关的成功技术 CD-RW,也显露出它是一个合适信息存储的可选择性产品。CD-RW 提供次数有限的读写功能。事实上,CD-R/CD-RW 已经成为一种价廉通用的桌面系统文件交换的工具,将在以下方面得以发展。

(1) 速度:与 CD-ROM 不同,CD-R/CD-RW 主要是指写入速度的提高,从目前的四倍速写入发展到六倍速及八倍速写入。在 CD-RW 方面,快速格式化技术的采用,使得以往格式化一张 CD-RW 介质所要时间从 50～90 分钟缩短到只需 5 分钟左右。

(2) 缓存器容量:刻录机的缓存器容量非常重要,若缓存器容量不足往往会导致缓存器欠载运行错误而引起刻录过程中断,使 CD-R 盘片报废。为了防止主机输出的数据流落后于激光刻写的速度,CD-R 刻录机一般都带有数据缓存器(Buffer)。缓存器的容量应越大越好,一般的 CD-R 刻录机都采用了容量为 512KB～1MB 的缓存器,将提高到 2MB 以上甚至更多。

(3) 支持数据格式:最新的 CD-R 刻录机支持 CD-UDF 格式,在支持 CD-UDF 格式的 DOS 或 Windows 环境下,CD-R 刻录机具有和软驱一样的独立盘符或图标。用户无须使用刻录软件,就可以像使用软驱一样直接对 CD-R 刻录机进行读写操作,大大简化了 CD-R 刻录机的操作和管理,给用户带来极大的方便。

(4) 刻录方式:除整盘刻写、轨道刻写和多段刻写三种刻录方式外,刻录机还支持增量包刻写(Incremental Packet Writing)刻录方式。这种刻录方式的最大优点是允许用户在一条轨道中多次追加刻写数据,由于数据区的前间隙和后间隙只占用了 7 个扇区,因此增量包刻录方式与软硬盘的数据记录方式类似。该方式特别适用于经常仅需备份少量数据的应用。

3. DVD

DVD 是数字多用途光盘(Digital Versatile Disc)的缩写,它是一种能够保存视频、音频和计算机数据的大容量、高速度压缩盘片。即使是单面单层的 DVD,其容量也比 VCD 大 7 倍多,可以记录 133min 的节目,可以存储一部完整的电影。DVD 集光、电、声、像于一体,采用了 MPEG-2 图像信号数据压缩编解码、杜比 AC-3 数字音频压缩编、解码技术及超高密度的光盘存储技术,其数据传输速率为 2～10.08Mb/s,当图像内容、细节纹理、运动速度需传送更多的信息量时,数据传输速率可以增大;当图像为静止画面或其细节纹理少、景物变化速度慢时,传输速率可以降低。此外,为了进一步提高声音和图像质量,加大数据的压缩程度,DVD 在数据调制和数据纠错方面也采用了很多新技术。

DVD 光盘一般有两种尺寸(直径 120mm 和 80mm 两种)和 4 种盘面结构,组合成 8 个类型。其中以直径为 120mm 的 DVD 更为广泛,并与 CD、CD-ROM、VCD 等的外形和尺寸相一致。在结构上,DVD 有单面单层、单面双层、双面单层、双面双层四类。其中以单面双层(S-2)最为常见,其容量达 8.54GB。常见的 DVD 规格见表 6-3。

DVD 的写入速率和 CD-ROM 的速率不同,一倍速的 DVD 速率是 1385KB/s。目前大部分的 DVD 光驱型号,都可以达到 18 或者 20 倍速。表 6-4 列出了几个常见的速率,其他速率可以通过计算得出。

表 6-3　常见的 DVD 规格

规 格 名 称		面	层(共)	直径/cm	容量/GB
DVD-1	SS SL	1	1	8	1.46
DVD-2	SS DL	1	2	8	2.66
DVD-3	DS SL	2	2	8	2.92
DVD-4	DS DL	2	4	8	5.32
DVD-5	SS SL	1	1	12	4.70
DVD-9	SS DL	1	2	12	8.54
DVD-10	DS SL	2	2	12	9.40
DVD-14	DS SL+DL	2	3	12	13.24
DVD-18	DS DL	2	4	12	17.08

注：SS-单面；DS-双面；SL-单层；DL-双层。

表 6-4　几种常见的 DVD 速率

速度	数据传输率		写入时间/min	
	Mb/s	MB/s	单层	双层
1×	11.08	1.39	57	103
8×	88.64	11.08	7	13
18×	199.44	24.93	3	6
24×	265.92	33.24	2	4

从应用的角度来看,DVD 产品可分为四大类: DVD-Video(视频 DVD,用于保存视频资料)、DVD-Audio(音频 DVD,用于刻录音频资料)、DVD-ROM(用于记录计算机数据)、DVD-R/DVD-RW(一次性/可擦写刻录光盘)。

1) DVD-Video

DVD-Video 为视频 DVD,其盘片称为 DVD 光盘、DVD 视盘或 DVD 影碟,其硬件装置为视盘机或播放机。盘片容量为 4.7~17GB,内部存储经 MPEG-2 压缩后的视频信息,以及经 MPEG-2 压缩、Dolby AC-3 处理或经非压缩 PCM 处理(48/96kHz 采样; 16/20/24bit 量化)的音频信息,并涉及字幕、控制菜单等内容的副画面(图像)数据(简称子图)等内容。DVD-Video 可播放出高画质图像和高音质的音响。

2) DVD-Audio

DVD-Audio 为音频 DVD,其盘片称为 DVD 唱盘或 DVD 唱片。片内存有高品质的音乐、语音节目。单面单层光盘即可提供 30 小时 CD 音质的节目或 9 小时的立体声乐曲。音频 DVD 的硬件装置为 DVD 放音机,它是高质量的音响设备。相对于 CD 格式的音乐,DVD-Audio 具有的优点是: 无论从时间长度还是音乐质量都优于 CD,可以容纳更多音乐;高质量的音乐,表现在高码率的采样率和额外的声道。但 DVD-Audio 的市场占有率非常低,多数用户没有接触过该产品。

3) DVD-ROM

DVD-ROM 为只读型 DVD,其硬件装置为 DVD-PC。大部分 DVD-ROM 光驱具有 100~200ms 的查找时间、150~250ms 的存取时间和 1.3MB/s 的数据传输率,短时最大传输率为 12MB/s 或更高。DVD-ROM 盘片的数据传输率大致等同于 9 倍速的 CD-ROM 光驱。DVD的转速为CD的3倍,因此少量的DVD-ROM光驱可以3倍的速度读取CD-ROM的数据,但大部分可以12倍甚至更快的速度读取CD-ROM数据。DVD-ROM光驱的连接方式与CD-ROM光驱相似：EIDE(ATAPI)和SCSI-2等。所有的DVD-ROM光驱都有音频插头,可播放Audio CD。

虽然DVD盘片的外观和尺寸与现在广泛使用的CD盘片没有什么区别,但二者的结构有较大不同,DVD盘片的容量是CD盘片的7~20倍。为了进一步提高DVD盘片的存储容量,还采取了提高盘面利用率、减少纠错码位数、修改信号调制方式以及减少每个扇区字节数等措施,这使得DVD盘片的单面容量高达4.7GB,是CD盘片容量的7倍多。由于DVD盘片的最小凹凸坑长度以及光道间距都比CD盘小得多,因此DVD的光拾取器(激光头)采用波长为625nm或650nm的短波长红色半导体激光,而CD采用的则是780nm的激光源。

4) DVD-R/DVD-RW

DVD-ROM有3种可写的版本,它们是DVD-R、DVD-RAM和DVD-RW。DVD-R为一次性可录DVD,特点是只能刻录一次,不可擦除,但可多次读取。其刻录原理与CD-R相同,采用有机染料聚合物技术,可与几乎所有的DVD光驱兼容。DVD-R初期时的容量为3.95GB,到1999年中期扩大到4.7GB,这是桌面型DVD-ROM和DVD-Video生产的关键。DVD-RW(即先前的DVD-R/W和DVD-ER)是相变可擦写格式,可多次擦写、反复使用,也称可重录型DVD或随机可录可读DVD。它的刻录功能是利用特殊性能的记录膜(如GeSbTe等)实现的。也就是通过相变方式记录(刻录)数据。DVD-RAM的容量很大(单面在2.6GB以上,目前已达10~15GB)。

4. HD DVD和蓝光光盘

蓝光光盘(Blue-ray Disc,BD)是DVD之后的下一代光盘之一,最早是由Sony和松下电器等企业组成的"蓝光光盘联盟"策划的光盘规格,并以Sony为首于2006年开始全面推动。它利用波长较短(405nm)的蓝光激光读取和写入数据,并因此而得名。而传统DVD需要光头发出红色激光(波长为650nm)来读取或写入数据,通常来说波长越短的激光,能够在单位面积上记录或读取信息越多。因此,蓝光极大地提高了光盘的存储容量,用以存储高品质的影音和高容量的资料。对于光存储产品来说,蓝光提供了一个跳跃式发展的机会。

到目前为止,蓝光是最先进的大容量光碟格式,一个单层蓝光光盘的容量为25GB,这是现有单碟DVD的5倍,足够录制一个长达4小时的高清晰度电影。2010年6月指定的BDXL格式,支持100GB和128GB的光盘。在速度上,蓝光允许1到2倍或者4.5~9MB/s的记录速度。

高清晰DVD(High Definition DVD,HD DVD),是一种以蓝光激光技术存储数字内容的光盘格式。它的大小和CD一样都是120mm,其激光波长为405nm,由东芝、NEC、三洋电机等企业组成的HD DVD推广联盟负责推广。Microsoft、Intel、环球影业相继加入HD DVD阵营。但是在2008年,华纳公司宣布脱离HD DVD,美国数家连锁卖场宣布支持蓝光光盘,东芝公司于当年2月宣布终止HD DVD事业,该阵营失败,退出了高清晰高容量光盘格式竞争。HD DVD单面单层容量为15GB,单面双层为30GB,远低于蓝光光盘。但是其向后兼容DVD,便于DVD厂商稍作改动即可支持DVD的生产。

5. 光盘库

光盘库存储系统是一种以光盘为主存储介质的大型专业性网络存储设备,用于较低成本的方式存储多媒体信息,一般用于不经常使用的数据联机存储。光盘库内可有序放置几十至几百个光盘片,存储容量可达几百 GB。光盘库中有机械手设备和一个或多个光盘驱动器,驱动器在 SCSI 总线上有它们的 SCSI ID,机械手设备也作为一种 SCSI 设备并有自己的 SCSI ID,这样就可以用程序来控制设备。光盘库在使用过程中,在主机的控制下用机械手操作光盘盘片。主机可以直接读写光盘库的某个盘片的数据。

光盘库的巨量存储特性决定了它在多媒体存储过程有极其重要的应用。在多媒体应用中,光盘库所用的光盘片经常以 VCD 或 DVD 为主。一张单层单面 DVD 光盘片的存储能力是 4.7GB,完全能够满足广播及视音频信号的要求。光盘库的一个重要的特点是网络共享性。每套光盘库都连接在一台宿主服务器上,而一台宿主服务器最多可管埋三套光盘库,在宿主服务器上安装一套光盘库管理软件就可以方便地管理光盘库,一套光盘库可存放光盘的数量为 600 张。在宿主服务器上每一套光盘库都虚拟成一个大的根目录,盘片中的每一张光盘都是一个子目录(光盘的卷标即为子目录名)。可以多张盘片共用一个子目录名,再将需要共享的目录设置共享属性,则可实现整个网络的节目资源共享,在终端机上就可以直接调用需要的信息,完全解决了从前磁带库中查找磁带的麻烦。

(1) SCSI 光盘库(SCSI CD Tower):常称为第一代光盘库,结构为 8、16、28、64 光驱阵列库,体积庞大,光盘库必须通过 SCSI 总线连接服务器,用户访问光盘必须经服务器,因此对服务器要求较高,速度慢且不支持并发用户同时访问,光驱速度慢且易损坏。

(2) 网络光盘库(Network CD Tower):为第二代光盘库,结构类似于 8、16、28、64 光驱阵列库,体积庞大,内置了微处理器和软件,直接连接以太网和令牌网,所以无须服务器支持即可独立运行。但是仍然不支持并发用户同时访问,速度慢且光驱易损坏。

(3) 网络镜像光盘塔/光盘服务器(Network CD Server):属第三代产品,可以直接连接FDDI、ATM、以太网和令牌网,支持各种网络协议,为改变一、二代产品的存储容量小且不支持多用户等缺点而发展出硬盘镜像光盘塔和光盘服务器,采用大容量高速硬盘或磁盘阵列镜像光盘数据技术,内置 CPU 和操作系统,一举解决上述问题。

6.3 其他存储设备

多媒体信息存储最主要的特点是要考虑多媒体对象的庞大数据量和实时性要求,除了磁介质和光介质的存储设备之外,如果从便携性和实时性上考虑,还经常用到存储卡和移动存储设备。

6.3.1 存储卡

1. PCMCIA 存储卡

PCMCIA(Personal Computer Memory Card International Association)存储卡,简称PC 卡,是专门为便携式计算机设计的外接接口。PC 卡最早设计初衷是计算机存储扩展,但目前的使用已经扩展到大部分外设,如网卡、Modem 和外接硬盘。这种卡有时也用在数码照相机中。作为存储用的越来越少,但大多数便携式计算机中还是可以找到 PC 卡的插槽。

2. Compact Flash 卡

Compact Flash(CF)卡是用在便携设备上的一种大容量存储设备格式。该格式最早由 San Disk 公司在 1994 年发布并生产。CF 卡的容量可以达到 137GB,其文件系统可以使用 FAT、FAT32、Ext、JFS 和 NTFS 等流行的文件系统。2010 年开始,Sony、Nikon 开始研发新的 CF 卡,目标速率达到 128MB/s,并且容量高达 2TB,主要用于高清摄像存储。

3. SD 卡

Secure Card(SD)是由 SD 卡联盟开发的一种可持续保存的记忆卡格式,主要用于数码照相机、数码摄像机及手机等便携式设备。SD 技术已经在超过 400 多个品牌上使用,且有超过 8000 个型号,使用范围非常广。目前大部分手机上都使用该存储卡。SD 卡的外形尺寸和重量见表 6-5。

表 6-5　SD 卡的外形标准尺寸

SD 卡类型	长/mm	宽/mm	厚/mm	重量/g
原始大小卡	32.0	24.0	2.1	≈2.0
小卡	21.5	20.0	1.4	≈1.0
迷你卡	15.0	11.0	1.0	≈0.5

4. 多媒体卡

多媒体记忆卡(Multimedia Card,MMC)是一种闪存记忆卡,由 SanDisk 公司和 Siemens AG 公司在 1997 年共同开发。它是基于 Toshiba 的 NAND 闪存,尺寸大约只有一枚邮票大小:24mm×432mm×1.4mm。

MMC 最早使用每秒 1 位的传输接口,后来发展到每秒传输 4 或 8 位,大大提高了传输速率。但是由于 SD 卡的出现,其地位逐渐被 SD 卡取代,但是仍有大量支持 SD 卡的设备支持 MMC,如某些智能手机。MMC 的容量最高可达 128GB,在手机、数码音乐播放器、数码照相机和 PDA 等设备中广泛使用。

5. Memory Stick

Memory Stick(记忆棒)是一种可移动闪存卡格式,1998 年由 Sony 公司发布,并在 Sony 的大量数码设备中使用。后续又研发了 Memory Stick PRO、Memory Stick Duo,以及更加微小的 Memory Stick Micro(M2),允许更高容量、更快的传输速率。2006 年,Sony 又发布了 Memory Stick PRO-HG,用来支持数码摄像机,以一种更快的速度来传输录制高清视频。记忆棒的容量在 1998 年发布时只有 128MB,目前支持 32GB,Memory Stick PRO 则允许理论最大值 2TB。

6.3.2　USB 移动存储设备

通用串行总线(Universal Serial Bus,USB)是连接计算机系统和外部设备的一个串口总线标准,也是一种输入输出接口技术规范,广泛应用于个人计算机和移动设备之间的信息通信,并扩展至摄影器材、数字电视机(机顶盒)及游戏机等相关领域。USB 最初是由 Intel 和 Microsoft 倡导发起的,其最大的特点是支持热插拔和即插即用。当设备插入时,主机检测到该设备并加载所需的驱动程序,因此在使用上比 PCI 和 ISA 总线方便,也为各种外设连入计算机提供了极大的方便性。此外,USB 的速度远比并行端口、串行端口等传统标准总线快,USB 1.1 的最大传输带宽为 12Mb/s,USB 2.0 则达到了 480Mb/s,到现在的 USB 3.0 则一步提升到 5Gb/s。

1. 移动硬盘

个人计算机主要的存储设备是固定硬盘和软盘。固定硬盘为计算机提供了大容量的存储介质,但是其盘片无法更换,存储的信息也不便于携带和交换。移动硬盘是在硬盘外面安装一个硬盘盒,通过该硬盘盒为硬盘供电,并提供一个通道用于硬盘和其他计算机通信。通过这种方式,可以把本应固定在机箱里的硬盘独立出来,变为可以和多台计算机连接的移动存储设备。一般移动硬盘同样采用和固定硬盘相同的硬盘技术,所以具有固定硬盘的基本技术特征。移动硬盘的盘片和软盘一样,是可以从驱动器中取出和更换的,存储介质是盘片中的磁合金碟片。根据容量不同,移动硬盘的盘片结构分为单片单面、单片双面和双片双面三种,相应驱动器就有单磁头、双磁头和四磁头之分。活动硬盘接口方式现有内置 SCSI、内置 EIDE、外置 SCSI 和外置并口、外置 USB 等方式。用户可以根据自己的需求和计算机的配置情况选择不同的接口方式。

移动硬盘的特点可以归纳为如下几个方面。

(1) 容量大:移动硬盘的容量是内部硬盘的容量,因此如果容量不满足实际需求,可以通过更换大容量的内部硬盘来扩容。

(2) 数据传输速率高。

(3) 可靠性高:数据的可靠性依赖于硬盘的可靠性,而硬盘在几十年的技术发展中已经非常成熟。

2. 闪存盘

闪存是 EPROM(电可擦除程序存储器)的一种,它使用浮动栅晶体管作为基本存储单元实现非易失存储,不需要特殊设备和方式即可实现实时擦写。闪存采用与 CMOS 工艺兼容的加工工艺。随着集成电路工艺技术的发展,闪存内部电路密度越来越大,每个晶体管的存储字节数也越来越多,从而使闪存的容量不断增大,它们的外形结构丰富多彩,尺寸越来越小,容量越来越大,接口方式越来越灵活,价钱越来越低。

闪存盘(又称 U 盘)是一种利用闪存来进行数据存储的介质,通常使用 USB 插头来连接计算机。闪存盘具有体积小、重量轻、可热插拔及可重复写入,因此一经面世即取代了软盘及软驱。近代的各类操作系统如 Windows、Linux、Mac OSX 及 UNIX 等都默认支持闪存盘。

目前常用的闪存盘的核心芯片有三种类型。

(1) SLC(Single-Level Cell):1bit/cell,速度快,寿命长,价格较贵,是 MLC 的 3 倍以上,约 10 万次擦写寿命。

(2) MLC(Multi-Level Cell):2bit/cell,速度一般,寿命也一般,价格较便宜,约 3000～10000 次擦写寿命。

(3) TLC(Triple-Level Cell):3bit/cell,速度慢,寿命也短,价格相对最便宜,约 500 次擦写寿命。

目前,大多数厂商采用 MLC 芯片,偶有部分闪存盘采用 SLC 芯片。目前采用的 USB 3.0 接口的闪存盘读写速度比 USB 2.0 闪存盘要快得多。

6.4 多媒体数据库

随着多媒体信息的快速增长和进一步发展,对多媒体数据的存储、管理和传输成为必然。而传统的数据库管理系统是以关系模型为代表,以层次、网状、关系模型构成的数据管理形式。关系模型的方法基本上是把世界上的对象都看成二维表,对于常规类型这样处理是可以的,然而对于多媒体数据类型就无法处理了。面对这种情况,将多媒体技术与数据库技术相结合产生了一种新型的数据库——多媒体数据库。

6.4.1 多媒体数据库的概念与特点

多媒体数据库(Multimedia Database,MDB)是一个由若干多媒体对象所构成的集合,这些数据对象按一定的方式被组织在一起,可为其他应用所共享。多媒体数据库中的信息不仅涉及各种数字、字符等格式化的表达形式,而且还包括多媒体的非格式化表达形式。从多媒体数据的性质来讲,多媒体数据可以分为格式化数据和非格式化数据两大类。根据连续性,多媒体性质数据又可以分为连续媒体和离散媒体两类。非格式化数据由大量的、数量变化的数据项组成,这些数据项可以是字符、像素、线段或指针等。

相比于传统的数据库技术,多媒体数据库处理的数据对象、数据类型、数据结构、数据模型和应用对象都不同,处理的方式也不同。常规数据的数据量较小,而多媒体数据的数据量巨大,两者之间的差别可达到几千、几万甚至几十万倍。例如,一个 100M 的硬盘可以存放一个中等规模的常规数据库,而同一空间只能存放 10 分钟的电视节目。常规数据的数据项一般是几字节或几十字节,因此在组织存储时一般采用定长记录处理,使存取方便、存储结构简单清晰。而多媒体数据的数据量大小是可变的,且无法预先估计。例如,CAD 中所用的图纸可以简单到一个零件图,也可复杂到一部机器的设计图。这种数据不可能用定长记录来存储,因此在组织数据存储时就比较麻烦,其结构和检索处理都与常规数据不一样。常规数据都是结构化数据,对它们的操作基本上是原子操作。而多媒体数据是非结构化数据,声音、图像、影视等数据基本上都是二进制串。这些数据从其本身看不出任何结构,这就导致了它们的存储、索引、检索方式有根本性的区别。一般来说,媒体数据如果不另加一些描述和解释,很难利用。对数据的描述和解释不是数据本身,而是有关数据的数据,也就是元数据。元数据有些很简单,例如数据标识符、媒体类型(是声音还是图像)、编码和压缩方法、制作日期、所有者等,可以很方便地获得。有些则与数据有关,例如图像的纹理、图中的物体及其位置、电视镜头的背景及活动对象等,需要到数据中去提取,很费时间。而且,元数据的提取与媒体数据类型及应用有关,不可能事先生成所有的元数据,有些还要在使用时生成。最后,常规数据与多媒体数据在网络上传送时也存在巨大的差别。多媒体数据有着严格的同步问题,网速跟不上或者次序错误,都会造成多媒体数据的失真和再现困难,大大影响效果,使用户无法接受。这就要求计算机的处理速度、I/O 内存、网络传送的带宽及软件算法等都要比处理常规数据高一个档次。例如在演播电视时,每帧必须按时到达,不得前后抖动。此外影视数据和配音数据、字幕必须保持严格的同步,发音与口形在时间上必须对准。除此以外,多媒体数据库还在以下几个方面有别于传统数据库。

(1)多媒体数据库存储和处理复杂对象,其存储技术需要增加新的处理功能,例如数据压缩和解压。

（2）多媒体数据库面向应用，没有单一的数据模型适应所有情况，需要随应用领域和对象而建立相应的数据模型。

（3）多媒体数据库强调媒体独立性，用户应最大限度地忽略各媒体间的差别而实现对多种媒体数据的管理和操作。

（4）多媒体数据库强调对象的物理表现和交互方式，强调终端用户界面的灵活性和多样性。

（5）多媒体数据库具有更强的对象访问手段，比如特征访问、浏览访问、近似性查询等。

综上所述，多媒体数据库从本质上来说要解决三个难题。第一是信息媒体的多样化，不仅仅是数值数据和字符数据，要扩大到多媒体数据的存储、组织、使用和管理。第二要解决多媒体数据集成或表现集成，实现多媒体数据之间的交叉调用和融合，集成粒度越细，多媒体一体化表现才越强，应用的价值也才越大。第三是多媒体数据与人之间的交互性。

6.4.2　多媒体数据库系统的层次结构

多媒体数据库系统的层次结构与传统的关系数据库基本一致，主要包含物理存储层、数据描述层、网络层、过滤层和用户层。多媒体数据库的层次结构如图 6-9 所示。

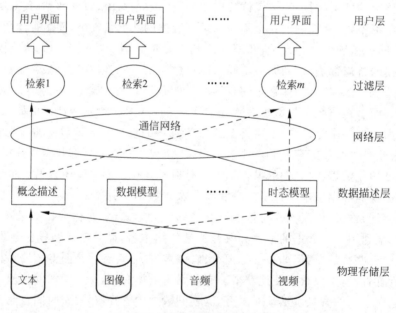

图 6-9　多媒体数据库的层次结构

（1）物理存储层：描述如何在文件系统中存储多媒体数据。对多媒体数据库而言，实际的数据允许分散在不同的数据库中。例如在多媒体的人事档案管理中，某人的声音和照片可能分别被保存在声音数据库和图像数据库中，其他的人事记录可能保存在关系数据库中。由于多媒体数据的不同特征使得媒体的存储格式和读取方式不同于传统的数据库。

（2）数据描述层：是多媒体数据库的核心层。数据描述层负责对原始信息进行解释和描述，并处理由数据描述生成的数据、索引机制提供的数据快速存取等问题。数据描述层表示的是现实世界的抽象结构，由一组概念对象构成，概念对象涉及的对象可能来自几个数据库,多媒体应用开发人员通过该层提供的接口对存储在多媒体数据库中的各种多媒体数据进行统一管理。

(3) 网络层:代表媒体对象和用户的物理位置。多媒体对象可以存储在不同的系统中,用户可以在计算机网络上存取多媒体数据。

(4) 过滤层:负责多媒体数据库的查询操作。用户可以以不同的方法查询多媒体数据库,这取决于用户所需信息的类型。这些查询为用户提供了一个多媒体数据库过滤视图,负责分析和处理用户的查询要求。

(5) 用户层:多媒体数据库应用与用户之间的接口,是多媒体数据库的外部表现形式。用户层负责数据库中数据的浏览以及人机交互,可由专门的多媒体布局规格说明语言来描述,并向用户提供使用接口。

从系统各层的功能和结构安排可以看出,多媒体数据库作用的发挥在于对数据的存储、表示、检索和访问功能,所有这些的基础都是多媒体数据库建模研究的主要内容。

6.4.3　多媒体数据库的关键技术

1. 多媒体元数据的存储

多媒体信息(例如音频、图像、视频等)是需计算机处理的二进制数据,是非结构化的,不能简单地用数学解析式表示。多媒体数据库必须取得基于这些媒体对象内容及信息特征的解释,才能完成存储和检索应用,这些解释就称为元数据。通过对元数据的归类和整理,实现标准化的多媒体信息存储与检索,是当今多媒体应用的急迫问题。

原始媒体信息经过特征提取函数提取媒体特征后形成独立媒体;再经后级特征提取函数处理形成媒体依赖(即媒体的产生时间、地点和所有者等)即形成元数据,各类属性的元数据通过检索接口输出、存储并供用户查询。基本媒体元数据包括文本元数据、音频元数据、图像元数据和视频元数据,它们构成了多媒体数据存取的基础。

1) 文本元数据的存取

为了快速存取文本,必须使用合适的存取结构。同时,选择用于文本存取的索引特性,必须有助于根据用户的查询选出适当的文件。通常采用两种方法查找信息。

(1) 全文扫描:在整个文件中查找索引特性的一个简单算法,是将查找媒体的特征与那些在文件中出现的特性进行比较。当查找不匹配时,搜索在文件中查找的位置,每次向右移动一定位置,如此这样持续查找和移动,直到在文件中找到该特性或搜索到文件的末尾。这种存取方式的特点是不必为文件保存另外的查找信息(如索引文件),但其明显的缺点是每次新的查询都需要进行全文查找。

(2) 倒排文件:用来存储一个文件或一组文件的查找信息。查找信息包括索引特性和一组指向索引特性出现的文件指针,倒排索引可以使用散列表形成或存储,使用散列功能来映像,以字符或字符串形式表示所有特性,并放进散列表中。

2) 语音元数据的存取

通过麦克风或录音机可以获取语音模拟信号,使用数字信号处理模块对其进行数字化转换,之后再经过语音处理模块检测静音时间,区分语音和非语音,把原始的波形转换成频率域表示法进行数据压缩。通过把处理过的语音和存储模式进行匹配完成识别,由模式识别算法最终得出语音元数据。处理过的语音信号用于口语单词、说话人、韵律信息的识别。

3）图像元数据的存取

图像元数据存取的基本要求是定位图像中的对象，图像分段处理有助于分离数字化图像中的对象。常用的分离方法有两种：通过边界检测方法定位存在于对象中的边界；或者从决定像素落在一个对象之内或之外开始，把图像区分为内部和外部点集。图像元数据描述了对象的不同特性，诸如它们的位置、颜色、纹理。为了便于存取，产生的元数据必须以适当的索引结构存储，通常有两种技术用于存储图像元数据：一种是存储图像中对象之间的定位与空间关系的逻辑结构；另一种是使用相似簇生成技术把具有相似特性（诸如颜色和纹理）的图像归类在一起。

4）视频元数据的存取

产生视频元数据最简单的方式是提供文本描述，手动记录和存储相关的数据库信息。也可以用自动/半自动机生成所需的元数据。假设镜头是表示时间和空间一个连续动作的帧序列，镜头识别的基本思想是帧的任何一边出现摄像中断都会引起信息内容的明显变化。视频元数据通常包括特定的视频点和视频点的描述，视频点的描述着重于摄像头的移动、对象移动和某一视频帧的质量。为了快速存取，元数据的存储必须使用恰当的存储结构。如果查询包括对象、事件和摄像机的描述，那么存储元数据标识的数组首先要被存取。该数组给出了节段数的顺序列表，这些节点轮流给出视频帧的序列。如果查询需要标记在某一个帧序列中的对象，节段树可以存取对象并标记它。

2. 基于内容的检索

在传统的数据库检索中，一般采用的是基于标识符、属性、关键字等形式的检索方法。这些方法只与数据类型和数据结构有关，不需要对内容进行任何分析。随着多媒体技术的普及，我们将大量接触和处理多媒体信息，而每一种多媒体数据都存在难以用符号化的方法进行描述的问题，比如图像中的颜色、视频中的运动、音频中的音调等，它们属于非格式化数据，所以对其进行查询和处理就相当困难。多媒体数据库在其应用过程中也并不满足于传统的简单检索方式，而需要分析媒体的语义内容，得到更深的检索层次，例如"查找包含人脸的所有图像"这种检索就涉及图像的内容，很难用一般的形式进行描述。

基于内容的检索（Content Based Retrieval，CBR）是指根据媒体和媒体对象的内容、语义及上下文联系进行检索，它从媒体数据中提取出特定的信息线索，并根据这些线索在多媒体数据库的大量媒体信息中进行查找，检索出具有相似特征的媒体数据。基于内容的检索是实现多媒体数据检索的有效手段和重要技术，它的特点可以归纳为以下几个方面。

（1）从媒体内容中提取信息线索。基于内容的检索突破了传统的基于关键词检索的局限，直接对图像、视频、音频进行分析，抽取特征，使得检索更加适应多媒体对象。

（2）提取特征的方法多种多样。以图像为例，可以提取形状特征、颜色特征、轮廓特征等。

（3）人机交互进行。人类对于特征比较敏感，能够迅速分辨出目标的轮廓、音乐的旋律等，但对于大量的对象，一方面难以记住这些特征，另一方面人工从大量数据中查找目标效率非常低。因此，使用基于内容检索的系统时，人与计算机相互配合，进行启发式检索是一种有效途径。

（4）基于内容的检索是一种近似匹配。在检索过程中，采用逐步求精的方法，每一层的中间结果是一个集合，不断减小集合的范围，直到定位到目标。

　　基于内容的检索可以利用图像处理、模式识别、语音信号、计算机视觉等学科中的一些方法作为基础技术,但它与这些学科间有着重要的区别。基于内容的检索是一种信息检索技术,要求能够从大量分布式数据库中以用户可以接收的响应时间查询到要求的信息。它不一定需要理解和识别媒体中的个体目标,关注的只是以基于内容或特征的方法快速检索的信息。

　　1) 基于内容检索的体系结构

　　基于内容的检索作为一种信息检索技术,提供基于多媒体数据内容的信息查询和检索。一般将基于内容的检索设计为多媒体数据库的检索引擎结构,在体系结构上划分为两个子系统:特征抽取子系统和查询子系统,如图 6-10 所示。

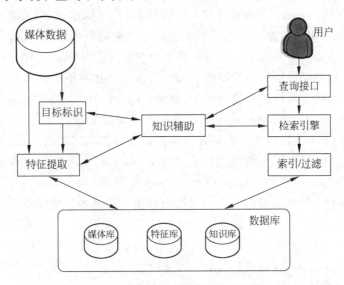

图 6-10　基于内容检索的体系结构

　　(1) 目标标识:为用户提供一种工具,以全自动或半自动的方式标识静态图像、视频镜头等媒体区域,以便针对目标进行特征提取并查询。

　　(2) 特征提取:提取用户感兴趣、适合检索要求的特征。特征提取可以是全局性的(如整幅图像的视频镜头),也可以是有针对性的(如视频中的运动对象等)。

　　(3) 数据库:生成的数据库由媒体库、特征库和知识库三部分组成。媒体库包含图像、视频、音频、文本等媒体数据;特征库包含用户输入的特征和预处理自动提取的内容特征;知识库包含专门化和综合性的知识,通过更新和替换保证将检索限定在一定领域范围内,有利于优化查询和快速匹配。

　　(4) 查询接口:友好的人机交互界面是检索系统不可缺少的。在基于内容的检索中,由于特征不直观,因此必须为其提供一个可视化的输入手段,还应在用户界面提供查询结果的浏览功能。

　　(5) 检索引擎:检索是利用特征之间的距离函数进行相似性查询,对于不同类型的媒体数据有不同的相似性检测算法,检索引擎中具备有效可靠的相似性检测函数集。

　　(6) 索引/过滤:检索引擎通过索引/过滤达到快速搜索的目的。过滤器作用于全部数据,过滤出的数据集合再用高维特征匹配来检索。索引用于低维特征。

基于内容的查询和检索是一种特征不断调整、逐步求精、重新匹配的循环过程。结合图 6-10 来说,用户查询一个数据对象时,首先利用人机界面提供的输入方式形成一个查询条件,将查询特征与数据库中的特征按照一定的匹配算法进行匹配。然后把满足一定相似性的一组候选结果按相似度大小排列返回给用户。对于系统返回的查询结果,用户可以挑选满意的结果,也可以从中选择一个示例进行特征调整,最后形成一个新的查询条件,如此逐步缩小查询范围,直到用户对查询结果满意为止。

2) 基于内容检索的常用方法

在多媒体数据库中,图像、声音、视频等数据以经过数字化转换的位串形式存储,针对这些媒体数据的内容,搜索方法大致分为以下三类。

(1) 模式识别法:用户在查询请求中给定图像、声音或视像数据,系统采用模式识别技术把该媒体对象与多媒体数据库中存储的同类媒体对象进行逐个匹配。但是,在当前的技术条件下,这种方法是不切实际的。因为一些十分昂贵的模式识别软件只对某些特定应用有效,用户难以精确指定他所需要的图像、声音、视像等媒体数据。模式识别算法的执行十分耗时,如果在查询执行器件进行模式匹配,那么查询等待时间将难以忍受。

(2) 特征描述法:这种方法的基本思想是给每个媒体对象附加上一个特征描述数据,使用这种特征描述来表达媒体数据的内容。特征描述数据是冗余的,它是对多媒体数据信息的重复描述。这样,对多媒体数据的内容搜索,实际上转化为对特征描述数据的内容搜索。这种方法的关键问题是如何获取这种特征描述数据。

(3) 特征向量法:使用向量模型进行图像内容搜索的基本思想是采用图像压缩技术对图像进行分解并向量化,把图像分解成碎片对象、几何对象等集合,存储在多媒体数据库中。把这些碎片对象、几何对象作为索引矢量,建立索引,系统就可以进行图像内容搜索了。分解处理需要花费大量时间,但对每个图像只需要执行一次。另一方面,图像重构过程很快,因此这种方法是可行的。

3. 多媒体数据库的管理

多媒体数据库管理系统(MM-DBMS)主要用于管理多媒体数据库,它提供对多媒体数据的存储、操作、检索等技术支持,而多媒体数据库就是被管理的多媒体数据。从某种意义上讲,多媒体数据库系统是一种异构数据库系统,因为多媒体数据可能包括结构化数据、半结构化数据和非结构化数据,这种异构性取决于媒体数据的异构特征,比如文本、图像、视频、音频等都是不同的数据类型。

1) MM-DBMS 的功能概述

MM-DBMS 需要具有一般数据库管理系统的功能,包括查询处理、更新处理、事务管理、存储管理、元数据管理、安全性和完整性等。另外,为了能够正常播放视频/音频等类型的数据,MM-DBMS 需要对其进行同步操作,因此实时处理也是多媒体数据库管理系统的一个主要功能。

(1) 数据操纵:最基本的数据操纵需要支持数据的查询、浏览、过滤等处理,合适的查询语言非常重要,扩展 SQL 是目前应用比较广泛的一种查询语言。除了对数据的查询,用户可能还需要对数据进行编辑。也就是说,将两个对象合并以构成一个新的对象(例如基于时间间隔进行合并),或者将一个对象投影后得到一个更小的对象(例如基于时间间隔进行投影),对象也可以进行整体和部分的更新。有关数据操纵的多种算法,已经在不同的数据库系统中加以应用。

（2）元数据管理：MM-DBMS 中有大量的元数据需要描述，例如对于视频数据，我们需要保存不同帧的信息，这种信息就存储在元数据中。DBMS 元数据问题在 MM-DBMS 中也同样存在，例如元数据模型应该如何定义，应该用哪些技术进行元数据管理等问题。

（3）存储管理：存储管理的主要问题是针对多媒体数据类型开发特定的索引方法和访问策略。基于内容的数据访问是大多数多媒体应用的重要方面，但是目前仍然缺乏高效的访问策略。另一个重要的存储问题是数据加速。对于多媒体数据而言，是否需要特别考虑加速问题，以及有没有特定的数据加速算法，都值得进一步研究。集成不同数据类型的存储技术也是存储管理的一个重要方面。例如，一个多媒体数据库保存的数据类型多种多样，展示这些不同数据类型需要进行同步操作，为了连续地显示这些媒体数据，需要合适的存储机制来支持。

（4）事务管理：事务管理在 MM-DBMS 中是非常重要的一个功能，因为多媒体数据库中常常会有注解与多媒体对象相伴随。例如一个图片被更新，则与它相应的注解就应该也被更新，从而两个操作必须作为一个事务的两个部分被执行。不同于数据表示与数据操纵，MM-DBMS 的事务管理仍是一个崭新的领域，与之紧密相关的是并发控制和恢复。有关建立怎样的事务模型，是否需要特殊的并发控制和恢复机制等问题都仍在研究之中。

（5）数据完整性与安全性：保持数据完整性需要支持数据质量、完整性约束处理、多用户更新时的并发控制和恢复，以及数据输出的准确性等。值得注意的是，强制完整性约束的研究仍然具有挑战性，比如，对于声音和视频数据应该施加什么样的完整性限制条件，目前还没有研究给出满意的结果。

（6）其他功能：MM-DBMS 的其他功能包括服务质量处理、实时处理的用户接口管理等。服务质量是针对用户的需求而衡量的，在某些情况下用户需要连续播放视频数据，而有些情形下则可以忍受播放的间断性。因此，用户必须提出满足其自身要求的特殊服务质量标准。实时处理的重要性表现在不同种类的媒体同时播放时，需要恰当的时序安排技术，合理的多模式用户接口便于用来输入和显示多媒体数据。

2）多媒体数据库的挖掘

多媒体数据包括文本、图像、视频、音频等多种类型，文本和图像是静态媒体，视频和音频是连续媒体。各种类型的数据可以被看作是相似的、但又相互独立的实体集合。数据挖掘的目的就是寻找实体之间普遍存在的模式。多媒体数据的挖掘与传统结构化数据的挖掘存在很大的差异，举例而言，不同建筑的图片和视频可能具有相似特征（例如它们分别代表建筑的一个视角），但却没有像"这是建筑的前方视图"这样清楚的结构。多媒体数据挖掘与结构化数据挖掘的另一个区别在于时间因素。多媒体数据常常捕捉的是随时间变化的实体，例如视频和音频是有清楚的序列的，甚至文本有时也是讲究顺序的。多媒体数据的复杂性表现在随着时间的不断推移，媒体数据所代表的含义也在发生变化。时间序列挖掘分析的是随时间变化的一个或多个值，理解和表达这样的变化是挖掘多媒体数据时所必需的环节。

文本数据可能是网页上的数据、图书馆数据、电子书等。文本数据的一个重要问题是它不能结构化为关系数据。在大多数情况下，文本数据是无结构的，有时是半结构化的，例如一篇文章有题目、作者、摘要和段落等，段落是无结构的，但其格式是结构化的。

文本挖掘是从大型的文本数据库中提取事先未知的模式和关联的过程。文本挖掘和信息检索之间的差别类似于数据挖掘和查询处理的差别,查询和信息检索都是搜索一条特定的数据项,而挖掘则涉及多个数据项的高层概念。现存的许多数据挖掘工具和技术都是建立在关系数据库基础之上的,而文本数据是非结构化或半结构化的,因此现有的数据挖掘工具还不能直接用于对文本数据的挖掘。目前,关于非结构化数据的挖掘技术要么依靠标签技术,从无结构的数据库中提取数据或元数据,然后将其存储在结构化的数据库中,再利用结构化的数据挖掘工具进行挖掘;要么集成数据挖掘技术和信息检索工具,再针对无结构数据库开发合适的数据挖掘工具;再或者直接针对无结构的数据库开发数据挖掘工具。

数字图像处理技术已经有多年的发展,并且已经在广泛的领域中得到应用,它涉及的领域包括异常检测、基于内容的图像检索、模式匹配等。数字图像处理着力于检测非正常模式和检索图像,而数字图像挖掘则着重发现非正常的模式。因此,数字图像挖掘可以为大型数据库中的不同图像建立关联。检测非正常模式并非是数字图像挖掘的唯一成果,它还能够在数字图像中识别主题,在原始特征级根据典型颜色参数进行判断,在高层概念级则可以从图像中物体的相对位置进行判断。关于数字图像的挖掘技术才刚刚起步,仍然需要进一步深入研究,数据挖掘技术是否可以用于对图像的分类、聚类和建立关联仍待考察。

视频数据的挖掘比图像数据的挖掘更加复杂。视频数据可以被看作是运动图像的集合,所以成功的视频挖掘是以成功的图像挖掘为基础的。为了解决利用视频数据发现有用信息的问题,可以考虑将视频挖掘转换为文本挖掘。通过对视频数据的分析,可以得到摘要信息,然后通过对摘要(文本形式)的挖掘间接得到所需要的信息。对于视频数据的直接挖掘是一项具有挑战性的课题。目前,已有学者对基于特征的视频分类做了研究,根据摄制规则来识别一些特征(例如场景长度、场景转换等),并将这些信息作为摘要,描述为关键帧或者场景类别。也有研究人员将研究的重点转向跟踪视频中物体的运动情况,将其作为摘要的内容。

音频数据和视频数据一样都是连续媒体类型,它可以是广播、演讲、口头讲话等。甚至在电视新闻中都存在音频数据,这时音频和视频集成在一起,同时还可能伴随文本形式的注解信息。为了挖掘音频数据,可以利用语音识别技术、关键字提取技术等,将音频转换为相应的文本,然后对文本内容进行挖掘。另一方面,也可以利用音频信息处理基础,进行直接的指定信息的音频挖掘。但是,对音频数据挖掘的研究才刚刚起步,甚至比视频数据挖掘的研究进展更少。总而言之,多种媒体类型相结合的数据挖掘,是以单种媒体的数据挖掘为基础的,如果能够更好地解决单种媒体的挖掘问题,多种媒体相结合的数据挖掘研究也将更好地向前推进。

6.5　行业应用: 多媒体数据的网络存储

随着通信技术的发展和传输带宽的增加,多媒体应用越来越广泛。高频率的网络数据访问、视频会议、多媒体邮件、视频点播以及数字电视等应用,使得信息资源呈现爆炸式的增长。多媒体数据文件一般都非常大,对这些数据的访问在时间上是连续的,数据具有并发性和实时性,所以多媒体服务器要考虑数据的存储策略。传统存储方式在容量和性能方面,已经不能满足多媒体应用业务的需求,针对海量数字信息的安全高效存储技术,已经成为计算机用户关注的核心问题。

多媒体通信业务的特性,对传统存储技术提出了不少的挑战。首先,多媒体应用中的热点内容被大量用户同时访问的概率很大,如果把整个文件部署在一个磁盘上,那么同时访问该文件的用户数目必然受到磁盘传输带宽的限制。一种解决的办法是在多个磁盘上保持该文件的多个备份,不过这种方法过于昂贵。更有效的方法是将该文件分散到多个磁盘中,这就是为什么多媒体服务器广泛使用 RAID 的主要原因。在使用多磁盘的情况下,数据在不同的磁盘之间如何组织才能达到既提高服务质量、又避免负载不平衡是亟待解决的问题。其次,如何有效管理存储的层次结构是一个值得研究的问题。计算机系统中的磁盘与内存已经构成一个层次化的结构。在分布式层次结构的多媒体服务器中,存在着流式媒体服务器与档案服务器的层次关系、档案服务器的硬盘存储设备与光盘库等辅助存储设备的层次关系等。多层次的管理结构设计是影响多媒体服务器服务质量的关键因素。最后,服务器与存储阵列之间的连接方式,是带动计算机领域深刻变革的最新技术之一。传统的并行SCSI(Small Computer System Interface)技术使得磁盘上的数据成为服务器的专有资源,一旦某个服务器所拥有的存储设备发生故障,整个系统对这部分数据的存取将会中断。随着Internet 应用所生成的数据日趋增多,传统的并行 SCSI 技术已经不再能够提供与更大规模存储设备相适应的有效连接。与此同时,大量数据正在从文本格式向图形和多媒体格式转换,使得带宽问题日渐突出。曾经红极一时的"金山快盘""百度云网盘""新浪微盘""360 云盘"等,其实就是网络公司将其服务器的硬盘/硬盘阵列中的一部分存储容量以免费或者付费的形式提供给注册用户使用。一般来说网盘投资都比较大,所以免费网盘的存储容量比较小,一般在 300M 到 10G 左右。为了防止用户滥用网盘,很多提供商还往往附加单个文件最大限制,一般为 100M 到 1G 左右。另外,免费网盘的存活期比较短,用户的重要文件资料很可能因为网盘提供商停止服务而造成文件的永久性丢失。因此,免费网盘一般只用于存储容量较小、要求较低的文件。而收费网盘则具有速度快、安全性能好、容量高、允许大文件存储等优点,适合有较高存储要求的用户。随着网盘市场竞争的日益激烈和存储技术的不断发展更新,传统的网盘技术已经显得力不从心。传输速度慢、冗灾备份及恢复能力低、安全性差、营运成本高等瓶颈一直困扰着网盘企业。

6.5.1 网络存储技术的主要种类

数据存储的网络化是存储技术发展的必然趋势。网络存储技术主要分为以下三种。

1. 直连式附加存储

直连式附加存储(Direct-Attached Storage,DAS)是指直接连接到服务器或工作站的数字存储系统,如图 6-11 所示。一个典型的 DAS 系统就是一个硬盘柜子内置数个硬盘,再通过一个 HBA 卡直接连接到计算机。对于个人计算机用户来说,硬盘驱动器就是直连式存储的常见形式。

DAS 方式依赖于服务器,其本身是硬件的堆叠,不带有任何存储操作系统。因为服务器无须通过网络来读写数据,所以 DAS 能够为终端用户提供比网络存储更高的性能,这也就是企业常常为其有高性能需求的特定应用采用 DAS 的原因。DAS 方式最大的问题是会造成公认的信息孤岛,因为存储在 DAS 上的数据无法供其他计算机设备直接访问。过

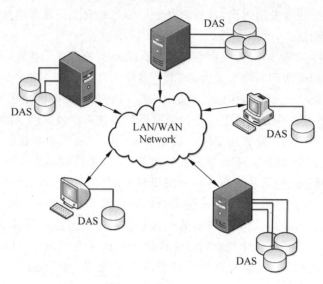

图 6-11　DAS 架构

去，DAS 方式因其无法共享以及服务器崩溃时无法完成故障转移而遭到质疑，认为它不能有效地管理企业存储。然而，当虚拟化成为主流趋势时，DAS 的优势使其再一次流行起来。

2. 网络附加存储

网络附加存储(Network-Attached Storage，NAS)是指接入到计算机网络中为不同架构的客户端提供文件系统级别的计算机数据存储，如图 6-12 所示。NAS 单元通常是一个简单的接入网络的计算机，它只提供文件级的数据存储服务，在其上运行一个简化过的操作系统(如 FreeNAS)。NAS 系统内一般包含多个硬盘，这些硬盘建立 RAID 磁盘矩阵来实现管理。NAS 一般通过网络文件共享协议来提供访问，常用的文件共享协议有 NFS、SMB/CFS 和 AFP。

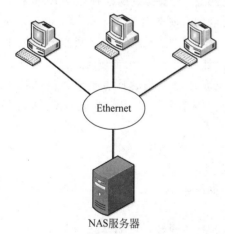

图 6-12　NAS 架构

NAS 方式主要应用在网络文件服务器、中央处理器、内存及操作系统中。它不仅仅是一个文件服务器，还可以执行特定的任务。与文件服务器相比，NAS 具有快速数据访问、容易管理及简单配置等优点。它能够有效节约硬件资源，从而降低投资成本、简化系统设计，通过分离存储设备与服务器，有效保障了数据信息安全。NAS 的主要优点是能够摆脱服务器数量的控制、支持多平台数据访问、支持网络设备在线增加容量。其缺点是数据访问效率低下，无法实现大规模应用。之所以出现这种问题，主要是因为 NAS 采用基于 TCP/IP 网络共享方式。

3. 存储区域网络

存储区域网络(Storage Area Network，SAN)主要利用高速网络实现一个到多个网络存储与服务器之间的相连,如图 6-13 所示。SAN 的推出使得服务器和存储阵列之间的连接方式发生了根本性的变革,成为现在主流的数据存储方式,也是未来一段时间内网络存储技术发展的方向。

SAN 是一个专门提供集中化的块级数据存储的网络,它独立于服务器网络系统之外,是拥有几乎无限存储能力的高速存储网络。这种网络采用高速的光纤通道作为传输媒体,以 FC(Fiber Channel,光纤通道)和 SCSI 的应用协议作为存储访问协议,并需要在计算机中插入 HBA 卡,将存储子系统网络化,实现了真正高速存储共享的目标。SAN 存储技术适用在六个方面的数据存储中,即资源汇集、存储、数据共享、数据移动、备份和恢复以及异地灾难备份。有了 SAN,磁盘阵列、磁带库及光学存储设备就像直接本地连接在服务器上的存储设备。

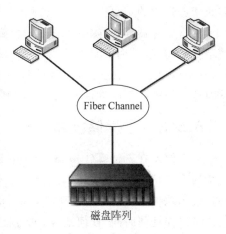

图 6-13　SAN 架构

目前大多数 SAN 都使用光纤通道技术(一种可利用网络体系结构,传输介质除光缆之外还有铜缆等其他传输载体,以千兆速度进行数据传输的技术)。光纤通道 SAN 的出现,彻底改变了服务器和存储设备之间的关系。与传统服务器和磁盘阵列之间的主/从关系不同,光纤通道 SAN 上的所有设备均处于平等的地位,多台服务器以及多个磁盘阵列可以配置在同一个 SAN 上,其中任何一台服务器均可存取网络中的任何一个存储设备。SAN 的光纤拓扑结构比 NAS 的网络结构提供更快、更可靠的存储访问速率。主流 SAN 设备提供商都提供不同形式的光纤通道路由方案,为 SAN 架构带来潜在的拓展性,让不同的光纤网络可以整合在一起交换数据。

光纤通道 SAN 引发了更多类型的存储应用,其中包括服务器群集、磁带备份、故障恢复以及高速视频与图形编辑。每一种应用都可以通过与光纤通道集线器或光纤通道交换器的组合建造。高速的数据传输能力是由集线器和交换器产品提供的,软件产品提供了对较高层功能支持。视频和图形编辑是率先使用光纤通道 SAN 的领域之一。提供的先进功能包括:高速数据传输、对等连接、大规模存储阵列存取以及在单一配置中对大量工作站的支持。印前(Pre-press)业务是 SAN 的另一典型应用,用于生成那些可用于杂志、销售、目录、广告牌以及城市公共汽车所使用的图形图像。在一台印前工作站上工作的艺术家,可能需要从磁盘上读取一个规模相当大的、数以百兆字节的图像文件,然后在这一文件上工作相当长的一段时间。当编辑工作完成之后,又把文件写回到磁盘上。然而,由于很可能会有多个艺术家正在同时随机地读写那些大型的文件,因此传输过程必须能够向他们提供足够的带宽。使用 Ethernet 很难满足这类需求,改用光纤通道后事情将会变得十分简单。典型的印前 SAN 拥有一个可提供与大规模存储阵列相连的光纤通道交换器。由于每一存储设备都连接在它们各自的交换器端口上,所以都能够提供每秒 100MB 的带宽。然而,工作站并不需要过高的专用带宽,因为它们仅仅是间歇性地进行文件存取,所以可以把所有工作站接在一个光纤通道集线器上,然后把集线器接到一个光纤通道的交换器端口。这是一种高性价比的方案,并且能很好地满足用户对带宽的需求。在印前业务操作中,软件发挥了非常重要的作用。印前编辑通常是以顺序方式执行的,其中图形编辑人员和文本编辑人员都将会对一个单一的文件进行存取,因此整个工作流必须确保所有编辑人员不会过早地对文件进行重写。软件安装于每一台工作站上,用以验证文件当前的归属关系和读/写许可情况,并可防止未经授权的重写操作。

尽管服务器群集、磁带备份、故障恢复以及图形编辑都有它们各自不同的需求,但光纤通道 SAN 能够同时满足这些需求。光纤通道所具有的灵活性是各种 SAN 应用能够有效组合的重要原因所在。目前,光纤通道 SAN 已发展成为一种成熟、可行的存储管理技术,针对这一技术的新的软件应用和新的硬件产品正不断推出,不断改善着存储网络的性能。

6.5.2 云存储技术

云存储是在云计算(Cloud Computing)概念上延伸和发展出来的新兴网络存储技术,它是指通过集群应用、网络技术或分布式文件系统等功能,将网络中各种不同类型的存储设备通过应用软件集合起来协同工作,共同对外提供数据存储和业务访问功能的系统。云存储用户可以在任何时间、任何地点、通过任何可连网的装置连接到云上方便地存取数据。云存储一般包含两种含义:①云存储是云计算的存储部分,即虚拟化的、易于扩展的存储资源池,用户通过云计算使用存储资源池,但不是所有的云计算的存储部分都是可以分离的;②云存储意味着存储可以作为一种服务,通过网络提供给用户,用户可以通过若干种方式来使用存储,并按使用(时间、空间或两者结合)付费。

云存储业务最早由亚马逊公司创造并开发设计完成。作为以硬件为主的公司,亚马逊公司希望能够充分利用自己的硬件资源优势,于是在 2006 年,亚马逊公司开始对外出租自己的硬件资源提供存储服务,这就是云存储最早的模型。由于存储服务的价格低而且服务质量好,很快吸引了大量的用户。亚马逊公司在整合之前云存储业务的基础上又开发出弹性块等存储技术,用来更好地支持存储服务。2007 年,微软推出了自己的云存储服务——Windows Sky Drive,每个注册用户可以获得 25G 的在线网络存储空间,用户可以通过自己的 Windows Live 账户进行登录,将自己的图片、文档等上传到 Sky Drive 中进行存储和共享。专门从事服务的 IBM 公司也从中看到了商机,在 2009 年推出了企业级云存储服务业务,称之为智能云存储。这项服务中添加了很多新的技术,将存储应用和虚拟化技术与传统存储技术相结合。同时,IBM 还推出针对个人业务的私有云技术,涉及编辑日志和数据备份冗余等技术。在云计算技术中发挥巨大作用的谷歌公司,在 2010 年也推出了自己的云存储服务,称为谷歌开发者存储服务。这种存储在云计算技术上更加完备,分布式的特点非常明显。另外,惠普公司引入模块化存储及技术,有效地解决了云存储的拓展性问题。

相比国外的云计算技术的产生和发展,国内的云技术起步稍晚,但经过这几年的发展也已经形成了一定的规模。纵观国内外云存储的应用发展趋势及各大互联网厂商近年云存储服务的成功案例,国内云存储行业正逐渐加速升温和走向成熟。目前国内的云存储服务大多都以自身设计的云平台去抢夺用户市场,比较出名的有百度云、腾讯云、阿里云等。国内的各大互联网厂商于 2009 年开始推出云存储服务,成功的案例有百度网盘、华为 DBank 网盘、QQ 网盘等。几乎所有的云存储都能支持计算机网页和客户端、iPhone 和 iPad 客户端、Android 手机客户端。在不同平台登录自己的账号都可对自己的云空间进行增、删、改、查等一系列操作,以及共享云中的各种公有共享资源。

1. 云存储与传统存储的区别及优势

传统存储是指某一具体的存储设备或由大量相同的存储设备构成的集合体。当用户使用传统存储时，需要非常清楚地了解存储设备的一些基本信息，例如设备的型号、容量、所支持的协议、传输速度等。而云存储技术的出现，彻底解放了用户在软、硬件等方面的担忧，提供"傻瓜式"的便捷服务。云存储在功能、性能、成本、服务和便携性方面都优于传统存储。

功能需求方面，传统存储更关注数据，例如数据的分布式存储、事务处理、数据备份等。由于传统存储的存储方式单一，随着存储设备的更新换代，落后的存储设备将难以处置。另外，传统存储方式不能随着业务需求的变化而不断变化，改变存储方式时（例如从只读方式转变为读写方式）必须通过软件的不断更新、甚至重构来解决。

云存储方式更加关注用户，面向用户提供多种类型的存储服务。云存储具有良好的扩展性，可以使用大量廉价的存储设备，存储方式灵活多样，可以根据业务需求的变化、用户的增减和资金的承受能力随时调整存储方式。云存储只需对虚拟化后的存储资源池进行统一管理，就可以实现按需使用、按需分配、按需维护。

性能需求方面，传统存储对资源的利用率非常低，对存储资源的分配通常是静态的（即参考用户的估计值对存储设备划分成分区或卷，以分区或卷为单位将存储资源分配给用户）。由于用户估计值的偏差或者用户需求动态的增减，传统存储的分配方式会导致一部分存储资源可能长期处于闲置状态，而这些闲置的存储资源无法提供给其他用户。

云存储方式对资源的利用率非常高，因为云存储采用动态的方法分配存储资源。另外，云存储对资源的管理也十分弹性化，如果用户的某些资源处于闲置状态，云存储可以将这部分资源进行回收，动态地分配给需要更多资源的其他用户。

成本需求方面，传统存储的投资成本和管理成本都十分昂贵。使用传统存储有时很难提前预测业务的增长量，所以会提前采购设备，很容易造成设备的浪费。存储设备并不能得到完全使用，造成了投资浪费。另外，传统存储的管理员需要管理多种类型的存储设备，不同生产厂商生产的存储设备在管理方式及访问方式又不尽相同，因此管理员需要对各种产品都加以了解，增加了管理的难度及人员的开销。

云存储方式可以有效降低投资成本和管理成本。云存储具有很好的可伸缩性、弹性和扩展性，可以灵活扩容、方便升级。由于使用虚拟化技术，设备管理和维护非常容易。云存储可以根据用户的数量和存储的容量按需扩容，规避了一次性投资所带来的风险，降低了投资成本。云存储通过存储虚拟化技术将数量众多的异构存储设备虚拟化，形成统一存储资源池，管理员可以对存储资源池进行统一管理，最大幅度地降低管理成本。

服务需求方面，传统存储容易出现由意外故障而导致服务中止的现象。传统存储将业务和存储相互对应，根据特定的业务划分相应的存储设备。由于存储设备之间的隔离，如果某台设备出现意外故障，业务就会中止，必须将故障修复后才能恢复业务。

云存储则采用业务迁移、数据备份和冗余等多种技术来保证服务的正常运行，当某个存储设备发生故障时，云存储会根据系统目前的状态自动将用户的请求转移到未发生故障的存储设备上；发生故障的存储设备恢复后，用户的请求也会重新转移到原存储设备，可以有效地保证服务的持续性。

便携需求方面，传统存储属于本地存储，数据会保存在本地的存储设备中，并不会和外界进行互联,导致数据具有较差的便携性。

云存储属于托管存储,可以将数据传送到用户选择的任何媒介,用户可以通过这些媒介访问及管理数据。

2. 云存储的一般应用

从个人应用的角度来看,云存储主要可以用作网络磁盘、在线文档编辑和在线网游等。网络磁盘是由互联网公司推出的在线存储服务,向用户提供文件的存储、访问、备份、共享等文件管理功能。用户只需要连接到 Internet,就可以管理、编辑网盘里的文件,不需要随时携带,比较方便和安全。在线文档编辑可以与同事、朋友以及小组成员共享文档、多人分工、即时协作。可以从桌面、Google Docs 或其他地方上传文档,也可以下载并保存在本地,支持离线编辑。在线网游是一个庞大的、建立在云存储基础上的游戏服务器群,不需要客户安装游戏客户端。

从企业应用的角度来看,云存储主要可以用作存储空间租赁、远程数据备份和容灾、视频监控系统等领域。云存储为公司企业提供了强大的云存储企业级应用,用以满足不断增加的数据存储需求,同时能节约成本。而随着日益增加的存储需求量,我们不仅要满足这一需求还要保证数据的安全性,所以拥有完善的容灾功能对于保护数据池的安全性非常重要。通过接入网与云存储系统连接,视频监控系统实时将视频图像保存到云存储中,并通过视频监控平台管理软件实现图像的管理和调用,用户不仅可以通过电视墙或 PC 来观看图像信号,还可以通过手机来远程观看实时图像。

根据云存储易于扩展的特性,可以在不同的产品上进行应用。从市场应用角度上来看,云存储的"产品"定位主要有"文件云""应用云""手机云""开放云"等方向。"文件云"是指以提供共享大容量、跨平台的文件式存储的云产品,市场代表产品有 DropBox、Box. net、微软 Sky Drive、Amazon、金山快盘、115 网盘、华为 DBank 等。这类企业规模较大、资金实力雄厚,此类云存储产品比的是容量和用户体验。"应用云"是指以提供某种特定应用为主的云存储产品,该类产品不直接提供文件存储,而是以应用的形式提供海量存储。市场代表产品有 Evernote、Instagram、Google Docs、QQ 通讯录备份等,主要提供备忘录、相册、文档、通讯录等间接云存储。"应用云"一般对服务器资源要求不高,但是用户体验极为直接强烈。这类产品用户体验较好、应用直接、更易上手和接受。"手机云"是为手机和平板电脑等移动设备提供云服务的云存储产品,市场代表产品有 Apple iCloud、华为 Hi Cloud、阿里云手机等。此类业务一般是手机终端厂商为了提升终端用户体验,绑定用户忠诚度而免费提供的云服务,以此保证终端占有率和低用户流失率。"开放云"是指以提供云存储服务为开放平台的云产品,也可以理解成是为开发者提供云存储资源、云存储的基础设施。这类企业的特征是不向直接用户提供产品,为小企业和开发者提供云存储平台和二次开发接口。"开放云"有望大幅降低云存储创新的门槛,使得更多优秀云存储产品可以涌现,同时开放平台的价值也将随之出现。

3. 云存储的一般架构

相比于传统的存储类型和存储业务,云存储不单单是指硬件,而是一个复杂系统,其中集合了网络、服务器、存储、应用软件、API 接口、接入网络和客户端程序等多个部分。各个部分都以存储设备为核心,通过各种应用软件来达到对外提供数据存储和业务访问服务的目的。云存储系统模型通常分为 4 层,如图 6-14 所示。

图 6-14 云存储架构

1）存储层

存储层是云存储系统中最基础的部分，它要求系统对存储设备的兼容性比较好，多种多样的存储设备都可以进入系统的存储组件，例如光纤通道存储设备、IP 存储设备、DAS 存储设备。云存储的存储设备（或存储节点）一般分布在非常广阔的地域上而且数量众多，需要通过 Internet 等网络连接在一起。存储设备之上设置有设备的管理系统，作用是对这些分布广泛且数量繁多的存储设备通过虚拟化技术、多链路冗余技术等进行管理、监控和维护。

2）基础管理层

基础管理层是云存储系统的核心部分，同时也是最难实现的部分。这一层要用到很多的先进技术，主要是集群技术、分布式文件系统构建技术等。这些技术主要是为了实现云存储系统中各个存储设备之间的互联和协同工作，使得各个组件形成一个有机的整体共同对外提供服务，极大增强了数据的访问性能。同时，基础管理层还需要使用各种数据备份和加密技术等措施，来确保云存储系统中各种数据的安全和维持系统本身的稳定性。

3）应用接口层

应用接口层是云存储系统中特别灵活的部分，根据实际的需求，用户可以开发出各种与需求相对应的 API 接口，而云存储系统也会为各种不同的用户提供相应的服务。

4）访问层

用户获得授权以后，可以通过相应的接口登录系统，进行相关的文件管理，获得各种类型的文件存储服务。由于运营单位的不同（可能是会员、一般用户或者是管理员），访问的手段也可能不同，云存储系统会为这些不同级别的用户提供不同的访问类型和权限。

4. 云存储的关键技术

从云存储的架构设计可以看出，云存储系统一般都具有设备多、应用广、多种服务相互协同工作的特点。因此,云存储系统的实现需要很多相关技术作为支撑。

1) 宽带网络技术

云存储系统非常依赖宽带网络的发展,宽带网络实现了多个地域的连接,覆盖范围不断扩大,甚至覆盖全球,这对于云存储这样的公用系统非常关键。有了强有力的宽带网络技术,使用者才能实现大量数据的传输,真正享受到云存储服务。

2) Web 技术

通过 Web 技术,云存储的用户才能在手机、PC 等各种移动终端设备上进行文档、图片、视频、音乐等内容的集中存储和资料共享。Web 技术使云存储的服务更加灵活。

3) 应用存储技术

简单来说,应用存储就是应用软件和存储设备的结合。其功能不仅仅是存储,还拥有应用软件的附加功能。应用存储技术使得存储节点更加智能,减少了存储节点维护成本,使得存储变得更加灵活,提高了系统的运行效率和性能,同时保证了系统的稳定。

4) 网络化存储和虚拟化存储技术

云存储系统中一般包含很多存储设备,这些存储设备除了数量巨大以外,生产商型号等各不相同,要将这些设备进行互联并糅合成一个统一系统,离不开虚拟化存储和网络技术的发展。虚拟化存储有助于系统的拓展性,而网络化管理技术则对应存储系统的冗余管理和执行效率。

5) 集群技术、网络技术和分布式处理技术

要实现多个存储设备之间的协同工作,需要通过集群技术进行统一的设备管理,通过网络技术保障通信,通过分布式处理技术和网格计算来确保系统运行的最优化。

6) P2P 技术

P2P 网络的一个重要目标就是让所有的客户端都能提供资源(包括带宽、存储空间和计算能力)。因此,当有节点加入且对系统请求增多,整个系统的容量也增大。P2P 技术有许多应用,共享包含各种格式音频、视频、数据等文件,实时数据(例如 IP 电话通信、Anychat 音视频)也可以使用 P2P 技术来传送。

5. 云存储的发展趋势及挑战

相对于传统的存储系统,云存储虽然具有很多优势,但云存储服务的发展也面临着一些挑战,主要体现在下面几个方面。

(1) 安全性成为首要挑战。安全性是任何新技术推广时都面临的一个问题,不单单是云存储的问题。云存储服务提供商需要让用户觉得服务是安全的,数据不会被窃听、篡改,并且可以按照用户的要求进行正确、彻底的数据删除。应当满足数据安全的三大特性,即保密性、完整性、可用性。

(2) 性能和带宽不足将影响云存储部署。对于距离很远且存取数据频繁的应用,带宽不足将极大地影响用户的体验,云存储并非其第一选择。

(3) 协议转换困难。目前,大部分应用程序都采用基于文件块的协议(FC、iSCSI 等),但是云存储架构是基于文件的协议(CIFS、NFS 等),协议之间的翻译是云存储推广必须考虑的问题。

(4) 成本和可靠性之间需要平衡。服务提供商增加副本的额外存储可以增大云存储系统的可靠性,但需增加资金的投入。

今后云存储服务的发展趋势,可以概括为以下几个方向。

(1) 安全性:云存储的安全问题一直被人们诟病,所以在未来的发展趋势下,云存储的安全问题势必引起人们的重视,许多云存储的厂商也要看中这一需求,努力构建一个更安全、更便捷的数据中心,通过加密层和保护层的双重保护来保障数据的安全。

(2) 方便性:用户在考虑数据存储的同时也考虑到了数据的便携功能,所以云存储要结合强大的数据便携功能,将数据传送到任何需要的媒介手中,甚至是一个专门的设备。

(3) 性能和可用性:时间的延迟是互联网的特性,而延迟时间过长就会影响服务的可用性。新一代的云存储服务将经常使用的数据保存在本地设备高速缓存上,能够有效缓解网络延迟的问题。为了减少数据传输的延迟性,今后各云存储厂商应将云存储技术的发展方向放在如何实现容量优化和广域网优化上。

(4) 数据访问:云存储是否有足够的访问性是目前用户会疑惑的一个问题。在未来的发展趋势中,一些厂商会利用数据传输的媒介直接将数据进行传输,其速度之快相当于复制和粘贴;另外一些厂商会提供设备,完全复制云地址,让本地的网络设备继续运行,不用重新进行设置。如果厂商构建了更多的设备,那么传输的时间将会缩短,更重要的是如果本地的数据不小心被销毁,厂商也可以再次传输数据。

本章习题

1. 结合自身的使用经历,谈一谈多媒体信息的存储介质有哪些?各种存储介质的使用特点是什么?

2. 磁盘存储的工作原理是什么?如何提高磁盘的存取速度?

3. 磁盘存储系统有哪些常用工作模式?各有什么特点?

4. 对比分析 RAID 01 与 RAID 10 工作方式的区别与联系。

5. 根据自身的使用情况,对比分析 CD 与 DVD 存储方式的特点。

6. 调查并了解一下你所处的学校是否建立了多媒体数据库,能够提供哪些多媒体数据业务?谈谈使用的感想。

7. 体验一下基于内容检索的多媒体业务,并谈谈它与传统检索方式的区别和联系。

8. 你使用过哪些网盘?结合自身使用的经历,谈一谈网络存储技术的特点。

第 7 章

CHAPTER 7

多媒体通信网

多媒体通信网络是实现多媒体通信的重要组成部分,任何一种多媒体通信系统的实现,都必须借助网络和通信技术将处于不同地理位置的多媒体终端和为其提供多媒体服务的设备连接起来,并提供预定的通信质量。本章将在分析多媒体通信网络性能需求和通信协议的基础上,讨论基于电信网络、计算机网络、有线电视网络开展多媒体通信业务的主要方式和特点。

本章的主要内容包括:

➢ 多媒体业务对通信网络的性能要求

➢ 常用的多媒体通信协议

➢ 基于电信网络的多媒体通信

➢ 基于计算机网络的多媒体通信

➢ 基于有线电视网络的多媒体通信

➢ 多媒体通信网络的发展趋势——三网融合

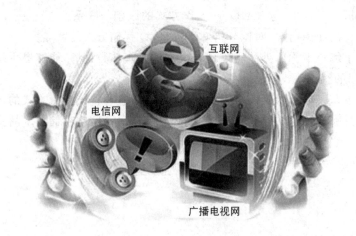

现代通信技术的发展经历了不同的阶段和主要技术的变化,在此之上发展壮大起来的多媒体通信技术也经历了不同的发展道路。在传统电信领域,经历了由单一的电报、电话业务向无线数传、移动电话最终向可视电话业务的深刻变革;在计算机通信(特别是基于宽带IP的计算机通信)领域,经历了由一般意义上的数据通信向声音、图像、音频、视频等多媒体数据综合通信的发展;在广播电视业务领域,经历了语音广播业务、无线/有线电视广播业务向视频点播和交互式电视业务的巨大转变。本章将按照多媒体通信技术在上述三大主要通信网络中的不同发展历程,对相应多媒体通信网络的组成、特点、主要业务形式及进一步发展进行介绍。

7.1　多媒体业务对通信网络的要求

多媒体通信从本质上讲也是一种数据通信,其特殊性主要体现在多媒体通信的数据量巨大,通信的业务对实时性要求高,信息之间具有很强的时空约束特性。本节从多媒体通信业务的综合性要求、多媒体通信网络的性能指标、多媒体通信的服务质量等方面,介绍多媒体通信网络的整体特性。

7.1.1　多媒体通信的综合性要求

多媒体通信使得用户在通信时(或者更广义地说,人们在相互传递和交换信息时)不再利用单一的信息媒体,而是同时利用多种信息媒体。它以可视的、智能的、个性化的服务模式,把通信、电视和计算机三种技术有机地结合在一起,构成了声、形、图、文并茂的信息综合表现形式,用户可以随心所欲地、不受时空限制地索取、传播和交换信息。多媒体通信和个人通信是信息技术革命时代的两大目标。

多媒体通信要求支持对文本、数据、图形、图像、音频、视频、动画等不同类型媒体数据的处理和传输,而不同类型的媒体数据对于通信网络的性能和服务有不同的要求。例如,对于语音数据来说,实时性要求较强而对通信带宽的要求不是很高;对于高质量的音频、视频通信来说,实时性和通信带宽的要求都很高,要求传输网络具有完善的差错检测和控制机制;对于动态压缩处理过的视频流来说,其可靠性要求更为复杂,如果压缩后视频流中的关键帧数据出错,将导致与之相关的一段数据无法解压恢复和回放;而非关键帧的数据出错仅会导致回放中某些画面质量的下降,在一定程度上是可以容忍的。表 7-1 给出了部分媒体的传输特性要求,从中不难看出,多媒体业务特性和需求上的差异给多媒体通信带来了较大的困难。

表 7-1　部分媒体的传输特性要求

媒　　体	最大延迟/s	最大时滞/ms	速率/(Mb·s^{-1})	可接受的位出错率(BER)	包出错率(PER)
语音	0.25	10	0.064	$<10^{-1}$	$<10^{-1}$
图像	1	—	2～10	$<10^{-4}$	$<10^{-9}$
视频	0.25	10	100	$<10^{-2}$	$<10^{-3}$
压缩视频	0.25	1	2～10	$<10^{-6}$	$<10^{-9}$
数据	1	—	2～100	0	0
实时数据	0.001～1	—	<10	0	0

根据多媒体业务的具体应用特征和多方面的因素,多媒体业务对通信网络的要求主要体现在以下几个方面。

1. 实时性

多媒体信息大多与时间密切相关,尤其是音频、视频、动画等连续型媒体的通信,具有时间连续性和实时性的特点,因此要求通信的时延极低。例如对于语音传输,最大可接受的延迟为 0.25s。使用分组交换方式传输语音时,分组之间的到达时延不能大于10ms,否则就会感到语音不连续。因此,在端对端的各种多媒体通信过程中,应当对多媒体数据传输的延时加以限定,对数据抖动(延时变化)和业务量的突发性参数也应制定相应的标准。

2. 同步性

多媒体通信过程中传输的数据内容常由多个部分(如语音、图像、文本等)组成,尽管各个部分产生的时间和地点可能各不相同,但是它们的重现往往需要同步,这是区分多媒体系统与多功能系统的一个重要准则。多媒体信息的同步大致分为两类:一类是连续同步,指两个或多个实时连续媒体流之间的同步,如音频与视频之间的同步;另一类是事件驱动同步,指一个或一组相关事件发生与因此而引起的相应动作之间的同步。同步性要求通信网络不仅要实时地传输多媒体数据,而且要在传输过程中保持多媒体数据之间在时序上的同步约束关系。例如调整图像和伴音的同步(唇音同步),其延时要求一般不大于40ms。

3. 多点性

不少多媒体应用都需要在多个用户之间同时进行多媒体信息交流,例如视频点播应用,要求提供点播服务的视频服务器可以同时将视频数据发往多个提出要求的用户,具有一对多的特性;而视频会议业务要求参加会议的所有成员都可以和其他成员进行多媒体通信,具有多对多的特性。传统的通信网络大多是基于点对点通信或广播式传输的,对于数据量巨大的多媒体通信来说,采用这两种方式显然在效率和性能方面都不会取得较好的结果。最直接有效的方式就是通信网络支持多播方式,即任一用户发送的信息都能够被属于同组的其他用户接收和处理。因此,多媒体通信网络必须具有多播和用户群寻址的能力,以及对多用户通信更加灵活和方便的通信协议。当多媒体业务涉及多用户连接时,通信网络应当能够动态地调整业务配置,并根据特定连接来调整业务的质量参数。

除了上述的通用性要求之外,多媒体通信网络还应具有业务控制能力、网络连接能力、资源管理能力和媒体复用能力等;需要增加语音、数据、图像、音频、视频等信息的检索服务;增加网络控制能力以适应不同媒体传输的需要;提供多种网络服务以适应不同应用要求;提高网络交换能力以适应不同数据流的需要。

7.1.2　多媒体通信网络的性能指标

多媒体通信对网络环境要求较高,这些要求必然涉及一些关键性的网络性能参数,主要包含网络的吞吐量、差错率、传输延时及延时抖动等。

1. 吞吐量

网络吞吐量(Throughout)指的是有效网络带宽,定义为物理链路的数据传输速率减去各种传输开销。吞吐量反映了网络所能传输数据的最大极限容量。吞吐量可以表示为单位时间内处理的分组数或比特数,它是一种静态参数,反映了网络负载的情况。在实际应用中,人们习惯将网络的传输速率作为吞吐量。实际上,吞吐量要小于数据的传输速率。多媒体通信对网络的吞吐需求分为以下 3 个方面。

1) 传输带宽的要求

由于多媒体传输由大量突变数据组成,并且常包括实时音频和视频信息,所以对于传送多媒体信息的网络来讲,它必须有充足可用的传输带宽。当网络提供的传输带宽不足时,就会产生网络拥塞,从而导致端到端数据传输延迟的增加,并会造成数据分组的丢失。

2) 存储带宽的要求

在吞吐量大的网络中,接收端系统必须保证有足够的缓冲空间来接收不断送来的多媒体信息。当缓冲区容量不够大时就很容易产生数据溢出,造成数据分组丢失。另外,缓冲区的数据输入速率也必须足够大,以便容纳从网络不断传来的数据流。这种数据输入速率有时被看作缓冲区存储带宽。

3) 流量的要求

多媒体通信网络必须能够处理一些诸如视频、音频信息之类的冗长信息流,因此网络必须有足够的吞吐能力来确保大带宽信道在延长的时间段内的有效性。例如,如果用户要发送流量为 50Gb 的信息流,而网络只提供给用户 1.5Mb/s 的吞吐能力及 6s 的时间片是肯定不够的。但是如果网络允许用户持续不断地使用这个 1.5Mb/s 的信道,则这个流量要求就能够得以满足。如果网络在任何时刻都存在许多数据流,那么该网络的有效吞吐能力就必须大于或等于所有这些数据流的比特率总和。

持续的、大数据量的传输是多媒体信息传输的一个特点。就单个媒体而言,实时传输的活动图像对网络的带宽要求最高,其次是声音。对于运动图像而言,人们能够感觉到的质量参数分别是每秒的帧数和每幅图像的分辨率,因此衡量视频服务质量的好坏通常用这两种参数的组合来表示。根据不同条件下的实时视频传输要求,可以将视频的服务质量分为 5 个等级,如表 7-2 所示。

表 7-2 视频图像的服务质量等级

等级	名 称	分 辨 率	帧率 /(帧·秒$^{-1}$)	量化 比特数	总数据率	压缩后数据率
1	高清晰度 电视质量	1920×1080	60	24	3Gb/s	20～40Mb/s (MPEG-2 压缩)
2	数字电视质量	720×576	25	16	166Mb/s	6～8Mb/s (MPEG-2 压缩)
3	广播电视质量	720×576				3～6Mb/s (MPEG-2 压缩)
4	录像机质量	360×288				1.4Mb/s (MPEG-1 压缩)
5	会议电视质量	352×288	>10			128～384Kb/s (H.261 压缩)

声音是另一种对带宽要求较高的媒体,可以将音频的服务质量分为 4 个等级,如表 7-3 所示。

表 7-3　音频的服务质量等级

等级	名　称	带　宽	取样频率/kHz	量化比特数	总数据率/(Kb·s⁻¹)	压缩后数据率/(Kb·s⁻¹)
1	电话质量话音	300～3400Hz	8	8	64	32、16 甚至 4
2	高质量话音	50Hz～7kHz	37.8	16	604.8	48～64
3	CD 质量音乐	20kHz 以内	44.1	16	每声道 705.6	192 或 128(MPEG-1 压缩)
4	5.1 声道立体环绕声	3～20kHz	48	22	1056	320(AC-3 压缩)

综上所述,不同媒体对网络带宽的要求是不一样的,一般实时的视频和音频对带宽的要求较高,而非实时的文件方式传送的图文、文本浏览等对带宽的要求相对较低。

2. 传输延时

网络的传输延时(Transmission Delay)是指信源发出第一个比特到信宿接收到第一个比特之间的时间差。它包括信号在物理介质中的传播延时(延时的大小与具体的物理介质有关)和数据在网络中的处理延时(如复用/解复用时间、在节点中的排队等)。

另一个经常用到的参数是端到端的延时(End-to-End Delay),它通常指一组数据在信源终端上准备好发送的时刻到信宿终端接收到这组数据的时刻之间的差值。它包含三个部分:第一部分是信源数据准备好而等待网络接收这组数据的时间,第二部分是信源传送这组数据(从第一个比特到最后一个比特)的时间,第三部分就是网络的传输延时。

不同的多媒体应用,对延时的要求是不一样的。对于实时的会话应用,在有回波抵消的情况下,网络的单程传输延时应在 100～500ms;而在查询等交互式的实时多媒体应用中,系统对用户指令的响应时间应小于 1～2s,端到端的延时在 100～500ms,此时通信双方才会有"实时"的感觉。

3. 延时抖动

网络传输延时的变化称为网络的延时抖动(Delay Jitter),即不同数据包延时之间的差别。度量延时抖动的方法有多种,其中一种使用在一段时间内(如一次会话过程中)最大和最小的传输延时之差来表示。产生延时抖动的原因有很多,主要有以下几种。

(1) 传输系统引起的延时抖动,例如,金属导体随温度变化会引起传播延时的变化,从而产生延时抖动。这些因素所引起的延时抖动称为物理抖动,其幅度一般只在微秒量级,甚至于更小。例如,在本地范围之内,ATM 工作在 155.52Mb/s 时,最大的物理延时抖动只有6ns 左右(不超过传输 1 个比特的时间)。

(2) 对于电路交换的网络(例如 N-ISDN),只存在物理延时抖动。在本地网之内,延时抖动在纳秒量级,对于远距离跨越多个传输网络的链路,延时抖动在微秒的量级。

(3) 对于共享传输介质的局域网(例如以太网、FDDI 等)来说,延时抖动主要来源于介质访问时间的变化。由于不同终端只有在介质空闲时才能发送数据,这段等待时间通常被称为介质访问时间,介质访问时间的不同会产生延时抖动。

(4) 对于广域网(例如 IP 网、帧中继网等),延时抖动主要来源于流量控制的等待时间和节点拥塞而产生的排队延时变化。在有些情况中，后者可长达秒的数量级。

延时抖动会对实时通信中多媒体的同步造成破坏，最终影响到音/视频的播放质量。从人类的主观特性上来看，人耳对音频的延时抖动更为敏感，而人眼对视频的延时抖动则不太敏感。为了削弱或消除延时抖动造成的这种影响，可以采取在接收端设立缓冲器的办法，即在接收端先缓冲一定数量的媒体数据然后再播放，但是这种解决办法又会引入额外的端到端的延时。综合上述各种因素，实际的多媒体应用对延时抖动有不同的要求，如表7-4所示。

表7-4　延时抖动要求

数据类型或应用	延时抖动/ms
CD 质量的声音	100
电话质量的声音	400
高清晰度电视	50
广播质量电视	100
会议质量电视	400

4. 错误率

在传输系统中产生的错误有以下几种度量方式。

1）误码率

误码率（Bit Error Rate，BER）指在传输过程中发生误码的码元个数与传输的总码元数之比。通常，BER 的大小直接反映了传输介质的质量。例如，对于光缆传输系统 BER 通常为 $10^{-12} \sim 10^{-9}$。

2）包错误率

包错误率（Packet Error Rate，PER）指在传输过程中发生错误的包与传输的总包数之比。包错误可能是同一个包两次接收，也可能是包丢失或包的次序颠倒。

3）包丢失率

包丢失率（Packet Loss Rate，PLR）指由于包丢失而引起的包错误。传输过程中的包丢失原因有多种，通常最主要的原因就是网络拥塞，致使包的传输延时过长，超过了设定到达的时限从而被接收端丢弃。

由于受到人类感知能力的限制，人的视觉和听觉很难分辨和感觉出图像或声音本身微小的差异。因此，在多媒体应用中，对数据的误码率比活动的音/视频对误码率的要求更高。

表7-5　不同媒体信息对误码率的要求

媒体种类	可接受误码率
普通数据	$<10^{-8}$
话音	$<10^{-2}$
普通视频	$<10^{-2}$
压缩视频	$<10^{-6}$
图片	$<10^{-1}$

对于数据的传输应通过检错、纠错机制使误码率减小到趋于零。对于音/视频的误码率指标要求可以宽松一些，例如，对于话音 BER 小于 10^{-2}；对于未压缩的 CD 质量音乐，BER 小于 10^{-3}；对于已压缩的 CD 质量音乐，BER 小于 10^{-4}；对于已压缩的 HDTV，BER 小于 10^{-10}。由此可见，已压缩的音/视频数据对误码率的要求比未压缩的音/视频数据要高。不同媒体信息对误码率的要求如表7-5所示。

7.1.3　多媒体通信的服务质量（QoS）

1. QoS 的定义

为了衡量多媒体通信网络的性能，使其提供更有效的技术支持，必须首先确定描述多媒体通信网络的评价体系。服务质量（Quality of Service，QoS）被公认为较为客观的一种评价指标。服务质量是一种抽象概念，用于说明网络服务的"好坏"程度。由于不同的应用对网络性能的要求不同，对网络所提供的服务质量期望值也不同，这种期望值可以用一种统一的 QoS 概念来描述。

从用户的角度来看,QoS反映了业务的质量要求;从网络的角度来看,QoS体现了网络的性能指标。可以说,QoS的参数指标是多媒体通信网络性能的具体表现,它描述了用户对网络所提供服务的主观满意程度。然而,满意程度是一个非常模糊的指标,网络性能通常是通过一系列可测量的参数描述的,这些参数用于网络的设计、配置、运行和管理。QoS从用户角度出发,提出了对网络连接的要求,但QoS参数与具体业务有关,网络可能并不能理解QoS参数的意义。例如,图像业务的清晰度可以用每帧多少像素来描述,但是网络并不知道这个参数的意义,只有将它转换为带宽等参数,网络才能理解。

QoS是说明多媒体性能目标的元组,通过该元组可以对通信系统性能进行指定。为了描述多媒体信息的同步特性,QoS在原有基础上被扩充为表现比率、利用率、抖动、最大时滞、位差错率和包差错率等参数,它们之间的关系示意如图7-1所示。

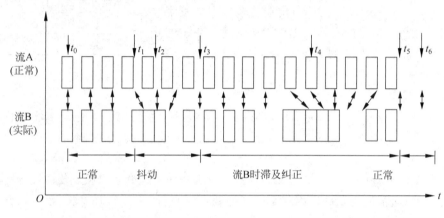

参数	$t_0 \sim t_1$	t_1	$t_1 \sim t_2$	$t_2 \sim t_3$	$t_3 \sim t_4$	$t_4 \sim t_5$	$t_5 \sim t_6$
表现比率	3/3	—	1/1	2/2	4/5	5/4	1/1
利用率	1	—	1	1	1	1	1
时滞	0/3	—	1/1	−1/2	2/5	−2/4	0/1
抖动	—	1	—	—	—	—	—

图 7-1 QoS 参数间的关系示意图

(1)表现比率:对象序列的表现比率定义为实际表现速率与正常表现速率之比。

(2)利用率:对象利用率定义为实际表现速率与对象可交付速率之比。当利用率超过1时,所有交付的对象都可以被表现出来;当利用率下降时,为了维护两个对象流之间的同步,某些对象将被丢掉。理想情况下,两个对象流的表现比率和利用率都应该等于1。

(3)时滞和抖动:对象的时滞是指在经过 N 个同步点之后,两个对象在表现时间上的差异,它将以前的时滞定义进行了量化。瞬时的差异称为抖动。

(4)位差错率和包差错率:位差错率(BER)和包差错率(PER)分别描述数据传输过程中位与分组在单位时间上的错误数,表示了传输数据对通信系统的可靠性需求。

从图7-1中不难看出,表现比率反映的是某段时间内实际分组数与正常分组数的比值,其值小于1时出现延时。利用率反映的是实际表现分组数与交付的分组数的比值,其值小于1时,则可以丢弃部分分组。时滞反映了在某段时间内分组的平均延时,若不为0就存在延时。由于表现比率与时滞都可以反映平均延时,可以只选其中之一。前者强调某段时间内的分组数,而后者强调这段时间内分组在同步上的延时。抖动反映了分组瞬时的差异。

QoS中另外一个重要的通信参数是通信服务的可靠性,用位差错率(BER)和包差错率(PER)表示。差错率可以定义在不同的层次上,例如每一位、每一帧、每一通道或者每一连接。通道的错误率取决于传输媒体、检错算法、缓冲溢出导致的分组丢失等多种因素。分组错和位错对不同的媒体会产生不同的后果,例如,在语音中会表现为咔嗒声,而在动态视频中则可能引起图像的短时中断。对错误的检测方式也要根据媒体的性质确定差错控制协议方法,最重要的就是确定保证传输质量,还是保证实时性要求。

2. QoS 管理

在多媒体通信中,仅在建立连接时说明 QoS 参数值并且要求它们在整个连接生命期内保持不变是不够的,在实际应用中也是不容易实现的。完整的 QoS 保障机制应包括 QoS 规范和 QoS 管理两大部分。QoS 规范表明应用所需要的服务质量,而如何在运行过程中达到所要求的质量,则由 QoS 的管理机制来完成。

QoS 的管理分为静态和动态两大类,静态资源管理负责处理流建立和端到端 QoS 再协商过程,即 QoS 提供机制。动态资源管理处理媒体传递过程,即 QoS 控制和管理机制。

1) QoS 提供机制

QoS 提供机制包括以下内容。

(1) QoS 映射:QoS 映射完成不同级(如操作系统、传输层、网络)QoS 表示之间的自动转换,通过映射各层都将获得适合于本层使用的 QoS 参数。例如,将应用层的帧率映射成网络层的比特率等,供协商和再协商之用,以便各层次进行相应的配置和管理。

(2) QoS 协商:用户在使用服务之前应该将其特定的 QoS 要求通知系统,进行必要的协商,以便就用户可接受和系统可支持的 QoS 参数值达成一致。

(3) 接纳控制:接纳控制首先判断能否获得所需的资源,这些资源主要包括端系统以及沿途各节点上的处理机时间、缓冲时间和链路的带宽等。若判断成功,则为用户请求预约所需的资源;如果系统不能按用户所申请的 QoS 接纳用户请求,那么用户可以选择"再协商"较低的 QoS。

(4) 资源预留与分配:按照用户 QoS 规范安排合适的端系统、预留和分配网络资源,然后根据 QoS 映射,在每一个经过的资源模块进行控制,分配端到端的资源。

2) QoS 控制机制

在业务流传送过程中的实时控制机制主要包括以下内容。

(1) 流调度控制机制:调度机制是向用户提供并维持所需 QoS 水平的一种基本手段,流调度是在终端以及网络节点上传送数据的策略。

(2) 流成型:基于用户提供的流成型规范来调整流,可以给予确定的吞吐量或与吞吐量有关的统计数值。流成型的好处是允许 QoS 框架提交足够的端到端资源,并配置流安排以及网络管理业务。

(3) 流监管:流监管是指监视观察是否正在维护提供者同意的 QoS,同时观察是否坚持用户同意的 QoS。

(4) 流控制:多媒体数据(特别是连续媒体数据)的生成、传送与播放具有比较严格的连续性、实时性和等时性。因此,信源应以目的地播放媒体量的速率进行发送,即使收/发双方的速率不能完全吻合，也应该相差甚微。为了提供 QoS 保证，有效地克服抖动现象的发生，维持播放的连续性、实时性和等时性，通常采用流控制机制。这样做不仅可以建立连续媒体数据流与速率受控传送之间的自然对应关系，使发送方的通信量平稳地进入网络，以便与接收方的处理能力相匹配，而且可以将流控制和差错控制机制解耦。

（5）流同步：在多媒体数据传输过程中，QoS 控制机制需要保证媒体流之间、媒体流内部的同步。

3）QoS 管理机制

QoS 管理机制和 QoS 控制机制类似，不同之处在于控制机制一般是实时的，而管理机制是在一个较长的时间段内进行的。当用户和系统就 QoS 达成一致之后，用户就开始使用多媒体应用。在使用过程中，需要对 QoS 进行适当的监控和维护，以便确保用户维持 QoS 水平。QoS 维护可以通过 QoS 适配和再协商机制实现。例如，由于网络负载增加等原因造成 QoS 恶化，则 QoS 管理机制可以通过适当地调整端系统和网络中间节点的 CPU 处理能力、网络带宽、缓冲区等资源的分配与调度算法进行细粒度调节，尽可能恢复 QoS。如果通过上述适配过程依然无法恢复 QoS，管理机制则把有关 QoS 降级的实际情况通知用户，用户可以重新与系统进行协商，根据当前实际情况就 QoS 达成新的共识（即 QoS 再协商）。

7.1.4　传统通信网络对多媒体业务的支持

现代通信技术中，最早发展起来的是普通电话业务网（POTS）。作为传统话音通信的主要手段，POTS 是一个实时、低时延、高可靠、适度保真的话音系统。虽然后来经历了一系列重要的结构修改，加入了独立的 NO.7 号数字信令系统，并将模拟电话网络改变为 64Kb/s 的数字化网络，具备了更高的可靠性和保真度，但是 POTS 网络从一开始并不是为其他形式的通信设计的，因而不太适合于传送宽带语音、音频、图像、视频、传真等其他数据。数字信号调制解调器（Modem）的出现，使得在传统电话线上传输数字信号成为可能，但其速率很低，一般在 1200～9600b/s，即便只是传送一幅静止图像也需几秒到几分钟的时间。20 世纪 90 年代，接入网技术的快速发展与普遍推广，实现了 POTS 网络的高速率连接。用户可以使用 ISDN（综合业务数字网）接入两个或两个以上 64Kb/s 信道，或者是通过数字用户环路技术（例如 ADSL 或 HDSL）提供对网络的直接、高速率接入。

为了提供更好的数据传输机制，在普通电话业务网之后出现了第二种通信网络，数据以 IP 分组的形式进行传输和路由选择，因此被称为分组网络。分组网络的发展独立于电话网，其目的是在计算机之间传送突发性、非实时的数据，尤其适合于传送不同类型的数据，包括消息、传真、静态图像等。计算机技术的飞速发展，使得数字化信息处理变得简单，这也促进了分组网络的发展。特别是 Internet 网络的形成与迅速壮大，为人们提供了在任意时间、任何地点都可以通过有线（双绞线、光缆、电话线等）或无线（卫星、微波等）方式在计算机之间进行信息交流和传递的可能。IP 业务量的持续快速增长使得 IP 逐渐成为一种占主导地位的通信协议，由于可以集成语音业务、数据业务、图像和视频业务等，IP 技术将是未来网络综合的主要力量之一，最终可能成为新一代电信网络基础设施的技术选择。

除了电信网和计算机网络之外，有线电视网（CATV）也是应用和覆盖范围很广的一类通信网络。有线电视技术于 20 世纪 50 年代起源于美国，是专门向用户传送电视节目的单向广播系统。由于选用同轴电缆作为传输媒质，CATV 与其他通信网络相比具有带宽大、速率高、不用拨号、始终畅通、技术成熟、成本低等优势,不仅可以用来传送原有的模拟电视信号,还有相当富裕的频带可以用来传送数字电视信号及其他数据业务。CATV 网络的缺点也很明显,传统的 CATV 网络只具备下行信道,很难传送双向业务。此外,CATV 网络比较脆弱,其中任何一个放大器的故障都可能会影响到许多用户,对用户提供的业务质量也不一致,网络自身很难监视故障的发生及位置。21 世纪初,随着网络技术、视/音频压缩技术、混合光纤/同轴电缆(HFC)等技术的发展与成熟,基于 CATV 网络的宽带多媒体通信成为可能,一大批基于 CATV 网络的宽带交互式多媒体业务不断涌现,例如网上购物、家庭银行、交互游戏、VOD、Web 浏览等。

除了上述通信网络的不断发展演进,现代通信中所采用的数据传输处理和交换等技术也在快速地发展与变化。表 7-6 给出了部分典型通信网络与技术的对比信息。

表 7-6 部分典型通信网络与技术的对比

名 称	数据速率	时延/ms	信息类型	应 用
ATM	25/52/155/622Mb/s,2.488Gb/s	20~30 可变	数据、语音、多媒体	桌面、LAN 主干网、城域网、广域网
FDDI	100Mb/s	100~200 可变(同步设备 8~16)	数据、某些多媒体	桌面、LAN 主干网
光纤信道	133/266/530Mb/s,1Gb/s	10 固定	数据	桌面、LAN 主干网
高速令牌环网	未定	—	数据、多媒体	桌面、LAN 主干网
等时以太网	16Mb/s	<100 固定	数据、多媒体	桌面、LAN 主干网
快速以太网	100Mb/s	30~120 可变	数据、某些多媒体	桌面

7.2 多媒体通信协议

可视电话、电视会议、视频点播等多媒体通信已经是我们日常所熟悉的常见方式。然而,在通信网络和 Internet 发展的初期阶段,并没有考虑到对实时多媒体业务的支持。众所周知,Internet 的基础是 TCP/IP 族。IP(Internet Protocol)是 TCP/IP 族中最为核心的协议,用于将多个包交换网络连接起来,在源端和目的端之间传送数据包,同时提供对数据大小的重新组装功能以适应不同网络的要求。IP 的特点有两个,首先就是不可靠,IP 只能提供"尽力而为"的服务,如果发生某种错误(例如某个路由器暂时用完了缓冲区),IP 会丢弃该数据包然后发送 ICMP 消息给信源端。因此,IP 不能保证数据包都能成功地到达目的地。IP 的第二个特点是无连接,因为它并不维护任何关于后续数据包的状态信息,所以每个数据包的处理方式是相互独立的,每个数据包都可以独立地进行路由选择,也可以不按发送顺序接收。这种无连接性会导致数据包的传输延迟或者时间抖动,导致实时通信业务质量的严重下降。如果说 IP 是找到通信对端的详细地址并以 IP 数据包的格式发送信息,那么 TCP 的作用就是安全可靠地把信息传送给对方。这种面向连接的、可靠的传输层通信协议通过"三次握手"和"四次握手"的方式建立或者终止收发双方之间的通信连接；通过差错控制、流量控制、定时重传等机制保证数据传输的正确性。但是，上述机制并不适用于实时通信。另外，TCP 也不能用于广播和多播业务。因此，在 Internet 上开展多媒体通信业务，需要更多改良的实时传输协议和保证业务质量的通信协议。

7.2.1 IPv6

互联网工程任务组(Internet Engineering Task Force，IETF)于 1996 年开始研究下一代 IP——IPv6(Internet Protocol Version 6)，该协议用于设计并替代现行版本的 IPv4 协议，已于 1998 年 12 月正式公布(RFC2460)。IPv6 的设计初衷是为了解决 IPv4 网络地址资源有限的问题，它将 IP 地址由原来的 32 比特扩展到 128 比特，如此庞大的地址资源据说可以为全世界的每一粒沙子编上一个网址。

1. 扩展的地址空间

IPv6 地址总长度为 128 位，由 64 位的子网前缀和 64 位的接口标识符组成。64 位的子网前缀预留了足够大的寻址空间，能够满足各个机构与主干网络之间的各层服务器提供商的寻址需求，以及满足各个机构自己的寻址需求。

如图 7-2 所示，IPv6 这个较大的地址空间可以使用多层等级结构，每一层都有助于聚合 IP 地址空间，增强地址分配功能。提供商和组织机构可以有层叠的等级结构，管理其所辖范围内空间的分配。

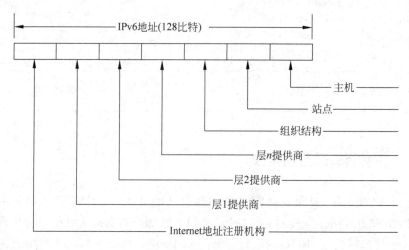

图 7-2　IPv6 地址结构

IPv6 数据报的目的地址，可以是以下三种基本类型地址之一。

(1) 单播(unicast)：即传统的点对点通信。

(2) 多播(multicast)：一点对多点的通信。

(3) 任播(anycast)：目的站是一组计算机，但数据报在交付时只交付其中的一个，通常是距离最近的一个。任播方式是 IPv6 增加的一种新类型。

IPv6 协议对地址空间和地址方式的扩展，不仅能够解决网络地址资源数量的问题，而且也解决了多种接入设备连入互联网的障碍。

2. 简化的报头

IPv4 报头中包含至少 12 个不同字段,且长度在没有选项时为 20 字节,但在包含选项时可达 60 字节。与 IPv4 的报头不同,IPv6 中包括总长为 40 字节的 8 个字段,使用了固定格式的报头并减少了需要检查和处理的字段数量,这将使得选路的效率更高。IPv4 与 IPv6 基本报头格式比较如图 7-3 所示。

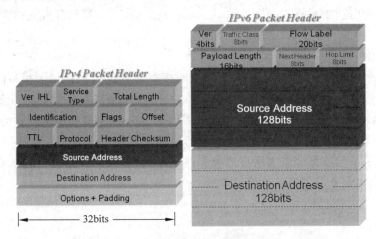

图 7-3　IPv4 与 IPv6 报头格式比较

(1) 版本(Version):占 4 比特,值固定为 6,表示 IPv6 报文。

(2) 业务类别(Traffic Class):占 8 比特,表示数据包的类型或优先级。默认情况下,源节点会将流量类别字段设置为零。但不管开始是否将其设置为零,在通往目的节点的途中,这个字段都可能被修改。

(3) 流标签(Flow Label):占 20 比特,用以区分不同流量类型的流。该字段的处理遵循以下准则:由分组源节点用一个非零的流标签来表示一个独立的"流",如果源节点没有将原始流量与流联系起来,就必须将这个字段设置为零;在通往目的节点的途中,不能对流标签字段进行修改。

(4) 净荷长度(Payload Length):占 16 比特,是无符号整数,说明了跟在基本报头以后部分的长度,包含扩展首部(如果有的话)长度和高层协议净荷长度在内的长度。

(5) 下一个首部(Next Header):占 8 比特,用来标识紧跟在首部后面的协议或扩展首部。

(6) 跳数限制(Hop Limit):占 8 比特,说明了分组在传输过程中能被路由器转发的最大次数。每个转发此分组的路由器把这个值减 1,如果跳数为 0,则丢弃分组。

(7) 源地址(Source Address):占 128 比特,表示报文的源地址。

(8) 目的地址(Destination Address):占 128 比特,表示报文的目的地址。

比较 IPv4 与 IPv6 报头格式不难发现,IPv6 中取消了 IP 层的校验,减少了重复操作;IPv6 取消了中间节点的分片功能,分片重组功能由源和目的端进行;定长的 IPV6 报文头有利于硬件的快速处理;在基本 IP 头中增加了流标签,提高了 QoS 效率。

3. 流的概念

在 IPv4 中,对所有数据包采用同样的处理方法,这意味着每个数据包都是由中间路由器按照自己的方法来处理。路由器并不跟踪任意两台主机间发送的包,因此不能记住如何对将来的包进行处理。IPv6 协议中实现了"流"的概念,所谓"流"指的是从一个特定源端发向一个特定目的端的数据包序列。路由器需要对"流"进行跟踪并保持一定的信息,这些信息在"流"中的每个数据包中都是不变的。IPv6 报头中新定义的流标签字段允许鉴别属于同一数据流的所有组块,这种方法使得路由器无须对每个数据包的头部重新进行处理,进而提高了路由器对"流"中数据包处理的效率。"流"概念的产生,使得原有支持少量、静态数据转发的 IP 网络具备了多媒体数据传输的能力。

4. QoS 支持

IPv6 报头中的优先级和流标签字段,对实时多媒体数据传输提供了很大的支持。业务类别域将数据包的优先级分为 16 级,为多媒体业务、特别是实时多媒体业务分配高的优先级,使实时多媒体业务在路由器中得到优先处理。并进一步通过提供流标签的方法,为属于同一多媒体数据流的所有数据分组分配相同的流标记。路由器通过对流标记的跟踪,对后继多媒体数据流中的数据分组实现直接转发,从而实现多媒体数据流中后继数据分组的快速交换,为多媒体业务提供可靠的服务质量。

7.2.2 RSVP

Internet 是一种互连网络,网络中存在着大量的路由器。如果用户使用无连接协议来传输数据流,则该数据流的各个数据报在通过中间节点转发时,可能会产生两个问题:一是各个数据报的转发路径不同,并非顺序到达目的端,有些数据报可能会延迟到达;二是数据报在中间节点排队等待转发时,其排队时间是不确定的,并且中间节点因资源缺乏而发生拥塞时,将会采取丢包策略来疏导交通。这对端到端通信来说,意味着传输延迟和延迟抖动。这些对多媒体通信来说都是不利的,严重影响端到端多媒体通信的服务质量。解决这个问题的基本方法是端点和中间节点要密切合作,基于无连接协议,为特定的数据流建立固定的传输路径,并为其保留系统资源,将传输延迟限制在指定的范围内,从而保证端到端多媒体通信的服务质量。IETF 提出的资源预留协议(Resource Reservation Protocol,RSVP)就是基于上述方法的。

RSVP 是一种为了满足实时传输而设计的协议,也称作资源预订协议。它能够支持多媒体通信在无连接协议上提供端到端的实时传输服务,为特定的多媒体流提供端到端的QoS 协商和控制功能,以减小网络传输延迟。使用 RSVP,预留一部分网络资源(即带宽),建立从发送端到接收端的路径,使得 IP 网络能够提供接近于电路交换质量的业务,能够在一定程度上为流媒体的传输提供 QoS 保障。

RSVP 既利用了面向无连接网络的多种业务承载能力,又提供了接近面向连接网络的质量保证。但是 RSVP 没有提供多媒体数据的传输能力,它必须配合其他实时传输协议来完成多媒体通信服务。RSVP 是一个单工协议,只在一个方向上预定资源。特别地,RSVP是一个面向用户端的协议,由信宿负责资源预定,可以满足点到多点的群通信中客户端异构的需求。每个客户端可以预定不同数量的资源,接收不同的数据流。RSVP 还提供了动态适应成员变化和动态适应路由变化的能力,可以满足大型点到多点通信群的资源预订需求。

1. RSVP 的几个重要概念

为了实现从信宿到信源方向的资源预定,RSVP 建立了一个信宿树。信宿树以信宿为根节点,以信源为叶节点,信源和信宿之间的通道作为树的分枝。资源预定信息由信宿开始,沿着信宿树传输到各个信源节点。

1) 流(Flow)

流是以单播或组播方式在信源与信宿之间传输的数据流通道,是为不同的服务提供类似连接的逻辑通道。流是从发送者到一个或多个接收者的连接特征,通过 IP 包中流标记来进行认证。发送一个流之前,发送者传输一个路径信息到接收方,这个信息包括源 IP 地址、目的 IP 地址和一个流规约(Flowspec)。流规约由流的速率和延时组成,是描述流的 QoS 所需要的信息。在 RSVP 中,发送端简单地以组播方式发送数据,接收端若欲接收数据则由网络路由协议(如 IGMP)负责形成在信源与信宿之间转发数据的路由,也就是由网络路由配合形成数据码流。

2) 路径消息(Path Message)

路径消息由源端定时发出,并沿着流的方向传输,其主要目的是保证沿正确的路径预留资源。路径消息中含有一个流规约的对象,主要用于描述流的传输属性和路由信息。路径消息可以用于识别流,并使节点了解流的必要信息,以配合预留请求的决策和预留状态的维护。为了使下游节点了解流的来源,上游节点将路径消息中的上游节点域改为该节点的 IP 地址,利用路径消息中的上游节点信息,即可实现逐级向上游节点预留资源。

3) 预留消息(Reservation Message)

预留消息从接收端定时发出,并沿路径消息建立的路由反向传输,其主要作用是接收端为保障通信 QoS 请求各级节点预留资源。预留消息主要由流规约及流过滤方式对象组成。流规约是预留消息的核心内容,它用于描述流过滤后所需通信路径的属性(如资源属性);流过滤方式则用于描述能够使用预约资源的数据包,即表明了接收端希望接收各独立发送流的特定部分,主要由发送端列表和流标描述。

4) RSVP 服务质量(QoS)

在 RSVP 中,服务质量是流规约指定的属性,流规约用于决定参加实体(路由器、接收者和发送者)进行数据交换的方式。主机和路由器使用 RSVP 指定 QoS。其中主机代表应用数据流使用 RSVP 从网络申请 QoS 级别,而路由器使用 RSVP 发送 QoS 请求给数据流路经的其他路由器。这样 RSVP 就可以维持路由器和主机状态来提供所请求的服务。

2. RSVP 工作原理

RSVP 资源预留由 Path 和 Resv 两类 RSVP 消息实现,其具体工作过程如图 7-4 所示。首先,发送端需要在某条特定的网络路径上预约网络资源,它向目的地址发送一条 Path 消息,描述发送端的数据格式、源地址、端口号和流量特性等。该路径上的每个节点(路由器)都依次传递 Path 消息,由于该消息运行的路径与发送端数据流的路径一样,因此接收端可以利用 Path 消息了解到达发送端的反转路径,并决定哪些资源应当预留。随后,接收端发送包含资源预留参数的 Resv 报文给上游路由器来建立和定期更新预留的状态,Resv 消息依照 Path 消息确定的路径上行,并在沿途节点设定资源预留参数,建立资源预约。

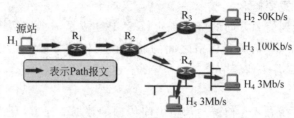

(a) 源点用多播方式发送Path报文

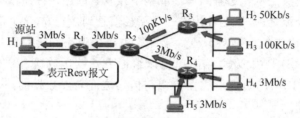

(b) 各终点向源点返回Resv报文

图 7-4　RSVP 工作原理

3. RSVP 报文格式

1) 公共头

一个 RSVP 报文由公共头和报文体组成。公共头格式如图 7-5 所示。

	3	11	27
版本号	报文类型		报文检查和
标志	报文生存期		报文长度

图 7-5　RSVP 公共头格式

(1) 版本号：4 位，说明 RSVP 的版本号，目前的版本号为 1。

(2) 标志：4 位，目前尚未定义标志位。

(3) 报文类型：8 位，定义了 7 种报文 1＝Path，2＝Resv，3＝PathErr，4＝ResvErr，5＝PathTear，6＝ResvTear，7＝ResvConf。

(4) 报文检查和：16 位，用于保证报文传输的正确性。

(5) 报文生存期：8 位，发送报文所使用的 IP 生存时间值。

(6) 报文长度：16 位，以字节表示的 RSVP 报文总长度。

2) Path 报文

RSVP 规定，发送者在发送数据前首先要发送 Path 报文与接收者建立一个传输路径，并协商 QoS 等级。一个 Path 报文包含有如图 7-6 所示的信息。

Phop	Sender Template	Sender Tspec	Adspec

图 7-6　Path 报文

(1) Phop：后续节点地址，指出转发该 Path 消息的下一个支持 RSVP 节点(路由器或接收端)的 IP 地址。该路径上每个支持 RSVP 的路由器都要更新这个地址。

(2) Sender Template：发送者模板，包括发送者的 IP 地址和可选择的发送者端口。

(3) Sender Tspec：发送者传输说明，其传输说明是用一种漏桶流量模型描述的，其中有数据流峰值速率 p、桶深 b、标记桶速率 r、最小管理单元 m 以及最大数据报长度 M 等参数。

(4) Adspec：通告说明，可选项，含有 OPWA(One Pass With Advertising)信息，使得接收者能计算出应保留的资源级，以获得指定的端到端 QoS。该路径上每个支持 RSVP 的路由器都要更新这些信息。Adspec 由一个消息头、一个默认通用参数 DGP（Default General Parameters）段以及至少一个 QoS 段组成。目前，RSVP 支持 GS 和 CLS 两个基本的 QoS 类，省略 QoS 段的 Adspec 是无效的。

3) 接收者的 Resv 报文

接收者接收到 Path 报文后，从 Sender Tspec 和 Adspec 字段中提取传输特性参数和 QoS 参数，利用这些参数建立起接收者保留说明 Rspec。Rspec 由以下参数组成。

(1) 带宽 R：根据 Sender Tspec 参数计算而成。如果得到的 R 值大于 Adspec 中的路径带宽值，则 R 值必须相应地减小。R 值将保存在各个路由器上。

(2) 时隙 S：表示端到端延迟限制与应用所需端到端延迟的差值，初始为 0。通过设置 S 值，将为各个路由器在确定局部保留上提供更多的伸缩性，提高端到端保留的成功率。

利用 Rspec 可以创建 Resv 报文，一个 Resv 报文包含如图 7-7 所示的内容。

(1) 保留模式指示：可以是 FF、SE 或 WF 模式之一。RSVP 的资源保留是针对路由器端口的，路由器使用过滤器说明(Filterspec)和数据流说明(Flowspec)为相应的端口定义保留模式，并实施对资源保留的控制。RSVP 可用的保留模式主要有以下三种。

| 保留模式指示 |
| 过滤器说明(Filterspec) |
| 数据流说明(Flowspec) |

图 7-7　Resv 报文

Fixed Filter(FF)：为一个特定发送者建立资源保留状态，由 Filterspec 指定一个特定发送者，合并后的 Flowspec 为该发送者所有保留请求中最大的 Flowspec 值。重新生成的 Resv 报文传送给该发送者的上游节点。

Shared Explicit(SE)：为一个特定的发送者集合建立共享的资源保留状态，由 Filterspec 指定一个特定的发送者集合，合并后的 Flowspec 为这个发送者集合所有保留请求中最大的 Flowspec 值。重新生成的 Resv 报文传送给这些发送者的上游节点。

Wildcard Filter(WF)：为所有发送者建立共享的资源保留状态，Filterspec 是通配符，表示可以和任何发送者相匹配，合并后的 Flowspec 为所有保留请求中最大的 Flowspec 值。重新生成的 Resv 报文传送给它的上游节点。

在这些保留模式中，FF 用于单播(点到点通信)，SE 用于组播(点到多点通信)，WF 用于广播(点到所有点通信)场合。其中 SE 和 WF 适合于会议应用，因为在这类应用中某一时刻只有一个发送者是主动的，应当为发送者的音频和视频流建立资源保留状态，并保留发送带宽。

在一个路由器端口上，可能会收到多个 Resv 报文，路由器对这些 Resv 报文中的 Filterspec 和 Flowspec 进行合并处理，重新生成 Filterspec 和 Flowspec。合并处理规则依赖于每个 Resv 报文的保留模式。然后重新创建 Resv 报文，并把它们发送到上游路由器。需要说明的是，合并处理仅适合于相同的会话组，且只能发生在使用相同保留模式的报文间。

由于路由器中的路径状态信息是以软状态形式存储的,需要用 Resv 报文进行周期性更新确认,以防止路径状态信息的消失。因此,有两种情况需要创建和发送 Resv 报文:一是所存储的保留状态发生改变时,将立即创建 Resv 报文并发送给上游节点;二是在更新周期超时且保留状态无变化时,将周期地创建 Resv 报文并发送给上游节点。

(2) 过滤器说明(Filterspec):用来标识期望接收的发送者集合,采用与一个 Path 报文中 Sender Template 完全相同的格式。对于 WF 模式,将被忽略。

(3) 数据流说明(Flowspec):用来说明一个期望的服务质量,由保留说明 Rspec 和流量说明 TRspec 组合而成。通常,将 TRspec 设置成与 Sender Tspec 相等。

保留确认对象(ResvConf)是可选项,含有接收者的 IP 地址,用于指示接收该保留请求的节点。ResvConf 报文在分布树上向上传播,最终达到该消息接收者,表明端到端保留的成功。

Resv 报文按指定的路径逆向传送给发送者。在每个路由器节点上,Resv 报文对发送者的保留请求给予确认,并且可以和达到同一端口的其他 Resv 报文合并,再传送给由 Phop 指示的上游路由器,直至到达发送者。

4. RSVP 的特点

综上所述,RSVP 具有以下特点。

(1) RSVP 为单播和多点到多点组播应用进行资源预留,对变化的与会组员关系以及变更的路由进行动态地适应;

(2) RSVP 是单工的,为单向数据流进行预留;

(3) RSVP 是面向接收器的,由数据流接收器发起和维护用于该流的资源预留;

(4) RSVP 在路由器和主机中维持软状态,对动态的与会组员变化关系提供合适的支持,对路由变化进行自动地适应;

(5) RSVP 本身不是路由协议,要通过现有的路由协议来工作,RSVP 通过查询路由来获取路由信息的变化;

(6) RSVP 传送和维护不透明的业务控制参数;

(7) RSVP 提供多种预留模式或类型以适应各种应用;

(8) RSVP 对不支持它的路由器提供透明的操作;

(9) RSVP 对 IPv4 和 IPv6 都支持。

7.2.3 RTP/RTCP

实时传输协议(Realtime Transport Protocol,RTP)是针对 Internet 上多媒体数据流的传输协议,由 IETF(因特网工程任务组)作为 RFC 1889 发布。RTP 被定义为在一对一或一对多的传输情况下工作,其目的是为交互式音频、视频等具有实时特征的数据提供端到端的传送服务、时间信息以及实现流同步。

RTP 是 RTP/RTCP 组的简称,由两个紧密相关的部分组成,即 RTP 和 RTCP(Real-time Transport Control Protocol)。其中,RTP 负责传送具有实时特性的数据,如音频/视频等连续媒体数据;RTCP 作为 RTP 的传输控制协议,与 RTP 数据协议一起使用,负责提供流量控制和拥塞控制服务。RTP 采用基于速率的流量控制机制,使得发送方和接收方可以协同工作。然而 RTP 本身并不能为实时传送的数据包提供可靠的传送机制,也不提供流量控制或拥塞控制,它依靠 RTCP 提供这些服务。在 RTP 会话期间,各参与者周期性地传送 RTCP 报文,RTCP 报文中含有已发送的数据包的数量、丢失的数据包的数量等统计资料。因此,服务器可以利用这些信息动态地改变传输速率,甚至改变有效载荷类型。RTP 和 RTCP 配合使用,能以有效的反馈和最小的开销使传输效率最佳化,因而特别适合于传送网上的实时数据。

1. RTP 的一些定义

(1) RTP 会话:RTP 传输服务使用者之间的连接被称为 RTP 会话。就每一个会话参加者而言,会话由一对传输层地址(即一个网络层地址加上两个端口地址,一个端口为 RTP 报文的发送/接收所占用,另一个端口为 RTCP 报文的发送/接收所占用)标识。在 IP 多播方式中,每个参与者的目的运输层地址对可以都相同;在单播方式中,每个参与者的地址对均不相同,因为每个人的网络层地址都不相同。在多媒体会话中,每个媒体信号由不同的 RTP 会话传送,有其自己的 RTCP 分组。各 RTP 会话由不同的端口对和(或)不同的多播地址区分。

(2) RTP 媒体类型:由一个 RTP 会话传送的所有净荷类型的集合。RTP 应用文档指定 RTP 媒体类型和 RTP 净荷类型的关系。

(3) RTP 净荷:由 RTP 传送的数据,例如音频抽样信号、压缩视频数据等。净荷格式及其解释由应用层规定。

(4) RTP 分组:由 RTP 头部和净荷数据组成。通常下层传送协议的一个数据包(如一个 UDP 包)只含一个 RTP 分组;如果采用一定的封装方法,也可以包含多个 RTP 分组。

(5) 同步源:RTP 包的信源流,在 RTP 头中用 32 比特长的同步源标识符表示,与网络地址无关。该字段用以标识信号的同步源,其值应随机选择,以保证 RTP 会话中任意两个同步源的标识都不相同。

(6) 提供源:分信源标识,32 比特。RTP 分组头部最多可包 15 个提供源标识,提供源标识由混合器插入,其值就是组成复合信号的各个分信号的同步源标识,用以标识各个组成分信号的信源。

(7) 混合器和翻译器:这是 RTP 在接收方和发送方之间引入的两类功能模块。混合器接收来自一个或多个发送方的 RTP 组块,并把它们组合成一个新的 RTP 分组继续转发。这种组合组块将有一个新的同步源 ID。因为这些来自不同信源的组块可以非同步到达,所以混合器改变了该数据流的临时结构。与混合器相反,转换器只改变组块内容而并不把数据流组合在一起。混合器和翻译器保证具有不同通信条件的用户可以顺畅地完成数据交换。混合器的重要应用是在高带宽网络与低带宽网络之间,改变从高带宽网络接收数据的压缩编码,把音、视频码流转换成低码流数据发送到低带宽网络;翻译器用在不同协议的网络之间和防火墙之间,因为 UDP 通过防火墙会发生阻塞现象。

2. RTP 的主要功能

RTP 的数据包格式中包含了传输媒体的类型、格式、序列号、时间戳以及是否有附加数据等重要信息,这些信息为 RTCP 进行相应监测和控制提供了基础。RTP 数据协议提供端到端网络的传输功能,适合于通过组播和点播传送的实时数据,如交互式的音频/视频和仿真数据。

RTP 的主要功能可以概括为以下几点。

（1）分组：RTP 把来自上层的长数据包分解成长度合适的 RTP 数据包。

（2）分接和复接：RTP 复接由定义 RTP 连接的目的传输地址提供。例如，对音频和视频单独编码的远程会议，每种媒介被携带在单独的 RTP 连接中，具有各自的目的传输地址。目标不再将音频和视频放在单一 RTP 连接中，而根据同步源标识（SSRC）、段载荷类型（PT）进行多路分接。

（3）媒体同步：RTP 通过 RTP 包头的时间戳来实现源端和目的端的媒体同步。

（4）差错检测：RTP 通过 RTP 包头数据包的顺序号可以检测包丢失的情况，也可以通过底层协议如 UDP 提供的包校验和检测包差错。

3. RTP 报文结构

RTP 提供具有实时特征的、端到端的数据传送服务，可用来传送声音和运动图像数据。在这项数据传送服务中包含了装载数据的标识符、序列计数、时间戳和传送监视。通常 RTP 的协议元是用 UDP 的协议元来装载的，并利用 UDP 的复用与校验和来实现 RTP 的复用。

必须注意的是，RTP 没有提供任何确保按时传送数据的机制，也没有提供任何质量保证的机制，因而要实现服务质量必须由下层网络来提供保证。同样必须注意的是，RTP 不保证数据包按序号传送，即使在下层网络能保证可靠传送的条件下，也不保证数据包按序号传送。包含在 RTP 中的序号可供接收方用于重构数据包序列，也可用于包的定位。

在 RTP 会话中，复用是由目的传送地址（网络地址和端口号）提供的，一个传送地址定义了一个 RTP 会话。例如在一个会议中，音频码流和视频码流是分别用不同的 RTP 会话（一般是同一个目的网络地址和不同的端口号）来传送，而不是用 PT（载荷类别）或 SSRC 作区分来实现单个 RTP 会话中的复用传送。固定报头的 RTP 报文结构如图 7-8 所示。

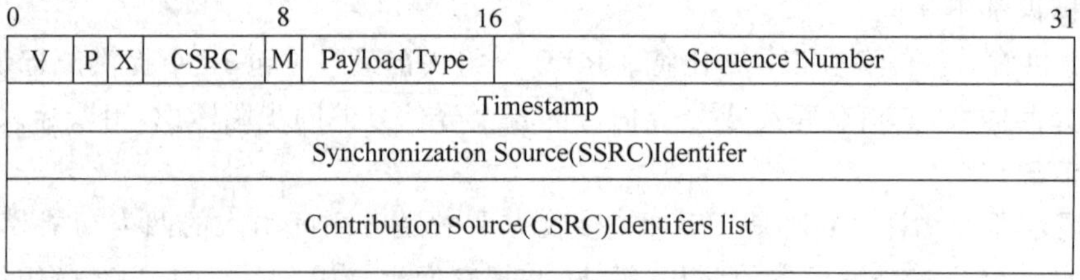

图 7-8　RTP 报文结构

（1）版本（V）：2 个比特，表示 RTP 的版本号。

（2）填充（P）：1 个比特，置"1"表示用户数据最后加有填充位，用户数据中最后一字节是填充位计数，它表示一共加了多少个填充位。在两种情况下可能需要填充，一是某些加密算法要求数据块大小固定；二是在一个低层协议数据包中装载多个 RTP 分组。

（3）扩展（X）：1 个比特，置"1"表示 RTP 报头后紧随一个扩展报头。

（4）CSRC 计数（CC）：4 个比特，表示在定长 RTP 报头后的 CSRC 标识符的数量。

（5）标记（M）：1 个比特，其具体解释由应用文档来定义。例如对于视频流，它表示一帧的结束；而对于音频，则表示一次谈话的开始。

（6）载荷类别（PT）：7 个比特，它指示在用户数据字段中承载数据的载荷类别。

（7）序号（SN）：2 字节，每发送一个 RTP 数据包该序号增加 1。该序号在接收方可用来发现丢失的数据包和对到来的数据包进行排序。

（8）时间戳（TS）：4 字节，它用来表示 RTP 包中用户数据段的第一字节的采样时刻。时间戳的时间表示应为线性单调递增的，以便完成同步实现和抖动的计算。

（9）同步源标识符（SSRC）：4 字节，用来标识一个同步源。此标识符是随机选择的，但要保证同一 RTP 会话中的任意两个 SSRC 各不相同，RTP 必须检测并解决冲突。

（10）提供源标识符（CSRC）：它可有 0~15 项标识符，每一项长度为 32 比特，其项数由 CC 字段来确定。如果提供源多于 15 个，则只有 15 个被标识。

为了能满足各种应用的需要，RTP 报头可进一步扩充，此时 X 比特将置"1"，意味着 RTP 固定头后紧跟着一个头扩展，其格式如图 7-9 所示。前 16 位的内容由轮廓文件决定，主要用来标识不同的头扩展类型。这种扩展方式主要用来传递独立于具体格式的载荷（payload-format-independent）的应用信息。

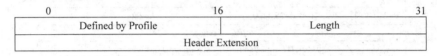

图 7-9　RTP 扩展报头

4. RTCP 的主要功能

1）QoS 动态监控和拥塞控制

RTCP 控制包含有 QoS 监控的必要信息，由于 RTCP 报文是组播的，所有会话成员都可以通过 RTCP 报文返回的控制信息了解其他参加者的状况。发送端的应用程序周期性地产生发送端报告控制包 SR，该控制包含有不同媒体流间的同步信息以及已发送报文和字节的计数，接收端可以据此估计实际的数据传输速率。接收端向所有已知的发送端发送接收端报告控制包 RR，该控制包含有已接收数据包的最大序列号、丢失包数目、延时抖动和时间戳等重要信息。发送端应用程序收到这些报文后可以估计往返时延，还可以根据包丢失数和延时抖动动态调整发送端的数据发送速率，以改善网络拥塞状况，并根据网络带宽状况平滑调整应用程序的 QoS。

2）媒体流同步 RT

CP 报文中的时间戳可以用于同步不同的媒体流，如音频和视频间的唇同步（Lip-syncing）。本质上讲，若要同步来源于不同主机的媒体流，则必须同步它们的绝对时间基准。

3）资源标志和传达最小控制信息

RTP 数据包没有提供有关自身来源的有效信息，而 RTCP 的 SDES 控制包则含有这些信息。例如，SDES 控制包的 CNAME 项包含主机的规范名，这是一个会话中全局唯一的标志符，其他可能的 SDES 项可以用于传达最小控制信息，如用户名、电子邮件地址、电话号码、应用程序信息和警告信息等。用户名可以显示在接收端的屏幕上，其他的信息项可以用于调试或在出现问题时与相应用户联络。

4）会话规模估计和扩展

应用程序周期性地向媒体会话的其他成员发送 RTCP 控制包，应用程序可以根据接收到的 RTCP 报文估计当前媒体会话的规模，即会话中究竟有多少活动的用户，并据此扩展会话规模。这对网络管理和 QoS 监控都非常有意义。

5. RTCP 报文结构

RTCP 报文的类型有多种。

(1) SR(sender report)：发送者报告，当前活动发送者发送、接收统计。

(2) RR(receiver report)：接收者报告，非活动发送者接收统计。

(3) SDES(source description items)：源描述条款，包括 CNAME。

(4) BYB：表示结束。

(5) APP：应用特定函数。

每一个 RTCP 包都以和 RTP 数据报的固定部分类似的结构开始，之后的结构单元和 RTCP 包的类型相似，其长度随类型不同而不同，但都是 32 比特的整数倍。RTCP 头部格式如图 7-10 所示。

V=2	P	RC	PT=SR=200	Length		
SSRC of sender						
NTP timestamp, most significant word						
NTP timestamp, lest significant word						
RTP timestamp						
Sender's packet count						
Sender's octet count						
SSRC_1(SSRC of first source)						
Fraction lost			Cumulative number of packets lost			
Extended highest sequence number received						
Interarrival jitter						
Last SR (LSR)						
Delay since last SR (DLSR)						
SSRC_2 (SSRC of second source)						
...						
Profile specificextensions						

图 7-10　RTCP 头部格式

6. RTP 与 RTCP 的联系与区别

RTP 与 RTCP 的实现独立于底层协议。RTP 不是典型意义上的传输层协议，因为它并不具备典型传输协议的所有特点。例如，RTP 没有连接的概念，它必须建立在底层的面向连接的或无连接的传输协议之上。RTP 通常工作在 UDP 之上，使用 UDP 来传送数据，但也可以在 TCP 或 ATM 等其他协议之上工作。当应用程序开始一个 RTP 会话时，将使用两个端口，一个给 RTP，另一个给 RTCP。RTP 不提供资源预定和质量保证等实时服务，本身并不能为实时传送的数据包提供可靠的传送机制，也不提供流量控制或拥塞控制，它依靠 RTCP 提供这些服务。通常，RTP 的有关算法并不作为一个独立的网络层来实现，而是作为应用程序代码的一部分。RTCP 扩充数据传输以允许监控数据方式传送，提供最小的控制和识别功能。

RTCP 应用与数据包相同的分布机制将控制包周期性地发送给所有连接者，低层协议提供数据与控制包的复用，如使用单独的 UDP 端口号。RTCP 控制协议与 RTP 数据协议配合使用，提供流量控制和拥塞控制服务。RTCP 采用与 RTP 数据包相同的分发机制，向媒体会话中的所有成员周期性地发送控制包。应用程序接收 RTCP 控制包，从中获取会话参加者的有关信息和网络状况、包丢失数等反馈信息，可以用于 QoS 控制和网络状况诊断。

7.2.4　RTSP

实时流协议(Real-Time Streaming Protocol,RTSP)是一个针对流媒体表示与控制的应用层协议,用于控制具有实时特性的数据发送。它支持直播流或存储片断实现播放、暂停、快进、倒转、跳转等操作。但 RTSP 本身并不传输数据,而必须利用底层传输协议提供的服务,如与 RTP、RSVP 等一起来完成流式服务。也就是说,RTSP 对多媒体服务器实施网络远程控制。

RTSP 最早由 RealNetworks 公司、Netscape Communications 公司和哥伦比亚大学等联合提出草案,1998 年 4 月被 IETF 正式采纳为标准 RFC 2326。目前,几乎所有著名的软/硬件厂商均支持 RTSP,一些公司基于 RTSP 和相应技术已经实现了一些实用系统。其中比较著名的有 RealNetworks 公司的 RealPlayer、Microsoft 公司 Netshow 等。

1. RTSP 的特点

(1) RTSP 定义了一对多应用程序如何有效地通过 IP 网络传送多媒体数据的机制,RTSP 支持多服务器并发控制,不同媒体流可以放在不同服务器上,用户端自动同多个服务器建立并发控制连接,在传输层实现媒体同步。

(2) RTSP 控制的媒体流的集合提供给客户机一个或多个媒体流,其中包含了各个媒体流的多种信息,如数据编/解码集、网络地址、媒体流的内容等。与 RTP 一样,RTSP 并没有类似于 TCP 连接的"RTSP 连接"概念。一个 RTSP 连接会话可以打开和关闭多条通向服务器的可靠传输连接以发送 RTSP 请求,还可以同时选择使用无连接传输协议,如 UDP。

(3) RTSP 在功能上与 HTTP 有重叠,它与 HTTP 共同实现通过网页访问媒体流。这使得 RTSP 易于解析,可由标准 HTTP 或 MIME 解析器解析。HTTP 传送 HTML,其请求由客户机发出,服务器作出响应;而 RTSP 传送的是多媒体数据,客户机和服务器都可以发出请求,即 RTSP 可以是双向的。RTSP 与 HTTP 在许多方面仍然存在不同,例如 RTSP 引入了一些新的方法,并且有一个协议标志。一般来说,HTTP 服务器没有状态,RTSP 服务器是有状态的,但 RTSP 代理无须保存状态信息。此外,RTSP 没有绑定传输层协议,RTSP 可以使用 RTP、UDP 或 TCP 来传输数据。

(4) RTSP 可以很好地与原有的网络机制共同工作,充分利用原有的网络机制,具有很强的兼容性,可以在不同厂商的服务平台上交互。RTSP 还具有广泛的适用性,可以实现所有格式媒体数据的传输。

(5) RTSP 具有很好的可扩展性,可以以新参数扩展已定义的方法,也可以定义新的方法,甚至可以定义新版本协议,改变所有部分(除了协议版本号位置),从而使媒体服务器可以支持不同的请求集。事实上,RTSP 提供了一个可扩展框架,使实时数据的受控、点播成为可能。

2. RTSP 支持的操作

(1) 从媒体服务器回取数据。客户端可以通过 HTTP 或其他方法请求一个表示描述。如果表示描述需要通过组播方式发送给用户,则该表示描述中包含用于该媒体流的组播地址和端口。如果表示描述仅通过单播方式发送给用户,客户端将出于安全原因而提供目的地址。

（2）邀请媒体服务器加入会议。一个媒体服务器可以被邀请加入一个已经存在的会议，或者在表示描述中回放媒体，或者在表示描述中记录全部媒体或其子集。这种模式对于分布式教学非常适合，参加会议的几方可以轮流进行相关操作。

（3）在一个已经存在的表示描述中加入新的媒体流。服务器可以通知客户端新加入的可利用媒体流，这对现场演示或讲座显得尤其重要。

3．RTSP 系统实现原理

RTSP 的实现采用客户机/服务器体系结构，主要包括编码器、播放器和服务器三个组成部分，三者之间的互操作关系如图 7-11 所示。

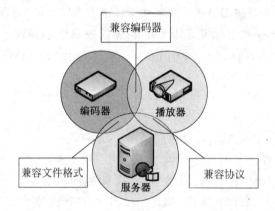

图 7-11　编码器、播放器和服务器的互操作关系

1）服务器系统

RTSP 服务器主要负责数据源的获取、音频/视频数据流的分别编码、RTP/RTCP 分组封装、系统的整体控制等整体功能，如图 7-12 所示。

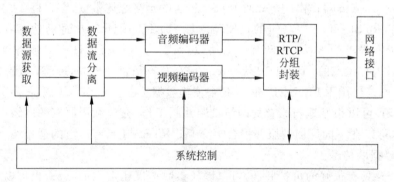

图 7-12　RTSP 服务器结构框图

目前并没有一个专门适合于 RTSP 的编解码方式，这使得 RTSP 的效率受到一定的影响。一般来说，编解码方式的选择与可利用带宽的关系很密切，服务器应当能够根据带宽的使用情况和客户机的要求采用不同码率的方式。对于流文件，则必须采用某一种流文件格式作为其容器或载体，如 Microsoft 公司提出的 ASF（Advanced Streaming Format）。由于 RTSP 支持对媒体流对象的 VCR 操作，因此对流文件格式有特殊的要求，如要求文件格式支持媒体流的定位和检索等。

为了等待客户机的连接请求,服务器一启动就处于监听状态。服务器可以接受客户机的可靠或不可靠的连接请求,在连接建立以后,服务器采用 UDP 接收客户机的控制请求和媒体数据的传送。这是因为 RTSP 控制命令的数据量通常较小,采用 TCP 控制重传命令报文的意义并不大,反而会给服务器和客户机带来额外的时间延迟。另外,音频和视频数据发生传输错误一般是由于网络拥塞,这时由客户机端差错控制机制进行相应处理即可,TCP 重传此时不仅会给客户端带来延时,而且还会加重网络的拥塞程度。此外,由于 RTSP 一般都基于 RTP/RTCP 实现,因此就更倾向于采用 UDP 作为传输层协议。

2) 客户机系统

客户机端的数据流向与服务器端相反,其结构如图 7-13 所示。客户机的结构中多了一个缓冲区管理模块和媒体流同步处理模块,由于其与用户直接交互,因此这两个部分显得特别重要。服务器通过 Internet 传送到客户机的音频/视频数据首先存放在客户机的缓冲区中,以便进行流媒体处理,从而使媒体流连续。在播放器播放音频和显示视频之前,还要对媒体流进行同步处理。客户机连接服务器时,首先将常用连接带宽、最大连接带宽、客户端缓冲区大小、CPU 处理能力和所需 QoS 等级等信息通知服务器,服务器据此优化相应的传输策略,使用户获得满意的 QoS。

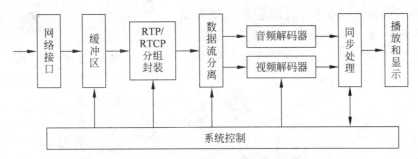

图 7-13　RTSP 客户机结构框图

7.3　典型的多媒体通信网络

多媒体网络(Multimedia Network)是可以综合、集成地运行多种媒体数据的计算机网络,网络上的任意节点都可以共享运行于其中的多媒体信息,可以对多媒体数据进行获取、存储、处理、传输等操作。多媒体网络技术关注的内容包括传输机制、网络模型、通信协议和网络结构等。

现阶段能够承载多媒体通信业务的网络主要有三类:第一类是电信网络,例如公用电话网(PSTN)、公用数据网(DDN)、窄带综合业务数字网(N-ISDN)等;第二类是计算机网络,例如局域网(LAN)、广域网(WAN)、互联网(Internet)等;第三类是电视传播网络,典型的如有线电视网(CATV)、混合光纤同轴(HFC)、卫星电视网等。多媒体通信网络为多媒体业务提供了传输环境,网络的带宽、信息交换方式、高层协议等将直接决定多媒体业务的传输与服务质量。多媒体业务不但对现有通信网络提出了挑战,同时也为它们的迅速发展带来了机遇。事实上,现有的电信网络、计算机网络及有线电视网络也正为适应多媒体通信的特殊要求而不断改进。

7.3.1 基于电信网的多媒体通信

电信网是随着现代通信技术的发展历程逐步建立起来的覆盖范围最大、连接用户最多、服务范围最宽的公用网。在我国，电信网是指由原来的邮电部建设、管理的通信网络，例如传统的电话交换网(PSTN)、数字数据网(DDN)、综合业务数字网(ISND)等。

1. 公共交换电话网(PSTN)

在通信技术的发展历程中，电话网是最早建立的电信网。简单来说，如果需要在两部话机之间进行通话，只需要用一对双绞线将两部话机直接相连即可。当信源和信宿的数量有限时，这是完全可行的；但是当信源和信宿的数量较多时，若在信源和信宿之间都建立起固定的信息传输通道，则会造成很大的线路资源浪费。在电话发明不久之后，人们就意识到了这个问题，并随后提出了交换技术，把所有终端都连接到一个中心设备上，如图 7-14 所示。随着电话网覆盖范围的扩大和用户数量的增加，交换机之间也不断进行连接，并逐步发展成为交换网络(如图 7-15 所示)，交换局之间使用中继线路互连，分局数量太多时，需要建立汇接局。

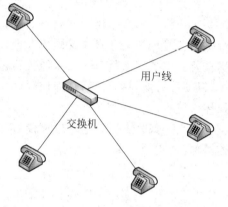

图 7-14 单局制电话网

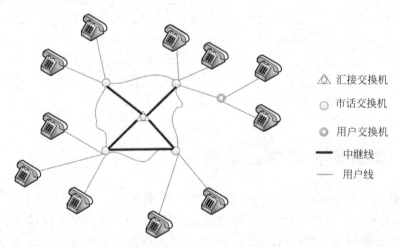

图 7-15 具有汇接局的电话网

公共交换电话网(Public Switched Telephone Network,PSTN)是一种用于全球语音通信的电路交换网络，在计算机网络迅速蔓延之前，PSTN 曾经是世界上最大的通信网络。PSTN 网络主要由交换系统和传输系统两大部分组成，交换系统的主要设备是电话交换机。随着电子技术的发展，电话交换机经历了磁石式、步进制、纵横制、最后到数字程控交换机的发展历程。传输系统主要由传输设备和线缆组成，其中的传输设备由早期的载波复用设备发展到 SDH，线缆也逐步由铜线发展到光纤。

PSTN 网络覆盖面很广，连通全国的城市及乡镇。该网络路由固定、延时较低，而且不存在延时抖动问题，因此对保证连续媒体的同步和实时传输是有利的。作为一个低速的、模拟的、规模巨大的网络,PSTN 最大的资产是铜线接入网部分。虽然 PSTN 网络的一些通信主干线路已经实现了光纤化,但是用户网大都还是模拟的铜线,一般只用来传输 4kHz 的模拟话音信号或 9.6Kb/s 的低速数据。多媒体信息需要通过调制/解调器(Modem)接入,即使加上调制解调器,最高也只能传输 56Kb/s 的数据信号,只能支持低速率的多媒体业务(例如低质量的可视电话和多媒体会议等),无法适应较高质量的视频或宽带多媒体业务。多年来,电信部门广泛利用数字程控交换技术和数字传输技术改造模拟电话网,以期适应新的附加业务,使 PSTN 网络逐步向综合数字网过渡。近年来得到迅速发展的 xDSL 技术使用户可以通过普通电话线得到几百 Kb/s 以上的传输速率,基本上可以支持多媒体通信的所有业务。但 xDSL 技术是作为 IP 网的一种宽带接入方式,并不在电路交换的模式下工作。

2. 数字数据网(DDN)

20 世纪 80~90 年代,数据通信技术快速发展起来,数字数据网(Digital Data Network,DDN)是这一时期典型的代表之一。区别于传统双绞线、同轴电缆等传输介质组成的模拟通信网,公用数据网的基础是数字传输网络,其能够为用户提供专用的中、高速数字数据传输信道。数字传输网络不仅能够传送数据、压缩的数字话音和传真信号,还可以利用配置在网内的计算中心进行数据处理。

DDN 利用电信数字网的数字通道传输,采用时分复用技术、电路交换的基本原理实现,提供永久或半永久连接的数字信道,传输速率为 $n×64\text{Kb/s}(n=1\sim32)$。其传输通道对用户数据完全"透明"。DDN 半永久性连接提供非交换型的信道,用户可以提出申请,在网络允许的情况下由网络管理人员对用户提出的传输速率、传输数据的目的地和传输路由进行修改。DDN 的传输媒体可以是光缆、数据微波、卫星信道或者用户端可用的普通电缆和双绞线。

DDN 的延时较低而且固定(在 10 个节点转接条件下最大时延不超过 40ms),带宽较大,适于多媒体信息的实时传输。但是,无论点对点还是点对多点的通信,都需要由网管中心来建立和释放连接,这就限制了它的服务对象必须是大型用户。

DDN 由数字传输电路和相应的数字交叉连接复用设备组成,数字传输电路以光缆为主,数字交叉连接复用设备主要包括数据终端设备(DTE)、数据业务单元(DSU)、网络管理中心(NMC)等,如图 7-16 所示。

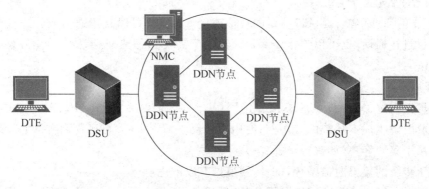

图 7-16 DDN 网的结构

数据终端设备 DTE:接入 DDN 网络的用户端设备可以是一般的异步终端或图像设备,也可以是局域网,DTE 和 DTE 之间是全透明传输。

数据业务单元 DSU：一般可以是调制解调器或基带传输设备，以及时分复用、语音/数据复用等设备。

网管中心 NMC：可以方便地进行网络结构和业务的配置，实时地监视网络运行情况进行网络信息、网络节点告警、线路利用情况等收集统计。

DDN 的功能服务及适用范围包括以下几种。

1) 租用专线业务

(1) 点对点业务：提供 2.4Kb/s、4.8Kb/s、9.6Kb/s、19.2Kb/s、$n\times64$Kb/s($n=1\sim32$) 及 2Mb/s 的全透明传输通道，适用于信息量大、实时性强的数据通信，特别适合金融、保险领域客户的需要，如图 7-17 所示。

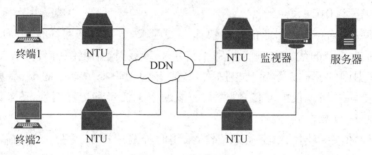

图 7-17　DDN 点对点业务的组网模型

(2) 多点业务：广播多点(主机同时向多个远程终端发送信息)形式适用于金融业务网发布证券行情、外汇牌价等行业信息；双向多点(多个远程终端通过争用或轮询方式与主机通信)形式适用于各种会话式、查询式的远程终端，与中心主机互连，可应用于集中监视、信用卡验证、金融事务、多点销售、数据库服务、预定系统、行政管理等领域。

2) 帧中继业务

用户以一条物理专线接入 DDN，可以同时与多个点建立帧中继电路，多个网络互连时实现传输带宽的动态分配，可大大减少网络传输时延，避免通信瓶颈，加大网络通信能力，适用于具有突发性质的业务应用，例如大、中、小型交换机的互连，局域网的互连等。

3) 话音/传真业务

DDN 支持话音传输，提供带信令的模拟连接 E1，用户可以直接通话或者连接到自己内部的交换机进行通话，也可以连接传真机。适用于需要远程热线通话和话音与数据复用传输的用户。

4) 虚拟专网功能

用户可以通过 DDN 提供的虚拟专用网(Virtual Private Network，VPN)功能，利用公用网的部分资源组成本系统的专用网，在用户端设立网管中心，自己管理自己的网络。该业务主要适用于集团客户(如银行、铁路等)。

相比于传统的模拟通信系统，DDN 网络具有以下优点。

(1) 传输速率高：DDN 网络采用 PCM 数字信号，每个数字话路为 64Kb/s，最高速率为 150Mb/s。

(2) 传输质量好：一般模拟信道的误码率在 $1\times10^{-5}\sim1\times10^{-6}$，通信质量随着距离和转接次数的增加而下降；而数字传输技术采用分段再生方法，不产生噪音积累，通常光缆的

误码率会优于 $1×10^{-8}$ 以上,网络延迟小于 $450\mu s$。

(3)利用率高:一条脉冲编码调制(PCM)数字话路的典型速率为 64Kb/s,用于传输数据时,实际可用达到 48~56Kb/s,通过同步复用可以传输 5 个 9.6Kb/s 或更多的低速数据电路;而一条标准的 300~3400Hz 模拟话路通常只能传输 9.6Kb/s 速率,即使采用复杂的调制解调器,也只能达到 14.4~28.8Kb/s。

(4)无需调制解调器:对于 DDN 用户而言,只需要一种功能简单的基带传输调制解调器,其价格只有数字调制解调器的三分之一左右。

(5)传输距离远:DDN 采用再生中继方式,传输距离可以跨地区也可以跨国界。

(6)传输安全可靠:DDN 采用多路由网状拓扑结构,某处故障、拥塞等中断(只要不是用户端)会自动迂回完成数据传输而不会中断通信业务。

DDN 电路的基础传输速率为 64Kb/s,如果将多个话路复用在一起,可以达到 $n×64Kb/s$ 的传输速率,因此 DDN 网络能够为用户提供点对点、点对多点的中、高速电路,其速率为 64Kb/s、$n×64Kb/s$ 甚至 2Mb/s,已经能满足多媒体通信业务的传输要求。

3. 综合业务数字网(ISDN)

传统的电信网是按照业务需求分别组建相互独立的网络,当用户需要使用多种通信业务时,必须按照业务类型分别向电信部门申请,引入多条连接不同终端的用户线路,这给用户带来了诸多的不便。在这种背景下,20 世纪 70 年代初便萌生了将话音、数据、图像等各种业务信息综合在一个通信网络内进行传送的构想,这便是综合业务数字网(Integrated Service Digital Network,ISDN)。根据 CCITT 的描述,ISDN 可以支持广泛的语音和非语音业务,是一种用户终端能够通过标准的、多用途的用户网络接口的电信网。ISDN 网络中,用户只需要提出一次申请,仅使用一条用户线和一个电信号码,就可以将电话、传真、可视图文、数据通信等多个不同业务类型的终端接入网内,并且按照统一的规程进行通信。其结构及业务综合示意图如图 7-18 所示。

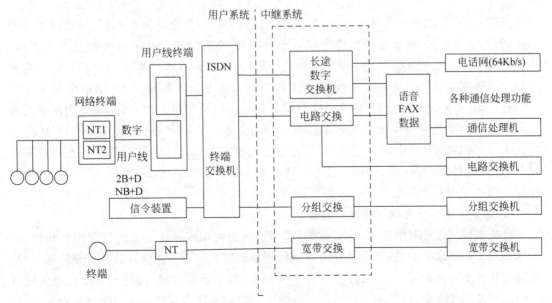

图 7-18 ISDN 及业务综合示意图

ISDN 网络向用户提供的入网接口主要有以下两类。

(1)基本接口：即 2B＋D 接口，是由两条 B 信道和一条 D 信道构成的。B 信道速率为 64Kb/s，用于传送用户信息；D 信道速率为 16Kb/s，用于传送控制信令和低速分组数据。

(2)一次群接口：支持 PCM 一次群速率的数据传输，目前国际上该接口有两种标准。

30B＋D 标准：由 30 条 B 信道和 1 条 D 信道构成，总数据速率为 2048Kb/s。B 信道和 D 信道的数据速率均为 64Kb/s，我国采用这种制式。

23B＋D 标准：由 23 条 B 信道和一条 D 信道构成，总数据速率为 1544Kb/s。B 信道和 D 信道的数据速率也是 64Kb/s。此外，根据需要该接口信道可以变成 H 信道或者 H、B 和 D 的组合，接口总速率保持不变。H 信道有以下几种速率：H0-384Kb/s，H11-1536Kb/s，H12-1920Kb/s。

ISDN 与普通的电话线路不同，其主要特点在于能提供一种端到端的数字连接环境。ISDN 使用光纤和通信卫星组成比电话线路质量更高的传输线路，是一种适合声音、文字、图形、静止图像和活动图像一体化传输的通信网络。ISDN 网络能够提供的业务范围如表 7-7 所示。

表 7-7　ISDN 提供的业务

带宽/ (Kb·s⁻¹)	业　务			
	电　话	数　据	文　字	图　像
64	电话、租用电话信息检索(利用话音分析及合成)	分组交换数据、电路交换数据、租用电路遥测资金转移、信息检索、电子邮件、告警	用户电报、智能用户电报、租用电路可视图文、信息检索、邮政信箱、电子邮件	传真、信息检索、监视
＞64	音乐	高速计算机通信	—	电视会议、电视数据、可视电话、电缆电视

ISDN 网络是以传输多种业务，实现多媒体通信为目标提出的网络，很早便出现了试验系统，但是由于技术、成本及应用需求等方面的原因，多媒体通信的目标并没有真正实现。现有的 ISDN 只能称为窄带 ISDN(N-ISDN)，可以传输声音等连续媒体和质量较低的视频信号。在数字电话网的基础上演变而成的 N-ISDN，其主要业务是 64Kb/s 的电路交换业务，虽然综合了分组交换业务，但这种综合仅在用户—网络接口上实现，其网络内部仍由独立分开的电路交换和分组交换实体来提供不同的业务。N-ISDN 通常只能提供 PCM 一次群速率(2.048Mb/s)以内的电信业务，这种业务的特点使得 N-ISDN 对技术的发展适应性较差，也使得 ISDN 存在固有的局限性，直到宽带综合业务数字网(B-ISDN)的出现，才为多媒体通信的实用和普及带来了一线曙光。

4. 基于电信网的多媒体信息传输技术

传统电信网是针对语音、数据等业务设计的，很难满足多媒体信息传输时的集成性、交互性和同步性要求。但是，完全抛弃传统电信网重新构建适合于多媒体信息传输的通信网，无论是从社会经济角度、还是从技术应用角度来看，都是不合算的。因此，有必要对传统电信网进行拓展或改造，以较小的技术和经济成本满足多媒体通信的需求。经过不断努力，已经在传统电信网的基础上提出许多相关机制，以实现对多媒体通信的技术支持，其中的主要代表有 B-ISDN、ATM 和 xDSL 技术。

1）B-ISDN

为了克服 N-ISDN 的局限性，人们开始寻求一种新型的网络，这种网络可以提供 PCM 一次群速率的传输信道，能够适应全部现有的和将来可能出现的业务。无论速率低至几 b/s 或是高达几百 Mb/s 的业务，都以同样的方式在网络中交换和传送，共享网络的资源。这种灵活、高效、经济的网络可以适应新技术、新业务的需要，并能充分有效地利用网络资源。CCITT 将这种网络命名为宽带 ISDN，也称 B-ISDN（Broadband Integrated Service Digital Network），其结构示意图如图 7-19 所示。

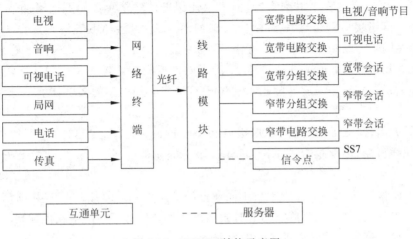

图 7-19　B-ISDN 结构示意图

为了实现上述目标，B-ISDN 中主要采用了 4 种交换技术，即高速分组交换、高速电路交换、异步传送模式和光交换。其中，高速分组交换是利用分组交换的基本技术，简化 X.25 通信协议，采用面向连接的服务，在链路上无流控制和差错控制，集中了分组交换和同步交换的优点。高速电路交换主要采用多速时分交换方式，允许按时间分配信道，带宽可为基本速率的整数倍。由于其信道管理和控制十分复杂，尚不实用。ATM 比高速分组交换和电路交换更加灵活，已经被作为核心技术运用在 B-ISDN 中，相关内容后续会进一步介绍。光交换的主要设备是光交换机，将光技术引入传输回路和控制回路，实现数字信号的高速传输和交换，目前技术正逐步趋于成熟。

相比于以电话网为基础，采用电路交换和分组交换的 N-ISDN，B-ISDN 用一种新的网络替代现有的电话网及各种专用网，其优点主要体现在三个方面。第一，B-ISDN 主要以光纤作为传输媒体，光纤的传输质量高，能够保证所提供业务的质量，同时减少网络运行中的差错诊断、纠错、重发等环节，提高了网络的传输速率和效率。因此，B-ISDN 可以提供多种高质量的信息传送业务。第二，B-ISDN 采用基于快速分组交换的 ATM 技术，以固定格式的信元作为传输和交换的基本单位进行信息转移，给传输和交换带来极大的便利，其效率远高于以往的时隙交换。第三，B-ISDN 使用了虚信道和虚通道技术，传输速率不预定，可以做到"按需分配"网络资源，使传输的信息动态地占用信道。这使得 B-ISDN 呈现开放状态，具有很大的灵活性。基于上述特点，B-ISDN 这种单一的综合网络可以传输各类信息，包括速率不大于 64Kb/s 的窄带业务（如语音/传真）、宽带分配型业务（广播电视、高清晰度电视)、宽带交互型通信业务(可视电话、会议电话、动态多媒体电子邮件)、宽带突发型业务(高速数据)以及其他很多甚至现今还未想到的服务。

在业务比特率方面,一方面由于 B-ISDN 采用的信息传送方式对业务的速率并没有严格的限制,任何速率的业务都可以进网。但是另一方面,业务的速率受到网络资源的限制,任何网络的业务流量或吞吐量总是有限的。为了有效利用网络资源,用户在呼叫期间必须说明他所申请业务的比特率。在恒比特率业务中,信源发出的比特率在整个通信过程中是固定不变的,在呼叫期间也可以通过信令协商改变业务比特率。可变比特率业务的特征是平均速率、峰值速率、突发性和峰值持续时间等参数,这些参数在呼叫建立阶段进行协商,协商一致的参数将在呼叫全过程中得到支持,但不保证超出已建立参数的那些附加业务量。目前 B-ISDN 用户网络接口的传输速率有 155.52Mb/s 和 622.08Mb/s 两种。在 155.52Mb/s 接口上,除去同步传输和信元字头的开销,可用的最大速率是 135.631Mb/s,这对于传输要求为 1~20Mb/s 的文本传送、1~50Mb/s 的面向连接的数据传送、1~5Mb/s 的电视会议、30Mb/s 左右的 TV,甚至 130Mb/s 左右的 HDTV 等各种类型的多媒体通信业务而言都是足够的。

在互通方面,B-ISDN 将提供宽带接口和窄带接口。在窄带接口上可用的业务在宽带接口上也同样可用,因此现有 64Kb/s,ISDN 业务完全能够和 B-ISDN 业务互通,并不受任何限制。

在服务质量方面,B-ISDN 中来自不同业务的信息以统计复用的方式共享信道资源,所有的信息都被分成信元,在信道空闲的时候随机地插入信道。当网络发生拥塞时,会将一部分信元丢弃掉。信元的丢失将直接影响着服务质量,不同的业务对信元丢失的敏感程度是不同的,因此在呼叫建立阶段或呼叫期间,用户和网络可以就服务质量进行协商,明确地给出参数值(例如规定信元丢失率),也可以隐含地给出特定业务的要求(例如定义一个标准业务,它包含所有相关的服务质量及参数)。另外,对于某些业务,要求在每个信元的字头部分给出信元丢失优先权标记,以便于网络在拥塞时进行管理。在呼叫建立时,用户应说明优先权的方式,以便于网络资源的管理和分配。

在多媒体业务能力方面,B-ISDN 将提供独立的呼叫和连接控制设施,以实现对用户的灵活性、对网络运营的简单性、互通时的可控性以及终端和网络信息类型的通用性。对于每种多媒体业务,B-ISDN 网络在建立单个呼叫的同时能够建立多个连接,而且每个连接对应一个特定的信息类型。在呼叫期间,还具有按用户要求增加或删减某些任选信息类型的能力。在同时业务能力方面,B-ISDN 接口应能同时支持具有不同比特率和比持率特征的业务,包括宽带业务和现有 N-ISDN 业务的各种组合。关于 B-ISDN 的多媒体业务需求见表 7-8。

2) ATM

ATM(Asynchronous Transfer Mode)技术是一种集电路交换和分组交换两种优点为一体的传输方式,是 ITU-T 为宽带综合业务数字网(B-ISDN)所选择的传输模式。ITU-T 曾断言,基于 ATM 的 B-ISDN 是网络发展的必然趋势。但是 20 世纪 90 年代以来,互联网技术因为业务丰富、使用便利、费用低廉等特点得到了迅猛发展,而与此同时,B-ISDN 因业务价格高昂等原因未能得到预期的发展。不过,作为一种高速的包交换和传输技术,ATM 在构建多业务的宽带传输平台方面仍具有一定的位置。

表 7-8　B-ISDN 多媒体业务需求

业务类别	信息类型	多媒体业务类型	应　用	部分特征
会话业务	动态图像与声音	宽带可视电话	可视电话、远程教育等	点对点、点对多点、对称/不对称
		宽带电视会议	电视会议、远程教育、广告	点对点、点对多点、对称/不对称
		视频监视	建筑物监视、业务量监视	点对单点/多点、单向
		音视频信息传输	电话信号、视频单帧会话	点对单点/多点、双向对称
	语音	多音频节目	多语言广播、多路节目传送	点对单点/多点、双向对称
	数据	不受限数据传输	LAN/WLAN互联、静止图像、CAD等	点对单点/多点、面向连接/无连接
		高速遥控	实时遥控、遥测、告警	—
		高速传真	用户间电文、图表传送	点对单点/多点、双向对称、不对称
		高分辨图像通信	专业、医学、运动图像传输	—
报文业务	A/V	视频邮件业务	多媒体电子邮箱	单点/多点、单向/双向
	文件	文件邮递业务	文件电子邮箱	单点/多点、单向/双向
检索业务	文本数据图表语音图像视频	宽带信息视传系统	远程教育/培训、购物、新闻	点对点、双向不对称
		视频检索业务	娱乐、教育与培训	点对点/多点、双向不对称
		图像检索业务	专业图像通信、娱乐、培训	点对点/多点、双向不对称
		文件检索业务	数据库检索	点对点/多点、双向不对称
非用户控制分布业务	视频	电视分布业务	电视节目分布	广播、双向不对称/单向
		付费电视	电视节目分布	广播、双向不对称/单向
	文本图像	文件分布业务	电子报纸、电子出版物	广播、双向不对称/单向
用户可控分布业务	各类媒体	宽带视频、广播及图像	远程教育/培训、远程广告、新闻检索、软件	永久、广播、单向

　　ATM 技术的主要特点有很多，其中较为突出的主要有以下几个方面。

　　(1) 简化的网络功能：在传统的分组交换网络中，交换节点参与了 OSI 模型第一层到第三层的全部功能；在帧中继网络中，交换结点只参与数据链路层中的帧同步和 CRC 校验功能，其中的差错控制和流量控制以及第三层功能则交给主机去处理；ATM 进一步简化了网络功能，除了第一层的功能之外，交换节点不参与任何工作，从而提高了信息交换速度。同时，为了满足实时业务的要求，ATM 还使用了一些电路交换中的方法，它改进了电路交换的功能，使其能灵活地适配不同速率的业务；改进了分组交换功能，满足了实时性业务的要求。所以 ATM 交换方式可以看作是电路交换方式和分组交换方式的结合。上述三种主要交换方式的比较如表 7-9 所示。

表 7-9　三种交换方式的比较

交换方式	优　点	缺　点
电路交换	适合固定速率的业务；没有接入时延	信息速率种类较少；网络资源利用率不高
分组交换	适合可变速率的业务；通过合并若干个分组，可以达到各种速率	不适合实时业务；可变的分组长度增加了处理成本
ATM 交换	通过给一个逻辑连接分配若干个信元，可以达到各种速率；可以更好地利用网络资源，如动态容量分配，统计复用等不同速率的连接	面向分组，对于实时业务需要附加的机制；分组装拆会引起一些时延

（2）固定长度的信元格式：ATM 采用固定长度的数据包作为传输的基本单位，为了有别于分组交换网络中的分组，称之为信元。ATM 的信元长度固定为 53 字节，其中前面 5 字节为信头，用来表示这个信元来自何方、去往何处、属于什么类型等；后面 48 字节是要在线路上传送的信息。信头部分包含了选择路由用的虚路径标识符（VPI）/虚通道标示符（VCI）等控制信息，因而 ATM 具有分组交换的特点，它是一种高速分组交换，在协议上将 OSI 第二层的纠错、流控功能转移到智能终端上完成，降低了网络时延，提高了交换速度。

（3）多路并行传输：ATM 支持多路用户信息的并行传输，ATM 交换机可以同时为多路用户信息进行交换和处理，可以适应用户不同速率分配的要求，保证每个用户独占固定带宽。当 ATM 网络同时传送多个用户数据时，不会降低每个用户传输的速度，也不会降低网络的整体速度。用户几乎可以按任何方式把信道分割成任意多个不同速率的子信道，只要它们的速率之和不超过信道的总容量。例如，某个用户要与 A、B、C 三个用户通信，其速率分别为 20Mb/s、40Mb/s、60Mb/s，这样在用户线路上每出现一个发送给 A 的信元，就会有两个发送给 B 的信元和三个发送给 C 的信元。由于上述三个通信用户合起来的速率是 120Mb/s，尚未达到 155.52Mb/s，因此线路还会有一些时间处于空闲状态。

（4）异步时分复用：时分复用技术是在一条传输介质上按照时隙分时传送多路信息的多路复用技术。同步传递方式下，在由 N 路原始信号复合成的时分复用信号中，各路原始信号都按一定时间间隔周期性出现，每个子信道的信息可以由帧内时隙的位置来区分。而异步传递方式的各路原始信号不一定按照时间间隔周期性地出现，因而 ATM 不是通过时隙在帧内的位置来区分不同的子信道，而是在信元头上标记其所属的通道号。ATM 的这种异步时分复用模式使得信道的利用率得到很大的提高，并可以根据用户的需要分配带宽。所以，ATM 既能支持恒定速率的连续性业务，又能支持突发性业务，可以同时支持低速、高速、变速和实时性业务。

（5）虚路径和虚通道连接：ATM 技术是一种面向连接的技术，当两个站点要进行通信时，ATM 首先要选择路径，在两个通信实体之间建立虚电路。它将路由选择和数据转发分开，使传输中的控制较为简单。ATM 路由通过虚路径标识符 VPI（Virtual Path Identifier）和虚通道标识符 VCI（Virtual Channel Identifier）两级寻址来实现。在信元结构中，VPI 和 VCI 是最重要的两部分，这两部分合起来构成了一个信元的路由信息，表明了这个信元从哪里来，到哪里去。ATM 交换机就是根据各个信元上的 VPI、VCI 来决定把它们送到哪一条线路上去。

综上所述,ATM 技术的主要优点是高带宽、有保证的服务质量和可扩展的、能提供所有速度与应用的拓扑结构。ATM 协议能够为所有的传输类型提供同构网络,不论是支持传统的电话、娱乐电视,还是支持 LAN 和 WAN 上的计算机网络传输,应用都使用相同的协议。在设计上,ATM 协议能够处理等时数据,例如视频、音频及计算机之间的其他数据通信;在带宽上,ATM 协议被设计成可扩展的,并能支持实时的多媒体应用,传输速率从几 Mb/s 到几十 Gb/s 可变。ATM 技术提供了处理声音、视频和数据的通用网络,能够降低整个通信网络的成本,全世界的电信公司都正朝着 ATM 发展。

3) xDSL

数字用户线路(Digital Subscriber Line,DSL)也称数字用户环路,是以铜质电话线为传输介质、点对点传输、进行 160Kb/s 全双工数字传输的技术,其着眼点是如何充分利用当前通信网中约占总传输线长度 1/3 的用户线部分。其中,160Kb/s 包括用户速率 2B+D＝64×2+16＝144Kb/s 和传输开销 16Kb/s。它采用先进的数字编码技术和调制解调技术,能够在常规的双绞线上传送宽带信号,平滑地与现有网络进行连接,是过渡阶段比较经济的接入方式。DSL 传输的基本结构由靠近中心局的线路端 LT 单元、靠近用户住宅的用户网络端 NT 单元以及它们之间的数字用户线 DSL 组成,如图 7-20 所示。

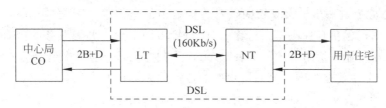

图 7-20　DSL 传输的基本结构

DSL 技术包含一系列数字用户线技术,统称为 xDSL。目前,比较成熟并投入使用的数字用户线技术有 HDSL(高速数字用户线)、HDSL2、SDSL(对称数字用户线)、ADSL(非对称数字用户线)和 VDSL(甚高速数字用户线)等。根据采取的不同调制方式,上述各种 xDSL 技术获得的信号传输速率和距离不同,另外上行信道和下行信道的对称性也不同。由于 DSL 使用普通的电话线,所以被认为是解决"最后一公里"接入问题的最佳选择之一。其最大的优势在于利用现有的电话网络架构,为用户提供更高的传输速度。

(1) HDSL：HDSL(High bit-rate Digital Subscriber Line)是一种对称的高速数字用户环路技术,其中的"对称"是指从用户到网络的上行数据传输速率和从网络到用户的下行数据传输速率相等。HDSL 技术采用了先进的数字信号自适应均衡技术和回波抵消技术,能够消除传输线路中的近端串扰和波形噪声,以及因线路阻抗不匹配而产生的回波对信号的干扰,从而在现有的普通电话双绞线上全双工传输 T1(T1=1.544Mb/s)/E1(E1=2.048Mb/s)速率的数字信号,无中继传输距离可达 3~5km。

HDSL 是一种双向传输的系统,能够提供 2Mb/s 速率的透明传输,它支持净负荷速率为 2Mb/s 以下的 ISDN 基群速率接入业务、普通电话业务、租用线业务等。就目前 HDSL 的业务能力而言,还不具备提供 2Mb/s 以上宽带业务的能力,因此它的传输能力是十分有限的。HDSL 提供的传输速率是对称的,即为上行和下行通信提供相等的带宽。其典型的应用是代替光缆将远程办公室或办公楼连接起来,为企事业网络用户提供低成本的 E1

通路。

HDSL 技术广泛适用于移动通信基站中继、视频会议、ISDN 基群接入、远端用户线单元中继以及计算机局域网互联等业务,由于它要求传输介质为 2～3 对双绞线,因此常用于中继线路或专用数字线路,一般终端用户线路不采用该技术。

(2) HDSL2:HDSL2 被称为第二代高速数字用户环路技术,它是在 HDSL 系统获得成功的基础上提出的。HDSL2 的主要设计目标是以单线对铜质双绞线实现 1.544Mb/s 的对称数据传输。与此同时,要获得与两线对 HDSL 相等的传输距离、相近的业务可靠性和更低的价格。HDSL2 系统采用了更为先进的无载波幅度相位调制码(CAP)和 PAM 码(2B1Q),使用频分复用技术消除了自串扰的问题,获得了接近香农定理信道容量理论极限的良好性能。HDSL2 系统可以作为宽带 ATM 的传输媒质,为用户开通图像业务和高速数据业务。

(3) ADSL:在交互式视频点播系统、高速接入数据库以及教育网络等一些多媒体业务中,信息传送存在着明显的不对称性,也就是一个方向上要求高速率传送(如视频信息下载),反向传输要求速率很低(如信令和控制信号),为此提出了 ADSL。ADSL(Asymmetric Digital Subscriber Line)俗称非对称数字用户线,主要用来传输不对称的交互性宽带业务。它是继 HDSL 之后进一步扩大双绞铜线对传输能力的新技术。所谓"非对称"是指系统上行方向与下行方向的信息速率是不对称的,这与接入网中用户各类业务的固有不对称性相适应。对 Internet 业务量的统计分析表明,用户下载与上传数据量的比例至少在 10∶1 以上,各类图像业务主要是从网络流向用户的。数据业务本身也具有不对称性,用户可以在上网的同时打电话或发送传真,而这将不会影响通话质量或降低下载的速度。

ADSL 不仅吸取了 HDSL 技术的优点,而且在信号调制、数字相位均衡、回波抵消等方面都采用了更先进的器件和动态控制技术,这使得 ADSL 性能更佳。此外,ASDL 还采用了数据通信中的自适应滤波技术。在纠错技术方面,ADSL 系统采用了格形编码与带交织的正向纠错技术,以便在出现高斯噪声和脉冲噪声不敏感的情况下增加信道容量。

ADSL 数据传输采用不对称双向信道,由中心局到用户的下行信道所用的频带宽,数据传输速率高;而由用户到中心局的上行信道所用的频带窄,数据速率低。ADSL 能够在铜质双绞线路上提供 32Kb/s～1.088Mb/s 的高速上行速率和 32Kb/s～8.192Mb/s 的高速下行速率,并且同时支持语音通话和数据传输。ADSL 接入设备需成对使用,一个基本的 ADSL 系统由局端收发机和用户收发机两部分组成,中心局端的 ADSL 传送单元 ATU-C 放在局端机房,远端的 ADSL 传送单元 ATU-R 放在用户端。ADSL 的简单框图如图 7-21 所示。

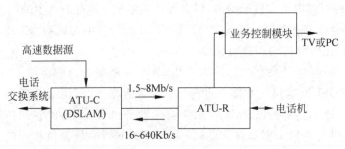

图 7-21　ADSL 简单框图

ADSL 是在用户铜双绞线接入网上传输高速数据的一种技术，它可使铜质双绞线接入网成为宽带接入网。与视频压缩技术结合，可使交互式多媒体业务进入家庭。ADSL 主要提供高速数据通信和交互视频，数据通信功能可为因特网访问、公司远程计算或专用的网络应用，交互视频包括需要高速网络视频通信的视频点播(VOD)、电影、游戏等。

(4) VDSL：由于 ADSL 技术在提供图像业务方面的带宽十分有限，因此人们又开发出一种甚高比特率非对称数字用户线技术(Very High bit-rate Digital Subscriber Line)，简称 VDSL。VDSL 技术采用光纤用户环路(FTTL)和光纤到路边(FTTC)网络的"最后一千米"连接，其传输距离只有 100m～1.5km，它既包含传统的铜质双绞线，又包含光纤线路。在各种数字用户线路技术中，VDSL 技术提供的上行和下行传输速率是最高的，它能够在普通的短距离电话铜线上最高以 52Mb/s 速率传输数据。VDSL 的传输速率大小取决于传输距离的长度，最大下行速率为 51Mb/s 时的传输距离不超过 300m；27Mb/s 时的传输距离为 1km；13Mb/s 以下速率的传输距离可达 1.5km。

VDSL 既可以支持对称业务，又可以支持不对称业务。在对称模式下，VDSL 的下行传输速率可以达到 11～13Mb/s；在非对称模式下，下行传输速率可以扩展至 11～52Mb/s，最多可容纳 12 个 4Mb/s 的 MPEG-2 信号，并且支持一点到多点的业务配置。VDSL 可同时传送多种宽带业务，如高清晰度电视(HDTV)、清晰度图像通信以及可视化计算等，其国际标准还正在制定。

表 7-10 是对上述几种 xDSL 技术的特性比较，从中不难看出：HDSL 能够在两对双绞线上实现 2Mb/s 信号的对称传输；HDSL2 能够在一对双绞线上实现 1.544Mb/s 信号的传输；VDSL 可以在 300m 范围内提供高达 50Mb/s 的下行速率和 1.5Mb/s 左右的上行传输速率；而 ADSL 具有上、下行速率非对称的特性，能够提供的速率以及传输距离特别符合宽带上网的要求，并且其实际速率能根据用户线的状况及传输距离进行自适应调整。ADSL 可以说是 xDSL 技术系列中的杰出代表，是宽带上网的首选技术。

表 7-10 几种 xDSL 技术的比较

类　型	下行速率/(Mb·s⁻¹)	上 行 速 率	最大传输距离/km	线对	是否需要分线器
HDSL	2.048	2.048Mb/s	5	2	否
HDSL2	1.544	1.544Mb/s	5	1	否
ADSL	8	768Kb/s	5	1	是
VDSL	13.26 或 56	6Mb/s 或 13Mb/s	1.5	1	是

5. 基于电信网的多媒体通信业务

受限于信道和网络的发展，多媒体通信的一条主线就是沿着电信网，大致按照语音通信、数据传输、文件传真、可视通信等业务次序而逐步发展的，通过将多种信息综合化、通信信号数字化来增加某些交互和管理功能，达到多媒体服务的效果。

众所周知，人们使用最多、最早的通信工具就是电话，但是在丰富多彩的信息社会中，传统的语音通信已经远远不能满足人们对信息传送的需求。人们迫切需要通过视觉直观地获得多种图像信息，从而产生了图像通信。通常，图像通信可以分成两大类：一是记录型通信(用硬件复制显示)，例如传真、电报、电子邮件等；另一类是影像型通信(用屏幕显示)，例如可视电话、电视会议、电视文字广播等。

　　利用电话线传送图像的最大优点就是哪里通电话插入，视频图像就可以传送到哪里。因此，它是人们最早希望实现的多媒体通信方式。早在 1927 年，美国贝尔实验室就进行了可视电话的实验。20 世纪 80 年代中后期，微电子芯片技术、计算机技术、数字通信技术、视频编解码技术和集成电路技术的不断发展成熟，为影像视频通信创造了条件，适合商用和民用的可视电话才得以走入人们的视野。目前，可视电话已经进入办公室和家庭，成为现实生活中一种新型的通信工具。它改变了图像信息只能在专用的图像传输网络中传送的现状，从而使话路多媒体通信系统达到实用化。

　　可视电话是利用电话线路实时传送语音和图像的一种通信方式，如果说普通电话是"顺风耳"的话，可视电话则既是"顺风耳"又是"千里眼"。可视电话业务属于多媒体通信范畴，是一种具有广泛应用价值的视讯会议系统，不仅适用于家庭生活，而且还可以广泛应用于各项商务活动、远程教学、保密监控、医院护理、医疗诊断、科学考察等不同行业的多个领域，因而有着极为广阔的市场前景。

　　根据传输信道的不同，可视电话可以分为 PSTN 型、ISDN 型、专网型等多种方式。在PSTN 上工作的可视电话，每秒钟可以传输 10～15 帧画面；在 ISDN 上工作的可视电话，每秒钟可以传输 15 帧以上的画面。目前，可视电话产品主要有两种类型，一类是以个人计算机为核心的可视电话，除电脑以外还配置有摄像头、麦克风和扬声器等输入输出设备；另一类是专用可视电话设备(例如一体型可视电话机)，它能够像普通电话一样直接接入家用电话线进行可视通话。由于普通电话线普及率很高，因此在公用电话网上工作的可视电话最具发展潜力。

　　编/解码芯片技术是影响和制约可视电话业务发展的主要因素，语音和图像要在传统电话线上进行传输，必须经过压缩编/解码的过程，而芯片正是承担编/解码重任的关键部件。只有经过芯片在发送端将语音和图像压缩并编译成适合通信线路传输的特殊代码，同时在接收端将特殊代码转化成人们能够理解的声音和图像，才能构成完整的传输过程，让通话双方实现声情并茂的交流。另外，协议标准的不统一也影响着可视电话业务的市场推广。长期以来，虽然有很多厂家相继推出了可视电话产品，但是他们各自为政，没有统一的行业标准，各种可视电话产品之间不能互通，影响了可视电话市场的拓展。

7.3.2　基于计算机网络的多媒体通信

　　建设低成本、易管理、能同时承载多种业务的综合网络，以改变传统语音、数据、视频等业务分离组网的方式，一直是业界孜孜追求的目标。继传统电信网之后出现了另外一条发展路线：即以计算机和计算机通信网络为基础，通过信息传输的实时化、媒体信息的多样化以及对各种媒体信息管理的综合化来实现多媒体通信。借助于计算机强大的处理能力，有望克服电信网的一些弊端。

　　计算机网络的突出特点是综合利用了当代所有重要信息技术的研究成果，通过对信息收集、识别、存储和处理，把分散在广泛区域中的许多信息处理系统有机地连接在一起，组合成一个规模更大、功能更强、可靠性更高的信息综合处理系统，以达到资源共享、分布处理和相互通信的目的，这是社会高度信息化的必然趋势。计算机网络是网络节点和物理信道的集合，一般由资源子网和通信子网两部分组成，如图 7-22 所示。

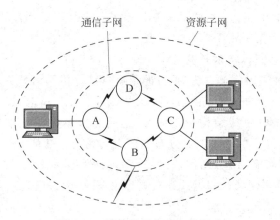

图 7-22　计算机网络的一般组成

1) 资源子网

资源子网由主机、终端、输入/输出设备、各种软件资源和数据库等组成。资源子网负责全网数据处理业务,为网络用户提供各种网络资源和网络服务。

主机系统可以是微机、小型机、大中型计算机,它们是网络中最重要的资源,应该具备供用户访问的数据库和其他软件系统,提供信息资源和网络管理功能。

终端是网络中数量最多、分布最广的设备,它直接面向用户,为用户提供访问网络资源的接口。由于目前微机的大规模普及,网络中传统意义上的终端现在往往是由一台配置齐全、功能较强的微机来担任。所以,终端设备可以不经过主计算机而直接连接到节点通信处理机上。

2) 通信子网

通信子网包含传输介质和通信设备,它承担全网的数据传输、转接、加工和变换等通信处理工作。传输介质可以是专用的双绞线、同轴电缆及光纤,也可以是公用通信线路,如电话线、微波通信线路等。通信设备指通信处理机、交换设备和调制解调设备,以及用于卫星通信的地面站、微波站、集中器等。

网络用户的访问方式有两类:本地访问和远程访问。本地访问是对本地主机资源的访问,它不经过通信子网,只在资源子网内部进行;远程访问是指网络用户通过通信子网访问远程的主机。

计算机网络的功能可以概括为三个主要的方面。第一,硬件资源共享。计算机网络可以在全网范围内提供对处理资源、存储资源、输入/输出资源等硬件资源的共享,从而使用户节省投资、也便于集中管理、均衡分担负荷。硬件资源特别是指一些较高级和昂贵的设备,例如巨型计算机、具有特殊功能的处理部件、高分辨率的激光打印机、大型绘图仪以及大容量的外部存储器等。第二,软件资源和数据资源共享。共享数据资源是计算机网络最重要的功能。数据资源包括数据文件、数据库以及其他形式的各种信息,例如声音、图片、图像、视频等。数据资源的共享扩大了信息使用的范围,对信息社会的发展具有重大意义。连网的用户可以远程访问各种类型的数据库,可以得到网络文件的传输服务和远程文件访问,从而使软件得到广泛的使用,避免数据资源的重复存储,充分有效地发挥数据资源的价值。第三,用户之间信息交换。计算机网络为分布在世界各地的用户提供了强有力的通信手段,可以通过计算机传递电子邮件、发布新闻消息、进行电子数据交换,极大地方便了用户,提高了工作效率。计算机网络在以上三个方面的功能是其他系统不可代替的,也正因为如此,建立高速和可靠的计算机网络得到了广泛的重视。

1. 基于局域网的多媒体技术开发

计算机网络的一种通用分类方法,是按照距离将计算机网络分为局域网(LAN)和广域网(WAN)。局域网是处于同一建筑物、同一大学或方圆几公里地域内的专用网络。局域网技术从分组网和计算 I/O 总线结构派生而来,适用于数据传送速度要求高、费用低、终端(数据设备、微机、中型机、主机等)地域分布距离近的场合。基带 LAN 传输一般数据,而宽带 LAN 则可用于传输声音、图形图像、视频等多媒体信息。LAN 的传输媒介主要有双绞线(9.6Kb/s)、基带同轴电缆(1~10Mb/s)、宽带 CATV 电视电缆(300MHz)及光缆(几个 Gb/s)等几种。

20 世纪 90 年代多媒体热点一兴起,人们就想到多媒体网络的建立,但当时很多人对在广泛普及的局域网(LAN)上开发多媒体抱悲观的态度。原因之一是多媒体集图、文、声一体化,其典型的特征是数据量大,特别是活动图像,在不压缩的前提下在局域网上(1~10Mb/s)不可能传送。多媒体要求提供固定容量的信道,而局域网则采用共享带宽。第二个原因是实时性,局域网不支持实时通信。因此,很多人认为在 LAN 上开发多媒体通信网络不现实。随着微型机的发展,局域网技术在全世界得到广泛应用,与此同时,多媒体数据压缩编码技术也取得相当大的进展,传输压缩以后的全活动图像只需 140~550Kb/s 即可,已有的 Ethernet 和 Novell 网(10Mb/s 局域网)已经可以满足一部分多媒体通信的应用需求。多年以来,各国一直在大力开发高速(宽带)光纤网和高速双绞线局域网,宽带网络技术更是取得飞速发展,FDDI 和更新的 FDDE Ⅱ 标准、分布式队列总线(DQDB)、B-ISDN 及 ATM 等技术已开始运用。特别地,近年来快速以太网(100Mb/s)和千兆以太网(1000Mb/s)因价格低廉、性价比高,已经得到广泛使用。而随着成本的降低,性能优良的高速(宽带)光纤网(2.5Gb/s 以上)也将得到广泛应用。就目前应用的情况而言,窄带技术仍是多媒体通信中的一项关键技术。为了满足活动图像和高质量话音的传输,许多专家仍在致力于研究利用窄带局域网技术实现多媒体通信,以探索利用窄带局域网(如 10Mb/s 或 100Mb/s)进行视频通信的可行性。

2. 基于 IP 寻址技术的多媒体通信网

IP 是 Internet 网络的技术基础,采用无连接、端到端的 TCP/IP,具有结构简单、经济实用、网络适应性强、能灵活满足各种多媒体业务需求等特点。特别是随着 IP QoS 技术的成熟,H.323 协议族及相关国际/国内标准的制定,IP 网络日益成为实现数据、语音和视频业务"三网合一"的现实技术基础。

1) 传统的 IP 网

IP 网是指使用一组因特网协议(Internet Protocol)的网络。传统意义上的 IP 网是指人们熟悉的 Internet 网络,它以丰富的网上资源、方便的浏览工具等特点,发展成为世界范围内广泛使用的信息网络。但除此之外,IP 网还包括其他形式使用 IP 的网络,例如企业内部网(Intranet)等。

IP 网在发展初期并没有考虑传输实时的多媒体通信业务,它是一个"尽力而为"的、无连接的网络,注重的是传输的效率而非质量,也不提供 QoS 保障。当网络发生拥塞时,即将过剩的数据包丢弃,因此会发生数据丢失或失序现象,从而影响通信质量。IP 网络中的路由器采用"存储—转发"机制,会产生传输延时和延时抖动,也不利于多媒体信息的实时传输。由于在传统 IP 网上多媒体传输的带宽和延时抖动等要求都得不到保障,因此在传统 IP 网络上开展实时多媒体应用存在一定问题。

2) 宽带 IP 网

随着 Internet 用户数量的急剧增加和新应用的层出不穷,传统的 IP 网络已经不能满足用户的需求,特别是对实时性要求高的视频、音频等多媒体业务的支持,网络规模的扩大使得路由表变得非常复杂,寻址速度降低。针对这样的情况,需要对传统的 Internet 技术进行重新设计,使其具备高速、安全、易扩展、支持多类型业务等特点。

通常人们把骨干网传输速率在 2.5Gb/s 以上、接入网能够达到 1Mb/s 的 IP 网络定义为宽带 IP 网。宽带 IP 网是新一代 Internet 网络技术的核心,近年来发展迅速。G 比特以太网技术日趋成熟,它在单模光纤上的传送距离已经达到 100km; G 比特路由交换机的交换速度已高达 60Gb/s;由高速路由交换机与密集波分复用(DWDM)技术结合而产生的 IP 优化光学网络,在单模光纤上的传送速度可达 160Gb/s。未来宽带 IP 网将形成以 IP 优化光学网络为骨干,10/100/1000Mb/s 以太网为外围网络的格局,并能提供 QoS 保证的多种 IP 业务服务。

在网络层,采用 IP 已是大势所趋。IP 已成为将各种网络、各种业务综合起来的"共同语言",即所谓的 Everything over IP。由于采用 TCP/IP 可以屏蔽不同网络的下层细节,在上层达到统一,故可以将数据、语音、图像、视频均归结到 IP 包中。通过分组交换技术和路由技术,采用全球性寻址,可实现各种网络的无线连接,并有效地降低业务成本。

在物理层,采用光纤作为传输介质已成为共识。目前 IP 网业务构架的争论集中在数据链路层,为了解决传统 IP 网络存在的问题,使 IP 包可靠、高效地在光纤上传输,人们研究了 IP 与 ATM、SDH 和 WDM(Wavelength Division Multiplexing)等技术的结合,充分利用这些网络的优点实现了 IP over ATM、IP over SDH 和 IP over WDM 等技术,进而实现了 IP 网络的高速、宽带,降低了网络的复杂程度,大幅度提高了网络性能,保证了服务质量。

(1) 宽带 IP 网络的组成

宽带 IP 网由骨干网和接入网组成,也有人认为宽带 IP 网由骨干网、城域网和接入网组成。骨干网相当于城域网间的高速公路,城域网可以看作某一区城内的主干环路,接入网可以看作该区域内的大街小巷。宽带 IP 网可以分为三层:骨干层、接入层和应用层。典型的宽带 IP 网络如图 7-23 所示。

骨干层采用高速交换路由器组成速率为 2.5Gb/s 的高速交换,节点之间的冗余、备份链路以及网络连接和配置都充分考虑到高可靠性要求。接入层采用高速接入路由器和多层交换机,提供速率为 10/100/1000Mb/s 的以太网用户接口。应用层提供 VPN、高速上网、宽带数据中心等业务,充分满足各类用户的需要。与 Internet 的连接出口带宽可达 3.5Gb/s。网络管理采用集中式网管,可有效管理全网的设备和服务质量。

(2) 宽带 IP 网络的技术特点

宽带 IP 网支持 IPv6 协议,IPv6 将有足够的地址空间(128 位)区分单级地址和多级地址,采用 DHCP(动态地址分配)自动配置。同时要考虑从 IPv4 向 IPv6 过渡过程中存在的问题。

宽带 IP 网能够保证交换速度和网络承载能力。宽带 IP 网具备每秒几百万包以上的处

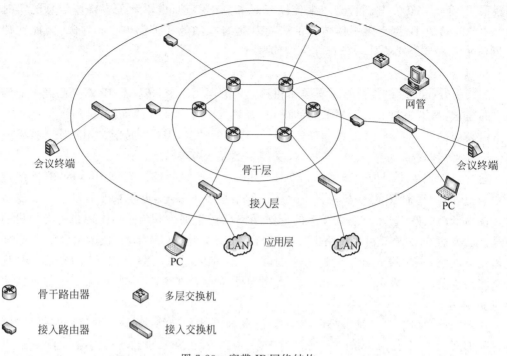

骨干路由器　　多层交换机

接入路由器　　接入交换机

图 7-23　宽带 IP 网络结构

理性能,有提供平均每个用户每秒数百包或上千包的无拥塞处理能力。由 G 比特交换路由器实现上述的交换能力,路由器的光接口速度可达 OC-12(622Mb/s)、OC-48(2.5Gb/s)、OC-192(10Gb/s)甚至更高,这样的速度远超过了 ATM 交换机的速度。

宽带 IP 网具有分类服务和 QoS 保证。宽带 IP 网是一个综合业务平台,当网络出现拥塞时必须保证实时业务的服务质量。所以,对不同类型的业务在占用网络资源时给予不同的优先级,对实时性很强的业务设置高优先级,可以保证网络拥塞时不进行减少流量的控制。

宽带 IP 网具备综合业务能力。宽带 IP 网的建设以提供多媒体应用业务为目的,它所提供的必然是一种综合业务。例如,宽带 IP 网提供多点广播技术,同时可向多个接收点发送数据以节省带宽。宽带 IP 网提供计费、管理、低成本 VPN 服务等功能。

宽带 IP 网络采用隧道加密技术,通过虚拟专网(VPN)对不同要求的用户实施不同层次、不同级别的安全管理措施。利用第三层或第四层路由交换机,可组成具有容错功能的宽带 IP 骨干自愈环,有效地保证全网的可靠性。

(3) 宽带 IP 骨干网传输方式

骨干网又被称为核心网络,它由所有用户共享,负责骨干数据流的传输和交换。骨干网通常是基于光纤传输介质的,能实现大范围(在城市之间和国家之间)的数据流传送。这些网络通常采用高速传输网络(如 SONET/SDH)传输数据,高速包交换设备(如 ATM 和基于 IP 的交换)提供网络路由。对宽带骨干网的传输速率,约定俗成的定义是至少应达到 2Gb/s。宽带 IP 骨干网是在继承传统公用骨干网的技术和网络资源的基础上发展起来的,是以高速 IP 路由交换为核心、以光传输为基础、以 G 比特甚至 T 比特传输速率为特征、以多媒体业务为应用目标的数据传输和交换网络。宽带 IP 骨干网的传输方式主要有 IP over

ATM、IP over SDH 和 IP over WDM 三种。

IP over ATM 即基于 ATM 的 IP。其核心是利用 ATM 的 QoS 特性来保证多媒体业务的服务质量。IP 网传统上是由路由器和专线组成的,用专线将地域上分离的路由器连接起来构成 IP 网。随着 IP 业务的爆炸性发展,低速(2~4.5Mb/s)专线和为普通业务设计的路由器在很多性能上无法满足新业务的需要,网络技术演进的首选技术将是 IP over ATM。

ATM 是 IP 之后发展起来的一种分组交换技术,它克服了 IP 原来设计的不足,性能也大大优于 IP,曾经被看成是 B-ISDN 的核心。但是由于它过于复杂,过于求完善,大大增加了系统的复杂性及设备的价格。随着 IP 网的爆炸性发展,ATM 作为 IP 业务的承载网将具有特殊的好处。与路由器加专线相比,它可以提供高速点对点连接,从而大大提高 IP 网的带宽性能。当 ATM 以网络形式来承载 IP 业务时,还可以提供十分优良的网络整体性能。

用 ATM 来支持 IP 业务有两个问题必须解决。其一,ATM 的通信方式是面向连接的,而 IP 是无连接的。要在一个面向连接的网络上承载一个非连接的业务,有很多问题需要解决,例如呼叫建立时间、连接持续期等。其二,ATM 是以 ATM 地址寻址的,IP 通信以 IP 地址来寻址。在 IP 网上端到端是以 IP 寻址的,而传送 IP 包的承载 ATM 网是以 ATM 地址寻址的,IP 地址和 ATM 地址之间的映射是一个很大的难题。

IP 路由器和 ATM 交换机构成的宽带数据通信网络存在两种方式。第一种方式出现于 20 世纪 90 年代中期,这时 IP 路由器由于技术的限制速率相对较低,不能满足高速宽带的要求,而 ATM 交换机的交换速率高,可以支持宽带综合业务。因此,ATM 交换机作为骨干网的核心交换机,而 IP 路由器作为接入设备连接各个用户,如图 7-24 所示。

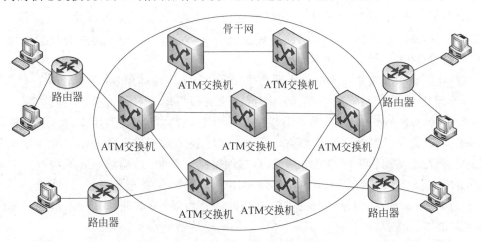

图 7-24 宽带数据通信网组网方式 1

第二种方式,进入到 21 世纪,随着技术的不断进步,能够支持 T 比特和 G 比特交换的路由器投入使用,这时的 IP 路由器速度已经接近甚至超过 ATM 交换机的速度,而且价格相对较低。因此,这时的 IP 路由器可以作为骨干网的核心设备,而由于 ATM 交换机支持多业务的性能比 IP 路由器要好,因此将 ATM 交换机作为接入交换机,如图 7-25 所示。

IP over SDH 即基于 SDH/SONET 的 IP,它以 SDH 网络作为 IP 网络的数据传输网,完全兼容传统的 IP 网络结构,在物理链路上使用了更高速率、更稳定可靠的 SDH 网络结构。SDH 网络具有高速、灵活、可靠性高等特点,为 IP 的传输提供了性能优异的传输平台。

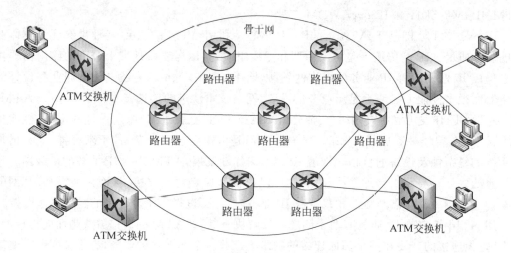

图 7-25　宽带数据通信网组网方式 2

IP over SDH 一般不受地区限制,开销小、线路利用率高、网络结构简单、传输效率高、带宽扩充简便、具有监控、保护切换、流量管理等功能,有利于实施 IP 多点广播,可提供分级服务。

　　IP over SDH 组网的核心是高速路由器,它使用 PPP(Point to Point Protocol)将 IP 数据分组封装为 PPP 帧,然后在 SDH 通道层业务适配器将 PPP 帧映射到 SDH 净荷中,经过SDH 传输层和段层加上相应的开销,把净荷装入 SDH 帧中,最后将数据交给光纤网进行传输。PPP 完成了点到点链路上传输多协议数据包的功能,该功能主要包含三个部分:多协议数据的封装,支持不同网络层协议的封装控制协议 NCP,以及用于建立、配置、监测连接的链路控制协议 LCP。

　　目前,我国和很多发达国家的骨干网均采用了 SDH 传输体制,为在 Internet 主干网采用 IP over SDH 创造了良好的条件。SDH 网络具有很好的兼容性,支持不同体系、不同协议的数据传输。IP over SDH 技术具有较高的吞吐量,较高的信道利用率,满足 IP 网络通信的需求,可以提供较高的带宽资源。IP over SDH 技术对现有的 Internet 网络结构没有大的改变,相对于其他物理传输网络来说,具有网络结构简单、传输效率高等特点。IP over SDH 可以使用 SDH 的 2Mb/s、45Mb/s、155Mb/s、622Mb/s 甚至更高的 SDH 接口。可以看出,决定 IP over SDH 网络性能的关键是高速的路由器,只有加速开发新型的高速路由器,提高路由器的性能,才能充分发挥 SDH 网络高速传输的特性。

　　相比于 IP over ATM,IP over SDH 的优点是开销少,具有较高的封装效率,可以提高吞吐量,简化了网络体系结构,降低了成本。因此,它特别适合主要承载 IP 业务的网络。IP over SDH 技术存在的问题是仅对 IP 提供了较好的支持,对其他网络层协议的支持有限,不适合多业务平台,不能提供像 IP over ATM 一样的服务质量 QoS 保障。

　　IP over WDM 即基于 WDM 的 IP。光复用系统(WDM)中,光载波系统的峰值波长间隔一般为 50~100nm,称为常规的波分复用系统。DWDM 称为密集波分复用系统,其光载波信号的峰值波长间隔一般在 1~10nm。DWDM 技术充分利用光纤的带宽资源,使光纤的传输容量成几倍甚至几十倍增加。DWDM 技术节约成本,使用复用技术可以在一根光纤上传输多路信号,这样可以在长途传输中节省光纤数量,而且扩容简单。不同的波长根据用户要求可以支持不同的业务,完成信息的透明传输,可以实现业务的综合和分离,这也是IP over WDM 的技术基础。

IP over WDM 也称为光因特网或光互联网,是直接在光纤上运行的因特网。它是由高性能 WDM 设备、高速路由器组成的数据通信网络,是结构最简单、最经济的 IP 网络体系结构,也是 IP 网络发展的最终目标。IP over WDM 中的 IP 层主要完成数据处理功能,主要设备包括路由器、ATM 交换机等。WDM 层负责完成数据传送,主要设备是 WDM。在 IP层和 WDM 层之间有层间适配和管理功能,主要完成将 IP 数据适配为 WDM 适合传送的数据格式,使 IP 层和 WDM 相互独立。

IP over WDM 的帧结构有 SDH 帧结构和 G 比特以太网帧两种形式。采用 SDH 帧格式时,帧头中载有信令和足够的网络管理信息,便于网络管理。但是在路由器接口上,对于SDH 帧的拆装处理比较耗时,影响了网络吞吐量和性能。而且采用 SDH 帧结构的转发器和再生器价格较高。G 比特以太网帧结构的报头包含的网络状态信息不多,网络管理能力较弱,但是由于没有使用造价昂贵的再生设备,因此这种设备的价格相对较低。而且由于和主机的帧格式相同,因此在路由器接口上无须对帧进行拆装操作,从而降低了时延。

IP over WDM 充分利用光纤的高宽带特性,极大地提高了传输速率和线路利用率。它的网络结构简单,IP 数据分组直接在光纤上传送,减少了中间层(ATM、SDH),提高了传送效率;通过业务量设计可以与 IP 的不对称业务量特性相匹配;对传送速率、数据格式透明,可以支持 ATM、SDH 和 G 比特以太网数据;可以和现有网络兼容,还可以支持未来的宽带综合业务网络;节省了 ATM 和 SDH 设备,简化了网管;采用了 WDM,其网络成本有望下降 1~2 个量级。

IP over WDM 进一步简化了网络结构,去掉了 ATM 层和 SDH 层,IP 分组直接在光纤上传送,具有高速、低成本等特点,适合骨干网传输要求。但是它也存在着一些问题:首先是波长的标准化工作还没有完成;其次是 WDM 的网络管理功能较弱;还有 WDM 的网络结构只使用了点对点的结构,没有充分利用光网络的特性。对于宽带 IP 网络通信来说,IP over ATM、IP over SDH 和 IP over WDM 各有优势,但也存在一定的缺点,从长远的发展角度看,IP over WDM 更具竞争力,会成为未来宽带 IP 网络的主要网络结构。

3. 基于计算机网络的多媒体通信业务

随着多媒体技术的普及和提高,可视化信息技术在大量领域得到广泛应用。其中,多媒体会议系统以其多样的功能性受到大众的喜爱。在人类的交流过程中,有效性信息的 55%~60% 依赖于视觉效果,33%~38% 依赖于声音,只有 7% 依赖于内容,所以单纯依靠声音的表现远远不能满足现代会议的要求。多媒体会议系统是一种让身处异地的人们通过某种传输介质实现"实时、可视、互动"的多媒体通信技术。它可以通过现有的各种传输媒体,将人物的静态/动态图像、语音、文字、图片等多种信息分送到各个用户的终端设备上,使得在地理上分散的用户可以共聚一处,通过图形、声音等多种方式交流信息,增加双方对内容的理解能力,使人们犹如身临其境般参与在同一会场中。

原始的会议形式就是把大家召集到一起共同讨论一些重要的事情,由于条件的限制,会场中根本不可能配备任何声音、图像等电器设备,更没有会议系统的概念。近代工业革命和科技的进步使电子技术有了突破性的发展,会议进行中沟通表达的重要组织工具也历经了从低到高的发展阶段。最早的会议系统中,采用多只话筒一字排开都同时接入现场的电声设备,与会者通过电设备获取信息。进行会议讨论的时候,你讲一句,我插一句,对于大型的会议或者多人需要讨论的发言情况,很难有秩序地进行。后续逐步研制出了单电缆连接的专业音频会议系统,作为会议有效的组织和沟通工具,这时候的音频会议系统完全进入了有序的会议组织时代。到了现代,会议系统不仅需要帮助与会者简洁明快地表达自己的意思、生动清晰地展示自己的产品,还要易于控制多变的会议现场环境。这就需要高质量的音频信号、高清晰的视频动态画面及图像、实物资料,准确无误的数据表达及一套实用高效的控制系统,以方便实现所有操作。此时的会议系统不但进入了有序的组织状态,而且同时也保证了会议的高效进行,这样的会议解决方案称为智能会议系统。

多媒体会议系统可以把已有的信号(如闭路电视、广播电视、网络电视、集会信号等)送入多媒体集会系统,还可以把每个会场的多媒体集会信号送出到网络出口,进行网络电视集会交流。借助多媒体会议系统作报告、总结、汇报,可以实现信号设备互动操作的图、文、声、影、画展示,增加双方对内容的理解能力,充分调动与会者的参与度,提高会议效果。为了实现上述目标,多媒体会议系统应当包含显示系统、多媒体音视频信号源、音响扩声系统、矩阵切换系统、中央集成控制、环境控制系统等。其中,矩阵切换器是显示、演示系统信号流通的核心设备,系统所有的输入输出信号都在矩阵切换器中出入,并根据操作者的设计从输入端进入指定的输出端。中央控制设备集灯光、机械、投影及视音频控制手段于一体,为使用者提供了简单、直接的控制方案,大大提高了集会的效率并简化了复杂的操纵,令使用者能方便地把握整个空间情况各设备的状态及成果,能适合所有人士使用而不需要具备专业常识。

伴随计算机技术、图像处理技术的进一步发展,多媒体会议系统也提出了更高的要求。例如,系统兼容多种设备,包括计算机网络、摄像头、播放器、录播一体机、DVD等,实现所有设备的数据信号安全共享、快捷交互、快速分析,让数据整合达到一个质的提升,以提高多媒体会议的工作效率;可以通过人机交互图形化界面,将设备操控、数据管理有机地与多媒体会议相结合,精确快捷地调用预案和数据,充分发挥系统人性化和智能化。

7.3.3 基于有线电视网络的多媒体通信

有线电视(CATV)于20世纪50年代起源于美国,是专门向用户传送电视节目的单向广播系统。与通信网络不同,有线电视系统由广播电视部门进行规划设计和维护运行,它与通信网、计算机网络共同形成信息社会的三大主要网络。

1. 有线电视网络简介

有线电视网络一般覆盖一个城市范围,各城市之间通过微波或卫星转发。有线电视网络由干线、配线和引入线三大部分组成,如图7-26所示。

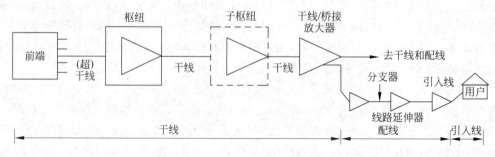

图 7-26　有线电视网的结构

1) 干线

前端和干线/桥接放大器之间的部分称为干线。前端用于接收和处理信号,它首先接收空中的广播电视信号以及卫星电视信号,然后将这些来自不同信源、具有不同制式的信号统一成同一种形式,再以频分复用的方式送到用户,有时还会加入本地电视台自己制作的节目。一般各电视转播站就是前端。

2) 配线

干线/桥接放大器到分支器之间的部分称为配线。从前端出来的信号经过沿途的中继电缆传输会产生衰减。为了补偿传输时的信号衰减,在中间加入了干线放大器。传统的铜轴电缆传输衰减比较大,一般每隔 $500 \sim 600m$ 左右就需要设置一个干线放大器,所以一般需要几十个干线放大器。改用光纤传输以后,只需要保留几个干线放大器就行了。

3) 引入线

引入线指分支器到用户设备之间的部分。分支器处于用户端,负责将配线网传来的信号分成多路,经过一段引入线送到各用户处。

CATV 网络最初的容量为 30 多个电视频道,现在已能提供 60 多个甚至 100 多个电视频道;其系统带宽也从 300MHz 逐步提高到 450MHz、550Mz、630MHz,甚至可达 1GHz。我国广电总局规定的 CATV 网络频率配置如图 7-27 所示。

图 7-27 我国 CATV 网络频率配置

不难看出,同轴电缆的带宽比较充分,因而 CATV 网不仅可以用来传送原有的模拟电视信号,还有相当富裕的频带可以用来传送数字电视信号及其他数据业务。随着网络技术、视/音频压缩技术等的快速发展,一大批基于 CATV 网络的宽带数据业务不断涌现。与模拟电视相比,数字电视具有以下优越性。

(1) 视/音频信号从信源、传输到终端全部实现数字化,因而大大提高了音像质量。

(2) 由于采用了数字压缩编码技术,数字电视大大地节约了 CATV 网络的频率资源。传输 1 路模拟电视信号需要占用 8MHz 带宽,而在同样的 8MHz 带宽中可以传送 9 路数字电视信号。因此,采用数字电视信号传输可为用户提供更多的电视节目和各种数据业务。

(3) 数字电视接收机(也称数字机顶盒 STB)的价格低廉。STB 可接收数字电视信号、输出模拟电视信号,因而可在模拟电视机屏幕上收看数字电视。除了可作模拟电视机接收数字电视信号的桥梁外,STB 还可用于利用 CATV 网络进行宽带 IP 交互服务,如网上购物、家庭银行、交互游戏、VOD、Web 浏览等。

2. 有线电视网向多媒体网络的发展

CATV 系统具有宽带传输媒质,这为引入其他宽带通信业务提供了先天性条件。随着技术的进步、管制的放松和市场的开放,在为用户传送广播电视节目的同时提供各种宽带通信和交互式图像业务自然是经济且方便的。因此,CATV 网络可以成为继电信网和计算机网络之外的另一个宽带多媒体通信系统。

但是传统的 CATV 网络是单向的,只具备下行信道,它的用户只能够接收电视信号,并不上传信息。如果要将实时的多媒体通信业务部署到 CATV 网络上,必须对其进行改造,使之具有双向通信功能。改造的一种方法就是在同轴电缆主干线放大器中插入模块来解决双向化问题。这种方法实施起来比较烦琐,并且需要在用户端安装一个调制解调器,给用户提供上行通道。改造的另一种方法就是从线路着手,用光纤代替同轴电缆,这是一种最理想的办法。光纤信道是一种衰减小、干扰小的理想信道,用它代替同轴电缆可以节省大量的放大器,甚至可以取消放大器,电视信号的质量将大大提高,网络的可靠性极大增强,维护费用得以降低,同时整个网络的带宽得到进一步的拓宽,为提供新的宽带业务创造了条件。但是,完全用光纤代替同轴电缆的做法是行不通的,一方面放弃现有的铜缆入户网络在经济上不合算;另一方面光纤网络投资巨大而回收期又长。所以,最经济现实的方法就是只在干线上用光纤代替同轴电缆传输,而在 CATV 网的其他部分仍然保持原来的同轴电缆不变,这种方法称为混合光纤/同轴电缆(HFC)。

1) HFC 系统结构

一套完整的 HFC 系统包括局端系统(CMTS)、用户终端系统和 HFC 传输网络三个部分,如图 7-28 所示。

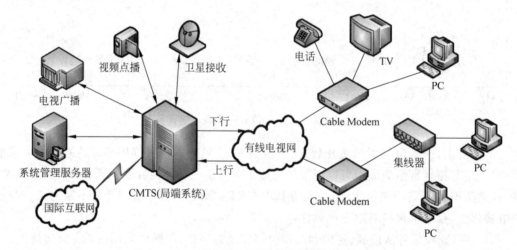

图 7-28　HFC 传输网络

(1) 局端系统(CMTS):一般放置在有线电视的前端(或者在管理中心的机房),作为前端路由器或者交换集线器与 HFC 网络之间的连接设备。其功能是完成各类数据与射频信号之间的转换,并与有线电视的视频信号混合送入 HFC 网络中。除了与高速网络连接外,CMTS 也可以作为业务接入设备,通过 Ethernet 网口连接本地服务器提供本地业务。

(2) 用户端系统:HFC 数据通信系统的用户端设备主要是 Cable Modem,它用于连接用户的 PC 机和 HFC 网络,提供用户的数据接入。Cable Modem 接收从 CMTS 发送来的 QAM 调制信号并解调,然后转换成 MPEG2-TS 数据帧的形式,以重建传向 Ethernet 接口的以太帧。在相反方向上,从 PC 机接收到的以太帧被封装在时隙中,经 QPSK 调制后,通过 HFC 网络的上行数据通道传送给 CMTS。

（3）HFC 传输网络：与传统 CATV 网相比，HFC 传输网络无论从物理上还是逻辑拓扑上都发生了变化。现代 HFC 网络基本上是星形总线结构，在 HFC 网服务区内仍基本保留着传统 CATV 网的树形结构。

2）HFC 系统的主要特点

HFC 系统可以实现各种类型的通信业务，例如电视广播（模拟/数字）、声音广播（模拟/数字调频广播）、视频点播（VOD、NVOD）、数据通信（计算机联网、Internet 浏览、LAN 互连）等。通过 Cable Modem 设备，可以实现数字电视、视频点播、互联网通信、电视电话等。

从业务能力上来讲，HFC 既支持模拟业务又支持数字业务。模拟业务方面主要包括模拟广播电视和调频广播节目。数字业务方面，HFC 能开通的数字业务形式很多，主要包括普通电话业务，$N\times 64$Kb/s 租用线业务，E1 信号，ISDN 基本速率接口（ISDN-BRA），一次群速率接口（ISDN-PRA），数字视频业务（如 VOD），2048b/s 以下的低速数据通道和 2048Kb/s 的高速数据通道，个人通信业务（PCS）等。HFC 系统的主要特点可以概括为以下几个方面。

（1）传输频带较宽。HFC 具有双绞铜线对无法比拟的传输带宽，其分配网络的主干部分采用光纤，可以用光分路器将光信号分配到各个服务区，在光节点处完成光/电变换，再用同轴电缆将信号分送到用户家中。这种方式兼顾到提供宽带业务所需的带宽和节省网络开支两个方面的因素。

（2）与目前的用户设备兼容。HFC 网络的最后一段是同轴电缆网，它本身就是一个 CATV 网络，因而视频信号可以直接进入用户的电视机，以保证现有的大量模拟终端可以继续使用。

（3）支持宽带和多业务。HFC 网络支持现有的和发展中的窄带及宽带业务，包括有线和无线、数据和话音、多媒体业务等。可以很方便地将话音、高速数据及视频信号经调制后送出，提供了简单的、能直接过渡到 FTTH 的演变方式。

（4）成本较低。HFC 网络的建设可以在原有网络基础上改造，根据各类业务的需求逐渐将网络升级。例如若想在原有 CATV 业务基础上增设电话业务，只需安装一个前端设备以分离 CATV 和电话信号，而且可以根据需要实时安装，十分方便与简捷，成本也较低。

3）HFC 系统工作原理

HFC 系统针对不同的接入信息采用不同的调制技术和传输方式，当传输模拟广播电视信号时，可采用 AMVSB 方式；当传输话音或数据信号时，可采用 QPSK（正交相移键控）或 QFDM（正交频分复用）调制技术；当传输数字视频信号时，可采用 64QAM（正交幅度调制）或 QFDM。

如图 7-29 所示，传输语音信号时首先经局端设备中的调制器 I 将语音信号调制到 5～30MHz 的线路频谱，并经电/光变换形成调幅光信号，通过光纤传送到光节点；之后再经过光/电变换形成射频电信号，由同轴电缆送至分支点。用户终端设备中的解调器 I 负责将射频信号恢复成基群信号，最后解调出相应的语音信号。

传输视频点播（VOD）业务信号时，可先将视频信号经编码器按照 MPEG-2 标准进行编码，由局端设备中的调制器 II 将编码以后的数字视频信号以 64QAM 调制成 582～710MHz 的模拟线路频谱，经电/光变换形成光信号并在光纤中传输；在光节点处完成光/电变换后形成射频信号，由同轴电缆传送到用户终端设备。经用户端解调器 II 解出 64QAM 数字视

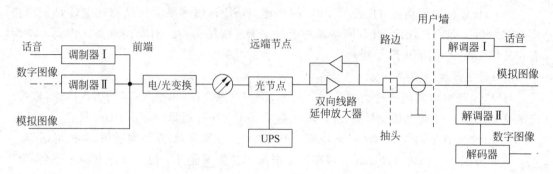

图 7-29　HFC 系统原理示意图

频信息,再通过解码器还原出视频信号。

3. 基于有线电视网络的多媒体通信业务

1) 基于有线电视网络的 VOD 系统

视频点播(Video on Demand)是一种受观众控制的、非对称双工通信模式的视频业务。它摆脱了传统电视业务受时空限制的束缚,解决了想看什么节目就看什么,想何时看就何时看的问题。视频点播节目可以由用户自己控制,通过上网技术连到电视台或多媒体网站,进行网上电影、音乐、电视、远程教学、会议、医疗等交互活动。

通常一个 VOD 系统可以具备以下功能。

(1) 影视点播:点播电影或电视节目,用户可以通过快进、快退和慢放等控制功能控制播放过程。

(2) 下载:一般机顶盒不配备硬盘,只有小部分操作系统能存储在机顶盒的 ROM 中,所需的功能软件随着应用软件一起下载。

(3) 信息浏览及导航:浏览各种商品购物和广告信息,或查看股票、证券和房地产行情等信息;还能推荐节目,形成用户选择界面,具有记忆和存储选择的能力。

(4) 用户身份鉴权/授权:管理者对用户终端有权赋予、剥夺或改变用户业务及权限。

(5) 计费/加密/访问证实:提供收费账单便于计费,信号加密便于识别合法用户和网上交易。

(6) 远程教育及交互游戏:收看教学节目,选择课程和内容,做练习,模拟考试,自我测试;还可以将视频游戏下载到用户终端上,用户远程和其他用户一起参加游戏。

VOD 视频点播系统可以基于 IP 网络,也可以基于有线电视网络。基于有线电视网的 VOD 最简单方式,是利用现有电话网作为上行通道为用户预订服务,而下行节目通道则使用有线电视一部分频段,例如 550～750MHz。假如以 0.2～0.3MHz 传送一路压缩视频信号,那么这段频段可容纳 500 路左右,但节目实时选择和付费等问题难以解决。现在比较一致的方案是在有线电视网中给出上行通道,以解决双向通信问题。其中,混合光纤同轴电缆结构(HFC)对拥有几千万有线电视用户的中国是合适的方案。

数字机顶盒是基于有线电视网的 VOD 视频点播系统的重要组成部分。有线电视数字机顶盒不仅是用户终端,也是网络终端,它利用有线电视网络(全电缆网络或光纤/同轴混合网)作为传输平台,电视机作为用户终端,基本功能是接收数字电视广播节目。它由数字电视广播接收前端、MPEG 解码、视音频图像处理、电缆调制解调器、CPU、存储器以及各种接口电路组成。有线电视数字机顶盒可以支持几乎所有的广播和交互式多媒体应用,例如:数字电视广播接收、电子节目指南、准视频点播(NVOD)、按次付费观看(PPV)、软件在线升级、数据广播、Internet 接入、电子邮件、IP 电话、视频点播等。有线电视线路交互式的数据信道和广播信道为实现 VOD 功能提供了理想的技术基础。目前数字机顶盒已经实现了视频点播功能,并能实现快进、快退、暂停、恢复等 VCR 操作。

基于有线电视网的 VOD 视频点播系统结构如图 7-30 所示。

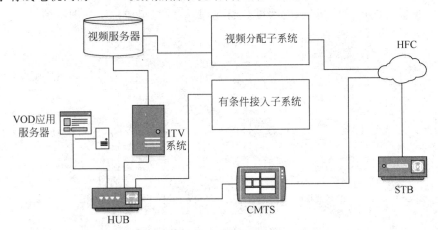

图 7-30 基于有线电视网的 VOD 系统结构

(1) 视频点播系统服务器是提供多媒体内容和服务的实体,它可以是一个分布式的系统。视频服务器的主要功能是存储 MPEG-2 节目文件,并接收 ITV 系统的命令,在指定的路径上播放用户点播的节目。

(2) ITV 系统由节目管理服务器、连接管理服务器、传播服务器、流管理服务器、目录管理服务器组成。ITV 系统有节目的添加、系统资源(包括服务器资源和网络资源)的管理、提供流控操作等功能。

(3) VOD 应用服务器的主要功能包括商目导航(为机顶盒提供视频点播服务的节目列表,当用户选择其中的节目时,给机顶盒发送该节目的标识)、用户验证(当用户点播某个节目时,对用户的合法性进行检查,以确定该用户是否具有点播该节目的权利)、用户记账(当用户选择一个节目后,将用户观看节目的记录存入到数据库中,供计费系统使用)。

(4) 视频分配子系统实现视频服务器接口、QAM 调制和上变频、射频混合等功能。接收从视频服务器输出的 MPEG 传输流,并将其中的各个节目分配到相应的频道上。

(5) 有条件接收子系统控制对用户所选择节目的加扰,并产生相应的授权管理消息和授权控制消息,使机顶盒能进行相应的解扰。

(6) CMTS 为符合 DOCSIS 标准的电缆调制解调器终端系统,STB 为用户终端数字机顶盒,利用它们可以上网。

2) 交互式电视业务(ITV)

交互电视业务(Interactive Television)始创于 1994 年 12 月,是由美国电话公司和有线电视公司合作开发的。之后世界上许多著名公司都建立 ITV 实验室,开发出一系列 ITV 系统所需设备。

广电高清互动电视是有线电视双向网改造的产物,采用 IP＋QAM 方式,可提供电视、宽带、高清视频点播以及综合业务。近年来,广电网络基础设施建设和数字技术的突飞猛进,使三网融合下的互动业务前景越来越清晰。交互电视基于数字电视平台,观众通过数字电视机顶盒享受各种交互服务,例如查看电子节目表、查询天气预报、了解实时股票行情、收发电子邮件、自由选择收看不同视角转播的足球赛事、在手机网络上互发短消息等。其交互程度甚至优于用手机和计算机上网的交互性。

ITV 系统主要由前端(多个前端与多台服务器)、主干网、中心交换局、用户接入网及用户终端(机顶盒与电视接收机)等几大部分组成,其结构与组成框图如图 7-31 所示。

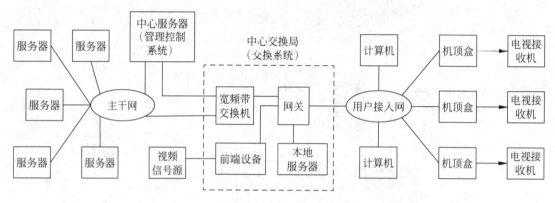

图 7-31　交互电视系统结构示意图

(1) 前端:一般有多个前端和多台服务器,分属于不同业务的提供者,分布于不同地理位置,向用户提供不同的服务,例如电影、电视剧、购物、股票、游戏、教育等业务信息。

(2) 主干网:负责连接多个前端(服务器),使网络从局域到广域、从本地到外地,以延伸至更远。主干网受管理控制系统(中心服务器)控制。

(3) 中心交换局(也称交换系统):中心交换局内含有本地服务器、宽带交换机、网关、前端设备等,其主要作用是按照用户要求(上行点播信息)提供某种信息的节目菜单,建立一条经服务器分配网络到用户终端的通道。在一般小型的交互电视系统中(例如酒店、小区、机关、企业等单位的 ITV)可以不设中心交换局。中心交换局受管理系统的控制。

(4) 用户接入网(简称接入网):它是连接用户终端与中心交换局/主干网/前端设备的网络。

(5) 终端:在目前的情况下,交互电视系统的用户终端基本上都是由机顶盒和电视机组成的。机顶盒的作用是将接入网分配来的下行节目(压缩数据)进行选频、放大、混频、解调、解复用、解密(解扰)、解压缩(解码)、D/A 转换等一系列处理,给普通电视机送出所需的视频信号或高频电视信号及伴音高频信号,使普通电视用户能收看到所点播的节目。同时,机顶盒也能将用户由遥控器键盘输入的点播信息处理后送至接入网,再经中心交换局上行至有线电视台的信息中心或某个前端服务器,由相关计算机从相应服务器中调出所需信息数据或节目,再下行至用户完成点播功能。如果已经将机顶盒的功能融入数字电视接收机,则可省去机顶盒直接完成数字电视信号的接收,并实现交互电视和点播电视的需求。

(6) 中心服务器(管理控制系统):主要用于管理用户到视频服务器的连接,其实际系统可以包含多台服务器,因此控制管理系统常采用两级网络管理。第一级在数字宽带交换系统和传输系统中实现对不同频道的选择,第二级完成在一个服务器上对特定节目的选择。

（7）传输系统：传输系统一般由干线传输系统和分配系统组成,作用是将来自视频服务器及其他信号源的节目信息传送至用户(下行方向),并回传用户的反馈信息(上行方向)。干线传输主要是光缆、同轴电缆的有线方式,也可以是无线方式;分配系统有光缆、铜线、光缆与同轴线混合(HFC)和无线等传输方式。

交互电视的关键技术有如下几个方面:标准的多功能用户终端技术,宽频带的主干交换网技术,强大的多媒体服务器的前端技术等。另外,扩展信号源、解决上行信道噪声、降低系统运行成本等也是需要解决的问题。

7.4　行业应用:多媒体通信网络的发展趋势——三网融合

经过十几年的发展,国内多媒体通信市场已经初具规模,其主要特点可以归纳为以下几个方面。

（1）网络建设如火如荼。多媒体通信业务不断增长的需求,刺激了网络建设的飞速发展。一方面,现有通信网络为适应多媒体通信的要求而不断完善;另一方面,各个运营商新建或扩建多媒体通信网络,提供宽带服务,希望借此提高自身竞争能力和管理水平,抢占最有利的多媒体通信业务市场。目前,各种校园网、局域网、无线局域网、宽带 IP 城域网、IP 专网等日趋完善,网络的发展已形成多网络、多业务、大范围的覆盖区域,同时多种网络趋于互通、融合,这为多媒体通信业务的发展奠定了良好的基础。

（2）应用领域不断增加。多媒体通信的应用领域从最初的电信部门和政府行政会议逐步发展到电力、石化、交通、公检法、工商、税务、文教、卫生、水利、环保、商务、军事、集团企业等各行各业,使得其业务需求迅速升温,规模持续扩大。

（3）业务范围更趋广泛。目前,多媒体业务从最初的 IP 电话和简单的政府行政会议发展为商务管理会议、远程医疗、远程教育、远程培训、远程监控、虚拟演播室、虚拟模拟驾驶、军事指挥、电子商务、网络娱乐等多种应用形式。随着 IP 网络的普及和新发展,基于分组交换方式的 H.323 系列多媒体业务成为发展的主流,基于 IP 网络的各视频流媒体应用,如远程网络教学的精品课件播放、多媒体邮件、视频点播业务,也呈现出快速增长的态势,其中 IPTV 视听业务更成为发展的亮点。

（4）技术飞速发展。高速 DSP 芯片技术、嵌入式处理器技术、流媒体技术、新一代音视频编解码技术、多点控制技术、宽带网络交换技术、软交换与下一代网络技术等获得了快速的发展和运用,也极大地促进了多媒体业务的实现。

（5）设备日新月异。在 H.320 时代,多媒体通信设备,从终端设备到网络传输设备,再到系统控制设备,几乎为国外少数几个厂商所垄断。在 H.323 时代,终端设备、网守、网关、多点控制单元(MCU)以及网络传输设备,种类多样,性能从低端到高端都有覆盖。目前在实际应用中已能够看到国内许多厂商的产品,并表现出良好的性价比。

因为历史发展进程的原因,长期以来,电信网、广播电视网、互联网相对独立发展并建立起各自的物理网络和特征业务。如果用户想要使用相应的通信业务,就需要购买电话机、电视机、计算机等终端设备,并支付相应的电话费、有线电视费、上网费等费用。而上述相对独立的三大通信网络,在向宽带通信网、数字电视网、下一代互联网演进过程中,存在着技术功能趋于一致、业务范围趋于相同、网络互联互通、资源共享的趋势。2010 年 1 月,国务院常务会议作出了加快推进电信网、广播电视网和互联网三网融合的决定,旨在通过技术改造实现宽带通信网、数字电视网、下一代互联网的融合,能够提供包括语音、数据、图像等综合多媒体通信业务。

7.4.1 三网融合的含义与特点

三网融合有多种含义。从狭义上讲,三网融合是电信网、有线电视网与计算机网的融合与趋同。从广义上讲,三网融合是电信、媒体与信息技术三种业务的融合。从服务商的角度看,三网融合是指不同网络平台倾向于承载实质相似的业务。从终端用户看,三网融合是指电话、电视与个人计算机等用户装置的趋同。从技术实现上讲,三网融合主要是业务应用层面的融合,表现为技术标准趋于一致、网络层互联互通、物理层资源共享、业务应用层互相渗透交叉、所有业务和技术基于统一的 IP 通信协议,最终走向统一行业监管政策和监管机构融合的国际大趋势。综上所述,所谓三网融合并非仅限于网络的融合,它涉及的范畴十分广阔,最终将使三个产业链相互融合,这必将造就一个全新的信息产业。

由于多媒体信息形式的多样性、数据量的巨大性、业务的实时性以及信息间的时空同步关系,要实现多媒体信息的远程传输,通信网络必然要朝着数字化、宽带化、综合化及智能化的方向发展。三网融合的应用广泛,遍及智能交通、环境保护、政府工作、公共安全、平安家居、智能消防、工业监测、老人护理、个人健康等多个领域。在三网融合的发展驱动下,手机可以看电视、上网;电视机可以打电话、上网;计算机也可以打电话、看电视。三者之间相互交叉,形成"你中有我、我中有你"的格局。与之相关的多媒体通信业务发展将呈现出以下特点。

(1) 信息服务将由单一业务转向文字、话音、数据、图像、视频等多媒体综合业务;

(2) 有利于极大地减少基础建设投入,并简化网络管理,降低维护成本;

(3) 传统通信网络将从各自独立的专业网络向综合性网络转变,网络性能得以提升,资源利用水平进一步提高;

(4) 三网融合不仅继承了原有的话音、数据和视频业务,而且通过网络的整合衍生出了更加丰富的增值业务类型,如图文电视、VoIP、视频邮件和网络游戏等,极大地拓展了业务提供的范围;

(5) 三网融合打破了电信运营商和广电运营商在视频传输领域长期的恶性竞争状态,各大运营商将在一口锅里抢饭吃,看电视、上网、打电话的资费可能打包下调。

7.4.2 三网融合的发展现状

在美国,电视、电话及宽带网络的三网融合被称为"捆绑服务"。电信企业和有线电视运营商在三网融合的技术和基本设施方面各有特色,但又均存在不足。为了增强实力,一些公司在融合初期组成"临时夫妻",共同渡过困难期,而三网融合使得他们的收益颇多。三网融合在日本正在催生网络的融合、用户终端的融合和相关法律的融合,发展较为深入。三网融合在英国、法国等国家也快速发展,音频、视频、电子邮件和即时消息等都被集成,变成计算机或手机上的一个功能。市场研究机构 Pyramid 在一份调研报告中指出,随着法国各运营商加快投资光纤网络,到 2014 年为止,已有 50%以上的家庭选择三网融合的服务。消费者只要面对一家运营商,每个月一张发票就能搞定所有事情。

国内方面,我国三网融合呈现多层面相互合作的良好态势。业务层面是我国三网融合发展最为活跃的层面,特别是移动电视、IPTV 和互动电视成为最受关注的新业务,能够实现互联网接入网与电视机连接的电视节目广播和时移、点播等新业务。国内第一个 IPTV 项目由哈尔滨网通实施,经过 10 年的发展,国内 IPTV 用户数量已经达到了 600 万。国内开展互动电视业务的运营商主要有天威、歌华有线和东方有线等。就运营监管层面而言,我国三网融合还属于分管体制,由国家广电总局负责对广电部门监管,主要对象包括基于地域板块为界的有线电视运营商以及广电网络运营商;而电信和互联网的监管则由工业和信息化部门负责,监管对象主要包括中国联通、中国电信和中国移动在内的电信和互联网运营商。网络构架层面,我国广电部门正在积极开展 NGB 网络建设,电信运营商也积极开展对软交换、IMS 和 NGN 等新网络融合技术的研究,通过传送网和接入网打破了三网分立的状态。

国内三网融合的行业发展状况,可以分为两个主要的阶段。

2010—2012 年,是广电和电信双向进入的阶段。2010 年 1 月 21 日,国务院发布《推进三网融合的总体方案》(国发【2010】5 号)文件,标志着我国三网融合双向进入的试点阶段开始。此阶段主要以推进广电和电信业务双向阶段性进入为重点,制订三网融合试点方案,选择有条件的地区开展试点,不断扩大试点广度和范围;加快电信网、广播电视网、互联网升级和改进;加快组建国家级有线电视网络公司,初步形成适度竞争的产业格局;探索建立分工明确、行为规范、运转协调、协同高效的工作机制,调整完善网络规划建设、基础设施共建共享、业务规划发展、网络信息安全和广播电视安全播出、用户权益保护等管理体系,基本形成保障三网融合规范有序开展的政策体系和机制体系。

2013—2015 年,是全面实现三网融合阶段。此阶段主要的工作是总结推广试点经验,全面推进三网融合;自主创新技术研发和产业化取得突破性进展,掌握一批核心技术,宽带通信网、数字电视网、下一代互联网的网络承载能力进一步提升;网络信息资源、文化内容产品得到充分开发利用,融合业务应用更加普及,适度竞争的网络产业格局基本形成;适应三网融合的体制机制基本建立,相关法律法规基本健全,职责清晰、协调顺畅、决策科学、管理高效的新型监管体系基本形成;网络信息安全和文化安全监管机制不断完善,安全保障能力显著提高。

在行业竞争方面,设备提供商是三网融合产业中规模最大的领域,在整体产业规模中所占比重达到 50%。除了爱立信、华为、诺基亚/西门子、阿尔卡特/朗讯、中兴、摩托罗拉、思科等国际主流的通信设备供应商,国内的设备供应企业分布主要集中在环渤海、长三角、珠三角以及四川和湖北等地区。

网络服务商竞争同样激烈,目前网络服务商产业规模在国内三网融合产业整体规模中所占比重约 10%,主要集中在环渤海、长三角、珠三角地区。我国通信网络中 2G、3G、LTE-4G 多网络制式共存,网络建设区域化发展差异较大。2G、3G 网络建设主要集中在经济发展略慢的西北和西南区域;3G、LTE-4G 网络建设主要集中在沿海发达省市。网络维护服务与通信网络主干线、传输干线、网络设备等固定设施规模大小相关,目前华南、华中、华东是主要通信业务区域。网络优化业务面向用户感知和体验,基于通信网络进行网络语音、数据业务等各项需求的分析及优化,重点发展在华南、华中、华东等网络用户数量及增值应用较广的区域。

内容与服务提供商竞争方面,内容提供商是指向广大用户综合提供信息业务、增值业务以及服务内容制作等内容的企业,主要包括音乐制作、视频制作、游戏制作、电子书制作等;服务提供商是指为个人及行业用户提供其所需应用服务的企业,增值服务提供商包括多媒体类、信息咨询类、商务管理类、通信类等。目前内容与应用服务产业规模在国内三网融合产业整体规模中所占比重在 15% 左右,企业主要分布在国内一线城市。

7.4.3　三网融合的发展策略

有观点认为,三网融合可以建立在基于电信网的融合核心网(软交换或 MS)上,独立发展电信网、广电网与互联网的业务,并通过特定的技术构建三网节点互联、互通、互操作平台,完成信令和路由信息的转换与集成。还有的观点建议将核心网合并到三者公共承载的传输网(基于 SDH 和 WDM/DWDM)上,在此基础上构建电信业务网、互联业务网和广电业务网,对其中交叉性业务力求统一标准和协议。该方案比较符合 ITU-T 对 NGN 的设想。广电部门的发展策略是在有线电视数字化和移动多媒体广播电视的基础上,以自主创新的"高性能宽带信息网(3Tnet)"关键技术为支撑,构建适合我国国情的、有线与无线相结合的下一代广播电视网络(NGB)。NGB 可以同时传输数字和模拟信号,具备双向交互、组播、推送播存和广播 4 种工作模式,实现可管、可控、可信、全程、全网的宽带交互式发展目标。

网络融合不是全业务牌照发放的概念。目前阶段,三网融合的重点应放在对三网的改造上,使网络可以基于 IP 在各自数据应用平台上提供多种服务、承载多种业务,让已经具有基本能力的各种网络系统进行适当的业务交叉和渗透,充分发挥各类网络资源的潜力(如图 7-32 所示)。从技术上看,尽管各种网络仍有自己的特点,但技术特征正逐渐趋向一致的数字化、光纤化、分组交换化等。特别是逐渐向 IP 的汇聚,已经成为下一步发展的共同趋向。当各种网络平台达到可以承载本质上相同的业务能力时,才能真正可以相互替代,打破三个行业中历来按业务种类划分市场和行业的技术壁垒。

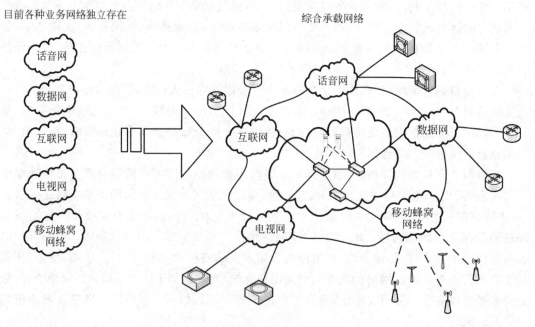

图 7-32　网络融合演进示意图

　　三网融合并不能一蹴而就,它是一个不断演进的过程,需要按照先易后难的原则逐步实施。现阶段,电信网与互联网的融合已经完成,广电网与互联网的融合正在逐步推进,最后再实现三网的大融合。在数据层面,语音与数据的融合已经完成,数据与视像的转换已基本实现,最后再实现三者的大融合。在基础设施层面上,应在最大化现有网络资源的基础共享上,再统一规划和建设下一代全新的宽带信息网。与发达国家相比,我国三网融合仍处于初级发展阶段,整体产业发展水平较低。我国网络规模庞大,但网络整体技术水平和服务能力方面落后于国外发达国家水平。虽然国内三网融合工作所需的各项技术通过引进和自主研发已经接近发达国家,但在新技术的知识产权和关键元器件制造能力方面基本上处于空白状态。更严峻的是,在三网融合新型产业链的构建、运营与经营模式、内容创新、法律法规等方面严重落后于发达国家,这也是国内三网融合工作要优先解决的问题。

7.4.4　三网融合所面临的问题

　　三网融合是一种行业与专业之间的整合,融合不仅节约了资源、简化了业务,也有利于业务创新、增加业务的多样性,而且降低消费成本、提高消费者的便利性。虽然三网融合有诸多的优点,但是仍然存在许多技术层面和社会层面的问题亟待解决。

　　在技术层面上,三网融合并非简单解决网络在水平方向上的融合(包括核心网、城域网、接入网、设备终端的互联互通),而应当重点处理好网络在垂直层面上的融合(包括应用、业务、传送、控制等不同应用层面上的相互包容与相互渗透)。主要的工作细节应当集中在微融合上,例如移动与固定的融合、接口与标准的融合等,最终实现管理和控制上的融合。另外,骨干网传输的宽带化是三网融合的重要基础,但采用何种传输方式还没有统一观点。高性能的宽带交换机是三网融合的关键,随着三网融合业务的开展和大数据流的出现,高交换速度、高网络吞吐量、高 QoS 的网络交换机将是三网融合需要解决的主要问题之一。同时,用户的宽带接入问题(又称“最后一公里”问题)是三网融合的难点,问题的关键是用户如何通过统一的接入设备来实现已有的三网业务。

　　在社会层面上,要真正实现三网融合,首先必须在国家的产业政策层面上进行一定的调整,如国际互联网的出口问题。其次,需要明确行业的监管责任。目前我国的广电网、电信网分属两个行业部门主管。各部门除了具有独立的网络传输任务,还承担着维护国家文化安全、信息安全的任务。为了避免三网融合中出现无休止的争论,需要一个组织来监管三网融合中在国家文化安全、信息安全、市场拓展、产业布局、行业规范等方面产生的一系列问题。同时,行业标准也需要进一步统一。电信网、计算机网和广电网各自有不同的技术规范、网络结构和管理理念,长期以来三网之间的技术标准缺乏兼容性、透明性、互联互通性。所以,有必要规划制定统一的行业标准和网间结算标准来避免重复建设、无序竞争,克服互联互通的障碍。最后,三网的业务融合面临着挑战,由于设计目标不同,广电网和电信网的网络结构不同,所采用的技术和业务的重点也不相同,在业务融合的过程中会面临许多意想不到的问题。所以,业务融合不仅仅是机遇,更是挑战。

7.4.5　多媒体技术在三网融合中的发展前景

　　三网融合也促进多媒体融合。在三网融合的大形势下,多媒体技术的研究和开发也逐步实现向网络化、智能化、数字化和集成化的转变。多媒体技术在三网融合中的发展方向包括如下内容。

1. 虚拟现实

综合运用多媒体图像处理、模拟仿真、显示方式、传感技术等，为用户提供一种能够真实反映操作对象变化的虚拟环境，并通过特定装备(如头盔、眼镜或手柄等)给用户提供能与该虚拟世界交互的用户界面，达到模拟现实的效果。

2. 图像检索

根据图像的可视化特征(包括图像的形状、颜色、位置、大小、纹理等信息)，从图像库中检索出与查询图像描述内容相符的图像，极大地提高图像系统的检索能力和工作效率。

3. 视频会议

视频会议目前已被广泛应用于各个领域，新一代用户界面与人工智能等网络化、人性化、个性化的软件应用，也使不同国籍、不同文化背景和文化层次的人通过人机对话消除语言障碍，实现自由沟通。

4. 压缩技术

压缩技术是处理图像、视频以及网络传输的重要基础，数字化后的音频信号与视频的数据量是庞大的，对数据、图像、文本、动画、视频与音频信号进行实时处理，可以得到更好的画面质量与视听效果。

5. 音频技术

音频技术包括音频数字化、语音处理、语音合成和语音识别等，例如多媒体声卡、电子记事本、声控玩具等。

6. 智能化和嵌入化的多媒体终端

为了满足网络多媒体技术的要求，需要通过深入的研究开发具有较高部件化和智能化的多媒体终端设备。例如在多媒体终端增加汉字和汉语的语音识别、输入，自然语言的理解和机器翻译，图形图像的识别和理解，机器人视觉和计算机视觉等。随着多媒体技术和网络通信技术的发展，可以考虑让 CPU 芯片本身具有更高的综合处理声、文、图信息及通信的功能，在 CPU 芯片中植入多媒体信息实时处理和压缩编码算法技术。

本章习题

1. 相比于传统的通信业务，多媒体通信有哪些特殊的性能需求？
2. 多媒体通信网络的性能可以用哪些指标进行评价？具体要求如何？
3. 多媒体通信的服务质量(QoS)与一般计算机网络的服务质量有什么区别和联系？
4. 现有的通信网络中哪些可以支持或者提供多媒体通信业务？请举例说明能够支持的多媒体业务类型。
5. 常见的通信协议有哪些？为什么传统通信协议不适用于多媒体通信过程？
6. 试对比分析 IPv4 与 IPv6 的不同之处。
7. 简单分析 IPv6 对多媒体通信业务的支持方法。
8. 资源预留协议 RSVP 的特点是什么？能够提供什么类型的多媒体通信服务？
9. 画图并分析通信双方利用 RSVP 预约网络通信资源的过程。
10. RTP/RTCP 的特点是什么？在多媒体通信过程中它们各自担负什么责任？

11. RTSP 的作用是什么？它支持哪些类型的操作？

12. 传统电信网有哪些主要类型？它们各自能够支持什么类型的多媒体通信业务？

13. 调查并列举常见的基于 IP 网络的多媒体通信业务形式。

14. 传统有线电视网络(CATV)为什么不能直接承载多媒体通信业务？需要如何进行改造？

15. 现阶段有哪些基于 CATV 的多媒体通信业务形式？试举例并简单分析其通信过程。

16. 调查并分析多媒体通信的发展趋势。

第 8 章

CHAPTER 8

流媒体通信技术

随着网络宽带化的发展,越来越多的用户希望能够在线欣赏到连续不断的多媒体节目。但是,在网络带宽比较有限的情况下,采用下载方式传输音频、视频等多媒体文件不仅需要较大的存储容量,而且往往需要花费不少时间。流媒体技术的出现,在一定程度上缓解了这种局面。本章在介绍流媒体概念和主要业务形式的基础上,主要分析流媒体传输的基本原理、流媒体通信系统的基本构成,以及流媒体通信技术的新发展等。

本章的重点内容包括:

➢ 流媒体的基本概念

➢ 流媒体传输的原理

➢ 流媒体通信系统的基本构成

➢ 流媒体通信关键技术

➢ 流媒体通信新技术

随着网络宽带化的发展,人们希望能够在线欣赏到连续不断的多媒体节目。作为多媒体和网络技术的交叉学科,流媒体技术由此应运而生。流媒体通信是多媒体通信技术的典型应用方式之一,使用户可以在下载文件的同时观看在线媒体,还可以用快进或快退的操作观看前面或后面的内容。流媒体通信的实时性传输、吞吐量高等流式传输特点,支持随机访问,满足了人们网上在线获取多媒体信息的需要。本章主要介绍流媒体通信的基本技术与典型应用,包括流媒体通信的基本特点、工作原理、典型流媒体系统和业务、流媒体通信技术的新发展等。

8.1 流媒体技术简介

流媒体(Streaming Media)发端于美国,又称流式媒体,是一种新的媒体传送方式。相比于传统多媒体信息完全下载后再播放的方式,流式传输将整个多媒体文件经过特殊的压缩方式分成一个个压缩包,由视频服务器向用户计算机连续并实时地进行传送。用户不必等到整个文件全部下载完毕,而仅仅需要经过几秒或十几秒的启动延时即可进行播放和观看。为了使播放更加稳定连贯,客户端播放器通常会自动地为接收的数据开辟相应大小的缓存区,以适应网络带宽的波动,有效地缓解网络拥挤所带来的问题。同时,当音频、视频等信息在客户机上播放时,文件的剩余部分将从后台服务器继续下载。与下载方式相比,流式传输方式不仅使启动延时大幅度地缩短,而且对系统缓存容量的需求也大大降低。

8.1.1 流媒体的基本概念

关于流媒体的概念,目前业界尚无公认的精确定义,一般认为流媒体是指通过 IP 网络传送时基类媒体(如音频、视频等)的技术总称。

实际上,流媒体的定义还有狭义和广义之分。狭义上的流媒体,特指在 Internet 上用于流式传输的连续时基类(Time-based)媒体或传输方式,如音频、视频、动画等。相对于传统的"下载-回放"(Download-Playback)方式,流媒体是一种新的媒体传输方式,而非一种新的媒体,更进一步地说是一种满足特定要求的数据格式,这种方式支持多媒体数据流的实时传输和实时播放,即服务器端向客户机端发送稳定、连续的多媒体流,客户机则一边接收数据一边以一个稳定的流回放,而不需要等待服务器端的数据完全下载后再回放。广义上的流媒体,是指使音频、视频等多媒体数据形成稳定、连续的传输流和回放流的一系列技术、方法和协议的总称,即流媒体技术,包括网络通信技术、多媒体数据存储技术和多媒体数据传输技术等内容。

如果将文件传输看作一个接水的过程,过去的"下载-回放"方式就像是对用户做了一个规定,即必须等到一桶水接满以后才可以使用它。显然,用户等待的时间受到水流量大小和桶的大小的影响。而流式传输则是打开水龙头,等待一小会儿,水就会源源不断地流出来,而且可以随接随用。因此,不管水流量的大小,也不管桶的大小,用户都可以随时用上水。从这个意义上看,流媒体这个词是非常形象的。

8.1.2　常见的流媒体业务形式

1. 视频点播（VOD）

视频点播是最常见、最流行的流媒体应用类型。通常视频点播是对存储的非实时性内容以单播传输方式进行传输，除了控制信息以外，视频点播通常不具有交互性。在具体实现上，视频点播可能具有更复杂的功能，例如为了节约带宽，可以将多个相邻的点播要求合并成一个，并以组播方式进行传输。

2. 视频广播

视频广播可以被看作视频点播的扩展，它把节目源组织成频道，并以广播的方式提供。用户通过加入频道可以收看预定好的节目。视频广播不具有交互性。

3. 交互式网络电视（ITV）

ITV 在提供方式上类似视频广播，也是以频道的方式提供，但是其功能更类似于一般的电视，它的节目一般也直接来自电视节目，通过实时的编码、压缩制作而成。ITV 还可以实现实况转播和先进的多视角实况转播，特别是对于体育比赛，用户可以在不同的视角间切换，相关的评论、资料信息也可以同时传送到用户端的计算机上显示。

4. 视频监控

通过安装在不同地点并且与网络连接的摄像头，视频监控系统可以实现远程监测。与传统的基于电视系统的监测不同，视频监控信息可以通过网络以流媒体的形式传输，因此更为方便灵活。视频监控也可以应用在个人领域，例如可以远程地监控家里的情况。

5. 视频会议

视频会议可以是双方的，也可以是多方的。前者可以作为视频电话，视频流媒体信息以点到点的方式传输。多方的视频会议需要多点控制单元，以广播的方式传输。视频会议是典型的具有交互性的流媒体应用。

6. 远程教学

目前，远程教学的应用已经相当广泛，它可以被看作前面多种应用类型的综合。在远程教学中，可以采用多种模式，甚至混合的方式实现。例如，可以用点播的方式传送教学节目，以广播的方式实况播放老师上课，以会议的方式进行课堂交流等。由于应用对象明确、内容丰富实用、运营模式成熟等特点，远程教学已成为目前商业上较为成功的流媒体应用形式。

7. 电视上网

通过指尖点按遥控器，用户可以将互联网带到他们的电视中。例如，订购食品、在家里转账、搜寻信息、玩在线游戏等，还可以使用电子邮件、通过聊天和即时消息与朋友和家人联系，甚至可以通过遥控举行电视会议。

8. 音乐播放

通过音乐中心，用户可以点播、收听系统提供的各类音乐节目。

9. 在线电台

在线电台将广播电台的实时节目转换为相应的各个网络电台，进行实时网络发布，供用户收听，这将大大提高广播电台的覆盖率。在节目播出后，系统还可以将直播内容保存为音频文件供用户点播。

总之，基于流媒体的应用业务种类非常多，发展也非常快。丰富的流媒体应用对用户具有很强的吸引力。可以预计,在逐步解决制约流媒体应用的关键技术问题之后,流媒体应用必然会成为未来网络的主流应用。

8.2 流媒体传输原理

声音和影视作品等在 Internet 上的广泛传播,不但给广大网民带来了新的享受,同时也使多媒体信息的传播方式得到了扩充。面对 Internet 有限的带宽和拥挤的拨号网络,实现窄带网络视频、音频传输的最佳解决方案就是流媒体传输方式。与传统的通信方式相比,流媒体通信具有一些特殊性。首先,流媒体使用户可以立即播放音频和视频等多媒体信息,这无论对于获取存储在服务器上的流媒体音频和视频文件,还是现场音频和视频流,都是很有意义的。例如,用户可以立即浏览前面一部分视频信息,从而决定是否继续观看。其次,由于网络带宽、计算机处理能力和协议规范等方面的限制,从存储有大量音频和视频等数据的Internet 上下载信息,无论是在下载时间,还是在存储空间上,都是不现实的。然而,利用流媒体技术却能很容易地解决这一问题。预先构造的流文件或用实时编码器对现场信息进行编码得到的现场流,都比原始信息的数据量要小,并且用户不必将所有下载的数据都同时存储在本地存储器上,从而节省了大量的磁盘空间。

8.2.1 流媒体实现原理

笼统地讲,从原始的多媒体信息到用户端接收的流式信息,整个流媒体实现的过程包括三个主要步骤。首先,原始媒体需要经过编码器进行预处理,目的在于采用高效的压缩编码算法,将原始媒体转换成适合于流式传输的流媒体数据;其次,通过架设专用的流媒体服务器,采用实时传输与控制协议传送流媒体数据;最后,客户端将接收到的流式信息以相应的流媒体播放器实时播放出来。流媒体实现原理如图 8-1 所示。

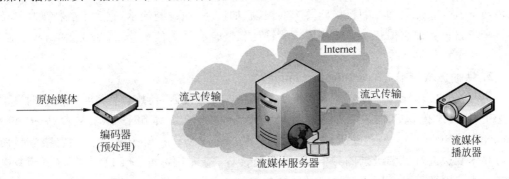

图 8-1 流媒体实现原理

原始的音频、视频媒体信息可以来自摄像机、电视台节目、VCD/DVD 光盘、卫星信号等,一般使用音频/视频捕获卡来采集音频/视频数据,用特定的编码器(硬件或软件)对其进行预处理,然后存入文件系统和数据库管理系统。流媒体服务器负责音频/视频数据的管理以及用户的登记、授权等,并根据用户的请求通过各种实时传输与控制协议,把媒体数据传送到用户端的流媒体播放器。目前较为流行的流媒体系统有 RealNetworks 公司的Realsystem、Microsoft 公司的 Windows Media 等,尽管其各自具有不同的特点,但流媒体实现原理均可以描述成图 8-1 所示的形式。

由此可见,流媒体技术的实现至少需要编码器(Encoder)、流媒体服务器(Media Server)和流媒体播放器(Player)三个组件。其中编码器是用于将原始音频/视频信息转换成流媒体格式的软件或硬件,流媒体服务器是用于向客户端发布流媒体的软件或硬件,流媒体播放器是客户端用于收看/收听流媒体的软件或硬件。

8.2.2 流媒体传输方式

流式传输是目前 Internet 上传输音频、视频等多媒体信息的主要方式,也是实现流媒体的关键技术。按照流式传输的不同方式,流媒体传输可以分为顺序流传输(Progressive Streaming)和实时流传输(Real-time Streaming)两种方式。

1. 顺序流式传输（Progressive Streaming）

顺序流式传输即顺序下载,在下载文件的同时用户可以观看在线媒体。该种方式也支持在完全下载到本地机硬盘之后再播放媒体流文件。在给定时刻,用户只能观看已经下载的那部分内容,而不能跳到还未下载的部分,也不能在传输期间根据用户连接的速度做适当调整。由于标准的 HTTP 服务器可以发送顺序流文件,也不需要其他特殊协议,因而顺序流式传输方式经常被称为 HTTP 流式传输。

顺序流式传输方式的优点在于,标准的 HTTP 或 FTP 服务器完全支持顺序流传输方式的文件传输,因此可以不用考虑与其他特殊协议的兼容问题,也几乎不需要考虑防火墙的设置,不仅易于服务器端媒体文件的管理,也方便客户端用户的使用。同时,顺序流式传输可以保证客户端有较高的播放质量。因为如果流文件下载时无损,则音频、视频信息的播放效果完全由本地客户端决定,而与网络传输的质量无关。因此,顺序流式传输的文件在播放之前观看的部分是无损下载的,这种方法保证了视/音频的最终质量。但同时意味着用户在观看前必须经历延时,对较慢的连接(如通过调制解调器)尤其如此。基于以上原因,顺序流式传输不适合长片段和有随机访问要求的视频,如讲座、演说与演示,它也不支持现场广播,严格来说它是一种点播技术。顺序流式传输比较适合高质量的短片段,如商业广告、电影的片头与片尾宣传等广告。

2. 实时流式传输（Real-time Streaming）

实时流式传输能够保证媒体信号带宽与网络连接相配匹,使媒体信息可以被实时观看。与 HTTP 流式传输不同,实时流式传输需要专用的流媒体服务器与传输协议,例如 QuickTime Streaming Server、Real Server 或 Windows Media Server。这些服务器允许终端对媒体发送进行更多级别的控制,因而系统设置、管理比标准 HTTP 服务器更为复杂。实时流式传输还需要采用相应的实时传输与控制协议,如 RTP/RTCP(Real-time Transfer Protocol/Real-time Transfer Control Protocol)、RTSP(Real-time Streaming Protocol)等,这些协议在有防火墙的系统应用中有时会出现问题。

实时流式传输方式的优点在于,能够保证媒体信号带宽与网络连接带宽之间的匹配,以便用户实时地、不间断地播放媒体文件。与顺序流式传输方式相比,实时流式传输由于支持随机访问,因而特别适合播放需要随机访问的视频或现场事件(如现场讲座与演示),以及具有一定质量的长片段(如实况转播的球赛或电视连续剧),并且客户端用户可以用快进或快退的操作观看前面或后面的内容。理论上,实时流一经播放就不可停止,但实际上可能发生周期性的暂停。

实时流式传输方式的缺点在于,由于需要保证媒体信号带宽与网络连接带宽之间的匹配,当网络带宽或客户端缓存容量剧烈波动时,出错丢失的信息会被抛弃,客户端会出现播放中断或视频质量急剧下降的现象,对于以调制解调器速率连接的客户端用户,此类现象尤为突出。就这一点而言,顺序流式传输方式的效果也许更好。只要能够正常下载,就能够保证以调制解调器速率连接的客户端用户播放高质量的视频,甚至还允许用户以一定的延时为代价,用比调制解调器更高速率发布较高质量的视频片段。此外,由于实时流式传输方式需要使用专用的服务器和相应的实时传输与控制协议,相对于顺序流式传输方式使用的标准 HTTP 服务器,这些专用服务器在允许用户对媒体进行更多级别控制的同时,增加了系统设置和管理的复杂度。特别地,在设有防火墙的网络中,这些协议经常会出现这样或那样的问题,导致客户端用户有时不能正常观看到一些站点提供的实时内容。

8.2.3　流媒体传输过程

1. 流媒体传输过程

在流媒体的传输和控制过程中,流式传输的实现需要合适的传输协议,以便为用户提供可靠的 QoS 保证。由于 TCP 需要较多的开销,故不太适合传输实时数据。在流式传输的实现方案中,一般采用 HTTP/TCP 来传输控制信息,且需要专用的服务器和播放器,而使用 RTP/UDP 来传输实时音频/视频数据,其基本原理如图 8-2 所示。

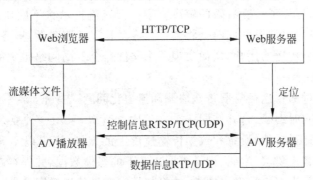

图 8-2　流媒体传输控制过程

如图 8-2 所示,客户端用户通过 Web 浏览器选择某一流媒体服务后,Web 浏览器与 Web 服务器之间使用 HTTP/TCP 交换控制信息,获取流媒体服务清单,并根据获得的流媒体服务清单向媒体服务器(A/V 服务器)请求相关服务,以便把需要传输的实时数据从原始信息中检索出来。然后,客户机上的 Web 浏览器启动相应的媒体播放器(A/V 播放器),并使用 HTTP 从 Web 服务器检索相关参数对播放器进行初始化。这些参数可能包括目录信息、A/V 数据的编码类型或与 A/V 检索相关的服务器地址等。最后,A/V 服务器使用 RTP/UDP 将 A/V 数据传输给 A/V 客户端,一旦 A/V 数据抵达客户端,A/V 播放器即可播放输出。与此同时,在播放过程中,客户端的 A/V 播放器与服务器端的 A/V 服务器同时运行实时流控制协议 RTSP,以交换 A/V 传输所需的控制信息。A/V 服务器根据客户端反馈的流媒体接收情况,智能地调整向客户端传送的媒体数据流,从而在客户端达到最优的接收效果。RTSP 提供了操纵播放、快进、快退、暂停及录制等命令的方法。

需要说明的是,在流式传输中,A/V 播放器使用 RTP/UDP 和 RTSP/TCP 两种不同的通信协议与 A/V 服务器建立联系,是为了能够把服务器的输出定向到一个不同于运行 A/V 播放器所在客户机的目的地址。

2. 流媒体传输中的问题

目前,用户连接到 Internet 的方法仍然存在很大差别。其中,56Kb/s 是 Modem 接入 Internet 的基本速率,此外 ADSL、ISDN、宽带 IP 网等发展也很快,内容提供商不得不采取一些限制性的措施,要么限制发布媒体质量,要么限制连接人数。根据 RealNetworks 站点统计,对于 Modem 连接,实际流量为 30～52Kb/s,呈钟形分布,高峰在 50Kb/s。这就意味着若内容提供商选择 50Kb/s 固定速率,将有大量用户得不到好质量的信号,并可能停止媒体流而引起客户端再次缓冲,直到接收足够数据。

因此,人们提出了多种解决方法。一种是让服务器减少发送给客户端的数据从而阻止再次缓冲。在 RealSystem 5.0 中,这种方法称为视频流瘦化。基本原理是基于 RealVideo 文件调整数据速率,通过提取内部帧降低传输速率,调整后的速率与原始速率相差越大,流媒体质量则越差。另一种是根据不同连接速率创建多个文件,根据用户连接状态,服务器发送相应文件。这种方法带来制作和管理上的困难,而且用户连接是动态变化的,服务器也无法实时协调。

3. 智能流技术

智能流技术(Sure Stream)由 RealNetworks 公司提出,它针对流媒体通信中的带宽协调和流瘦化等问题,提供了一套有效的解决方案。智能流技术将不同压缩比率的数据存储在一个文件中,用户发出请求的同时会将其带宽容量传送给服务器,服务器会根据此参数将流文件中的相应部分传送给用户,从而实现一个文件适合不同网络带宽的传输,满足不同性质的用户请求。

智能流技术通过两种途径克服带宽协调和流瘦化问题。首先,确立一个编码框架,允许不同速率的多个流同时编码,合并到同一个文件中。其次,采用一种复杂的客户/服务器机制探测带宽变化。针对软件、设备和数据传输速度上的差别,用户以不同带宽浏览音频/视频内容。为了满足客户要求,编码、记录不同速率下的媒体数据,并保存在单一文件中,此文件称为智能流文件。当客户端发出请求,并将其带宽容量传送给服务器,媒体服务器根据客户带宽将智能流文件相应部分传送给用户。通过这种方式,用户可以看到最可能的优质传输,制作人员只需要压缩一次,管理人员也只需要维护单一文件,而媒体服务器根据所得带宽自动切换。智能流通过描述现实世界 Internet 上变化的带宽特点来发送高质量媒体,保证可靠性,并对混合连接环境的内容授权提供了解决方法。

8.2.4　流媒体播放方式

1. 单播方式

在客户端与媒体服务器之间需要建立一个单独的数据通道,从一台服务器送出的每个数据包只能传送给一个客户机,这种传送方式称为单播。在单播方式下,每个用户必须分别对流媒体服务器发送单独的查询,而流媒体服务器必须向每个用户发送所申请的数据包副本。这种巨大冗余会给服务器带来沉重的负担,需要很长的响应时间,甚至出现停止播放现象;其次,管理人员为保证一定 QoS,必须配置(或购买)合适的硬件和带宽。

　　单播的一种典型连接方式是点播连接。点播连接是客户端与服务器之间的主动连接，在点播连接中，用户通过选择内容项目来初始化客户端连接。用户可以开始、停止、快进、快退或暂停流。点播连接提供了对流的最大控制，但这种方式下由于每个客户端都各自连接服务器，因而会迅速用完网络带宽。

2. 广播方式

　　广播方式是一种用户被动接收流的方式。在广播过程中，客户端接收流，但不能控制流。例如，用户不能暂停、快进或后退流。在广播方式下，数据包的单独一个副本将被发送给网络上所有的用户。广播方式也非常浪费网络带宽。

　　广播方式与单播方式存在本质的区别。使用单播发送时，需要将数据包复制多个副本，以多个点对点的方式分别发送给那些需要的用户；而使用广播方式发送，数据包的单独一个副本将发送给网络上所有的用户，而不管用户是否需要。

3. 组播方式

　　组播也称多点广播或多播。IP组播技术能够构建一种具有组播能力的网络，允许路由器一次将数据包复制到多个通道上。采用组播方式，单台服务器能够对几十万台客户机同时发送连续数据流而无延时。在组播方式下，媒体服务器只需要发送一个信息包，而不是多个，所有发出请求的客户端便能共享同一信息包。信息可以发送到任意地址的客户机上，以减少网络上传输信息包的总量，使得网络利用效率极大地提高，成本显著地下降。

　　组播吸收了单播和广播两种发送方式的长处，克服了它们的弱点，将数据包的单独一个副本发送给需要的那些客户。组播不会复制数据包的多个副本传输到网络上，也不会将数据包发送给不需要它的那些客户，保证了网络上多媒体应用占用网络的最小带宽。

8.3　流媒体通信系统

8.3.1　流媒体通信系统的基本构成

　　一般而言，具有流媒体制作、发布和播放等能力的系统通称为流媒体系统。具体来说，流媒体系统需要具备音频/视频信号的采集、加工、存储、发布、播放以及管理等功能。严格意义上的流媒体通信系统应该工作在网络环境下，因而还需要得到实时传输与控制协议的支持。

　　从功能上来分析，流媒体通信系统主要包括媒体内容制作、媒体内容管理、用户管理、视频服务器和客户端播放系统。其中，媒体内容制作包括媒体的采集与编码；媒体内容管理主要完成媒体存储、查询及节目管理、创建和发布；用户管理涉及用户的登记、授权、计费和认证，视频服务器管理媒体内容的播放，客户端播放系统主要负责在用户端的 PC 上呈现比特流的内容。当一个网站提供流媒体服务时，首先需要使用媒体内容制作工具，将一般的多媒体文件进行高品质压缩，并转换成适合于网络传输的流媒体文件，再将转换以后的文件传送到视频服务器端发送出去。用户通过客户端向流媒体系统发送请求，经用户管理模块认证后，媒体内容管理模块控制视频服务器向该用户发送相应的流媒体内容，最后由客户端播放软件进行播放。对范围广、用户多的播放，常常利用多服务器协作，协同完成播放。整个流媒体通信系统的结构如图 8-3 所示。

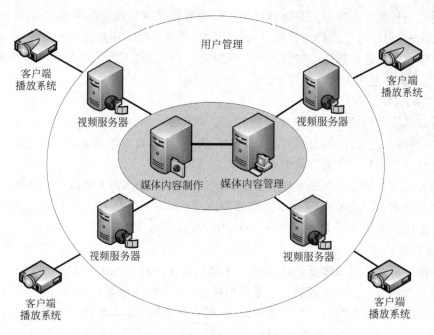

图 8-3　流媒体通信系统结构

1. 媒体内容制作

媒体内容制作模块主要负责进行媒体流的制作和生成,包括从独立的视频、声音、图片、文字等的组合到制作丰富的流媒体的一系列工具,产生的流文件可以存储为固定的格式,供发布服务器使用。它还可以利用视频采集设备,实时地向媒体服务器提供各种视频流,并实时地提供多媒体信息的发布服务。

(1) 转档/转码软件:利用转档/转码软件,可以将普通格式的音频、视频或动画等文件通过压缩转换为进行流式传输的流格式文件。转档/转码软件是最基本的制作软件,其实质是一个编码器(Encoder)。常见的转档/转码软件有 RealProducer、Windows Media Encoder。

(2) 流媒体编辑软件:利用流媒体编辑软件,可以对流媒体文件进行编辑,它常与转档/转码软件捆绑在一起。

(3) 合成软件:合成软件可以将各类图片、声音、文字、视频、幻灯片或网页同步,并合并成一个流媒体文件。常见的合成软件有 RealSlidshow、RealPresenter、Windows Media Author 等。

(4) 编程软件:流媒体系统提供的 SDK 便于开发者对系统进行二次开发,利用 SDK,开发者通常可以开发流式传输的新数据类型,创建客户端应用,自定义流媒体系统。

2. 媒体内容管理

媒体内容管理包括流媒体文件的存储、查询及节目的管理、创建和发布。当节目不多时,可以使用文件系统;当节目量大时,就必须使用数据库管理系统。

(1) 视频业务管理和媒体发布系统。视频业务管理和媒体发布系统包括广播和点播管理、节目管理,可以提供创建、发布及计费认证服务,提供定时所需录制、直播、传送节目的解决方案,管理用户访问及多服务器系统负载均衡调度服务。

(2) 媒体存储系统。由于要存储大容量的影视资料,因此媒体存储系统必须配备大容量的磁盘阵列,具有高性能的数据读/写能力,访问共享数据,高速传输外界请求数据,并具有高度的扩展性、兼容性,支持标准的接口。现在的媒体存储系统的配置可以满足上千小时的视频数据传输,实现大量片源的海量存储。

(3) 媒体内容自动索引和检索系统。媒体内容自动索引和检索系统能够对媒体源进行标记,捕捉音频和视频文件并建立索引,建立高分辨率媒体的低分辨率代理文件,从而可以用于检索、视频节目的审查、基于媒体片段的自动发布,形成一套强大的数字媒体管理发布应用系统。

3. 用户管理

用户管理主要进行用户的登记、授权、计费和认证。对商业应用来说,用户管理功能至关重要。

(1) 用户身份验证:用户身份验证可以防止非法用户使用系统,只有合法用户才能够访问系统,并能够根据不同用户身份提供不同的访问控制功能。

(2) 计费系统:计费系统根据用户访问的内容或时间进行相应的费用统计。

(3) 媒体数字版权加密系统:媒体数字版权加密系统是在互联网上以一种安全方式进行媒体内容加密的端到端的解决方案,它允许内容提供商在其发布的媒体或节目中对指定的时间段、观看次数及其内容进行加密或保护。

(4) 鉴别和保护:服务器能够鉴别和保护需要保护的内容,DRM 认证服务器支持媒体灵活的访问权限(时间限制、区间限制、播放次数和各种组合等),支持其他具有完整商业模型的 DRM 系统集成,包括定金、VOD、出租、所有权、BtoB 的多级内容分发版权管理等,是运营商保护内容和依靠内容盈利的关键技术保障。

4. 视频服务器

视频服务器是网络视频的核心,直接决定着流媒体系统的总体性能。视频服务器为了能够适应实时、连续稳定的视频流,要求存储量大、数据率高,并应当具备接纳控制、请求处理、数据检索、按流传送等多种功能,以确保用户请求在系统资源下的有效服务。

当大量用户同时点播时,服务器的传输速率很高,同时要求其他相关设备也能支持这种高传输速率是很难实现的。为此,可以在网络边缘设置视频缓冲池,把点播率高的节目复制到缓冲池中,使部分用户只需访问缓冲池即可。如果缓冲池中没有要点播的节目,可以再去访问服务器,从而有效减轻服务器的负担,并可以随着用户的增加而增加缓冲池。

在实际应用中,用户数量通常较大,且分布不均匀。这样,一个服务器或多个服务器的简单叠加常常不能满足需求。流媒体系统通常支持多服务器协同工作,服务器之间能够自动进行负载均衡,从而使系统能以较好的性能为更多的用户服务。目前,常用的服务器软件有 Real Server、Windows Media Server 和 QuickTime Streaming Server 等。

5. 客户端系统

流媒体客户端系统支持实时音频和视频的直播和点播,可以嵌入到流行的浏览器中,播放多种流行的媒体格式,支持流媒体中的多种媒体形式,如文本、图片、Web 页面、音频和视频等集成表现形式。在带宽充裕时,流媒体播放器可以自动侦测视频服务器的连接状态,选用更适合的视频,以获得更好的效果。目前,应用最多的流媒体播放器有 RealNetworks 公司的 RealPlayer、Microsoft 公司的 Media Player 和 Apple 公司的 Quicktime Player 三种产品。

8.3.2 流媒体通信的关键技术

1. 多媒体压缩/解压缩编码技术

从流媒体技术的应用角度来讲,希望压缩编码具有伸缩性或层次性,即信息源经一次压缩编码后,编码数据在传输时应该能够方便地根据网络带宽的变化进行一定的调整处理,使客户端在获取最好质量的同时能够维持最好的连续性。目前,已有多种形式的编码方式,如H.263、MPEG-1、MPEG-2、MPEG-4 等,这些方法或多或少都具有一定的可伸缩特性。

结合多种视频/音频编码技术以适应网络 QoS 的波动,是今后可伸缩性视频编码的发展方向。例如,可伸缩性视频编码可以适应网络带宽的变化,错误弹性编码(Error Resilient Encoding,ERE) 可以适应一定程度的丢包,DCVC(Delay Cognizant Video Coding)可以适应网络时延变化状况。这些技术的综合运用可以更好地提供应对网络 QoS 波动的解决方案。

2. 缓存技术

与下载方式相比,尽管流式传输对系统存储容量的要求大大降低了,但要保持连续的视频播放仍需要较大的缓存空间,这是因为 Internet 网络是分组传输的,必须用缓存机制来克服延时和延时抖动的影响。缓存机制使媒体数据能够连续地播放,不会因为网络暂时的拥塞而出现停顿。高速缓存技术使用环形链表结构来存储数据,通过丢弃已经播放的内容,重新利用缓存空间来存储后续的媒体内容。如果源端和终端之间用无连接方式(如 UDP/IP)通信,还必须保证数据包顺序的正确。在网络质量有一定保证的前提下,缓存机制是实现流媒体技术的重要环节。

3. 应用层 QoS 控制技术

由于目前的 Internet 只提供尽力的服务,因此需要通过应用层的机制来实现 QoS 的控制。QoS 控制技术集中体现在适应网络带宽变化和处理分组丢失的技术上,可以分为拥塞控制技术和差错控制技术。

拥塞控制的目的是应对和避免网络阻塞,降低延时和丢包率。常用的拥塞控制机制包含速率控制和速率整形。对于视频流,拥塞控制的主要方法是速率控制。速率控制机制试图使视频连接的需求与整个网络的可用带宽相匹配,同时使网络拥塞和丢包率达到最小。速率控制机制主要包括基于源端的控制机制、基于终端的控制机制以及混合速率控制。基于源端的控制机制是一种反馈机制,它根据接收端发送的反馈信息来调整编码器的某些参数,从而控制流的速率。这种方法在互联网中被率先采用,但是在异构网络中的运行情况并不是很好。基于终端的控制机制则主要根据所接收的视频流的状况向上层反映相应的统计信息,实时调整缓冲及播放内容,并力图使节奏均匀。由于控制方法的复杂性,这种机制使用较少。混合速率控制的方法兼有前两者的特点,目前已经得到广泛采用。

拥塞控制能够降低网络拥塞、延时和丢包率,但是网络中不可避免地会存在数据包丢失,而且到达延时过大的分组也会被丢弃掉,从而降低了传输质量。在这种情况下,需要一定的差错控制机制来改善传输质量。差错控制机制主要有以下四种。

(1) 前向纠错(FEC):FEC 在传输的码流中加入用于纠错的冗余信息,在遇到包丢失的情况时,利用冗余信息来恢复丢失的信息。其不足之处是增加了编码延时和附加开销。

(2) 延时约束重传:由于终端缓存有限,而且通常流的播放有时间限制,因此重传的时间必须与缓存及流播放时间匹配。时间过长的重传是没有意义的。

（3）错误弹性编码（ERE）：在编码中通过适当的控制，使得发生数据丢失情况后能够最大限度地减少对质量的影响。在 Internet 环境下，典型的方法是使用多描述编码（MDC）。MDC 把原始数据序列压缩成多个流，每个流对应一种描述，可以提供不同的质量，多个描述集合起来提供更好的质量。该方法的优点是实现了对数据丢失的鲁棒性，缺点是与单描述（SDC）相比，MDC 在压缩效率上受到影响。而且在多描述之间必须加入一定的相关信息，因而进一步降低了压缩效率。

（4）差错隐蔽：差错隐蔽是指接收端通过采取一些措施，恢复部分由于传输错误而被破坏的数据。主要有时间隐蔽方法、空间隐蔽方法和运动补偿隐蔽方法等。时间隐蔽方法将丢失或者被破坏的数据块用前一帧对应位置上的数据块来代替，该方法对于相对静止部分的差错隐蔽效果较好，而对快速运动的物体和场景切换的情况则相对较差；空间隐蔽利用周围无差错的数据块进行插值来恢复丢失或被破坏的数据块，虽然很难恢复出图像的细节，但底色和粗略轮廓的恢复会在很大程度上降低差错的能见度；运动补偿隐蔽方法是在进行帧间编码的宏块产生错误或丢失时，根据它的运动补偿量找到该宏块的参考数据块，用参考数据块来代替该宏块。

4. 连续媒体分发服务

连续媒体分发服务的目的是在 Internet 尽力服务的基础上提供 QoS 和高效的多媒体信息传输，包括网络过滤、应用层多播和内容复制等。

（1）网络过滤：网络过滤是拥塞控制的一种，它不仅可以提高传输质量，还可以提高带宽利用率。网络过滤是在流媒体服务器和客户端之间的传输路径上通过虚拟信道连入过滤器，该过滤器根据网络的拥塞状态实现速率的整形。通常采用丢帧过滤器，基本方法是根据网络丢包率向过滤器发送请求来增减帧速率，以调节媒体流所需的带宽。

（2）应用层多播：应用层多播打破了 IP 多播的一些障碍，其目的在于构建网络上的多播服务，可以以更灵活的方式实现多播控制。

（3）内容复制：内容或媒体复制是提高媒体传输系统可伸缩性的一项重要技术。主要有镜像和缓存两种形式。镜像是把原始媒体内容复制到分布在网络上的备份服务器中，用户可以从最近的备份服务器上获得媒体数据。缓存则是从原服务器中获得媒体文件，然后传输给客户端，同时在本地作备份。如果缓存中已经存在客户端需要的数据，缓存就会把本地复制的媒体内容传给用户，而不再向服务器请求媒体数据。内容复制的优点在于降低网络连接带宽的使用，减轻流服务器负荷，缩短客户端延时，提高有效性。

5. 流媒体服务器

流媒体服务器在流媒体服务中起着非常重要的作用，流媒体服务器在响应客户的请求后，从存储系统读入一部分数据到特定缓存中，再把缓存的内容通过网络接口发送给相应的客户，保证视频流的连续输出。目前存在以下三种类型的流媒体服务器结构。

（1）通用主机方法：通用主机的方法采用计算机主机作为流媒体服务器，它的主要功能是存储、选择、传送数据。缺点是系统成本高，不能完全发挥主机的功能。

（2）紧耦合多处理机：把由一些可以大量完成某指令或者专门功能的硬件单元组合成的专用系统级联起来，就构成了紧耦合多处理机实现的视频服务器。这种服务器费用低、性能高、功能强，但是可扩展性较差。

（3）调谐流媒体服务器：它通过在主板中插入更多的服务通路，可以方便地进行扩展。其缺点是成本较高。

除了上述内容以外，对于流媒体服务，如何更有效地支持交互控制功能，如何设计磁盘阵列上多媒体对象高效可靠的存储和检索，如何设计更好的可伸缩性流媒体服务器，如何设计兼有奇偶和镜像特性的容错存储系统是目前研究的重点。

8.3.3 典型流媒体通信系统

流媒体领域的巨大市场前景，使得众多厂商都倾力投入其中。目前，在基于 IP 的多媒体通信网络中，很多知名企业都推出了各自的应用系统，例如 RealNetworks 公司的 RealSystem、Microsoft 公司的 Windows Media、Apple 公司的 Quick Time、IBM 的 VideoCharger、Oracle 的 OVS、Cisco 公司的 IP/TV、SUN 公司的 Sun StorEdge 等。在上述流媒体系统中，市场份额最大、用户最为广泛的还是前三者。

1. RealSystem 流媒体通信系统

RealNetworks 是公认的媒体传输方面的先驱者和领导者，它开发出售的 RealPlayer 软件产品可以使用户利用网络传输音频、视频及其他丰富的多媒体服务。从 1995 年发布最初版本至今，RealPlayer 已经拥有超过 20 亿的注册用户，更以每天超过 20 万个新增用户的速度在发展。凭借优秀的技术、稳定的性能，RealNetworks 公司占领了一半以上网上流式音频/视频点播市场，美国在线（AOL）、ABC、AT&T、Sony 等公司和网上主要电台都使用 RealSystem 向世界各地传送实时影音媒体信息以及实时的音乐广播。

1）RealSystem 系统组成

RealSystem 系统由内容制作软件、服务器端流播放引擎和客户端软件三个部分组成。

（1）制作端产品 Real Producer。RealProducer 是一个流媒体内容制作工具，它可以把其他的音频、视频、动画等多媒体文件格式转换成视频服务器可以识别并进行流式广播的 Real 格式，也可以实时压制现场信号并传送给视频服务器进行现场流式直播。同时还可以创建 Real 公司的同步多媒体语言（SMIL）文件，把事先制作的各种剪辑进行合成，成为很艺术化的节目，比如控制每个剪辑的播放时间，对于文字、视频，还可以安排它们的显示位置等。

（2）服务器端产品 RealServer。服务器端软件 RealServer 用于提供流式服务。根据应用方案的不同，RealServer 可以分为 Basic、Plus、Intranet、Professional 几种版本。代理软件 RealSystem Proxy 提供专用的、安全的流媒体服务代理，能使 ISPs 等服务商有效地降低带宽需求。

（3）客户端产品 RealPlayer。客户端播放器 RealPlayer 既可以独立运行，也可以作为插件在浏览器中运行。RealPlayer 分为 Basic 和 Plus 两种版本，RealPlayer Basic 是免费版本，RealPlayer Plus 不是免费的，能提供更多的功能。如图 8-4 所示为 RealPlayer8 的客户端界面。

2）RealSystem 系统的通信过程

RealSystem 系统的通信过程如图 8-5 所示。

（1）制作端与服务器端之间的通信。当制作端的 Real Producer 需要向服务器 RealServer 传输压缩好的数据时，通常使用单向的 UDP 与 RealServer 进行通信。而一些

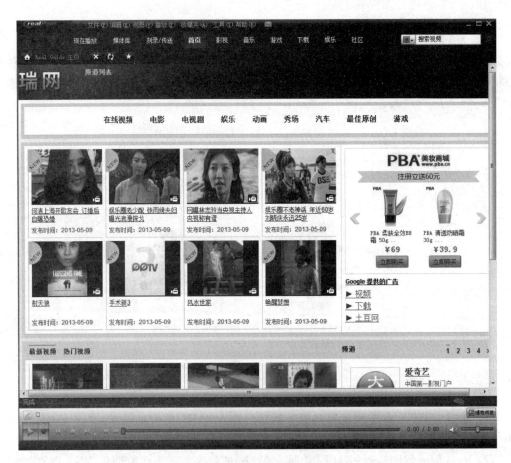

图 8-4 RealPlayer8 客户端界面

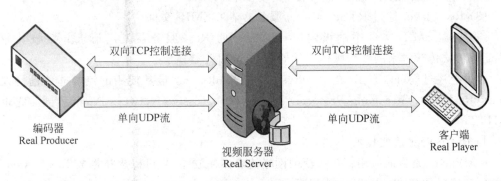

图 8-5 RealSystem 系统通信过程

防火墙通常禁止 UDP 数据包的通过,因此 Real Producer 有时需要设置成使用 TCP 的方式向服务器传输数据。

(2)服务器端与客户端之间的通信。当用户在浏览器上单击一个指向媒体文件的链接时,RealPlayer 打开一个与 RealServer 的双向连接,通过这个连接与 RealServer 之间来回传输信息。一旦 RealServer 接收了客户端的请求,它将通过 UDP 传输客户请求的数据。

3）RealPlayer 播放过程

如图 8-6 所示，浏览器通过 HTTP 向服务器发出请求，URL 请求中包含激活 RAMGEN 的参数。指向被请求 SMIL 文件的 URL 引发 RAMGEN 自动产生一个包含 SMIL 文件位置的 RAM 文件，这个 RAM 文件将被传送给浏览器，同时 RAM 文件将使得浏览器激活 RealPlayer 程序。

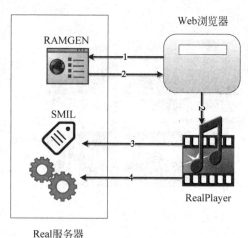

图 8-6　RealPlayer 的播放过程

上述的播放过程可以分为以下四步。

（1）通过 HTTP，Web 浏览器向服务器发出载入 SMIL 文件的请求，这时 SMIL 文件的 URL 地址中包含了 RAMGEN 参数。

（2）Real 服务器同样通过 HTTP 回应 Web 浏览器。它的回应使得 Web 浏览器启动 RealPlayer 作为辅助播放程序，同时将 SMIL 文件的 URL 传递给 RealPlayer。

（3）RealPlayer 通过 RTSP 向 Real 服务器请求 SMIL 文件。

（4）根据 SMIL 文件中的设定，RealPlayer 向 Real 服务器发出请求并接收其通过 RTSP"流"式传输过来的各个媒体文件的数据，同时开始播放。

通过上述过程可以看出，在 RealSystem 中 RealServer 最常使用的流媒体传输协议为 RTSP（Real-Time Streaming Protocol）和 PNA（Progressive Network Audio），同时它也支持 HTTP。

4）RealPlayer 播放技术

RealPlayer 是目前应用较为广泛的网络流媒体播放器，它可以支持播放 RealSystem 系列的所有流媒体格式，包括 Real 音频/视频、RealPix、RealText、Flash 动画和 SMIL 文件等。同时，它还支持播放其他系列的媒体类型，比如 MPEG 音频/视频文件、MP3、QuickTime 文件、WAV 和 AVI 等传统的数字文件格式。

RealPlayer 的播放有两种方式，一种是本地端的播放，即播放存储在本机上的媒体文件，这种方式不足以体现它的优越性；另一种是通过网络播放存储在服务器上的媒体文件，或是接收网络广播的文件数据。这种方式（尤其是播放 RealSystem 系列的流媒体文件）如果和 RealServer 结合在一起使用，将会把流媒体卓越的网络传输和播放性能体现得淋漓尽致。

目前,RealNetworks公司又推出了新一代支持媒体格式更多、网络功能更强的播放器——Real One Player,它不再是当初纯粹的播放器,更提供全新的Web浏览、曲库管理和大量内置的线上广播电视频道,它把一个生动丰富而精彩的互联网世界展现在用户面前,实现网友和互联网络的最亲密接触。不一样的信息中心让用户与互联网实现互动,丰富的媒体格式支持让用户再也不必安装其他任何媒体播放软件。

2. Windows Media 流媒体通信系统

作为软件行业的巨头,微软公司自然不会忽视流媒体领域的巨大商机和良好的市场前景。微软公司推出的Windows Media技术以其方便性、先进性、集成性、低费用等特点,逐渐被人们所认识。Windows Media产品集流媒体的制作、发布和播放软件于一体,其流媒体视频解决方案在微软视窗平台上是免费的,制作端与播放器的视音频质量都相当不错,且易于使用。

Windows Media技术将影音文件分为Windows Video和Windows Audio两种,分别对应WMV和WMA格式。随着技术的发展,Microsoft公司将Windows Media的核心转向ASF(Advanced Stream Format,高级流格式)。微软将ASF定义为同步媒体的统一容器文件格式。ASF是一种数据格式,音频、视频、图像以及控制命令脚本等多媒体信息通过这种格式,以网络数据包的形式传输,实现流式多媒体内容发布。ASF最大的优点就是体积小,因此适合网络传输。使用微软公司的媒体播放器Windows Media Player可以直接播放该格式的文件。用户可以将图形、声音和动画数据组合成一个ASF格式的文件,当然也可以将其他格式的视频和音频转换为ASF格式,而且用户还可以通过声卡和视频捕获卡将诸如麦克风、录像机等外设的数据保存为ASF格式。

1) Windows Media 系统组成

Windows Media技术是一个能适应多种网络带宽条件的流式多媒体信息发布平台,提供密切结合的一系列服务和工具用以创建、管理、广播和接收通过Internet和Intranet传送的流式化多媒体演示内容,包括流式媒体的制作、发布、播放和管理的一整套解决方案。另外,Windows Media还提供了开发工具包(SDK)供二次开发使用。

Windows Media的系统结构类似于RealSystem,也由三部分组成,包括Windows Media Encoder、Windows MediaServer和Windows MediaPlayer。Encoder用于将源音频/视频数据转换成Windows Media使用的文件格式(*.asf、*.wma、*.wmv等)并传送给Windows MediaServer;Windows MediaServer主要负责网络流媒体的发布;Windows MediaPlayer位于客户端,用于音频/视频数据的解码。图8-7所示为Windows MediaPlayer界面效果。

2) Windows Media 系统的通信过程

在Windows Media系统中,音频/视频、控制命令等多媒体数据被编码成ASF格式经网络传输,实现流式多媒体内容的发布。图8-8说明了通过Windows Media系统向用户提供流媒体内容的过程。

(1) Windows Media工具将其他格式的文件转换为*.asf格式文件存入ASF文件仓库;

(2) Encoder直接创建*.asf格式文件放入ASF文件仓库(数据库);

(3) Encoder将实时媒体内容(例如摄像头实时捕捉到的信息)通过一个端口传送给Windows MediaServer;

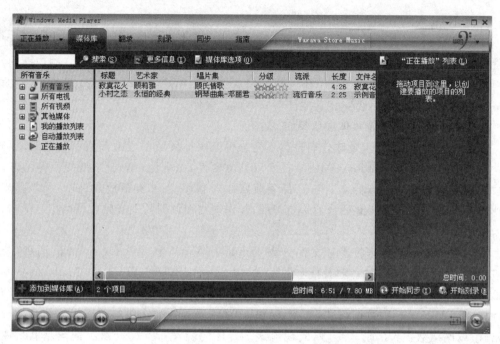

图 8-7　Windows MediaPlayer 界面

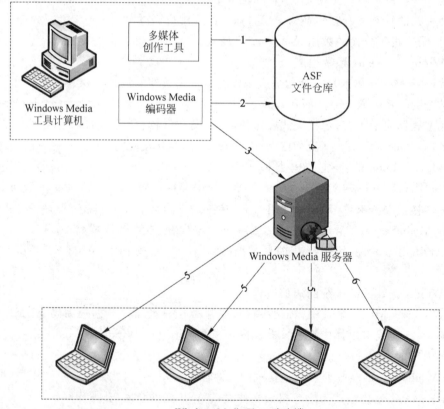

Windows Media Player客户端

图 8-8　Windows Media 系统及通信过程

（4）Windows MediaServer 可以使用 ASF 文件仓库中的非实时文件；

（5）Windows MediaServer 将其发布的媒体内容单播到客户端；

（6）Windows MediaServer 将其发布的媒体内容组播到客户端。

Windows Media 采用了微软公司特有的智能流（Intelligent Stream）媒体技术，它与 RealNetworks 采用的 Sure Stream 自适应流技术一样，也是一种高级流技术，同样使服务器与播放器之间可以根据网络带宽进行播放，并可以进行质量的动态沟通和调整，其原理与 Sure Stream 自适应流技术相同。

3）Windows Media 的工作方式

Windows Media 可以用于多种网络环境，有如下几种基本的应用方式。

（1）点播服务：这种应用方式适合于多媒体信息的点播服务。因为 ASF 技术支持大多数的压缩/解压缩编码方式，可以使用任何一种底层网络传输协议，使它既能在高速的局域网内使用，也可以在拨号方式连接的低带宽 Internet 环境下使用，并且能对具体的网络环境进行优化。在点播服务方式下，用户之间互不干扰，可以对点播内容的播放进行控制，方便灵活，但是占用服务器、网络资源较多。

（2）单点或多点广播：应用广播服务方式，用户只观看播放的内容，不进行控制。可以使用 ASF 文件作为媒体内容的来源，但实时的多媒体内容最适合使用广播服务方式。通过视频捕捉卡把摄像机、麦克风记录的内容输入到 Media Encoder 进行编码，生成 ASF 流，然后送到 MediaServer 上发布。

（3）服务器扩展：通过 Distribution 方式可以把一个 MediaServer 输出的 ASF 流输出到另一个 MediaServer，再向用户提供服务。其中一种应用是，可以通过 Distribution 进行发布服务器的扩展，为更多的用户服务；另一种应用可以通过 Distribution 使 MediaServer 跨越非广播的网络，提供广播服务。此外，Windows Media 还支持 HTTP Stream 方式，使用通用的 HTTP，可以更好地工作在 Internet 上，如跨越防火墙进行媒体内容的传输。

3. Quick Time 流媒体通信系统

Quick Time 由 Apple 公司推出，是面向专业视频编辑、Web 网站创建和 CD-ROM 内容制作开发的多媒体技术平台，也是数字媒体领域事实上的企业标准。Quick Time 实际上是一个媒体集成技术，它包含了各种流式和非流式的媒体技术，是一个开放式的结构体系。

Quick Time 于 1991 年初次面世，它可以通过 Internet 提供实时的数字化信息流、工作流与文件回放功能；几乎支持所有主流的个人计算机平台和各种格式的静止图像、视频和动画；具有内置 Web 浏览器插件技术；支持 IETF 流标准以及 RTP、RTSP、UDP、FTP 和 HTTP 等网络协议。在好莱坞影视城（www. hollywood. com）检索到的许多电影新片片段，都是以 Quick Time 格式存放的。

Quick Time 支持两种类型的流：实时流和快速启动流。使用实时流的 Quick Time 影片必须从支持 Quick Time 流的服务器上播放，是真正意义上的 Streaming media，使用实时传输协议（RTP）来传输数据。快速启动影片可以从任何 Web Server 上播放，使用超文协议（HTTP）或文件传输协议（FTP）来传输数据。

1）Quick Time 系统组成

Quick Time 系统包括服务器 Quick Time Streaming Server、带编辑功能的播放器 Quick Time Player、制作工具 Quick Time Pro、图像浏览器 Picture Viewer 以及使 Internet

浏览器能够播放 Quick Time 影片的 Quick Time 插件。

Quick Time Streaming Server 是 Quick Time 系列的流媒体服务器,它所采用的数据发布方式有三种,即点播、实时和非实时广播。它使用的数据传输协议为 RTP/RTSP,同时也支持 HTTP。但是和 Real Server 相比,它没有那么强大的流媒体发布功能,它不支持 Sure Stream 技术。一般来讲,对于连接带宽较低的用户,比如 modem 拨号用户,Quick Time Streaming Server 采用 HTTP,将整个媒体文件下载到用户端;对于高带宽用户,它才采用 RTP/RTSP,让数据"流"到用户端。实质上,Quick Time Streaming Server 可以看成是 Web 服务器和流媒体服务器的组合体,只是两种功能都不那么强大。

Quick Time Player 是 Quick Time 系列的媒体播放器(如图 8-9 所示),与 Real Player 一样,它既可以作为独立的应用程序播放媒体文件,也可以作为浏览器插件播放结合在 Web 页面中的媒体文件。除了 Quick Time 的文件外,它还支持播放 AVI、MPEG 等格式的视频文件,以及 WAV、MP3 等音频文件和几乎所有格式的图片文件。

图 8-9　Quick Time Player 界面

2) Quick Time 的 RTSP 通信过程

Quick Time 采用开放标准代替专有数据流格式,支持 IETF 数据流标准,以及 RTP、RTSP、SDP、FTP 和 HTTP 等协议。

当服务器收到 RTSP 请求,它首先产生 RTSP 请求对象,然后完成调用特定角色的模块。对于单播服务,客户端通过 RTSP 向服务器请求视频内容,如图 8-10 所示。服务器通过 RTSP 的应答消息将请求的内容以流会话(streaming session)的形式描述,内容包括数据流含多少个流、媒体类型和编解码格式。一个流会话由一个或者多个数据流组成,如音频

流和视频流。实际的数据流通过 RTP 传递到客户端,当 Quick Time 电影格式的内容通过
RTP 流式传输时,每一轨道都是一个单独的流。

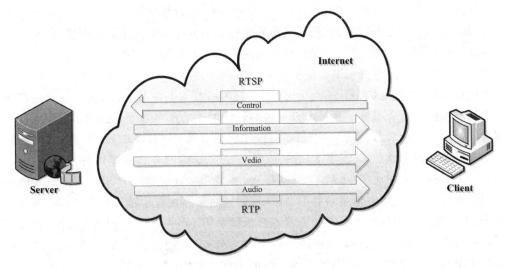

图 8-10 Quick Time 的 RTSP 通信过程

8.4 行业应用:流媒体通信新技术

向大规模的用户群提供高质量、可交互的流媒体服务一直都被认为是当今 Internet 的
应用难点之一。P2P 技术和移动互联网的快速发展,使得流媒体业务呈现方式发生了较大
的变化。

8.4.1 P2P 流媒体

传统 Client/Server 架构的流媒体服务远远不能满足大量并发用户对高质量流媒体服
务的需求,而 P2P 流媒体却有效解决了传统网络电视对用户带宽、服务器负载的高要求,也
使得网络视频给用户带来了全新的视觉感受。P2P 技术也称为对等网络(Peer-to-Peer)技
术,简单地说,就是一种用户不经过中继设备直接交换数据或服务的技术。它将目前互联网
"内容位于中心"的模式改变为"内容位于边缘"的模式。在这种架构中,每个节点的地位都
相同,具备客户端和服务器的双重特性,可以同时作为服务使用者和服务提供者。每个流媒
体点播用户都是一个节点,用户可以根据他们的网络状态和设备能力与一个或几个用户建
立连接来分享数据。有的流媒体点播用户播放的流媒体内容完全来自于其他流媒体点播用
户的设备之中,跟流媒体服务器毫无关联;还有的流媒体点播用户播放的流媒体内容既来
自于其他流媒体点播用户的设备又来自于流媒体服务器。P2P 流媒体通过在流媒体服务系
统中引入 P2P 技术,在不增加成本的同时有效提升了服务能力,并有效避免了 P2P 应用的
诸多弊端,是当前网络条件下一种较理想的多媒体分发技术。

1. P2P 流媒体与传统流媒体的比较

传统流媒体服务都是 C/S 模式,即用户从流媒体服务器点击观看节目,之后流媒体服
务器以单播方式把媒体流"推"送给用户。这种 C/S 架构的流媒体服务很难满足大量并发

用户对高质量流媒体服务的需求。20 世纪 80 年代,以微软的 Tiger shark 流媒体集群文件系统和美国南加州大学的 Yima 集群视频服务系统为代表的流媒体技术,希望通过集群技术来提高流媒体服务系统中服务器端的服务能力。然而,流媒体服务中高带宽、高实时性的需求,使得这类系统在服务能力上仍然只能停留在同时并发服务上千人的规模。

与此同时,另外两种思想在学术研究界得到了广泛的认同。其中一种是通过 IP 层多播技术和客户端流合并技术来提高系统的并发服务量。然而,由于 IP 层多播在可靠性、安全性等方面存在缺陷,现有的 Internet 缺乏对 IP 层多播技术的支持,因此这种技术在产业界没有得到有效的实现。另外一种技术是通过高性能的中心服务器和靠近用户的边缘代理服务器来组建多媒体内容分发网络(Content Distribution Network,CDN),为大规模的用户提供高质量的流媒体服务。CDN 仍然是一种基于 C/S 结构的分布式媒体服务技术平台,它在现有的 Internet 中增加了一层新的网络架构,并采用智能化策略将用户需要访问的内容分发到距离用户最近、服务质量最好的节点,同时通过后台服务自动地将用户调度到相应的节点,为用户提供最好的服务。这种方案有效地缓解了 Internet 网络的拥塞状况,提高了用户访问网站的响应速度,比较好地解决了由于网络带宽小、用户访问量大、网点分布不均等原因造成的用户访问响应速度慢等问题。但是,CDN 技术的核心仍然是基于集中服务器的架构,跟地域化管制紧密相连,因此很难降低扩展成本,且在高峰时期对突发流量的适应性、容错性等方面仍然存在一定缺陷。

相比于传统流媒体技术,P2P 流媒体技术的优劣势分析如表 8-1 所示。不难看出,在可扩展性、内容版权、用户管理、QoS 服务、流量有序性等方面,传统流媒体技术与 P2P 技术各有所长,基本上互补,如果能够将两种技术有效地结合起来,将是一种更加完美的组合。

表 8-1　P2P 与传统流媒体技术的比较

特　　性	传统流媒体技术	P2P 流媒体技术
可扩展性	扩展成本高	扩展成本较低
内容版权	可监管	不可监管
用户管理有效性	可以实现有效管理	无法实现有效的用户管理
QoS 服务	可以保障服务	无法保障
流量有序性	流量区域控制	无序

2. P2P 流媒体技术的系统结构

P2P 流媒体是一项崭新的技术,P2P 流媒体服务体系下的 Peer 节点与传统的服务器节点相比,其所能够提供的带宽资源有限,因此通常需要多个节点才能为单个节点提供数据服务。不同的 Peer 节点的带宽资源具有异构性,因而能够接收和处理不同 QoS 等级的流数据。

典型的单源 P2P 流媒体系统结构如图 8-11 所示。每个节点代表一个 Peer 节点,同一台路由器相连接。每个节点既是一台服务器,也是一台客户端机器,所有的功能都是一样的。假设 A 是数据源,B、C、D 这 3 个节点都要同时接收相同的流媒体数据包,按照图中箭头所示线路进行数据传输。则 B 和 D 通过路由器直接由 A 节点传送数据,C 节点由于距离源数据点 A 比较远,可以通过 D 节点传送数据。因此,虽然有 3 个节点需要传送流媒体数据,但是最大带宽并不是单个流媒体数据包的 3 倍,而是 2 倍,从而降低了带宽。按照这种模式进行传输,节点数目可以无限增加,但是节点的带宽并不增加。同时由于传输的是流媒体数据,其缓冲技术也增加了网络传输的稳定性,充分体现了流媒体技术和 P2P 技术的优点。

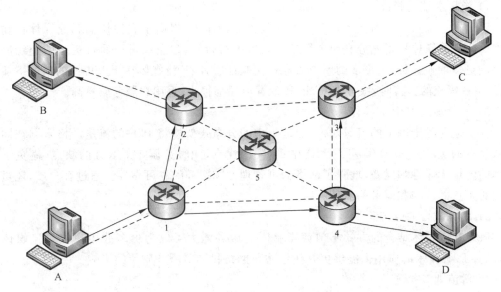

图 8-11 单源 P2P 流媒体系统结构

上面的 P2P 模式是一种单源的 P2P 流媒体模式,建立在应用层组播技术基础之上,由一个发送者向多个接收者发送数据,接收者有且只有一个数据源。为了解决带宽问题,可以将其改为多源的 P2P 流媒体模式,如图 8-12 所示。

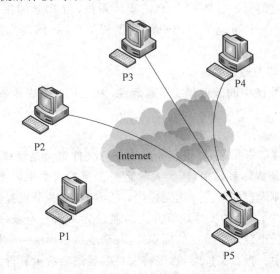

图 8-12 多源 P2P 流媒体系统结构

由多个发送者以单播的方式同时向一个接收者发送媒体数据,在这种方式下,单个发送者提供的上行带宽不足以支持一个完整的媒体流正常回放时所需的带宽 B,如果将若干发送者的能力聚合在一起,使得其上行带宽的总和大于 B,就能够提供正常的流媒体服务,这种多源的 P2P 流媒体传输方式适合节点性能较低的情况。

3. P2P 流媒体技术的优势

相比于传统流媒体技术,P2P 流媒体在以下几个方面具有明显的优势。

1) 流服务能力提高

P2P 在边缘层的引入大大降低了边缘服务器的压力,提高了文件传输和流媒体传输的效率。P2P 流媒体技术充分利用了用户的闲置上行带宽,运营商可以通过更少的边缘服务器提供更多的业务量,为更多的用户服务。实验证明,P2P 流媒体在千人规模的情况下播放 500k 左右码流的节目时,服务端 CPU 和带宽消耗都很小,且用户服务质量高。

2) 可管理的 P2P 流媒体网络

为了避免骨干网上的流量对冲,通过集中的分布式架构将 P2P 的流量严格限制在同一边缘节点的区域内,这样继承了 P2P 和 CDN 的优点,同时又摒弃了双方的缺点,避免了骨干网的流量无序性和风暴,增强了网络的可管理性和服务的高可靠性。通过客户端,还可以实现对用户的监控和流量的监管。

3) 服务质量的改善

P2P 和流媒体结合的方式不但使得有限的服务能力可以为更多的用户提供流媒体服务,同时 P2P 技术的应用也能够更有效地防止网络抖动对服务质量的影响。

4) 增值业务扩展

在建立缓冲进行 P2P 交换,或者节目开始播放之前的下载缓冲时间内,系统可以播放广告、片花等内容,从而增加增值业务的收入。

5) 帮助互联互通

我国的互联网市场由多个运营商割据,网络之间的联通性很差。例如,电信的用户访问网通的服务器会有一定的延时。通过 P2P 流媒体系统,当 P2P 的用户达到一定的数量时(例如 100 人以上),处于中间地带的用户起到了桥梁作用,网络之间的差异可以被基本抹平。

4. P2P 移动流媒体关键技术

由于 P2P 流媒体系统中的节点存在不稳定性,因此 P2P 流媒体系统还需要解决以下的几个关键技术。

1) 文件定位技术

流媒体服务实时性需求很强,要快速准确地进行文件定位是流媒体系统需要解决的基本问题之一。在 P2P 流媒体系统中,新加入的客户在覆盖网络中以 P2P 的文件查找方式,找到可以提供所需媒体内容的节点并建立连接,从而接收这些节点提供的媒体内容。

在 P2P 网络结构中,常用的文件定位方式是通过分布式哈希表(DHT)算法来实现的,每个文件经哈希运算后得到一个唯一的标识符,每个节点也对应一个标识符,文件存储到与其标识符相近的节点中。查找文件时,首先将文件名经过哈希运算得到该文件的标识符,然后通过不同的路由算法找到存放该文件的节点。虽然以 DHT 方式查找文件快速有效,但是也存在一些固有的问题,一方面 DHT 是将文件均匀分布在各个节点上的,不能反映媒体文件的热门度,导致负载的不均衡;另一方面 DHT 不能提供关键字的搜索,不支持对同时包含媒体文件名、媒体类型等丰富信息的文件查询。

2）节点选择

在一个典型的 P2P 覆盖网络中,网络的节点来自各个不同的自治域,节点可以在同一时间自由地加入或者离开覆盖网络,导致覆盖网络具有很大的动态性和不可控性。因此如何在服务会话初始时,确定一个相对稳定的、可以提供一定服务质量保证的服务节点或节点集合,是 P2P 流媒体系统迫切需要解决的问题。

节点选择可以根据不同的 QoS 需求采取不同的策略,如果希望服务延时小,可以选择邻近的节点快速建立会话,例如在局域网内有提供服务的节点,就不选择互联网上的节点,从而避免互联网上的带宽波动和拥塞;如果希望服务质量高,则可以选择能够提供高带宽、CPU 能力强的节点,例如在宽带接入的 PC 和非对称数字用户线（ADSL）接入的终端之间应该选择前者;如果希望得到较稳定的服务,应当选择相对稳定的节点,例如在系统中停留时间较长,不会频繁加入或退出系统的节点。通常选择的策略是上述几种需求的折中。

3）容错机制

P2P 流媒体系统和节点具有动态性,正在提供服务的节点可能会离开系统,传输链路也可能因拥塞而失效。为了保证接受服务的连续性,必须采取一些容错机制使系统的服务能力不受影响或者尽快恢复。

对于节点的失效问题,可以采用主、备用节点的方式容错。在选择发送节点时,应当选择多个服务节点,将其中某个节点(集)作为活动节点(集),其余节点作为备用节点,当活动节点失效时,由备用节点继续提供服务。值得研究的问题是如何快速有效地检测节点的失效,以及如何保证在主、备用节点切换的过程中流媒体服务的连续性。

数据编码技术也可以提供系统的容错性,例如前向纠错编码（FEC）和多描述编码（MDC）。FEC 通过给编码以后的媒体码流加上一定的冗余信息来有效地提高系统的容错性;MDC 对同一媒体流的内容采用多种方式进行描述,每一种描述都可以单独解码并获得可以接受的解码质量,多个描述方式结合起来可以使解码质量得到增强。

4）安全机制

网络安全是 P2P 流媒体系统的基本要求,必须通过安全领域的身份识别认证、授权、数据完整性、保密性和不可否认性等技术对 P2P 信息进行安全控制。对于版权的控制,现阶段可以采用 DRM 技术;基于企业级的 P2P 流媒体播出系统,可以安装防火墙阻止非法用户访问;Internet 上的 P2P 流媒体系统可以通过数据包加密方式保证安全;在 P2P 流媒体系统内部,可以采取用户分级授权的办法阻止非法访问。

8.4.2　移动流媒体

随着宽带无线接入技术的迅速发展和智能移动终端设备的不断普及,人们迫切需要能够随时、随地,甚至在移动过程中方便地从互联网获取信息和服务。这种对信息及其服务的迫切需求促进了互联网技术与移动通信技术的迅速结合,形成了移动互联网。移动互联网体现了"无处不在的网络、无所不能的业务"思想,它不但改变了人们的生活方式和工作方式,而且正以惊人的速度和创新能力受到全球瞩目。美国最大的风险基金公司 KPCB 在 2014 年 5 月发布的《2014 互联网趋势》中总结了全球各个洲的移动互联网使用率。截至 2014 年 5 月,移动互联网使用量占互联网使用量的 25%,亚洲更是达到 37%。在包括中国在内的世界很多国家,智能手机成为人们每天花费时间最多的终端。根据艾媒咨询数据显示,2012 年中国智能手机销量全年累计达 1.69 亿部,同比增长 130.7%,移动通信终端的出货量开始远超台式终端。《2013—2017 年中国移动互联网行业市场前瞻与投资战略规划分析报告》数据显示,截至 2013 年 6 月底,我国网民数量达到 5.91 亿,较 2012 年底增加 2656 万人;手机网民规模达 4.64 亿,网民中使用手机上网的人群占比提升至 78.5%;而台式计算机为 3.8 亿,手机网民的数量首次超越台式计算机网民的数量。

将流媒体技术应用到移动网络和智能终端上,称为移动流媒体技术,它是网络音/视频技术与移动通信技术发展到一定阶段的产物。智能终端的广泛普及和移动通信技术所提供的数据业务服务,为流媒体的应用带来了发展的契机。移动流媒体业务区别于固定互联网上的流媒体业务,其特点主要表现在三个方面:首先是终端,移动流媒体通过智能手机或其他的个人移动终端获取流媒体服务;其次是网络,移动流媒体业务通过移动通信网络接入、获取流媒体服务;最后是应用,移动流媒体业务可以在移动通信网覆盖范围内自由获取流媒体服务。从 GSM 和 CDMA 时代开始,移动通信网络的理论带宽已经达到 100Kb/s 以上,在实际情况中也能达到每秒几十 Kb/s 的速率,对于经历了拨号上网的流媒体来说,传输速率已经足够。3G、4G 等用户无线网络接入带宽的提高,进一步推动了移动流媒体技术所封装出的应用。此外,移动通信网络是可控的网络,盗版不容易获取,从而保证了运营商的利益。最后,从应用模式上看,移动流媒体的应用模式摆脱了有线的限制,用户可以随时、随地、随身地获取服务,因而派生出许多实际应用。

1. 移动流媒体的主要应用

利用目前的 3G 或 4G 移动通信网络,移动流媒体业务可以为智能手机终端用户提供音频、视频的流媒体播放服务,内容包括新闻资讯、影视、MTV、体育、教育、行业和专项应用等领域。根据数据内容的播放方式,具体实现方法可以分为流媒体点播、流媒体直播、下载播放三种业务形式。流媒体点播的内容提供商将预先录制好的多媒体内容编码压缩成相应格式存放在内容服务器上,并把内容的描述信息以及链接放置在流媒体的门户网站上。终端用户可以通过访问门户网站发现感兴趣的内容,有选择地进行播放。流媒体直播方式下,流媒体编码服务器将实时信号编码压缩成相应的格式,并经由流媒体服务器分发到用户的终端播放器。根据实时内容信号源的不同,又可以分为电视直播、远程监控等。下载播放方式的流媒体,用户将流媒体内容下载并存储到本地终端中,然后可以选择在任意时间进行播放。主要的限制指标是终端的处理能力和存储能力,内容提供商可以制作出较高质量的视音频内容(高带宽、高帧速率),但需要考虑内容的下载时间及终端的存储空间。

(1) 信息服务:包括财经信息、新闻、即时体育播报、天气信息、E-mail、广播发布等服务。用户只需通过简单的接入门户站点即可获取大量信息,也可以通过订阅的方式使用信息推送服务,更可以实现手机与 PC 之间的信息互传,信息的内容可以以流媒体的方式提供。

(2) 娱乐服务:包括卡通、音频、视频以及电视节目的精彩片段下载播放和在线播放。还可以提供移动 QQ、移动游戏、手机电视等服务。

(3) 通信服务:包括含有流媒体内容的彩信、视频电话、视频会议、视频传输等服务,使人们的沟通更加方便,更为丰富多彩。

(4) 监控服务:主要包括交通监控和家庭监控。交通监控使交通部门能够实时察看高速公路和主要道路的交通状况,可以查看指定道路区间的路况,并可在途中通过定位服务来检查各路段的交通情况。家庭监控可以实时监视家庭和办公室的情况。只需安装基于Web 的数字视频相机并连接到 Internet 上，就可以通过移动终端或 PC 监视家庭或办公室。

（5）位置信息服务：可以为用户提供所在位置查询和周边交通、观光信息等的查询，提供地图和向导服务，并且为用户提供预览风景名胜、预订饭店、打折活动、电影票信息等。

从市场应用情况来看，国内领先的流媒体系统技术提供商 VIEWGOOD（远古）公司，依赖专业的流媒技术结合众多的电信级用户的体验，通过对 3G 应用的全面理解并结合手机用户和 PC 用户的需求，为移动运营商推出了 Web3G 移动流媒体平台。通过独创的 USS 统一流媒体服务引擎，同时支持各种操作系统的手机、PC 以及机顶盒，所有用户都能方便快捷地使用流媒体业务，并且使用同一套后台管理系统对所有平台的节目进行统一管理，最终实现了手机、PC、电视的三屏互动。

随着 4G 网络设备和终端设备的不断完善，4G 移动流媒体技术逐渐发展成熟起来，移动流媒体技术将成为 4G 时代的代表技术，能够大大提高用户的通信体验，并推动 4G 移动通信技术的不断发展。

2. 移动流媒体的系统结构

移动流媒体业务系统通常由以下几个部分组成，如图 8-13 所示。

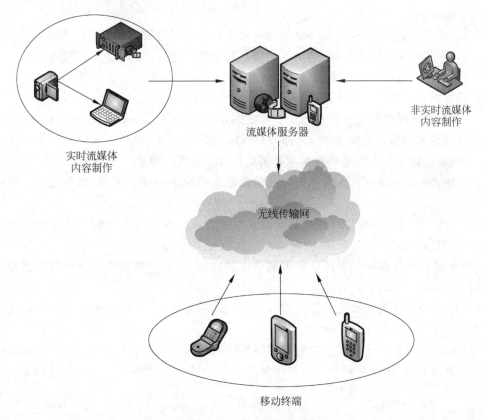

图 8-13　移动流媒体系统结构

（1）后台流媒体业务系统：包括实时/非实时流媒体内容创建功能、流媒体服务器和后台管理等功能，分别负责流媒体内容的创建、编码和生成，媒体流的传输、用户认证管理、提供个性化的流媒体门户网站、计费、业务综合管理等功能。

（2）传输网络：借助移动通信网络，提供所有流媒体服务信息的传输，包括控制命令信息和数据内容信息。一般包括空中接口、无线接入网、IP 分组核心网和 Internet 等。

（3）移动终端：具备内容发现的功能，并可以通过终端上的流媒体播放器实现流媒体内容的下载和再现。

3. 移动流媒体进一步发展的技术需求

移动流媒体业务的开展给移动增值服务带来了新的希望，移动手机用户在成为某项新业务的忠实用户之前，一般都会经历五个步骤：从认知到认可、从认可到愿意使用、从愿意使用到成为用户、从成为用户再到依赖此项业务。认知是五个环节之首，也是至关重要的一个环节。从技术层面来看，随着 3G、4G 移动通信网络与 WiFi 等无线接入技术的全面开展，流媒体技术可以被广泛应用到无线终端设备上。目前，3G/4G 移动用户的网络带宽可以达到 2Mb/s 至几十 Mb/s，数据传输速率已经足够提供 QCIF 大小的流媒体服务。从终端和应用层面来看，智能手机设备的运算能力越来越强、存储空间越来越大、屏幕越来越清晰、价格越来越亲民，一般的中档手机已经足够实现视/音频解码等流媒体播放的基本需求。移动流媒体业务资费采用的是"数据流量费"＋"内容服务费"的模式，移动运营商争先恐后地推出各种优惠的资费套餐，使得手机上网的流量费用已经不再是限制用户选用移动流媒体业务的主要因素。

但是，应当注意到，面向无线网络的流媒体应用对当前的编码和传输技术提出了更大的挑战。首先，相对于有线网络而言，无线网络状况更不稳定，除去网络流量所造成的传输速率波动外，手持设备的移动速度和所在位置也会严重地影响到传输速率，因此高效的可自适应编解码技术至关重要。其次，无线信道的环境也要比有线信道恶劣得多，数据的误码率也要高许多，而高压缩的码流对传输错误非常敏感，还会造成错误向后面的图像扩散，因此无线流媒体在信源和信道编码上需要很好的容错技术。鉴于现有移动流媒体技术存在的不足，今后移动流媒体技术发展的目标主要聚焦于以下需求的满足。

（1）移动流媒体视频服务满足用户随时随地流畅观看视频的需求，增强视频观看的移动性；

（2）避免移动网络访问不稳定、易受建筑等干扰和传输延迟大等因素导致的视频观看不流畅的问题；

（3）提高移动终端响应用户播放视频请求的速度，让用户在切换频道时减少缓冲等待的时间；

（4）降低流媒体服务器对大量用户并发访问的带宽需求，节约服务器和网络带宽的购买成本；

（5）用户通过移动终端将采集的视频数据实时传输到流媒体服务器上，通过流媒体服务器进行封装和转发，其他用户可以同步观看视频，满足广大用户随时随地分享和观看视频直播的需求。

本章习题

1. 流媒体技术与传统多媒体技术有哪些区别和联系？

2. 什么是流式传输？试比较顺序流传输方式与实时流传输方式的异同以及它们各自

的优缺点。

3. 流媒体的播放方式有哪几种？分别适用于哪些情况？

4. 常见的流媒体应用有哪些形式？试结合自己的亲身体验,说明它们各自的特点。

5. 流媒体系统包括哪些重要组成部分？它们分别实现什么功能？

6. 简述流媒体通信的基本原理。试画出流媒体传输过程的框图并加以说明。

7. 实现流媒体通信需要哪些关键技术的保障？简要说明它们各自的作用。

8. 目前常用的流媒体通信系统有哪些？试结合自身使用情况,分析该流媒体通信系统的特点。

9. 简述流媒体系统的工作过程,以 RealSystem 系统和 Windows Media 系统为例加以说明。

10. P2P 流媒体与传统流媒体相比,有哪些特点和优势？

11. 结合自己的亲身体验简要介绍几种移动流媒体业务及其特点。

12. 比较分析移动流媒体与传统流媒体技术的优缺点。

第 9 章

超媒体技术

　　随着多媒体信息种类的日新月异，人们早已不再仅仅满足于从存储媒体或单独的 Web 站点上获取多媒体信息。如何更加方便地从分布在世界各地的 Web 站点获取相关多媒体信息，并进行异地的、实时的、交互的多媒体信息交流和使用？超媒体技术提供了全新的多媒体信息管理技术，打破了传统单一媒体的界限，提供更加丰富多彩的人机交互方式。本章介绍超媒体的概念和应用，超媒体系统的组成及原理，基于超媒体的人机交互技术等。

　　本章的重点内容包括：

➢ 超文本与超媒体的概念

➢ 超媒体技术的主要应用

➢ 超媒体系统结构与特点

➢ 超媒体通信技术

➢ 超媒体人机交互

随着网络技术的飞速发展和计算机应用技术的普及,人类已经进入了以网络为中心的信息化时代。图文并茂的多媒体信息表现形式使得计算机的应用更加直观、更易于被人们接受和使用。但是,随着多媒体信息种类的日新月异和信息量的急剧膨胀,人们早已不再仅仅满足于从存储媒体或单独的 Web 站点上获取信息。超文本和超媒体技术可以按照人脑的联想思维方式把相关信息组织起来,形成网状的多维信息空间,并与多媒体计算机技术相结合,造就了新一代应用日益广泛、充满蓬勃生机的现代信息管理系统。本章主要介绍超文本和超媒体的概念及其区别,概括超媒体技术的主要应用,分析超媒体系统的组成,展望超媒体技术的其他发展。

9.1 超媒体的基本概念

在过去的 20 年中,多媒体信息技术的发展使得信息领域的媒体对象从单纯的文本媒体扩展到人类可以辨识的各种媒体类型,图形、图像、视频、音频等形式使得知识表述和信息传达的手段更加丰富。而紧随其后,超文本和超媒体技术的发展又扩展了信息的组织方式,体现出信息之间广泛而灵活的相互关联。超媒体信息管理技术自问世以来,就被公认为是集成和管理多媒体数据的极具潜力的信息系统构成技术,经过多年的研究进展,在概念、原理、模型、应用上都有了很大的发展和完善。超媒体技术是在超文本技术基础之上结合多媒体技术发展而来的信息管理与检索技术。为了很好地理解超媒体技术,下面先对超文本做一简单介绍。

9.1.1 超文本

1965 年科学家 Ted Nelson 在计算机上处理文本文件时,采用了一种把文本中遇到的相关文本组织在一起的新方法,以便使计算机能够按照人类的联想思维方式方便地获取所需要的信息。Nelson 为这种方法特别杜撰了新的名称,叫作"超文本"(Hypertext)。

超文本与传统的文本有很大的区别。传统文本,例如普通书籍或存储在计算机中的文本文件,都是用线性和顺序的方式加以组织的。读者阅读时只能按照固定的线性顺序一页一页地阅读,几乎没有选择的余地,更不能像人类思维那样通过"联想"方式来组织和查阅信息。而实际中信息的庞大数量和动态组织结构呈现出不同的复杂性,这种互联的网状信息结构类似于人类记忆的网状结构,不同的联想检索导致不同的访问路径,即使对某一对象具有相同的概念,也会因为时间、地点、环境等的不同,产生千差万别的联想结果。例如,对"雪山"一词,人们可能会分别联想到"冬季""青藏高原""冰川"等不同的对象;而对"大海"可能联想到"轮船""岛屿"和"海鸥"等。超文本结构就类似于人类的这种联想记忆方式,它采用非线性的网状结构组织各类信息,用户可以很方便地浏览这些相关内容。各类信息块没有固定的顺序,可以按照信息的原始结构或人们的联想关系加以组织,也不要求使用者必须按照某个固定路径来阅读,可以根据实际需要,利用超文本机制提供的联想式查询能力,迅速找到自己感兴趣的内容和有关信息。这种文本的组织方式与人们的思维方式和工作方式比较接近,所以可以更有效地表达和处理信息。

超文本是一种新型的信息组织和管理技术,它以比字符高一个层次的"节点"作为基本单位,用"链"把节点互联成网,形成一个非线性的文本结构,构成表达特定内容的信息网络。

如图 9-1 所示,就是一个小型的超文本结构。图中的超文本由若干内部互连的信息块组成,这些信息块可以是计算机的窗口、文件或更小的信息。每个信息块称为一个节点,每个节点都有若干指向其他节点或从其他节点指向该节点的指针,称为"链",用于连接节点中有关联的词或词组。当用户主动点击该词时,将激活这条链,从而迁移到目的节点。由于在超文本结构中,任意两个节点之间可以有若干条不同的路径,因此用户可以自由地选择最终沿哪条路径阅读文本,而不是过去那种单一的线性路径。

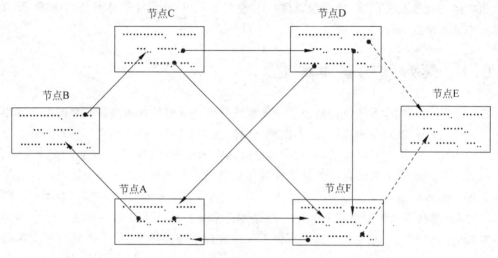

图 9-1　超文本示意结构

9.1.2　超媒体

20 世纪 70 年代,用户语言接口方面的先驱者 Andres Van Dam 创造了一个新词"电子图书"(Electronic Book)。电子图书保存了纸质存储媒体最好的特性,而同时又加入了丰富的非线性链接,其中包含有许多静态图片和图形,用户可以在计算机上创作作品和联想式地阅读文件。这促使在 80 年代末期产生了"超媒体"(Hypermedia)技术。

超媒体最初只是一个比"多媒体"具备更高能量的技术词汇,尼葛洛庞帝在他的《数字化生存》一书中认为"超媒体"是超文本的延伸;更有人简单直白地认为"超媒体"就是"多媒体＋Internet"。

到底什么才是超媒体呢? 简单地说,超文本与多媒体的融合产生了超媒体。事实上,超媒体的原文 Hypermedia 就是超文本 Hypertext 和多媒体 Multimedia 的结合词。超媒体同超文本一样也由节点和链组成,并使用与超文本类似的机制进行组织和管理。其区别在于节点中的内容除了文本文字之外,还可以包括图形、声音、动画、影像等多媒体信息,使得各节点不仅能显示文字、图形,还能播放音乐,甚至放送电影、录像。超媒体的想法与人类整理资料卡的形式非常相似,每一张卡片都可以包含有丰富的图、文、声、像等信息,使用者可以快速地从大量数据中通过主题式关联词查找所需信息,而不必线性地读取数据。超媒体节点之间的链接关系不受空间位置的限制,可以在同一个文件内,也可以在不同的文件中,甚至可以通过网络与世界上任何一台联网计算机上的文件建立链接关系。"超媒体"打破了传统的单一媒体界限和传统思维,将平面媒体、电波媒体、网络媒体整合形成一种超级力量。

利用超媒体技术,用户可以根据自己的兴趣与需要设定路径和速度,甚至修改内容或对内容添加注解,可以任意从一个文本跳到另一个文本,并且激活一段声音、显示一个图形或播放一段视频。那么超媒体到底还是不是媒体? 对于这一点,《超媒体时代》一书中有个形象的说法:"超市"并不会因为多了个"超"字而不再是"市场",它并未超越传统意义的以币易物的交易市场的本质,不过是管理方法使其更为现代化,服务理念更为人文化而已。同样,从本质上讲,超媒体是一种交互式多媒体,它不仅是一种人机交互技术,还涉及内部结构等多方面的整合改造。从应用上讲,超媒体更接近人的思维,通过超媒体可以提供比超文本链接层次更高的响应,实现更为便利、直观的双向交流。

9.1.3　超文本与超媒体的区别与联系

如前所述,超文本技术以比字符高一个层次的"节点"作为基本单位,用"链"把"节点"连接形成非线性的文本结构,构成表达特定内容的信息网络。而随着多媒体技术的发展和成熟,"节点"中的内容除了文本文字之外,还可以扩展到图形、声音、动画、影像等多媒体信息,从而产生了超媒体技术。

超媒体和超文本都以非线性方式组织信息,本质上具有同一性。在超文本中,信息的主要形态是文本和图形,以节点形式存储信息,实现相关节点之间的非线性、联想式检索;而超媒体是一种在信息间创建明确关系的方法,它把超文本的含义扩展为包含多媒体对象,而且能够实现音频与视频信号的同步。因而,较之超文本,超媒体处于更高层次的"生态位",它利用超文本技术来管理多媒体信息,成为支持多媒体信息管理的主脑。超媒体能够组织的信息对象繁多,是媒体中的"巨无霸",完全可以视作"超级媒体"。

超媒体与超文本之间的不同之处在于:超文本主要是以文字的形式表示信息,建立的链接关系主要是文句之间的链接关系;而超媒体除了使用文本外,还使用图形、图像、声音、动画或影视片断等多种媒体来表示信息,建立的链接关系是文本、图形、图像、声音、动画和影视片断等媒体之间的链接关系。此外,超媒体需要管理和组织的媒体信息比单纯的文本信息复杂得多,所以需要将超文本的知识表示方法与多媒体对文本、图形、图像、音频、视频、动画等信息的存储和处理技术相结合。

9.2　超媒体技术的主要应用

超文本与超媒体技术组织和管理信息的方式符合人们"联想"的思维习惯,特别适合于非线性的数据组织形式。作为一种新的信息管理技术,超媒体技术以其独特的表现方式,得到了广泛的应用,主要体现在以下几个方面。

9.2.1　多媒体信息存储与管理

在多媒体信息应用领域,超媒体技术可以很容易地把各种分散的多媒体信息有效地组织起来,非线性的数据组织形式使得超媒体的信息管理方法更容易处理媒体之间的联系和关系。将超媒体技术广泛应用于百科全书、词典、各种专业的参考书及科技期刊等多媒体电子出版物中,可以很容易地把纷繁复杂的各种多媒体信息进行有效组织,更加方便用户的查询、检索和使用。在各类工程应用中,要求采用图纸、图形、文字、动画或视频等多种形式表达设计概念,一般数据库系统往往难以胜任,超媒体技术为这类应用提供了强有力的信息管理工具,不少系统已将它应用于联机文档的设计和软件项目的管理。超媒体数据库能够用各种超链将各种多媒体信息按照它们之间"自然的联系"进行有机的连接,使得用户能够在超媒体数据库中自由地"航行"浏览。另外,还可以将超媒体技术独特的优点应用于大型文献资料信息库的建设。目前已经研制出来的字典系统、联机帮助手册、信息检索系统、电子地图、信息比对等系统都应用了超媒体技术。使用这些超媒体化资源,不但可以为用户提供实时的技术示范和指导,同时也可以针对具体问题给出具体的答案,极大地提高了使用者的工作效益和效率。

9.2.2　多媒体辅助办公与学习

将超媒体技术高效快捷的知识查找能力应用于辅助办公,不需要像传统的工具书那样逐页查找有关的数据,不但使用灵活方便,还能够提供针对具体问题的具体解决方法,大大地提高工作效率。Apple 公司的 Hypercard 软件展示了把 Hypercard 用于办公室日常工作的一个方面,它以卡片的形式提供了形象的电话簿、备忘录、日历、价格表与文献摘要等,是应用多媒体管理技术的一个实例。

使用超媒体技术对各种教育素材进行组织和管理,能够形成强大的学习型超媒体系统,为使用者提供直观的、多功能的、全方位的多媒体学习环境和帮助。使用者可以根据自身的实际情况,合理地安排适合自身特点的学习方式和学习行为,在学习过程中用户可以随时要求解释和选择更恰当的学习路径。尤其是对于复杂的学习内容,超媒体不仅可以提供生动形象的多媒体学习资料,还可以通过联机求助的方式得到帮助,学习方式灵活多样,大大提高了学习效率。

9.2.3　商业应用与休闲娱乐

超媒体技术不仅是一项信息管理技术,同时也是一项界面技术。传统的图形用户接口(GUI)使用户桌面由字符命令菜单方式转变为图形菜单方式,而超媒体技术在此基础上更上一个新台阶,形成多媒体用户接口(Multimedia User Interface,MMUI),使得数字、图形、图像、动画、音频、视频等信息均能展现在用户的面前。将超媒体技术应用于各种产品广告、设计展示、单位介绍、旅游指南、机场/车站的查询软件等方面,可以更加方便友好地为用户提供了解产品的平台,不仅提高了商业效益,也大大方便了用户。超媒体的休闲阅读资料、报纸和刊物等不仅能让使用者形象地了解信息内容,还可以减轻使用者由于长时间阅读产生的疲劳。应用超媒体技术制作的电子游戏、动漫产品等内容丰富,形式新颖,是家庭休闲和娱乐的新途径。

9.3　超媒体系统

宏观来讲,超媒体系统是指支持超媒体编辑、显示和使用的软件和硬件系统。传统的超媒体系统是一个封闭型的结构完整的信息管理系统,节点的内容管理、链接的编辑与维护、导航功能的实现甚至信息查询、共享管理等各种辅助功能,都在同一系统中完成,具有较为固定的体系结构。后来的研究学者则倾向于将超媒体系统划分为一个三层的体系结构。最上层是表现层,主要提供用户界面,决定用户看到什么信息,并接受所有的输入操作;第二层是抽象层,主要记录超媒体的文档结构,即结点和链的划分、网络的结构信息及节点和链自身的结构信息;最底层是数据操作层,负责存储数据并处理一些传统的数据库问题,如多用户并发访问信息的安全性、版本维护以及响应速度等问题。

9.3.1　超媒体系统结构

从功能上讲,超媒体系统主要是利用超媒体技术,建立各种多媒体信息之间的超链接,形成联想式的网状多维信息空间。超媒体系统既应支持超媒体创作,也应支持信息的查阅和浏览,所以一个具体的超媒体系统一般由创作部分、使用部分和支持部分组成。创作部分向用户提供生成超媒体的各种手段,包括编辑器、超媒体语言、媒体编辑工具等,将分布在网络中的多媒体数据组成具有丰富表现能力的超媒体应用;使用部分向用户提供使用超媒体的手段,主要是浏览器或导航工具,完成对各种超媒体信息的浏览和查询;支持部分负责管理整个超媒体创作和使用,向创作者和使用者提供通向超媒体系统的接口,在计算机网络中运行的时候,支持部分要协助用户完成不同计算机之间各种协议的连接和通信,完成用户的各种要求操作。整个系统结构如图 9-2 所示。

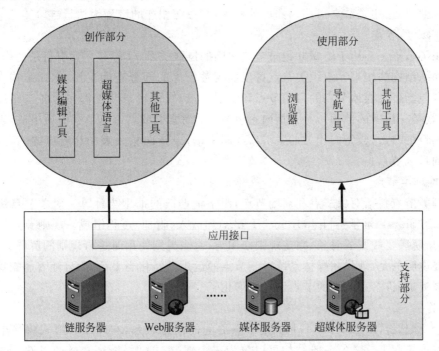

图 9-2　超媒体系统结构

9.3.2　超媒体系统的组成要素

超媒体系统是一个多媒体信息的管理和传输系统,由节点、链和网络三种要素组成,下面对这三类要素分别进行介绍。

1. 节点

节点是超媒体表达信息的基本单位,节点的内容可以是各种媒体形式:文本、图形、图像、动画、视频、音频甚至是一段计算机程序。节点有许多种,根据媒体种类、内容和功能的不同,可以分为媒体类节点、动作类节点、组织类节点和推理类节点等。

1) 媒体类节点

媒体类节点主要记录各种媒体信息,按照媒体内容的不同,又可以进一步细分为符号节点、图像节点、声音节点和混合媒体节点等。顾名思义,媒体类节点就是分别用来存放文本、结构化的数据信息、灰度和彩色图像等静态视觉媒体、动画/视频等动态视觉媒体、数字化的音频或者是上述所有媒体形式的综合表现。在媒体类节点中,可以针对媒体中所包含的某些特定文字、符号、图像上的某一敏感区域、动画或视频的某一片段或某几帧建立节点之间的链接关系。应用导航控制技术,用户可以通过超媒体网络系统对相关联的信息采用点击热点的方式进行浏览和查询。

2) 动作类节点

有些超媒体系统专门提供了电话通信功能,只要用户选择一个"自动拨号盘"的按钮,就可以开始一次通话。还有些超媒体系统引入了传真服务并与电话通信相结合,用户按下"传真"按钮,系统就在当前节点上发送所需传送的内容。实际上这类节点是通过按钮做一些超媒体表现以外的工作,赋之以人的操作或动作,它通过超媒体按钮来访问,所以也被称为按钮节点。此时,按钮是节点对用户的可见提示,与按钮相连的链称为执行链。

3) 组织类节点

组织类节点主要用于组织并记录节点之间的链接关系,实际起到索引目录的作用,是连接文本网络结构的纽带。组织类节点可以实现数据库的部分查询工作,比如结构查询。组织类节点包括各种媒体节点的目录节点和索引节点,媒体目录节点都包含各自媒体的索引指针(也就是一组链的链源),并且指向索引节点;而索引节点由单个索引项组成,索引项用指针指向目的节点,或指向相关的索引项或同义语,或指向相关表中相对应的一行,或指向原媒体的目录节点。

4) 推理类节点

推理类节点包括对象节点和规则节点,用于辅助链的推理与计算。对象节点用于描述对象,由槽(Slots)、继承链(Inheritance Links)和嵌入(附加)过程组成。规则节点用于保存规则,并指明满足规则的对象,判定规则使用与否,当规则使用时进行规则的解释等。

需要说明的是,现代超媒体系统对于节点的运用已经相当灵活,而且随着超媒体系统的不断发展演进,许多系统中的节点已经无形化了。

2. 链

链,又称超链(HyperLink),是固定节点之间的信息联系,它以某种形式将一个节点与其他节点连接起来。链的一般结构可以分为三个部分:链源、链宿和链的属性。一个链的起始端称为链源,链源是导致浏览过程中节点迁移的原因,可以是热字、热区、图元或节点等。链宿是链的目的所在,一般链宿都是节点,有时也可以是其他任何媒体内容。链的属性决定链的类型。

链定义了超媒体的结构,也影响着信息网络的结构,它随着信息的形式、种类不同而变化。由于链都是有向的,所以超媒体系统从严格意义上说是一个有向网络。下面介绍几种典型的链。

1) 基本结构链

基本结构链用于确定超媒体系统的基本构成框架,主要用于导航和检索信息。这种链具有固定明确的特点,是一种实链,必须在建立一个超媒体文献时由作者事先确定。基本结构链又包括基本链、交叉索引链和节点内注释链。

(1) 基本链用来建立节点之间的基本顺序,使节点信息在总体上呈现为某一基本的层次结构,类似于一本书的章、节、小节层次一样。如图 9-3 中的实线所示,基本链的链源和链宿都是节点,如果将一组(甚至全部)节点组织成一个基本的顺序,读者可以按照这个顺序去浏览节点。

(2) 交叉索引链将节点连接成交叉的网状结构,构成超媒体系统中的"联想查询机制",如图 9-3 中虚线所示。交叉索引链的链源一般为某一节点中的热区,链宿是节点或节点中的部分内容。与基本链决定节点间的固定顺序不同,交叉索引链决定的是访问顺序,因而,交叉索引链是最为重要的一种链,正是由于它的存在才为超媒体系统提供了联想索引机制。

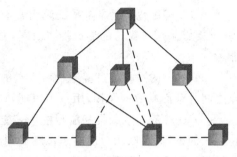

图 9-3　节点之间的基本链和交叉索引链

(3) 如果同一个节点内两个信息块之间是附加说明或注释的关系,则连接这样两个信息块的链被称为节点内注释链。其特点是链源和链宿都在同一节点内,而且链宿信息在激活时才会出现。

2) 组织链

组织链用于节点的组织,常见的有以下几种。

(1) 索引链:主要用于与数据库的接口或查找共享同一索引项的文献,用来实现节点中点和域的链接。其链源是节点中的"点"(相应的域的标识符),链宿是节点中的域。

(2) Is-a 链:用来组织节点,说明对象节点中的某类成员。

(3) Has-a 链:用于描述节点具有的属性。

(4) 蕴含链:用于连接推理树中的事实,通常等价于推理规则。

(5) 执行链:用于将一种执行活动与按钮节点相连,还可以通过建立节点方便地解释应用程序的功能和目的。执行链使应用程序不再是孤立的,使超文本成为高层程序的界面。

3) 推理链

推理链具有计算和推理的功能,通过智能化的推理来决定其链宿,是智能超媒体的灵魂。推理链的含义是由谓词定义的,可以在实时的逻辑运行中建立,因此是一种动态链或实时链。

3. 网络

节点和链一起构成了超媒体信息网络,由于链存在有向性,因而超媒体网络是一个有向图,类似于人工智能中的语义网。超媒体的节点可以看作是对单一概念或思想的表达,而节点之间的链表示概念之间的语义关系。超文本网络也可以看作是一种知识工程,它将各种思想、概念组合到一起,以便于用户使用和浏览。除了知识和信息本身,超媒体网络还蕴含着对知识和信息的分析、推理等丰富的内容。

当超媒体网络十分庞大或者分散在众多物理地点上时,仅通过一个层次的超媒体网络来管理会显得很复杂,因此分层或划分子网是简化网络拓扑结构最有效的方法。子网是超媒体网络的一部分,有的文献用宏节点来表述,即链接在一起的节点群。以某种因素链接在一起的节点群称为宏节点,一个宏节点就是超媒体网络的一个子网。宏节点的引入可以简化超媒体网络结构,但却增加了管理与检索的层次。

9.3.3 超媒体系统的特性

通过对超媒体系统的定义和组成要素的分析,不难看出一个成功的超媒体系统应当具有以下几个重要的特性。

(1) 多媒体化:超媒体系统应当具有提供文本、图像、声音、视频等多种媒体信息的能力,并能够采用多窗口的形式加以表示,对于每一种媒体应当具有适应其特性的表现和操纵能力。

(2) 复杂的网状信息链结构:节点的多少是衡量超媒体系统的重要性能指标,通过节点之间复杂而高效的链接,用户可以通过不同的方法查询使用超媒体中各个节点的内容。

(3) 良好的导航工具和航行能力:能够指引用户在超媒体的信息网络中漫游,具有防止迷失的手段,帮助用户通过定位图确定自己的位置,并且能够沿线索返回。

(4) 具备开放的管理功能:能够根据需求变化对节点的内容进行编辑,包括修改、增加、删除节点和链的能力。

(5) 可以通过网络共享数据库,支持多用户使用库内信息。

(6) 具有交互式的操作和程序员接口。

9.3.4 超媒体通信技术

借助超媒体技术和超媒体网络实现的信息传输和交换称为超媒体通信技术。超媒体通信技术是传统视频通信技术进一步发展的产物,主要包括以下几个方面的内容。

1. 通信协议

视频通信区别于个人计算机应用最主要的一点在于它遵循 ITU-T 标准的通信系统。标准性保障了区内、国内、国际通信的互通性和互控性,就像打电话时用户不需要考虑交换机和对端电话机的型号一样,因为所有的信息传输过程是基于通信标准的。在超媒体通信技术的国际标准方面,H.320/H.323 标准仍将是基础。

2. 编码技术

视频编码需要将 100Mb/s 的图像数据压缩到 2Mb/s 甚至更低,这样视频通信技术才能够使用。从早期基于离散余弦变换(DCT)的数字视频编码算法,到视频编码的经典技术标准 H.261,关于视频编码技术的标准仍在不断地演进。1995 年提出的 H.263 标准是 H.261 的发展,采用了半像素精度的运动补偿、优化的可变长编码表以及更好的运动矢量预测,重点改善了低码率(<384Kb/s)下的图像编码质量,减少了低码率下图像出现拖影或马赛克的情况,但对于高码率(>384Kb/s)的图像编码质量则改进不明显。1998 年提出的 H.263+是 H.263 的增强版,它提出了更多的可选项,通过提高编码的效率和灵活性、支持编码质量可扩展性及提高容错和抗误码性,从而改进了编码的质量和效率。随后推出的 H.263++标准对 H.263+增加了增强的参考图像选择、数据分割、增强的补充信息等选项。2003 年,H.264 标准出台,它的亮点在于高精度多模式的运动估计、4×4 块的整数变换、统一的 VLC、帧内预测以及容错性和抗误码能力。理论上讲,H.264 的编码效率比 H.263 的编码效率高 50%。通过多年的实际应用与检验,H.264 标准已经逐步发展起来并趋向成熟。

在语音编码技术方面,H.320/H.323 体系结构下的语音编码一般多采用的是 G.711/G.722/G.728 编码算法,能够较好地满足语音传输的要求。对于 H.323 中新推出的 G.723 和 G.729,因为语音质量较差,所以更多地应用于 Internet 的个人通信,而未被企业型应用采用。

3. 数据应用

H.320/H.323 体系结构下的数据应用标准是 T.120,它可以支持 T.126 交互式电子白板、文件传输、应用程序共享等。其主要优点在于数据传输无失真,支持交互式操作,从而可以保证传输白板或图片的高清晰度,这些对于远程教学和远程讨论等应用是非常重要的。

4. 远程协作

在远程办公应用中,用户往往需要通过远程协作实现对文档的共享、查看或修改。远程协作技术支持常用的办公软件,例如 MS Word、Excel、PowerPoint 等文档的远程共享,支持共享桌面(Desktop Sharing),支持 Internet 浏览、Web 会议、论坛或者聊天室等应用。远程协作真正帮助用户实现了异地办公或远程教学。

5. 多媒体信息传输

互联网时代下,单纯传输文本、图像或音/视频信息所占的比例越来越小,更多的综合型媒体信息已经成为传输和应用的主要需求。因此,在超媒体通信中需要全面地支持各种多媒体信息的传输。多媒体视频的播放,需要支持常见的 MPEG-1、MPEG-2、MPEG-4 和 RM、AVI、MOV 等视频格式;多媒体音频的播放,需要支持 WAV、MIDI、MP3 等音频格式;图形/图像方面需要支持 BMP、GIF、JPEG 等像素格式的图像和 Visio、Flash、CG 等矢量格式的图形;文本方面支持超文本的共享和 ASCII、PDF、HTML 等文本格式。

9.3.5 超媒体系统存在的问题

超文本概念创立之后的十几年中,它的研究不断取得可喜的进展,出现了 FRESS、NLS、ZOG 等多种超文本编辑系统。20 世纪 80 年代后,随着各种计算机软/硬件技术的发展,尤其是大容量光盘存储技术、图形/图像处理技术、数据压缩、光纤通信、网络及用户接口设计等技术的发展,超文本技术的研究出现了质的飞跃,超文本系统越来越成熟和实用。先后涌现出 KMS 系统、Xerox 公司的 Notecards、布郎大学的 Intermedia、OWL 公司的 Guide、苹果公司的 Hypercard 等典型应用系统。1989 年 Taylor Graham 印刷公司出版了第一本专门的超媒体研究刊物 *Hypermedia*,1990 年在法国召开了第一届欧洲超媒体会议,超媒体技术被认为是 90 年代最主要的信息处理技术。时至今日,已经有德国研究学会开发的 KHS(Konstanger Hypertext System)系统、丹麦 Aarhus 大学开发的 DHM(Debvies Hypermedia)系统、美国加利福尼亚大学开发的 Chimera 系统、英国南开普敦大学开发的 Microcosm 系统等众多较为知名的开放式超媒体系统。国内方面,广西计算中心开发出基于图形的超媒体系统 GBH,漫游世界(北京)科技发展有限公司率先在国内带动起超媒体技术的发展,服务业务涉及网站建设、互动展示、软件产品开发等众多方面。

但是应当注意到的是,超媒体技术仍是一项正在发展中的技术,它既有许多独特的优点,同时也存在许多不够完善的方面。由于超媒体结构灵活,对用户几乎没有任何约束,因此用户可以在超媒体提供的网络空间内自由浏览。但这种灵活性同时导致了链的混乱、认知负载和迷路问题。用户在超媒体空间的"迷失"可能会导致用户不知道自己处于网络的什么位置，不知道如何到达网络中已知的某一特定位置，不知道如何回到以前遗留的相关主题，忘记为什么在初始时刻选择某一特定主题，忘记所浏览的主题是什么，忘记所要解决的主要问题是什么……当超媒体系统变得庞大以后，这些问题暴露得更为严重。例如微软的Encarta电子多媒体百科全书，它包括 26 000 个论题，900 万字的文本，8 小时的声音，7000 张照片和插图，800 张地图，250 张交互图表和表格，还有 100 张动画和电视片段。WWW上的信息量更是大得惊人，而且正以不可预知的速度不断膨胀。在这种情况下，一不小心用户便将陷入不知身在何处的迷惘之中，更不用说准确查找到所需的相关信息了。

除了庞大而激增的信息量容易导致"迷失"之外，超媒体系统还需要面对以下的问题。

1. 信息组织

超媒体的基本信息单位是节点，如何把一个复杂的信息系统划分成信息块是较为困难的问题。例如一篇文章，不同的使用者可能把它分成互不相同的几个观点，而不同的观点又相互联系，如果这些联系被分割开来就会破坏文章本身表达的思想。因此，节点中信息的组织和安排面临"仁者见人，智者见智"的困境，可能需要反复调整和组织信息之间的关系。

2. 数据转换和媒体间的协调

超媒体系统数据的组织与现有各种数据库文件系统的格式完全不一样，如何将传统的数据库数据转换到超媒体系统中是必须面对的一个问题。另外，多媒体数据如何组织，各种媒体之间如何协调，音频/视频这一类与时间有密切关系的媒体，对系统的体系结构产生什么样的影响，都是在多媒体数据模型建立时需要认真解决的问题。

3. 兼容性

目前的超媒体系统大都是根据用户的要求分别设计的，它们之间没有考虑到兼容性问题，也没有统一的标准可循。所以需要尽快出台统一的标准并加强对版本的控制，没有标准化，超媒体系统之间就无法沟通，信息就不能共享。

4. 智能化

虽然大多数超媒体系统提供了帮助用户阅读和查询信息的辅助信息，但是由于超媒体系统结构灵活，对用户几乎没有任何约束，当用户接触一个不熟悉的题目时，可能会在网络中迷失方向。要解决这一问题需要超媒体系统具备某种智能性，而不是只能被动地沿链跳转。超媒体系统在结构上与人工智能有着相似之处，二者有机的结合将成为超媒体系统的必然趋势。

9.4 行业应用：超媒体技术的其他发展

近年来超媒体技术的快速发展，尤其是 WWW 的繁荣使人们更加清晰地意识到：超媒体技术将是构造全球化大规模信息基础环境极具潜力的工具。通过将超媒体技术引入到尽可能多的应用领域及计算环境中，有助于将现有计算环境逐步地进化为一个全球范围内统一的、跨越多种异构计算平台的分布开放超媒体计算环境。在此基础上，各类应用将普遍得到超媒体技术带来的优势。

根据应用着眼点的不同，超媒体技术与其他相关应用领域的结合发展呈现出迅速分化、横向发展的趋势。典型的代表有：基于大规模网络应用的以 WWW 为首的分布式超媒体，以 Microcosm、DHM 为代表的开放超媒体，以 ABC、SEPIA 为代表的协作超媒体，以 Courseware、GIBIS 及其商业版 GuestMap 为代表的在线决策超媒体，以 Much 为代表的语义推理超媒体等。

9.4.1 开放超媒体系统

现有的大多数超媒体系统都有一个共同的缺点，就是基本上不支持用户的增、删、改等操作，很难进行信息交互，也就是说系统是封闭的。因为目前的超媒体系统几乎都依赖于点到点的位置链接，如文本中作为热字的词的位置、图像中作为热区的某一区域等。这种方法对少量的信息是合理和有效的，但它不能直接发展成为大型的、分布式的多媒体信息数据库，因为对于如此众多的位置、链和目标，用户很难进行组织、管理，从而影响了创作过程和链的使用。因此，超媒体系统封闭的信息组织方式，极大地制约了信息的利用和交互。如何打破这种技术瓶颈的束缚，更科学地组织信息资源，以便高效、全面地利用它们，已成为引起广泛关注的研究热点。作为 Internet 资源的主体，WWW（World Wide Web）系统成为信息发现技术和超媒体技术的综合。它采用了 HTTP 和 HTML 标记语言，能够建立起网络上超媒体信息关联，用户可以通过非常易用的浏览器软件使用网络上的超媒体信息。WWW 的定义格式和所采用的协议是开放式的，但由于它的链信息嵌入到了文献的数据当中，很难为第三方使用，因此从目前的应用来看系统是封闭的。

信息系统未来的发展趋势是不断将大量外部信息组成开放式超媒体应用的主要数据来源，在位置一级上可以建立起跨越网络的超链。因此，如何对链实行有效的管理将成为实现开放式超媒体应用的关键。如果将链的信息从数据文献中分离出来，建立单独的链管理机制，则超媒体系统就可支持大型应用，而且还可以将超媒体的功能集成到普通的计算环境之中，支持各种不同系统的工具和来自不同用户的需求。

未来的超媒体系统将是能够集成各种工具、适应所有数据和媒体形式的跨平台分布式开放系统，用户可以方便地进行信息的使用、修改和交互。同时，未来的开放超媒体系统应提供一种通用的超媒体服务应用协议，使得应用与超媒体的链接机制以一种比较松散的方式集成，从而可以通过对协议的限定确定系统的开放程度，对应用的控制可以在完全开放的范围内改变。所以，超媒体的链服务以及相关的协议是开放超媒体系统的技术基础。

1. 开放超媒体系统的特点

随着超媒体技术的发展，大量来源于外部的信息将构成开放式超媒体应用的主要数据成分。多个用户对数据有不同的使用方法，在同一位置上可以建立起跨系统的超链，这些都需要能够对链实行有效的管理。因此，开放式超媒体的首要任务就是把原先超媒体"基于位置"的链接机制转变为"基于内容"的链接机制，也就是说，系统不能在数据中做任何标记。这样，开放超媒体系统的任务就不仅仅是定位，而要对各个锚定的媒体数据或其他要素进行分析，从而确定出下一步的行动。在这一方面已有诸多尝试，例如 OLE、链库服务器等。当超链能够进行计算，超链的目的地将不再是唯一的，而要随着超链的计算按内容、目的、分析结果来确定方向。因此，可以把开放式超媒体系统界定为：一个把节点内容管理和链服务分开的、支持链的推导、知识重用、集合各种数据工具以及适应所有数据类型的跨平台的数据环境。

从开放性出发，一个开放性超媒体系统应该具备以下的特点。

（1）支持面向信息语义的链接，即可以链接到文档内容的任意元素，而不论具体文档的格式。

（2）支持链的自动生成，传统的导航技术只有当链的两个或多个端点生成之后，才自动生成链。真正的开放式自适应导航系统能够根据特定应用领域的知识自动建立链。

（3）节点的内容管理和链服务分开。

（4）支持知识的可重用性，不仅同一应用领域的不同应用之间能够共享领域知识，而且在不同系统之间也能共享。

（5）能够支持不断出现的新的数据类型。

（6）能够集成第三方的应用插件，增加系统功能。

（7）应该是与平台无关的能够跨平台分布的系统。

2. 开放超媒体系统实例

1）Microcosm 系统

英国南安普敦大学研制的 Microcosm 系统是第一个将操作系统提供的互操作性与超媒体系统紧密结合，并充分考虑与第三方应用集成的开放超媒体系统。它最早基于 Windows 环境，通过窗口系统提供的动态数据交换（DDE）允许外部应用利用超媒体系统提供的链接功能。Microcosm 系统提供了几个内建的文献浏览器，并研究了若干种方式以使得外部应用能感知到链服务的存在。Microcosm 系统认为，链是除了文档以外独立存储知识和信息的重要场所，如果链与内容文献绑得过紧，则无法在其他的文献中运用，因此基于链与数据分离的思想构造系统。Microcosm 系统实质上是一个向超媒体环境中可伸缩配置的前台浏览器应用模块提供链服务的系统，目前也可用于 Unix 和 Mac 环境。

Microcosm 系统可以提供特殊链、局部链和通用链等多种链服务。特殊链定义在一个特定源节点内一个对象的特殊点上；局部链定义在一个特定源节点内一个对象的任意点上；通用链定义在任何节点内的一个对象的任意点上。局部链和通用链的动态源锚定可以使其他应用程序利用本系统提供的链服务，实现其开放性。

Microcosm 系统由前端和后端组成，前端为浏览器和文献控制系统，后端为过滤器和过滤器管理系统。浏览器分为：全感知浏览器、部分感知浏览器和无感知浏览器。全感知浏览器可以完成 Microcosm 系统超媒体信息的全方位显示和浏览功能，是系统本身负责显示多媒体信息的工具。部分感知浏览器是系统以外的应用程序，它们通过发送消息来感知系统，如数据库和其他超媒体系统等。无感知浏览器是指不能直接向 Microcosm 系统发送消息的应用程序，例如不具备动态数据交换存取能力的应用程序。文献管理系统负责向用户提供有效的超媒体系统信息目录，用户可以通过它来直接查询和检索需要的信息。另外，文献管理系统还用来管理特殊应用程序中的多媒体信息，存储在文献管理系统中的数据类型列表是可扩充的，包含任意虚拟的媒体类型。链可以指向第三方应用程序，利用这些应用程序系统可以向用户提供强大的多媒体信息管理功能，如索引和分类工具可以辅助系统导航、检索多媒体信息等。过滤器是一些独立的进程，可以动态安装、撤销和组合，通过过滤器可以完成各类超媒体链服务。

Microcosm 系统中，用户通过浏览器向文献控制系统发送请求服务的消息，文献控制系统将各浏览器发来的消息统一申请超媒体链服务，过滤器管理系统轮流向各过滤器分配一个固定的处理时间片,在这个处理过程中,过滤器以阻塞、直接通过或更改消息内容后通过等多种形式对消息进行响应,有时过滤器根据输入的消息还会产生新的消息加入到过滤器链上进行处理,最终的响应消息送回到过滤器管理系统的链分发器,由链分发器检查响应消息的内容,如果其中包含有效的动作,则将这些动作送到浏览器显示。

2) DHM 系统

DHM(Debvies Hypermedia)系统由丹麦 Aarhus 大学开发,该系统的设计目的是为了支持大工程项目中的协作设计任务,侧重于运用面向对象技术提供对工程项目管理环境中的开放性支持。受到早期 Intermedia 的影响,DHM 系统在实现中结合了面向对象数据库和框架技术思想。Intermedia 系统最早提出基于锚的超媒体服务环境思想,认为创建链接的过程应同桌面环境中简单通用的剪贴板操作一样,由底层操作系统环境提供支持,从而将超媒体功能集成到桌面计算环境中。但是由于技术不成熟,Intermedia 中并未做到该项技术。在它的思想启发下,DHM 系统允许用户在对象框架下通过存取源码的方法扩展系统应用模块对链服务的存取,该过程并不需要编译整个环境。

与 Microcosm 相比,两个系统主要的不同在于:Microcosm 系统强迫浏览器应用程序存储它们自己的文档,系统本身只负责链接关联信息的存取;DHM 系统则为浏览器提供文档存储服务,这对于解决协同设置中的完整性、版本控制、通知问题等极为重要。

9.4.2 智能超媒体系统

1989 年 Reda 和 Barlow 两位学者提出了智能超媒体(Intelligent Hypermedia)概念(也被称为专家超媒体,Expertext),他们将具有专家系统特点的超媒体定义为智能超媒体。由于传统的超媒体文献内部及文献之间的链在系统创作过程中就由作者定义好了,用户在使用系统时,只能按照作者在创作时已经选定的思路浏览文献,而不能根据应用的具体需要动态地确定目标,因此传统超媒体系统中的链不是动态的,不具有推理和计算的"智能"。例如,如果用户正在浏览医学专著,传统的超媒体化的专著可以对每一个病症都给出相应的解释,以及解释的解释,但是它却不能在给定一些组合症状条件下得到相应的解释,因为传统超媒体在设计时节点之间的链是固定的,而组合症状情况下要想确定链的方向,则必须经过计算。如果是学生在通过超媒体学习这些病症知识,他的问题也会是千变万化的,因此用固定链结构很难体现这些变化。这就是传统超媒体与智能超媒体的差别所在——能否进行智能计算。因此,超媒体的智能化是应用发展的必然要求。

智能超媒体将专家系统的特征引入到传统的超媒体中,使超媒体的节点和链都更加丰富与完善。一方面,超媒体的节点虽具有丰富的表现能力,但它的链的动态跟踪能力还很弱,容易迷航。专家系统特征的引入,不仅使链具有计算与推理等动态跟踪与定位能力,而且使节点中的多媒体信息能够智能化地表现给用户。另一方面,超媒体中的专家系统特征又比普通的专家系统高一个层次,因为它能够利用丰富的多媒体信息增强推理解释,具有更易于用户理解的知识交互界面。

1. 主要技术因素

将智能化行为引入到超媒体系统中,在超媒体的链和节点中嵌入知识或规则,允许链进行计算和推理,使链具有动态跟踪与动态引导功能,使得媒体信息具有更丰富的表现特性,这是智能超媒体的主要研究内容。智能超媒体特性的实现涉及以下技术因素。

1）系统结构

智能超媒体系统与传统的超媒体系统一样，其系统结构模型随着技术的进步在不断修改、完善。一般来讲它是在传统超媒体系统的基础上，对节点和链进行了扩展，增加了节点和链的类型，以适应链的推理、计算和节点信息的智能化表示。系统结构通常也分为4层，即运行层、超媒体抽象和推理机层、数据库和知识库层以及元素内部层。各层之间通过相应的接口相互连接，共同组成智能化的超媒体系统。其中，超媒体抽象和推理机层定义了超媒体节点与链的结构、类型与属性，提供超媒体之间格式交互的能力，实现链的计算与推理，是实现智能超媒体系统的关键。

2）应用领域的知识基础

实现智能超媒体的关键步骤是获取应用领域的知识与经验，将其分类和组织，形成具有智能化行为的知识结构体系。智能化行为依赖于面向领域的知识与经验，只有将领域知识系统结构化形成知识库，将经验总结归纳形成演绎推理机制，才可能实现计算机的智能行为。

3）超媒体与智能的有机结合

若想实现超媒体中节点和链的计算与推理功能，必须建立领域知识库、推理机制与各种媒体状态的合理连接，这样才能实现智能超媒体特点。

2. 智能超媒体的推理模型

在智能超媒体系统中，推理节点与链的扩展为知识库提供了一个可视的表现。丰富的语义网络解释了对象如何被表现为节点，谓词又如何被表现为节点间的链。有了组织和推理型节点与链，超媒体在确定的推理模型上就能协助推理，进行各种运算。目前最适合智能超媒体的推理模型是语义网模型和流控模型。

1）语义网模型

语义网和超媒体的结构很相似，也是由节点和链组成的。但它的节点是一种概念或知识的描述，链则表示节点之间的逻辑关系。语义网通过沿层次链的继承性或主动扩散进行推理，其中最简单的形式就是主动扩散，即从两个节点开始，向与这两个节点相连的各方向节点扩散，被扩散的节点再向其他节点扩散，围绕两个起始节点源形成一个扩散范围。当某些概念向两个方向同时扩散时，就能得出一个结论。

在智能超媒体中，可以将推理节点与链构成的网络看成是一个语义网络，采用主动扩散来进行推理与计算。图9-4是一个智能超媒体的语义网络，在这个例子中，悦宾饭店和三佳餐馆都可以提供食物，当用户想要寻找一个具有当地特色的中式餐厅时，如果存在智能超媒体，就可以在完成该任务的同时向游客提供悦宾饭店的地址，并能够运用丰富的多媒体表现信息详细介绍该饭店的内外环境、特色菜品、产品价格等。如果该饭店里没有用户想吃的东西，由于推理链也将三佳餐馆链接到了可以提供的食品上，因此智能超媒体系统能够向用户建议附近的三佳餐馆，同样也可以利用多媒体信息对该餐馆进行详细的介绍。

2）流控模型

流控模型是一种由固定点和转移链组成的图模型，如图9-5所示。用"O"表示固定点，用"→"表示转移链。当固定点满足条件时，可以在其中心加小圆点标记。转移链传递圆点标记，但对于有若干输入转移链的固定点，只有当所有输入转移链均传递了圆点标记时，该固定点才可加小圆点标记，以表明条件满足，这一过程称为触发。图9-5表示的是触发前和触发后固定点的标记情况。

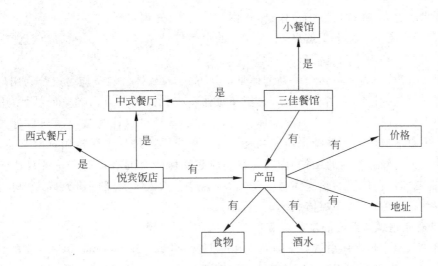

图 9-4　智能超媒体语义网络示例

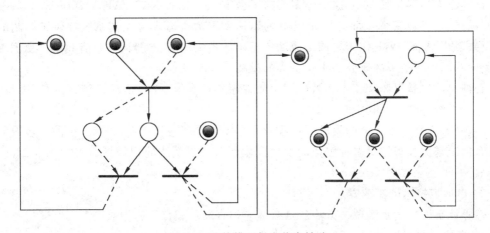

图 9-5　流控模型触发状态转移

用流控模型可以构造智能超媒体的推理模型并控制浏览过程。浏览过程控制是通过将超媒体的节点表示为固定点以及将推理链表示为转移链的方法来实现的。一个链的活动可使现行显示以特殊的方式进行变化,在浏览过程中,网中节点的现行标记决定用户能看什么。标记下的转移决定了什么链是可见的,选择一个链触发就将允许一个转移,并导致相应表现的变化。

9.4.3　自适应超媒体系统

针对传统的静态超媒体系统所面临的问题,许多研究者开始尝试通过引入人工智能技术,利用各种各样的方法使超媒体系统的输出以及用户交互界面随着用户的不同而变化,诞生了自适应超媒体系统这一新的研究方向。

自适应超媒体系统(Adaptive Hypermedia System,AHS)要求一个超媒体系统中必须包含用户模型,并且系统能够依据这个用户模型的信息进行自适应的浏览,即同一系统对于不同的用户模型展现给用户的表现不同。因此概括地讲,自适应超媒体是超媒体技术和用户建模技术的综合,通过构造用户模型,将用户的需求、知识水平、个人偏好等个人信息考虑进来,结合用户浏览的上下文信息,采用相应的自适应技术缩小用户浏览的信息空间,将与用户最相关的文档内容和链信息展示给用户。

从广义上讲,作为一种用户驱动的信息访问方式,超媒体的自适应可以分为用户自适应和系统自适应两种层次。用户自适应是指超媒体系统允许用户自由浏览的特性,用户在超媒体空间中浏览时选择感兴趣的超媒体文档,这样的选择可以认为是由用户自身的浏览过程而带来的自适应性。而系统自适应则是系统在用户浏览过程中根据用户的兴趣、背景等信息自动调整超媒体空间的结构、内容。自适应超媒体研究的重点放在系统自适应这一层次上,也就是如何在传统的超媒体系统基础上,通过引入人工智能的研究成果,利用用户建模技术,提供"个性化"的超媒体系统。

1. 自适应超媒体系统的发展与应用

早期的自适应超媒体系统,如 ISIS-Tutor、HyperTutor、Anatom-Tutor 等,大多作为一个独立的系统,很少有在 Web 上实现的自适应超媒体系统。1996 年以后,自适应超媒体系统的研究重点转移到了 Web 这个分布式的平台上,如 ELM-ART、AHA、Interbook 等都是典型代表。这种转变一方面是因为 Web 的迅速发展为自适应超媒体系统提供了广阔的应用平台;另一方面,Web 作为目前最成功的超媒体系统应用,本身同样具有超媒体所面临的"迷路问题",为自适应的研究提出了更大的挑战。

目前自适应超媒体系统主要被应用于教育超媒体系统、在线信息系统、在线帮助系统、信息检索系统等领域。其中有一半左右基于 Web 的自适应超媒体系统被应用在教育领域当中,这一方面是由于社会的发展对远程教育的需求逐渐增长;另一方面,目前大多数的远程教育系统都面临着针对多种多样的学生群体如何增强系统的智能性,提供"因人而异、因材施教"的个性化教育问题。

2. 自适应技术的实现方法

超媒体自适应技术实现的方法包括自适应内容展示和自适应导航两类。

1) 自适应内容展示

自适应内容展示技术属于内容层次上的自适应技术,其目标是使超媒体的内容适应于用户的目标、知识及其他存储在用户模型中的信息。在一个有着自适应展示的系统中,页面不是静止的,而是根据用户模型自适应地动态产生的。例如通过使用自适应展示技术,专家级的用户可以看到更详细、更深入的信息,而新手则接收到更多额外的解释信息。自适应内容展示包括以下几种方法。

(1) 附加解释:这是最常用的自适应展示方法,其目的是将与用户的知识水平不相适应的信息隐藏起来。例如对于一个系统的高级用户,系统将隐藏一些不必要的基础信息;而对一个系统的初级用户,系统将隐藏一些复杂晦涩的深层信息。

(2) 先决条件解释与比较解释:这两种方法根据用户对当前相关概念的知识水平来改变当前概念的展示。先决条件解释方法基于概念之间的前提链,在展示一个概念的解释信息之前,插入用户不清楚的前提概念的解释信息。如果与当前概念相类似的概念是已知的,则系统将向用户提供两个概念之间的比较解释信息,这种比较解释在编程语言领域是非常有效的。

(3) 解释变体:解释变体方法假定仅显示或隐藏部分内容对自适应而言是不够的,因为用户有可能需要一些本质上不同的信息。系统对页的某些片断(或整个页)存储若干个版本,在每次展示时,系统根据该用户模型中的信息向用户展示合适的版本。

(4) 排序:该方法是将概念的信息片断分类,按照与用户知识水平、背景相关的紧密程度从上到下排列信息片断。

2) 自适应导航

自适应导航技术属于链层次上的自适应技术,它根据用户的目标、知识水平及其他特征,动态地改变链的外观结构,帮助用户在信息空间中定位合适的路径。自适应导航技术可以向用户提供以下几种不同形式的导航方法。

(1) 直接导航:这是最简单的一种自适应导航技术,它根据用户模型中的用户信息决定最好的下一个节点。直接引导是一种清晰而且易于实现的技术,但是它只提供了极为有限的支持,用户要么接受系统提供的建议,顺链导航,要么不被提供任何帮助。这种局限性使得直接导航技术难以成为自适应导航的主要方式,只能与其他方法一起使用。

(2) 自适应排序:自适应排序技术的思想是将一个特定页上的所有链按照用户模型以及一些规则进行分类,联系越密切的链排在越上层。这种技术的缺陷在于只能用于非上下文链,而难以用于索引页和上下文相关的链;而且无法保持链的外观结构的静态性,对于系统的初级用户而言,保持链的外观结构静态不变是非常重要的。

(3) 链隐藏:这是当前最常用的自适应导航技术,它通过隐藏连接到不相关页的链而缩小用户的浏览空间。所谓"不相关"是指与用户当前的目标无关或者所展示的内容对用户是难以理解的。链隐藏技术通过限制用户浏览空间的规模与复杂度,减小了用户的认知负载。

(4) 链注释:链注释能够根据用户模型动态地对链进行注释,告知用户该链所链接的节点的当前状态。链注释技术比链隐藏技术功能更强大,链隐藏技术只能区分链的相关与不相关两种状态,而链注释则允许在链上附加任意多的状态。

(5) 结构图导航:结构图导航技术采用多种方式将全局导航图、局部导航图展示给用户。

9.4.4　超媒体与人机交互

近20年来,计算机硬件技术以突飞猛进的速度发展,其发展历程不仅是处理器速度、存储器容量飞速提高的历史,也是不断改善人机交互技术的历史。在计算机诞生与发展的早期,人与计算机的交互很费劲,使用穿孔卡片或纸带输入设备将程序与数据输入,控制面板上的指示灯显示寄存器内容,并且只能用二进制的机器语言编程,调试起来也相当烦琐。20世纪50年代中期至60年代,人可以使用汇编语言、高级程序设计语言来编程,并用作业控制语言进行操作。随后又出现了交互终端、键盘、单色显示器、光笔等设备。命令语言与功能键是这一时期主要的输入方式,它们的表达功能强,至今仍是专业工作者不可舍弃的交互方式。但是人的记忆负荷重,且敲击键难免出错,普通人感到不便。20世纪70年代后期以来,直接操纵技术受到了用户的普遍欢迎。要控制的对象在屏幕上有一个代表(仿真表示),用户使用鼠标或键盘对它进行操作,以动作代替了复杂的语法,而且可以立即看到作用的效果(反馈信息),因而也称为"直接操纵界面"。直接操纵界面是人机交互技术中的重大进步,使得外行也更容易与计算机进行对话。在多媒体用户界面出现之前,用户界面经过了从文本向图形的过渡,特别是引入了视/音频媒体,大大丰富了计算机表现信息的形式,提高了用户接收信息的效率。而结合图形、声音、动画、影像等多媒体信息,并将这些多媒体信息超级网络化的超媒体技术,更是打破了传统的单一媒体界限和传统思维,将平面媒体、电波媒体、网络媒体整合形成能够左右一个区域乃至整个社会的超级力量。超媒体技术将人机交互的发展推向高潮,打破了传统纸质、电视、广播等媒体只是完成信息传播的任务,受众只是单向、被动地接收信息,无法进行双向交流沟通的局限性,向着多通道、多感官、自然式交互的方向发展。

1. 多媒体终端的人机交互方式

从依赖于计算机桌面系统的交互发展到移动设备的交互,再发展到依托于智能环境、虚拟环境的交互,进而发展到情感与心灵的交互,人机交互的方式多种多样,与之相应的技术发展也在不断地升级,给处于核心地位的人类带来更好的交互体验。常见的人机交互方式包括实体按键、输入键盘、屏幕手势、视觉反馈、声音反馈、触感反馈、重力感应以及语音交互等。除了上述常见的人机交互方式,还出现了以下多种新颖的人机交互方式。

1)三维交互

人类生存在三维的物理世界中,对三维空间的感知非常熟悉,三维的交互方式为操作提供了很大的自由度,使人类感觉很舒服,使用心情更加愉悦。

2)手势交互

传统的屏幕手势是指在触摸屏上面进行单击、双击、拖动、滑动、长按、两个手指相向滑动等。在虚拟现实中的手势交互是把人的身体或肢体作为输入通道,如手部姿势、手臂姿势、头部姿势、腿部姿势、身体摇摆姿势等,然后通过多媒体终端设备的感应识别人的各种动作,进而产生相应的反馈结果。

3)手持交互

伴随着智能软硬件的更新发展,手持多媒体终端的计算能力和图形显示能力显著增强,手持多媒体终端集成了照相机、陀螺仪、速度感应等不同类型的传感器,对提升用户的感知能力提供了硬件支撑。比如,可以通过转动多媒体终端设备来切换屏幕的显示方向,可以通过晃动多媒体设备来控制程序的执行。

4)语音交互

语音交互是研究如何通过人类自然的语音与计算机进行交互的技术。语音交互技术使用先进的语音识别技术、语音合成技术和语音理解技术,并有与之相适应的用户界面,比如语音拨号、语音搜索、语音输入、语音提示等。

5)触觉交互

通过人类敏感的触觉产生交互效果,触觉交互可以给人更加真实的感受,使人具有高度的沉浸感。在输入的过程中可以捕捉用户的动作,在输出的过程中可以为用户提供真实的触觉体验。比如虚拟现实游戏中的振动反馈,使输出设备产生振动进而传递给用户来感知。

6)多通道交互

多通道交互是多种交互方式的组合,比如可穿戴设备可以感应心跳、脉搏等身体数据,可以探测到人的走、跑、跳等肢体动作,可以识别人的语音指令,可以探测环境的数据,可以提供振动,可以调节不同的温度等身体可感知的信号。

7）人脸识别

人类的脸部特征独一无二，不容易被复制。采集人脸信息方便快捷，人脸识别属于生物特征识别技术，通过人脸识别与多媒体终端产生交互，可以明显区分出生物体个性特征，可以深入应用到很多领域，例如人脸识别支付、摄像监视、公安系统侦破案件等。

8）表情识别

表情识别使得多媒体终端设备能够看人的脸色行事，通过识别人的面部表情、声调高低、身体姿势等动作给出响应的反馈。可以应用于安全和医疗领域，识别工人、司机的表情，进而判断他们的疲劳程度；也可以用于虚拟现实游戏领域，增强游戏的趣味性。

2. 超媒体人机交互技术的应用

1）超媒体人机交互在现代展示设计中的应用

人机交互技术中的触摸在现代展示设计中具有良好的应用效果，通过将红外感应技术与计算机多媒体技术进行有机结合，可以给人们营造出虚拟翻书的视觉效果。参观者只需要站在展台前方位置伸出手在空中做挥动手臂的动作，计算机就能够自动识别人的动作，驱动多媒体动画让观众浏览书的内容，在展示栩栩如生的动态翻页效果时并伴有音效。虚拟翻书给人们带来了强烈的视觉效果，该种翻书模式在上海世博会中的重庆馆和加拿大场馆中被广泛应用。人机交互技术中的声控方式，在上海世博会德国馆中的"动力之源"充分展示了在现代展示设计中的良好应用效果。该设计主要是运用发光二极管来形成互动金属球，金属球能够自动识别声音，观众通过向金属球呼喊，哪边的声音大，金属球就会向哪边摇摆。运用人机交互技术中的声控技术，金属球能够自动进行语音识别、数据录入和语音拨号等服务。人机交互技术中的动作在现代展示设计中的应用指计算机通过对动作进行采集，能够对镜头中的物体进行控制和调整。上海科技馆中的"虚拟赛场"将人机交互与足球竞技相结合，使展示过程更具互动性。

2）超媒体人机交互技术在期刊编辑中的应用

微软公司开发的 Windows7 语音识别系统可以帮助编辑人员通过字词朗读进行文本听写。语音识别系统中包括几十个计算机操作命令，编辑人员可以运用口语进行命令下达，系统会按照人的语音进行操作。用户只要大声进行朗读便可以创建文本；对于文本修改，需要说"更正"，接着说出错误的字词，系统就会自动进行更正处理，提高期刊的编辑质量。文字交互技术主要是通过计算机输入、输出设备的形式来实现人与计算机的文字交流。该方式能够对编辑输入的文字或按下的字符键进行自动识别，编辑需要在打开的 Word 文档上输入汉字、数字和英文字母，计算机中的喇叭能够结合输入的字符输出相应的普通话语音，可以通过语音来判断输入的字符是否正确，降低了编辑文字的错误率。计算机能够将图片转化为文字，还能够将纸质稿件转化为电子文档，提高了文字提取的效率。

3）超媒体人机交互技术在装置艺术中的应用

软件技术和传感器的发展，促进了计算机处理能力的提高，在交互装置中取得了良好的应用效果。例如运用红外传感器，当观众经过交互系统下方时，红外传感器会自动触发计算机来进行古典音乐的演奏，给观众带来新奇的经历。再如，一些交互作品展示出不同乐器的样子，观众通过指尖触摸交互界面或者做出相应手势就会演奏出美妙的音乐，给观众带来了良好的听觉效果。有的超媒体交互系统给人们创造出虚幻和真实并存的梦幻世界，给观众营造了良好的感觉效果，例如在叠起的电视图像上有一位红色人形象不断向上攀登，一旦听到声响时会做出下跌、加速或停顿等动作。以上这些超媒体交互设计都充分利用了人机交互技术中的传感装置,通过感受外部环境而使自身发生变化。通过将这些感应信号传入到计算机中,对软件进行加工再处理的过程,能够促使物体产生运动,促进了虚拟现实技术与美术、音乐的完美结合,达到与观众互动的目标,强化了人们的视觉感受,呈现出了良好的艺术设计效果。

4)超媒体人机交互技术在娱乐产品和电子设备中也广为应用

例如地面互动投影系统,通过可以捕捉人像的感应器,将捕捉拍摄到的影像传输到应用服务器中,经过系统的分析从而产生被捕捉物体的动作。该动作数据结合实时影像互动系统,使参与者与屏幕之间产生紧密结合的互动效果。球幕系统应用投影机拼接技术,我们见到最多的应用是投射一个巨大的地球仪。通常一台投影机只能投射一个平面,而金属材质的弧形幕需要两台或两台以上的投影机进行拼接来完成。而外投球要想获得较好的效果,需要三台以上投影机来进行拼接才能完成。通过软件来进行边缘融合,能够做到多台投影机的无缝拼接。

3. 商用化超媒体人机交互技术实例

2008 年,微软总裁比尔·盖茨提出"自然用户界面"(natural user interface)的概念,并预言人机交互模式在未来几年内将会有很大的改变,计算机的键盘和鼠标将会逐步被更为自然、更具直觉性的触摸式、视觉型以及声控界面所代替。近年来,随着技术的精进,"有机用户界面"(organic user interface)开始悄然兴起——生物识别传感器、皮肤显示器,乃至大脑与计算机的直接对接,无疑都将给人类的生活带来重大影响。《未来学家》杂志刊登的文章对当前正在研发或者已投入商用的各类超媒体人机交互技术进行了盘点。

1)触摸式显示屏

2007 年,微软公司推出了"桌面"(Surface)计算机,带来了全新的触摸式人机交互模式。这款酷似咖啡桌桌面的平板计算机(如图 9-6 所示)完全摒弃了鼠标和键盘,通过声音、笔或者触摸就可以完成编辑、浏览图片或者直接订餐等操作。其显示屏隐藏在硬塑料板底下,依靠一套摄像机系统捕捉人发出的指令动作,然后进行分析、理解并加以执行。更令人称奇的是,只要将手机、播放器等物品放到其表面,计算机就能自动识别并进行文件传输。由于"桌面"计算机的屏幕可以分割,并且使用了多点触控技术,可方便多达 10 个用户同时使用。2017 年 6 月,"桌面"计算机迎来了一个强劲的对手,索尼公司推出了一款名为 Atrac Table

图 9-6 Surface 计算机

的茶几计算机与之一较高下。Atrac Table 也可以与放在它表面的手机等设备进行交流互动。另外,该款计算机中还集成了年龄、性别、情绪等分析系统,可以智能识别使用对象。索尼的目标是将之推广到各种使用环境,包括游戏行业、工业、医疗市场和零售业等。

2)柔性显示屏

超薄、超轻的柔性显示屏已经走出实验室,很快就会进入市场"打江山"。很多评论人士认为,能够随意折叠卷曲的柔性显示屏,就是未来的纸张。目前电子阅读器的柔性显示屏有多种类型,其中包括可以主动发光但却会给读者的眼睛带来刺激和伤害的有机发光二极管(LOED)显示屏、需要使用背景光的液晶显示屏(LCD),以及用在亚马逊 Kindle 电子书阅读器上的由美国 E-Ink 公司利用电泳显示技术制造的电子纸。不同的显示技术之间各有优劣,因而拥有不同的应用市场。比如,LOED 显示屏的刷新率更快,而 E-Ink 公司的电子纸则更加节能。在将来,报纸、杂志甚至服装、墙面都可以变成显示屏,向我们展示一幅幅动态画面。

3)3D 显示器

尽管 3D 电影早在 90 年前就已经问世,但 2010 年才算是真正的"3D 元年",索尼、松下和其他厂商的 3D 电视机在 2010 年纷纷上市销售,使得 3D 影像从电影院真正搬进客厅。目前的 3D 电视机仍然需要观众佩戴特制的眼镜才可以收看节目。眼镜的规格大致分为主动式快门 3D 眼镜和偏光 3D 眼镜两种,并且没有通用的工业标准,由各厂商自行研制。虽然 3D 电影在全球票房大卖,预示着家庭市场已经做好了迎接 3D 的准备,不过,普通观众是否能够忍受连续好几个小时戴着特制眼镜看电视还是个未知数。据专家预测,无须佩戴眼镜就可收看节目的 3D 电视机大概还要再等 10 年左右才会推向市场。

4)视网膜显示器

视网膜显示器能够通过低强度激光或者发光二极管直接将影像投射到使用者的视网膜上,具有不遮挡视野的特点。这一概念是在 20 多年前提出的,但直到近些年来技术进步才让各种不同的视网膜显示变得可行。比如边发射发光二极管,它比面发射发光二极管的光输出功率大,但比激光的功率要求低,将其应用于视网膜显示器可以提供亮度更高而成本更低的选择。与传统显示器相比,视网膜显示器的亮度—功率比更高,能耗也会相应地大幅降低。视网膜成像的应用前景非常广阔,比如车载平视显示器,可将重要的驾驶信息投射在汽车的前挡风玻璃上,司机平视就可以看到,从而可以提高行车安全;此外还可为执行军事任务的士兵提供最优路径和战术信息,并且在医疗手术、浸入式游戏行业也大有作为。

5)地理空间跟踪

地理空间跟踪的应用潜力才刚刚开始展现,在未来几年中有望取得巨大的技术进步。智能手机配备的全球定位系统、定向仪和加速度计可以提供足够多的信息,来帮助使用者确定大概地点和方向。而技术的改进将有可能使跟踪的误差精度提高到不超出 1mm。很多针对手机开发的现实增强应用,如基于位置的营销、旅游帮助和社交网络等,都使用了地理空间数据,可以提供基于使用者所处方位的关联信息。在未来几年内,随着跟踪定位精度进一步提高以及无线网络进一步提速,这块市场将会大幅增长。

6)眼动跟踪

眼动跟踪的基本工作原理是利用图像处理技术,使用能锁定眼睛的特殊摄像机连续地记录视线变化,追踪视觉注视频率以及注视持续时间长短,并根据这些信息来分析被跟踪者

（如图 9-7 所示）。越来越多的门户网站和广告商开始追捧眼动跟踪技术，根据跟踪结果了解用户的浏览习惯，合理安排网页的布局（特别是广告的位置），以期达到更好的投放效果。德国 Eye Square 公司发明的遥控眼动跟踪仪，可以摆放在计算机屏幕前或者镶嵌在屏幕上，借助红外技术和样本识别软件的帮助，就能记录用户视线目光的转移。由于眼动跟踪能够代替键盘输入、鼠标移动的功能，科学家据此研发出了可供残疾人使用的计算机，使用者只需将目光聚集在屏幕的特定区域，就能选择邮件或者指令。未来的可穿戴式计算机也可以借助眼动跟踪技术，更加方便地完成输入操作。

图 9-7　眼动跟踪记录仪

7）电触觉刺激

通过电刺激实现触觉再现，可以让盲人"看见"周围的世界。英国国防部已经推出了一款名为 Brain Port 的先进仪器，这种装置能够帮助失明者用舌头来获知环境信息。Brain Port 配有一副装有摄像机的眼镜，一根由细细的电线连接的"棒棒糖"式塑料感应器和一部手机大小的控制器。控制器会将拍摄到的黑白影像变成电子脉冲，传到盲人使用者口含的感应器之中，脉冲信号刺激舌头表面的神经，并由感应器上的电极传到大脑，大脑就会将感知到的刺激转化成一幅低像素的图像，从而让盲人清楚地"看到"各种物体的线条及形状。从理论上来说，指尖或者身体的其他部位也能够像舌头一样被用来实现触觉再现。随着技术的进步，大脑所感知到的图像的清晰度将大幅提高。在将来，还可经由可见光谱之外的脉冲信号来刺激大脑形成图像，从而产生很多新奇的可能，比如应用在可见度极低海域的水肺潜水装置。

8）仿生隐形眼镜

数十年来，隐形眼镜一直是一种用于矫正视力的工具，而现在，科学家希望将电路集成在镜片上，打造出功能更强大的超级隐形眼镜。它既可以让佩戴者拥有将远处物体"拉近放大"的超级视力，显示出全息图像和各种立体影像，甚至还可以取代计算机屏幕，让人们随时享受无线上网的乐趣。美国华盛顿大学电子工程系的科学家们就利用自组装技术，使纳米大小的细粉状金属成分在聚合体镜片上"自我装配"成微电路，成功地将电子电路与人造晶体结合在一起。借助现实增强技术可以让虚拟图像同人的视野所及之处的真实景象相叠加，这将完全改变人与人之间、人与周围环境互动的方式。

本章习题

1. 什么是超文本？什么是超媒体？简述两者的共同之处及区别。
2. 超媒体技术与多媒体技术有何关系？

3．超媒体系统包括哪些组成要素？并说明它们之间的相互关系。

4．超媒体系统模型分为哪几层？介绍其中最重要的一层，并说明其为什么重要。

5．超媒体技术的进一步发展还需要解决哪些问题？

6．什么是开放超媒体系统？有哪些典型代表？它们的特点有哪些？

7．什么是智能超媒体系统？其智能性体现在哪些方面？

8．什么是自适应超媒体系统？其自适应功能如何实现？

第 10 章

CHAPTER 10

分布式多媒体系统

网络和通信技术的迅速发展促使计算机系统从单机环境转变为网络环境,由集中式系统发展为分布式系统。Internet 与 Mobile Internet 的广泛普及,使人们越来越清楚地认识到网络环境下的多媒体应用具有巨大的吸引力。融合了多媒体技术、通信技术和分布式计算技术的分布式多媒体系统,将计算机的交互性、通信的分布性与多媒体表现的综合性和真实性紧密结合起来,以全新的方式为用户提供丰富多彩的信息服务。本章主要介绍分布式多媒体技术及其系统组成,分布式多媒体系统的结构与特征,典型的分布式多媒体系统等。

本章的重点内容包括:

➢ 分布式多媒体的概念

➢ 分布式多媒体的业务类型

➢ 分布式多媒体系统的结构与特征

➢ 分布式多媒体系统的关键技术

➢ 分布式多媒体系统的典型应用

多媒体技术的出现和发展,极大地丰富了人们获取和表达信息的方法。但它也只是解决了信息的表示问题,如何使信息更加便于人们的获取和共享,仍是有待解决的关键难题。随着信息处理技术的进步和计算机网络的迅速发展,计算机系统早已从单机环境发展成为网络环境,由集中式系统发展为分布式系统。人们越来越清楚地认识到多媒体技术的潜在优势还远未能发挥出来,网络环境下的多媒体应用具有巨大的吸引力。在这种市场需求和技术支持的牵引下,分布式多媒体技术逐渐成为计算机领域研究的热点课题之一,它的出现使计算机和通信领域都发生了深刻变革,并由此孕育出一系列新的应用。本章在分布式系统的基础上介绍分布式多媒体技术及其系统组成,讨论分布式多媒体系统的结构与特征,列举典型的分布式多媒体系统及其发展趋势。

10.1　分布式多媒体的基本概念

过去,由于技术条件的限制,尤其是多媒体数据压缩技术、宽带网络传输技术和多媒体通信技术的限制,大量有关多媒体信息的处理工作只能在单机环境下进行。随着计算机网络技术和数字通信技术的迅速发展,分布式系统模型逐渐成为构造大型数据加工和处理系统的首选。分布式处理的引入,使得多媒体信息处理的含义发生了深刻的变化,分布式多媒体信息处理技术应运而生。下面首先对分布式系统及其特点进行简单介绍。

10.1.1　分布式系统

自 1946 年第一台计算机诞生以来,计算机技术取得了飞速的发展,经历了几次重要的技术飞跃。20 世纪 50 年代,计算机是串行处理机,一次运行一个作业直至完成。这些处理机通过一个操作员从控制台操纵,而对于普通用户则是不可访问的。在 60 年代,需求相似的作业作为一个组以批处理的方式通过计算机运行以减少计算机的空闲时间。同一时期还提出了其他一些技术,如利用缓冲、假脱机和多道程序等的脱机处理。70 年代产生了分时系统,用户可以在不同的地点共享并访问资源,不仅提高了计算机的利用率,也使用户离计算机更近了。80 年代中期开始,高性能微处理器的开发和高速计算机网络的出现使得多台计算机连接成为可能。这些技术的共同作用,使得把由大量 CPU 组成的计算系统通过高速网络连接在一起不仅成为可能,而且变得十分容易。相对于以前包括单个 CPU、存储器、外设和一些终端在内的集中式系统(也称单处理机系统),这种新的系统被称为分布式系统(Distributed Systems)。当用户需要完成任何任务时,分布式系统能够提供对尽可能多的计算机能力和数据的透明访问,同时实现高性能与高可靠性的目标。

一般认为"分布式系统是若干独立计算机的集合,这些计算机对于用户来说就像是单个相关系统"。以上的定义包含了两个方面的内容:第一,从硬件角度来讲,分布式系统中的各个计算机都是独立的(或者说是自治的);第二,从软件角度来讲,用户可以将整个分布式系统看作是一台计算机,就像在与单个系统打交道。这两个方面对于分布式系统而言都是必需的,缺一不可。

以网络为中心的分布式系统与集中式单机系统相比,具有潜在的优势,并具有良好的性能价格比,可靠性更高,且灵活易于扩充。特别是系统透明,使用户使用分布式系统就像使用一台单机系统一样。分布式系统为分散在不同地区、不同资源领域的大量计算机提供了协同处理某些计算、分析、存储等任务的有效机制。多个对等进程进行合作,明确了具体的工作目标,具有个性化的控制方式、数据共享、消息传递等功能和故障化解的能力。

分布式系统的实现离不开计算机网络,然而分布式系统与计算机网络虽然关系密切,但在结构、工作方式和功能等方面却存在着巨大的不同,不能混为一谈。在结构上,计算机网络和分布式系统在硬件和拓扑方面没有本质区别,在通信功能上也基本相同,然而在用户服务上却存在本质的差异:分布式系统涉及与应用有关的语义,而网络只涉及通信的语义。在工作方式上,计算机网络为显式的方式,即对网络功能的调用是显式地进行的,需要指出对象的标识;分布式系统则是隐式的方式,它以功能调用的形式向用户提供服务,各种分布功能的使用过程和部分之间关系的维护是由系统完成的,对用户透明。在适应范围上,计算机网络具有通用性,可以为各种分布式系统提供实现的基础;而分布式系统只针对一类特定的问题。

10.1.2　分布式多媒体

关于分布式多媒体(Distributed Multimedia,DM)目前还没有一个确切的定义,主要存在以下两种不同的观点。

IBM公司认为,分布式多媒体是"多媒体＋网络",各种媒体的交互构成了多媒体,而多媒体在网络环境下的应用构成了分布式多媒体。随着计算机、电信和电视这三种技术的不断发展和融合,产生了分布式多媒体技术。与之相关的分布式多媒体系统应当由服务器、网络和终端设备组成。服务器主要负责多媒体信息的处理和存储,网络主要负责多媒体信息的传输,终端主要负责多媒体信息的展现和交互。

另外一种观点则认为,分布式多媒体不仅是"多媒体＋网络",而应体现分布式系统的特点。从网络和分布式系统的定义来看,通信和资源共享构成了网络,而"网络＋透明性＋分布式系统管理"构成了分布式系统。网络作为分布式多媒体的重要底层支持,提供多媒体的传输路径和方式,使得用户可以共享各个节点的资源,用户与多媒体服务之间可以通过网络进行交互。分布式系统提供了系统的分布透明性,它们使得分布式系统的用户在使用异地的系统资源时,就像使用本地的资源一样。因此,单纯的"多媒体＋网络"并不能构成分布式意义的多媒体系统,它不能对远程的多媒体信息进行透明的访问,充其量只是一种多媒体网络。只有提供了分布式透明性和分布式系统管理,多媒体网络才能够称得上是分布式多媒体。

通过上述对分布式多媒体概念的分析可知,要实现一个分布式多媒体的应用,除了要有底层的多媒体网络支持以外,还要使系统具有一定的分布式处理能力。所以分布式多媒体系统是多媒体系统和分布式系统的结合,分布式多媒体系统的实现一方面得增加现有多媒体的分布式处理能力,另一方面要使现有的分布式系统支持多媒体的信息处理。

10.1.3　分布式多媒体业务类型

通过上述对分布式系统和分布式多媒体技术的定义不难看出,分布式多媒体信息处理是借助多媒体通信网络,把多媒体的集成性、计算机的交互性以及通信的广泛性结合起来的一种信息处理方式;借由分布式处理的作用将所有介入到处理过程中的多媒体对象及通信过程加以统一控制,对合作活动进行有效的协调,使所有任务都能正常的完成。分布式多媒体信息处理不但需要解决各类静态媒体和各种时基类动态媒体(例如音频/视频)等多媒体信息的组合、转换和处理,还需要面对多用户系统间的协同问题,对于通过多媒体通信网络连接起来的多个用户和系统中的各个部分,必须进行统一的控制和协调,才能构成有机的整体,完成统一的工作。

根据应用领域的不同,分布式多媒体的主要业务可以划分为以下几类。

(1) 信息点播类业务:此类业务支持用户进行多媒体信息节目点播功能,具有交互性和实时性,可以提供的服务包括电子购物、交互视频游戏、金融和法律事务、视频点播(VOD)、新闻点播和 CD 点播等。

(2) 远程协作类业务:此类业务克服了时间和地理位置的约束,可以进行远程工作组和团队的协同工作,系统提供的服务包括远程教育、计算机支持的协同工作(Computer Supported Cooperative Work,CSCW)、远程医疗、远程服务、远程操作、多媒体电子邮件、视频电话、桌面会议、协同编辑和绘画等。

(3) 超媒体类业务:超媒体能够为用户提供非线性浏览多媒体信息的功能,目前国际互联网上的应用系统基本上都属于这类系统,提供的服务包括数字图书馆(Digital Library DL)、电子百科全书、电子期刊和数字杂志等。

另外,也可以从应用对通信机制的要求角度出发,将分布式多媒体业务分成以下四类。

(1) 点对点非实时交互式应用:此类应用可以利用现有的点对点通信技术实现,不需要进行实时交互式访问,例如个人多媒体电子邮件业务。

(2) 多点非实时交互式应用:此类应用需要将多媒体信息传送到多个目的地,但不需要实时交互式访问,例如多媒体新闻发布业务。

(3) 点对点实时交互式应用:此类应用所涉及的通信双方需要进行实时的交互式通信,用户可以接收的通信延迟时间一般不能超过几百个 ms,例如可视电话业务。

(4) 多点实时交互式应用:此类应用有多个参加者,且彼此之间可能分散在不同的地点,这些参加者需要彼此之间进行实时的交互式通信,例如计算机会议。对于大多数会议应用来说,端到端的通信延迟应该保持在 250ms 以下,否则就会使会议参加者感觉信息交流不便利。

10.2　分布式多媒体系统

分布式多媒体系统(Distributed Multimedia System,DMS)是多媒体技术、通信技术和分布式计算技术等交叉融合的产物,它将计算机的交互性、通信的分布性和多媒体表现的综合性和真实性紧密结合起来,以全新的方式在众多应用领域为用户提供丰富多彩的信息服务。

10.2.1　分布式多媒体系统的概念

到目前为止,对于分布式多媒体系统仍然没有标准的定义,比较常用的定义是:分布式多媒体系统将多媒体信息的综合性、计算机的交互性、通信的分布性、电视的真实性等集中于同一系统,它对同步信息的处理、管理、传播、实现具有服务质量(QoS)保证。

从上述定义不难看出,分布式多媒体系统的实现需要多媒体信息存储和管理功能、保证多媒体传输的通信功能和多媒体信息处理及表现的计算等功能。其中,多媒体信息存储和管理部分包括多媒体服务器、多媒体文档和多媒体数据库系统,负责存储和检索多媒体信息,为大量的并发用户提供具有 QoS 保证的多媒体信息服务,并对数据的一致性、安全性和有效性进行管理。多媒体通信部分包括传输媒体和多媒体传输协议,主要负责连接用户和分布的多媒体资源并传输具有 QoS 保证的多媒体信息,诸如实时地传输视频/音频数据、无错传输文本数据等。多媒体信息处理及表现部分为用户提供多媒体平台、操作系统、表现和编著工具、多媒体操作软件等。

10.2.2 分布式多媒体系统的特征

分布式多媒体系统是多媒体技术与分布式处理技术的有机结合,其传输和使用过程又紧密地结合了交互式多媒体通信技术。分布式多媒体信息系统的跨平台特点,涉及不同的计算机体系结构、不同的操作系统、不同的网络协议标准和不同的数据库,因而 DMS 系统具备多媒体系统、分布式系统和通信系统的很多特性。概括而言,主要有以下几个方面。

1. 系统集成性

系统集成包括技术集成和多媒体对象集成两个方面。技术集成是指 DMS 将信息子系统、通信子系统和计算子系统有机地集成为一个统一的数字处理环境。多媒体对象集成是指 DMS 系统能够为文本、图形、图像、动画、视频、音频等不同的媒体和不同类型的信息提供同样的(或非常接近)的接口,统一进行存储、转换等管理,提高了计算机应用的效率和水平,扩展了系统的应用范围。

2. 资源分散性

与所有资源都集中配置在单个 PC 上的多媒体个人计算机不同,DMS 系统的各种物理资源和逻辑资源在功能上和地理上都是分散的,一般基于客户机/服务器模型,采用开放模式,系统中的各个节点可以通过高速宽带网络共享服务器上的资源。这种方式大大提高了多媒体设备的使用效率,特别是一些价格较高的 I/O 设备。DMS 系统共享的是各种不同媒体的信息资源,系统的各种媒体资源可以是在一个服务器上,也可以分散在不同的服务器上。这种多媒体的文件服务器也可以使用一个服务器,利用不同进程通过分布式进程调度管理不同的媒体信息。

3. 运行实时性

DMS 系统中存在大量音频/视频等时基媒体,与之相关的应用对系统运行的实时性要求很高,例如在线召开音频/视频会议或者进行实况转播时,需要在屏幕显示文字、图像或者播放视频的同时严格按时间要求播放字幕、伴音等其他信号。另外,DMS 中由于各节点的计算延时、网络传输延时、节点空间坐标系不同等容易造成时空不一致问题,从而影响系统运行的准确性和实时性。为了实现此类实时的多媒体通信,需要解决通信协议和运行远程过程调用等问题,要求存储系统、计算系统和传输系统具有实时特性。因此 DMS 系统需要具备海量的存储能力、较高的 I/O 处理速率和 CPU 处理能力、宽带的网络传输条件等。

4. 操作交互性

交互性是指通信过程中人与系统之间通过宽带网络进行的相互控制能力。DMS 能够提供用户和系统之间全双工的通信,用户可以发出控制命令,也可以任意选择不同服务器的各种多媒体信息资源,并对它们进行处理、修改和重新组合,从而实现操作的实时交互性。

例如,在视频点播系统中,无论用户身处何处,都可以随时决定在何时观看何种节目;在节目播放过程中,用户还可以进行暂停、快进、快退等操作。

5. 系统透明性

系统透明性是分布式系统的主要特征,DMS中的资源是分散的,用户在全局范围内使用相同的名字可以共享全局的所有资源。这种透明性可以分为位置透明、名字透明、存取透明、并发透明、迁移透明和语义透明。

6. 动态 QoS 支持

DMS能够支持不同 QoS 等级的端到端数据传输。在 DMS 中用户是对多媒体信息的 QoS 满意程度的最终评价者,所以系统对多媒体信息质量的保证不仅局限于提供传输网络的保证,还应该提供发端与收端应用层之间各层的 QoS 保证,即端到端的保证。DMS 能够提供动态的 QoS 管理机制,根据需求动态地调整用户的 QoS 参数。

7. 多媒体同步支持

DMS 的信源和信宿通常位于不同的地点,因此信源产生的多媒体信息需要经过信息发送和信息传输才能到达信宿。为了保证多媒体信息的播放质量,要求多媒体数据保持同步关系,即自始至终保持特定的时域约束关系,包括媒体内的同步要求和媒体间的同步支持。

8. 标准化支持

DMS 涵盖的内容非常广,涉及各种不同的信息内容、表示格式、用户接口、网络协议等,因此要使系统中的用户能够彼此通信,应该要有标准化的支持。各种标准的制定,支持信息内容、表现格式、用户界面、传输协议和支撑平台异构的条件下的互操作能力。

10.2.3　分布式多媒体系统的结构

1. DMS 的服务模型

DMS 的作用就是把多媒体信息的获取、表示、传输、存储、加工、处理集成为一体,运行在一个分布式计算机网络环境中,使得多媒体信息的集成性、实时性、交互性和分布式计算机系统资源的分散性、工作并行性和系统透明性相结合。DMS 的功能主要包括多媒体信息的产生和处理、多媒体信息的表现、多媒体信息存储与检索、多媒体信息的传输与分布、成组通信与协调及分布式应用管理等。这些服务并不一定在一个系统中全部实现,可以根据需要进行组合。

从整体上来看,分布式多媒体系统应当采用客户机/服务器(Client/Server)模型,如图 10-1 所示。其中服务器配有用于数据存储的大容量存储器,通常还安装了用于数据检索的数据库系统,客户端则负责数据的输入与输出。C/S 模型把一个复杂的多媒体任务分成两个部分去完成,在前端客户机上运行应用程序,在后端服务器上提供各种各样的特定服务,如多媒体通信服务、多媒体数据压缩编码和解码、多媒体文件服务和多媒体数据库等。

从用户的观点来看,运用客户机/服务器模型就是客户机首先提出服务请求,系统根据资源分配决定访问相应的服务器,服务器执行所需的功能后将结果返回客户机。客户机和服务器通过网络或分布式网络互联而实现这样一个完整的请求和服务的过程。

需要注意的是,C/S 模型并不是从物理分布的角度来定义的,它指的是一种网络数据访问的应用方式。客户端和服务器端是相对的,提供某种服务的一台服务器可能是请求另一种服务的客户端,客户端和服务器端既可以是两台独立的计算机,也可以共同存于一台计算

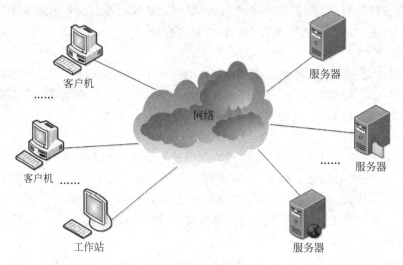

图 10-1　客户机/服务器模型

机之中。

2. DMS 的层次结构

现有的分布式多媒体应用大多是针对特定领域开发的,例如远程学习、计算机会议、多媒体电子邮件、分布式多媒体信息点播等,对于 DMS 体系结构参考模型的研究,人们尚未达成共识,目前仍未建立一个共同的体系结构参考模型。为了适应不同的应用需求,大多数多媒体应用系统采用层次结构模型,这种模型支持网络环境下各种多媒体资源的共享,支持网络环境交互式的操作和对多媒体信息的获取、加工处理、存储、通信和传输等,如图 10-2 所示。

图 10-2　DMS 的层次结构模型

1) 多服务网络层

多服务网络层为分布式多媒体系统提供下层基础网络机制,不仅提供文本、文件之类的传统静态媒体数据通信服务,而且提供音频/视频等连续媒体的多媒体通信服务。随着网络技术的迅速发展,目前已经有多种产品和技术可以作为多服务网络层。等时 Ethernet 的总带宽为 16Mb/s,实际上是在 10Mb/s Ethernet 的基础之上专门为语音和视频增加了一条 6Mb/s 的同步信道,从而将等时语音和视频流同数据分组分离开来,可以保证语音和视频流实时传送的连续性。100Base-T 快速 Ethernet 提供 100Mb/s 的带宽,可以支持分布式多媒体应用的开发,但是其介质访问控制机制仍然属于总线争用方式,因此对连续媒体等时传送的支持具有相当的局限性。100VG-AnyLAN 通过使用专用带宽和优先级协议来支持语音和视频的等时传送,可以为分布式多媒体应用的开发提供比较有力的支持。FDDI-II 标准明确支持连续媒体数据,将可用带宽分成用于连续媒体等时传送的等时部分和用于静态媒体传送的非等时部分,为多媒体通信提供了强有力的支持。DQDB 使用一对光纤总线来提高可靠性,支持等时多媒体数据通信和阵发性较强的异步通信。FDDI-II 和 DQDB 都支持多点播送通信,以支持协作组应用。ATM 允许连接的数目和能力可变,每条连接的服务质量 QoS 也是可变的。ATM 使用面向连接的呼叫建立过程,在呼叫建立时就在网络交换机中分配资源以支持各连接特定的吞吐量、延时和信元损失需求。因此,ATM 网络是一种比较理想的多服务网络。

2) 集成化传送协议层

集成化传送协议层既要提供支持连续媒体数据等时传送的协议,支持媒体内时间连续性的实现,还要提供支持静态媒体数据异步传送的传统协议,因此允许高层对该层协议与服务应当进行适当的剪裁和配置,以便满足不同应用的特定需要。

分布式多媒体应用的种类繁多、需求各异,不同类型的通信量和控制数据通常需要不同类型的通信协议。例如仅就带宽而言,一个 MPEG-1 压缩编码的视频流需要大约 1.5Mb/s 的带宽,而一个电话质量的音频应用只需要 64Kb/s 的传送带宽。又如,实时交互式计算机会议对端到端通信延迟要求相当严格,一般要求在 250ms 以下,多媒体电子邮件则无此严格要求。因此,很难设想能有一种全能通用的通信协议,可以同样好地满足所有类型通信量的需要,DMS 系统应当能够依据应用通信量的特征为其选择适当类型的通信协议。

在目前的 OSI 模型中,传送服务类型的选择是根据其下的网络服务类型进行的,即根据网络服务是面向连接的还是无连接的,是可靠的还是不可靠的等因素来选择适当的传送服务类型。为了支持多媒体数据通信,需要进一步扩充服务类型选择概念,使之包含更多的面向用户的功能。例如,为了提供差错控制所需的灵活性,应该允许用户选取符合应用需求的差错控制策略,如差错检测与指示策略、差错检测与纠正策略、忽略差错策略等。

3) 协奏层

多媒体信息处理的复杂性主要源于时基类媒体数据。在处理时基类媒体数据时,不仅需要保持同一媒体内的时间连续性,而且常常需要维持不同媒体之间的同步关系。例如播放一部影片,不仅需要维持视频和音频信号本身的时间连续性,而且需要在视频与音频信号之间进行严格的同步。协奏层的主要功能就是支持这种媒体间同步关系的实现,提供实时同步机制来控制事件定序和多媒体交互作用之间的准确定时。

实现媒体之间同步的方法可以分成两类:一是基于调度的方法,每个媒体都被分配一个时间戳,在播放场地有一个同步实体,该实体的任务就是简单地在指定的时间播放相应的媒体。此类方法比较适合预先定义好的多媒体播放,因为整个播放期间的同步需求都预先知道。但是该类方法从本质上讲是静态的,因此不适合需要由动态用户交互作用来改变正在进行的实时交互式分布式多媒体应用。第二类是动态同步方法,在连续媒体播放过程中每当有媒体到达时,与之相关的事件就被通知给应用。但是,处理这些事件的责任留给了应用程序员。当然,同步机制本身应该也是实时的。

4) 分布式多媒体应用平台层

分布式多媒体应用平台提供基于对象的分布式多媒体应用设计环境,用对象来建模组成分布式多媒体应用的各元素,对象之间的交互作用由调用机制提供,从而可以向程序员隐蔽对象的位置。

分布式多媒体应用平台层还应该提供多种分布式多媒体应用设计范型,以适应分布式多媒体应用的多样性要求。该层不仅需要提供 C/S 范型支持诸如分布式多媒体信息点播之类的非对称式应用,还需要提供 peer-to-peer 范型支持诸如可视电话之类的对称型应用,此外还要提供 multipeer 范型支持诸如计算机会议之类的 CSCW 应用。

5）分布式多媒体应用层

分布式多媒体应用层向端用户提供各种各样的分布式多媒体应用,例如计算机会议、分布式多媒体信息点播、远程学习、远程医疗诊断等。分布式多媒体系统的细节对该层用户完全透明。应用层可以根据不同的应用需求分别配置相应软件,以实现具体的应用。

相比于传统的分布式系统,分布式多媒体系统中的资源种类与数量更为繁多,应用的类型与规模更为庞大,因此系统管理问题必须妥善解决才能使分布式多媒体应用真正走向实用。系统管理贯穿模型的所有层次,在每一层上都要配置相应的管理器,彼此协作共同完成整个系统的管理工作。在分布式多媒体系统中,系统管理不仅要提供配置管理、安全管理等传统的管理服务,而且必须提供服务质量 QoS 管理机制,以便满足多媒体应用的要求,特别是连续媒体的要求。

10.2.4 分布式多媒体系统的关键技术

1. 分布式多媒体同步技术

媒体对象之间存在内容、空间与时间三种关系。其中,内容关系定义媒体对象之间的数据依赖性;空间关系定义媒体对象之间在播出时的空间布局关系;时间关系定义媒体对象之间在播出时的时间依赖性。在分布式多媒体领域中,对同步问题的研究主要集中在时间同步上,其主要原因在于音频、视频等各种感知媒体均是与时间相关的。由于采用分布式处理方式,各种媒体经由不同的通信路径传输时,可能受到不同程度的延时和误差的影响,从而破坏媒体之间的协同性。DMS 的通信不仅要求实时、等时地传输多媒体数据,而且要求各种媒体对象间保持时间和空间的同步约束。实时性、等时性和同步性是多媒体通信的基本特点,也是实现多媒体通信的关键技术和基础。

1）多媒体同步的分类

多媒体数据流是由连续媒体流(音频、视频、动画)和离散媒体流(文本、数据等)集成的综合类型的数据流,在这些媒体流的信息单元之间存在着某种时间上的关系,当多媒体系统存储、发送和播映数据时必须维持这种关系。在分布式多媒体系统中,多媒体信息的同步包括媒体内同步和媒体间同步两个方面。

媒体内同步是指在单一连接上的单一媒体流内各个媒体单元之间存在的时间关系,主要解决连续媒体流的连续性,属于底层同步。它根据各种输入媒体对应的实际硬件的性能参数,协调完成其上层媒体间同步描述的各对象之间的时间关系。对于通信网络上的分布式媒体表现的同步,还应考虑更为复杂的传输延迟等问题。

媒体间同步要维护各种媒体对象之间的时态关系,即在多个连接上的相关媒体流之间存在的时间关系,属于中层同步。媒体对象间的同步由依赖时间的媒体对象和独立时间的媒体对象间的关系构成。这层同步涉及不同类型的媒体数据,侧重于它们在合成表现时的时间关系描述。媒体间同步的关键是时间合成,要求相应的同步模型能够充分描述合成对象内部各子对象之间的时间关系,例如视频会议中的"唇"同步和指针同步。

2）多媒体同步参考模型

为了实现分布式多媒体信息的同步,需要媒体压缩技术、宽带高速网络技术、网络接口、通信协议和操作系统等很多方面的支持。因此,分布式多媒体系统的同步需要从几个层次上加以考虑。如图 10-3 所示为 Gerold Blackowsik 和 Ralf Steinmetz 提出的分层同步参考模型，它从不同层面考虑了分布式多媒体信息的同步需求和实现过程。每层都有自己的接口，接口定义了一些服务，并提供实现同步的机制，每层的接口都可以直接被一个应用程序使用，或者被它的高层利用来实现其接口。

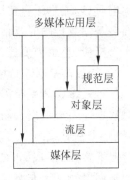

（1）媒体层的操作针对单个的媒体流，媒体流由一系列的逻辑数据单元（Logical Data Unit，LDU）组成。

（2）流层操作针对一组媒体流，目的是保持相关媒体流之间的时序关系，以及媒体流内部各个媒体单元间的连续性。应用程序通过该层负责发起、停止和组织媒体流。

（3）对象层对所有类型的媒体进行操作并且屏蔽了连续

图 10-3　分层同步参考模型

媒体和离散媒体之间的差别。它把同步规范作为输入，计划并组织全面的媒体播映。其上的功能是计算并执行全面的播映安排和对流层的功能调用，同时它还负责为确保正确的媒体同步播映所需要的初始化工作。对象层并不处理媒体内同步和媒体间同步，这两方面的同步已经分别由其下的媒体层和流层完成了。

（4）描述层是个开放的子层，它并不提供一个明显的接口，该层包含一些应用和工具，利用这些工具用户可以生成同步规范。规范层还提供转换工具，将同步规范转换成对象层的格式。此外还可以将用户级的 QoS 要求映射到对象层接口。

3）多媒体同步的主要方法

目前，解决多媒体通信过程中信息同步的方法很多，主要应用的方法有缓冲方法、反馈方法和时间标记方法。

（1）缓冲方法通过设置一些大小适宜的缓冲区，在数据流传输速率超过对其处理速度时，将超前的数据先存于缓冲区内，而在数据传输速率较慢时从缓冲区中读取数据，以达到一种稳定的传输状态。例如，Ferrari 等人提出一种分组交换网中分布式时延抖动控制的同步方案，该方案将全部的缓冲区均匀地分布在传输路径的各个节点上，通过缓存消除时延抖动，同时发送的数据将在接收方一起播映。该方案的主要局限在于只适用于媒体流来自相同的源且媒体间关系简单的情况，其原因在于各个媒体流的传送时间由发送方决定，当有多个源时难以在各个源之间协调发送时间。

（2）反馈方法指接收方将已经到达的媒体数据的信息结合其自身的信息一同反馈给发送方，发送方根据事先确定的机制重新调整数据的传输，以便控制数据的稳定传送。例如 Rangan 等人提出的基于反馈的同步技术，不需要全网同步时钟，采用相对时间戳，适用于多个信源一个信宿的情况。接收方在安排播映一个媒体单元的同时，向发送方反馈一个信息，该反馈信息包含目前播映的媒体单元的相对时间戳。发送方通过比较反馈信息中的相对时间戳可以检测异步，然后通过删除或复制媒体单元来恢复同步。此外，该方案还能够预测将要发生异步的时间，并采用平滑的预防措施提前消除异步发生的可能。

（3）时间标记方法是目前处理多媒体信息流同步的主要方法，它首先采集相关的各种媒体数据，然后根据它们的相互关系在数据上设置同步标记（时间标记），具有相同时间标记的媒体同时播放从而实现多种媒体信号的时间同步。例如 Escobar 等人提出的需要全网同步时钟的自适应同步方案，它适用于一个信源对多个信宿/多个信源对多个信宿/多个信源对一个信宿等多种通信模式。该方案在发送端为数据打上时间戳,由信宿估算每个流的时延并周期性地向同步组中的其他信宿发送自己的时延估计。每个信宿自身决定下一周期的端到端时延,通过缓存使同步组中不同媒体流的时延都相等,从而实现同步。该方法每周期需要多条消息传输时延估计,因此开销较大。此外,当一个数据流变为临界时,信宿不能立即作出反应,至少需要经过一个消息的往返时间后才会在信宿端发生作用。

2. 分布式多媒体数据库系统

分布式多媒体系统需要采集、存储、检索和表现大量复杂的多媒体数据,这些多媒体数据对数据库系统提出了新的挑战,要求数据库系统能够支持丰富的数据类型以及相应的处理,扩充个别对象的定义,编组来自不同数据库的数据并加以一致性处理,描述结构化信息,支持上下文无关和上卜文有关的引用,支持数据共享,支持对象的同步与集成,支持复杂对象的查询以及基于非格式化数据内容的查询,具有能够高效存取多媒体数据的物理存储结构与逻辑组织结构等。传统的关系数据库技术不能适应如此复杂的应用需求,研究和开发分布式多媒体数据库成为必然趋势。

多媒体数据库系统是以有效管理大量多媒体数据和相关信息为目标的数据库系统,它是 DMS 的关键技术之一,是多媒体技术、图像处理和识别技术、人工智能技术和数据库技术相结合的产物,是在多学科相关技术支持下发展起来的一门新型的交叉研究领域。目前,对多媒体数据库系统的研究,主要从以下几个方面入手。

1) 物理存储模型

根据媒体的性质,多媒体数据库的物理存储模型可以分为直接存储模型、规范化存储模型和全分解存储模型三种。一些著名的关系数据库管理系统(如 Oracle、Ingres、Informix 等)对原有的关系数据库进行了扩充,以支持多媒体数据的存取。这种扩充关系数据库的方法是目前实现多媒体数据库的一种实用方法,而且已有商品化的系统问世,例如 Oracle 7.0、Ingres 6.0、Informix-Online 等。这种扩充关系数据库型的多媒体数据库,能够像存储数据库记录中的其他常规字段一样,存储大的非结构化数据对象。这种类型的多媒体数据库使用一类新的数据类型——二元大客体(Binary Large Object,BLOB)来定义记录中的非格式化数据型的字段。BLOB 有两种类型:文本 BLOB 由有效的文本字符组成;字节 BLOB 是二进制数据流,可以含有任意数字化数据。

多媒体数据库管理系统的体系结构可以分为以下三种类型。

(1) 集中式:一个多媒体 DBMS 具有管理各种媒体的功能。

(2) 主从式:各个媒体数据库有自己的 DBMS 并对其进行管理,而这些 DBMS 由一个主要的 DBMS 统一管理,多媒体 DBMS 的全局用户只能在主 DBMS 上进行各种操作,就像只有一个统一的多媒体数据库。

(3) 联邦式:由若干功能相同的集中式多媒体 DBMS 松散集成,每个场地都可以为全局用户提供等同的服务,即全局用户可以从任意一个场地登录,对联邦式多媒体数据库进行操作。

2) 表达建模与时空编组

普通数据库中通常只考虑对数据的内容与结构建模,数据表达的格式通常是由应用程序员设计或由表格/报表生成工具辅助生成。数据的表达很简单,通常可以表示为表格或嵌套表格的形式。然而,对于多媒体数据来说,一方面多媒体数据库所支持的数据类型不仅仅是格式化数据,还包括各种非格式化数据,绝不是用简单的表格或嵌套表格就可以表示的。多媒体对象的表达必须把各种媒体的信息单元集成在一个表达空间内,而且空间布局要合理。另一方面,多媒体信息单元之间还存在时间关系,多媒体对象的表达必须保证时间上的同步。因此,在多媒体数据库中,除了要对多媒体数据的内容与结构建模之外,还要对它们的表达建模。

多媒体对象是由各种类型的数据元素组成的聚合单元,必须考虑各种媒体单元的时间关系和空间结构。对多媒体元素进行编组,就是统一表达来自多个数据流的数据,这是多媒体 DBMS 区别于普通 DBMS 的特殊问题之一。在各种体系结构的 DBMS 中,都存在多媒体数据的时空编组问题,因为在分布式环境中尤其需要考虑突发数据传输的带宽分配、协议的开销、网络传输延迟等问题。

3) 多媒体检索技术

为了对多媒体信息进行有效的管理,系统不仅要能够存储和同步传输多媒体信息,还要建立高效灵活的多媒体信息检索机制,使用户能够快速、有效地获取需要的信息,而不至于淹没在多媒体的信息海洋之中。多媒体数据库中查询处理的难点在于如何针对非格式化数据内容进行查询。在多媒体数据库中,对于文本数据的内容搜索有基于关键字的查询、全文本查询和基于文件模型的查询方法;基于格式化数据的内容查询可以采用常规数据库中现有的技术;而对图像、声音、视频等媒体数据的内容搜索方法有模式识别法、特别描述法(自然语言描述法、图像解释法)和特征矢量法。

多媒体数据库中索引机制的选择在很大程度上依赖于查询模型和非格式化数据的内容搜索方法。例如,如果多媒体数据库采用面向对象的数据模型,它的查询模型中允许嵌套属性查询和类层次查询,那么系统还应该提供类层次索引和嵌套属性索引。建立在非格式化数据上的索引,通常是为了加快对其内容的搜索速度,因此其选择取决于系统所采用的内容搜索策略。

4) 用户接口技术

用户接口技术是多媒体数据库系统中一个十分重要的研究课题,它主要解决多媒体数据的输入/输出、多媒体信息浏览、受时空限制的多媒体数据的显示等问题。多媒体数据库管理系统至少需要向用户提供以下两类接口。

(1) 可视语言接口:可视语言有两方面的含义,一是语言所处理的对象是可视的;二是语言本身是可视的。可视语言接口通常借助窗口管理系统和鼠标、触屏等指示设备来实现,能够进行可视模式定义与表达、可视查询和浏览。随着语音识别、语音控制和语音数据录入等技术的实用化,语音接口和可视语言接口相结合,可以构造出可视可听的用户友好接口,促使 DBMS 的用户接口技术产生新的飞跃。

(2) 多媒体数据库程序设计语言:多媒体数据的复合性特点决定了面向对象的方法是实现多媒体 DBMS 最适宜的手段。为了消除数据库语言嵌入某种程序设计语言中所产生的阻抗失配问题,可以无缝地集成面向对象的程序设计语言和多媒体数据库语言,即设计面向对象的多媒体数据库程序设计语言。

3. 分布式多媒体通信技术

多媒体通信是分布式多媒体系统的基本功能,也是分布式环境中用户之间交流和信息交换的基础。DMS 要求支持声音、图像、动画及视频等时基媒体的传输,而此类时基媒体具有数据量多、冗余量大以及实时处理等特点,因此对传输功能有着特殊的要求。

1) 多媒体通信协议

传统的网络通信协议难以适应多媒体通信,特别是连续媒体通信的要求。TCP/IP 是 Internet 中使用最为广泛的协议,也是 Internet 的基础。它提供的是一种面向连接的全双工对等传送机制,保证无差错、无重复、有序的数据提交,提供完全可靠的通信服务。但是,TCP 采用滑动窗口流量控制机制,数据传送随着流控窗口动态地启动和关闭,因此难以满足连续媒体通信的实时与等时传送要求。TCP 采用嵌入式刚性超时重传机制支持完全可靠的通信,不能有效地利用多数分布式多媒体应用具有的内在容错能力,也很难满足多媒体通信的实时和等时性要求。此外,尽管 TCP 提供"加急指针"和优先级支持,但是在滑动窗口流控机制的约束下,难以有效地满足连续媒体通信的等时与实时要求。用户数据报协议 UDP 也是常用的网络数据传输协议,但是 UDP 是一种无连接的传送层协议,不提供差错校验和重传机制,不支持 QoS,因此也不适合用于多媒体通信。

为了满足连续媒体实时性、等时性和高吞吐量的要求,迫切需要新的网络协议的支持,目前已有的协议包括以下几种。

(1) 实时传输协议 RTP(Real-time Transport Protocol):RTP 基于多播或单播网络为用户提供端到端的连续媒体数据实时传输服务。通常 RTP 运行在 UDP 之上,如果网络提供多点播送支持,则 RTP 支持对多个目的地的数据传送。

(2) 实时传输控制协议 RTCP(Real-Time Control Protocol):RTCP 是 RTP 的控制部分,用于实时监控数据传输质量,为系统提供拥塞控制和流控制。

(3) 实时流化协议 RTSP(Real-Time Streaming Protocol):RTSP 是一个基于客户/服务器结构的多媒体流传输控制协议,它能够对多媒体流提供 VCR 风格的远端控制功能,如播放、停止等。

(4) 资源预留协议 RSVP(Resource Reservation Protocol):RSVP 是一种用于互联网质量整合服务的协议,该协议允许主机针对某个数据流预定满足其特定需求的网络资源,以保证数据流传输的端到端服务质量。

上述通信协议都可以对点对点分布式多媒体应用提供一定程度的支持,有的还可以支持组通信,但是总体上对 QoS 和多媒体组通信的支持还相当薄弱。关于多媒体通信协议的具体内容,本书第 7 章中有较为详细的介绍。

2) QoS 机制

QoS 是对系统提供服务的质量性能描述,它与通信、网络、多媒体服务有着密切的关系。网络环境下的多媒体应用对服务质量有十分迫切的要求,因此在协议扩充时也考虑了 QoS 机制。QoS 机制有以下四个部分。

(1) QoS 分层与参数:QoS 一般有网络、传输、协调和平台 4 个层次,根据每一层情况,可以进一步定义多维 QoS 参数。

(2) QoS 映射:QoS 映射就是系统自动将用户的高层 QoS 请求解释成较低层的 QoS 参数,QoS 映射的方便性反映出 QoS 参数或维划分的合理性。

(3) QoS 的协商:QoS 的协商包括用户与系统之间的 QoS 协商、端到端的 QoS 协商。根据用户的 QoS 要求,系统要通过与多种相关部件或子系统进行协商,以建立 QoS 执行机构。

(4) QoS 控制：根据协商过程建立的 QoS 通信服务，在运行过程中需要对 QoS 进行控制，以维持 QoS 参数。控制通常在媒体传输过程中进行，QoS 控制机制主要有流调度、流调整、流监控、QoS 监视与维护和 QoS 重协商。对 QoS 要求的保证是通过系统资源的预约来实现的。QoS 的实现机制主要有建立 QoS 的协商、QoS 监控、QoS 监视与维护等方法。

10.3 典型分布式多媒体系统

分布式多媒体系统的研究、设计和开发带动了一大批相关领域技术和产品的高度发展，其中包括多媒体宽带网络、多媒体数据库系统、微电子技术、分布式系统、并行处理、信息理论、多媒体实时操作系统、计算机图形学、图像处理与识别、人机工程学和软件工程等。分布式多媒体系统已经成为适应未来"信息高速公路"大型管理信息系统的主要发展方向。在分布式多媒体系统的应用方面，我们将简要介绍其中的三种典型应用：VOD、CSCW、DL。

10.3.1 视频点播系统（VOD）

分布式多媒体应用是在计算机网络支持下的多媒体应用技术，它比单机环境下的多媒体应用要复杂得多，对计算机支撑环境尤其是对网络支撑环境要求比较高。随着高速网络技术尤其是多媒体技术的快速发展，硬件成本大幅度降低，集成化程度不断提高，使得视频点播成为可能。

视频点播（Video on Demand，VOD）系统是一种交互式多媒体信息服务系统，用户可以根据自己的需要和兴趣选择多媒体信息内容并控制其播放过程。这种新的多媒体信息服务形式为人们对视频信息的获取提供了新的方法和途径，已经被广泛应用于有线电视系统、硬盘播放系统、宾馆娱乐服务系统、数字图书馆系统、远程教育系统、各种公共信息查询和服务系统以及电视台媒体资产管理系统等。本书第 7 章中，对基于有线电视网络及数字机顶盒开展视频点播业务的方式和系统结构进行了介绍。本节主要讨论基于计算机网络的 VOD 系统。

1. VOD 系统的分类

系统响应时间是 VOD 系统的重要性能指标，它主要取决于视频服务器的吞吐能力和网络带宽。根据系统响应时间的长短，VOD 系统可以分成真点播 TVOD(True VOD)和准点播 NVOD(Near VOD) 两大类。

TVOD 要求有严格的即时响应时间，从发出点播请求到接收到节目时间差应当小于 1 秒。TVOD 提供较完备的交互功能，能够在任意时间为用户提供任意所需的视频节目，并允许用户采用类似 VCR 的交互模式对视频内容进行快进、快退、暂停和慢放等控制。TVOD 允许随机的、以任意间隔对正在播放的视频节目帧进行即时访问，这对视频服务器的 CPU 处理能力、缓存空间、磁盘 I/O 吞吐量以及网络带宽提出很高的要求。

NVOD 对系统响应时间有一定的宽限，从发出点播请求到接收到节目一般在几秒钟到几分钟时间(也许更长)，只要能被用户接收到即可。NVOD 将视频节目分成若干时间段而不是帧进行播放，时间段比帧的粒度大，从而降低了对系统即时响应的要求。由于网络带宽和信息资源的限制，目前研究和开发的系统一般都为准 VOD 系统。

不过无论是 TVOD 还是 NVOD，当系统规模较大时，单一服务器的处理能力和资源很难满足用户的需求,必须通过集群服务器来改进系统性能,提高服务质量。

2. VOD 系统组成及工作原理

VOD 系统采用 C/S 模型(如图 10-4 所示),主要由以下三部分组成。

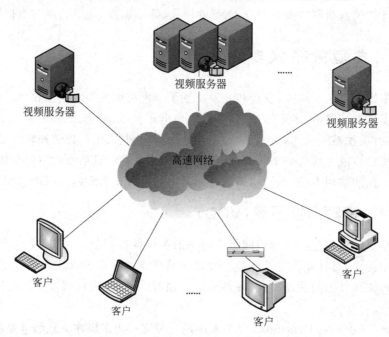

图 10-4   VOD 系统组成

1) 视频服务器

VOD 系统具有可伸缩性体系结构的视频服务器和大容量的存储设备(如光盘塔等),存储有大量的多媒体信息,可以根据客户的点播请求把所需的多媒体信息实时地传送给客户。根据系统规模的大小,可以采用单一服务器或集群服务器结构来实现。

2) 高速网络

VOD 系统需要能够保证媒体同步传输和实时性需求的、具有可扩展性的网络体系结构,通过高速宽带网络把 VOD 视频服务器与用户连接起来,为视频服务器和客户之间的信息交换提供高带宽、低延迟的网络传输服务。

3) 客户端

VOD 系统中用户访问视频服务器的工具可以是机顶盒或计算机等其他具有多媒体信息处理能力的用户终端设备。用户通过交互界面将点播请求发送给视频服务器,同时也通过交互界面接收和显示来自视频服务器的多媒体信息,满足用户交互控制的要求。

VOD 系统的工作原理框图如图 10-5 所示,其工作过程可以简要描述为以下三个步骤。

(1) 用户通过发送点播请求与 VOD 系统服务器建立连接,新到的请求应包括网络地址、所选视频的 ID、所需系统的资源、服务质量等信息。新请求被送到请求队列进行排队。

(2) 在保证系统不过载的前提下,通过允许控制决定请求队列中哪些新到的请求可以得到服务。

(3) 被允许服务的请求将被写入服务队列,不被允许服务的请求则继续排队,转入上述第二步,或者断开连接,告诉请求用户无法提供服务。

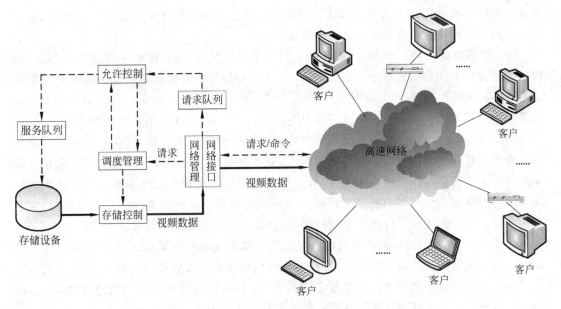

图 10-5 VOD 系统工作原理

调度程序的主要任务是保证被服务的客户实时点播,它应用客户队列中视频流的索引信息,从磁盘存储设备上读取数据传送给网络地址对应的用户端。存储控制和文件系统负责视频数据的存储、读取等功能。

3. VOD 系统的关键技术

1) 网络支撑环境

VOD 系统的视频服务器需要同时为很多用户提供点对点的即时视频点播服务,为了获得较高的视频和音频质量,要求网络基础设施应当能提供高带宽、低延迟和支持 QoS 等传输特性。通常,视频服务器应当连接在高速网络上(如 ATM、高速交换式 LAN 或者高速光纤 WAN 等),使之具有较高的网络吞吐量。

VOD 系统的网络环境可以是 LAN 也可以是 WAN。在 LAN 环境下应用 VOD 系统时,多媒体的传输性能和播放质量一般能够得到保证。此外,VOD 系统还可以在 CATV 网上应用,但是必须解决两个问题:一是将 CATV 网的单向传输通道改造成适合双向传输的上行、下行通道;二是使用适当的用户接入设备(例如 Cable Modem)来连接 CATV 网络。

2) 视频服务器

视频服务器是 VOD 系统的核心部件,存储有大量的多媒体信息,并支持大量用户的并发访问。视频服务器的性能要求主要表现在以下几个方面。

(1) 信息存储组织:视频和音频信号经过数字化处理后变成了一系列的视频帧和音频采样序列,再经过编码后转变成媒体流,作为视频服务器的信息存储和访问对象。由于数据量庞大,对信息的存储和传输都提出很高的要求。因此,服务器中的信息存储组织和磁盘 I/O 吞吐量将影响到整个系统的响应速度。

为了支持更多的用户并发访问,提高服务器的响应速度,通常视频服务器应采用磁盘阵列(RAID),并通过条纹化技术把媒体数据交叉地存储在磁盘阵列的不同盘片上,以提高服务器的 I/O 吞吐量。由于大多数媒体流采用的是可变速率数据压缩算法(如 MPEG),因此所需的存储空间可能会跨越不同的媒体单元。

(2) 信息获取机制:视频服务器应当提供一系列的优化机制,在确保 QoS 的前提下,使媒体流的吞吐量达到最大程度。在客户端,用户从服务器获取信息的速度必须大于消费信息的速度;在服务器端,必须确保在 QoS 允许的时间范围内为每个用户进行服务。通常可以采用服务器"推"(server-push)或者客户"拉"(client-pull)两种机制来获取媒体流。

在 server-push 机制中,服务器利用媒体流的连续性和周期性特点,在一个服务周期内可以为多个媒体流提供服务。在每个周期内,服务器必须为每个媒体流提供固定数量的媒体单元。为了确保媒体流的连续回放,服务器为每个媒体流提供的媒体单元数量必须满足回放的速度和在一个周期内的回放时间。server-push 机制允许服务器在一个周期内,对满足多个信息需要的响应进行批处理,并可以从整体上对批处理做出优化。

对于 client-pull 机制,服务器为客户提供的媒体单元数量只需满足客户的突发性要求即可。为了确保媒体流的连续回放,客户端必须周期性地向服务器提交需求,每个提交的需求必须事先预计服务器提供的信息量和服务响应时间,保证媒体流播放的连续性。client-pull 机制更适用于对处理器和网络带宽资源经常变化的服务请求。

(3) 集群服务器结构:单个服务器不仅存储容量有限,而且吞吐量和响应速度也很难满足大量用户并发访问服务器的需要。集群服务器将多个服务器通过高速网络连接起来协同工作,并作为一个整体向用户提供信息服务,从而提高了整个系统的可伸缩性和可扩展性。

集群服务器一般应具有负载平衡和系统容错功能。负载平衡通过采用适当的平衡策略将整个系统的负载均衡地分配在不同的服务器上,负载平衡策略有静态负载分配和动态负载分配两种,动态负载分配策略具有较好的动态特性,但算法比较复杂。系统容错采用硬件冗余和数据备份的手段保证数据存储的可靠性和系统运行的不间断性。在正常工作时,集群服务器中的各个服务器根据系统负载平衡策略完成各自的工作,如果某一服务器发生故障,其他服务器将会自动代行其工作,使用户的信息获取不受影响。

3) 用户接纳控制

VOD 系统中的视频服务器面向多个用户提供视频点播服务,当一个新的用户服务请求到来时,服务器必须使用适当的接纳控制算法,以保证在接收该服务请求后系统中正在接收服务的用户 QoS 不受影响。目前比较流行的算法是测量型接纳控制算法,此类算法先对系统资源的过去使用情况进行分析,得到一个综合测量值,然后根据这个测量值对未来使用情况做出估计,以决定是否接纳新的服务请求。接纳控制算法是根据系统对用户所承诺 QoS 的可信度来进行划分,承诺的可信度越高,对资源的利用率就会越低,因此这种算法对系统资源的利用率很高,不过对用户的 QoS 保障率较低,系统应当根据不同的用户需求提供相应的接纳控制算法。

10.3.2 计算机支持的协同工作(CSCW)

在现代社会中,人类所从事的各种活动都体现出社会性,无论是科学研究还是工程设计,都需要群体成员之间的互相配合、紧密协作才能完成。计算机技术、多媒体技术以及通信技术的发展为群体协同工作提供了技术上的支持,计算机支持的协同工作(Computer

Supported Cooperative Work，CSCW)正是这种应用需求和技术发展的必然产物。

1. CSCW 的概念与特点

CSCW 一词最早由 MIT 的 Irene Greif 和 DEC 公司的 Paul Cashman 于 1984 年在他们组织的课题上首次提出，意即计算机支持的群体协同工作。CSCW 是一个涉及社会学、人类学、计算机科学、心理学、组织管理学等多方面研究的交叉学科，主要研究如何利用计算机支持群体成员之间的协同工作，共同合作完成某项任务。CSCW 可以广泛应用于军事、工业、办公自动化、管理信息系统、医疗、远程教育、合作科学研究等领域。

CSCW 的定义就是在计算机技术、网络与通信技术、多媒体技术、分布处理技术和人机接口技术的支持下，将时间上分离、空间上分布、工作上又相互依赖的多个协作成员及其活动有机地组织起来，以共同完成一个目标的新型分布式多媒体系统。

CSCW 的目标是为时间上分离、空间上分布、工作上相互依赖的群组协作成员提供一个"面对面"(face to face)和"你见即我见"(what you see is what I see)的协同工作环境。从协作时间和空间的角度出发，可以将 CSCW 系统分为四类：位置集中时间同步型(例如会议系统)、位置集中时间异步型(例如新闻和电子布告栏)、位置分布时间异步型(例如多媒体电子邮件)、位置分布时间同步型(例如分布群组间的实时交互业务)。

CSCW 系统的主要特点体现在以下几个方面。

(1) 群体性：CSCW 支持群体协作人员之间的交互、对话和协作，不受空间集中或分布、时间上同步或异步的限制。

(2) 目的性：协作的根本动机在于协作人员之间具有共同的目的，他们可以在协作过程中共同获益。

(3) 交互性：CSCW 的目标是为工作上相互依赖的协作成员提供一个协作的环境，协作和交互是实现协同工作的基础，协作人员可以通过大量直接或间接的交互行为互相影响、互相促进。

(4) 共享性：尽管不同的人员处于不同的位置，但在对协作系统内部资源的访问上，他们所面对的是一致的计算机化对象，这是协作进行的前提条件。

(5) 开放性：协作系统在协作进度、任务划分以及人员组成等方面充分开放，没有严格的界限，具有足够的灵活性。

2. CSCW 的系统结构

CSCW 系统主要包括基本功能层、支撑平台层和协作应用层，如图 10-6 所示。

(1) 基本功能层：完成数据传输、信息存储和其他访问系统资源的功能，主要由操作系统及基本网络部件组成，使多用户和分布性成为可能，具有基本分布功能的编程接口。

(2) 支撑平台层：以协作代理为核心，通过调用基本分布功能完成面向多媒体的通信，管理用户的协作信息，协调用户之间的协作，维护整个系统的状态并提供对协同应用的访问控制机制，提供面向用户协作的编程接口。

(3) 协作应用层：具有协作意识，支持用户完成具体的协作任务。利用 CSCW 支撑平台提供的编程接口，开发各种多媒体系统协同应用。

3. CSCW 关键技术

1) 冲突与协调

由于群体中的人员来自不同领域、拥有不同的学历与经历，所以群体工作中难免会出现

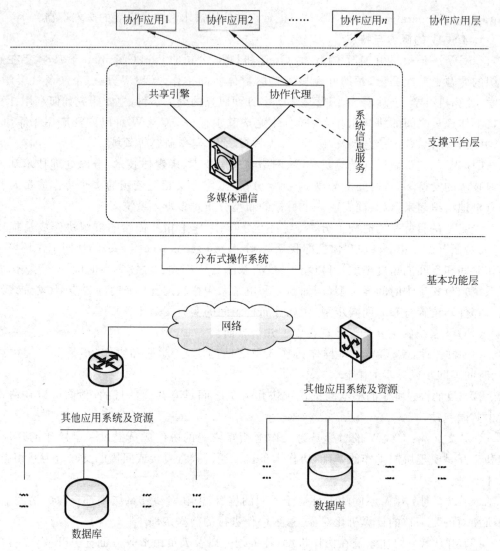

图 10-6　CSCW 系统结构

各种冲突,因此需要协同处理。此外,想要使群体的最终工作结果达到高效率、高质量的要求,也需要协同。因此在设计 CSCW 系统时,必须充分考虑可能出现的冲突,提供解决冲突的办法和进行协调的工具。

例如,在进行工程项目或工业产品的设计时,必须要使用协同设计系统,对不同的方案进行选择比较,最终通过决策的手段选择或制定出一个最优方案。方案确定以后,需要将总体设计划分成若干设计阶段,由不同的设计组完成,最终完成全部详细设计。如何保证各个阶段的设计结果一致,不出现冲突,质量有保证,让用户满意都是十分重要的。如果有计算机支持的协同设计环境,在确定方案阶段和每一个设计步骤中,有关人员都可以随时通过协同系统进行磋商,及时发现问题、解决问题,避免了不必要的返工现象,且不需要所有成员集中到一起进行商讨,从而提高了效率和质量。

2) 公共语言

在一个群体工程中,通常会包括大量不同专业的工作人员,例如设计人员、施工人员、维修人员、服务人员、领导和用户等。当这些人在一起交流和讨论问题时,就可能会碰到语言上的问题,例如对同一事物、同一概念,不同专业的人往往使用不同的术语。对于跨国的大型合作项目,团体中还经常包含了多个国家的工作人员,他们之间的交流问题也会对工程完成效率产生影响。因此,协同工作中必须要制定统一的术语标准。为了避免由于误解而造成工程工作上的失误,必须要制定一套标准术语,这就是公用语言的范畴,它是计算机支持的协同工作能高效运行的前提条件。

3）交互界面

在协同管理工作中,不同的群体之间通常需要进行交互,使用户可以很方便地进行沟通与协商。而在此过程中,交互界面是很重要的。交互的界面一般有两种,一是隐式的,另一种是显式的。前者主要是文本形式,例如会议记录、便签等;后者则通过多媒体技术提供一些形象化的手段,如手势、声音和图像等,用来直接支持人与人之间的交流和问题讨论。通过交互的合理使用,可以使不同的群体方便灵活地加入或从讨论中退出,为协同工作提供设备上的支持。

4. CSCW 的应用

计算机支持的协同工作可以应用在多个领域,例如在科学领域,CSCW 主要应用于合作科学研究,通过信息交换、会议系统、合作系统等实现科学家之间的共同科研合作;在医疗领域,远程专家会诊、远程指导手术等协同工作的发展,可以使人们享受更加高效、便利的医疗服务;在商业领域,协同电子商务在商业、贸易、金融中发挥了巨大作用,使世界经济市场快速协调发展。除了上述这些应用,CSCW 的另一个典型应用就是远程教育,它允许学生、教师和专家等从网上获取丰富的资源,与此同时 CSCW 还可以提供给学习者一个基于Web 的工作空间,从而实现远程教育的实质——协作学习。

下面给出 CSCW 的两个典型应用实例。

1）群英协同工作系统

该系统是群英企业云计算服务平台的企业在线软件之一,可以通过整合管理企业日常工作单来实现企业各种规范性的工作记录,并以工作单的统计结果为绩效参考标准,达到提高企业内部运作效率的目的。群英协同工作系统的界面如图 10-7 所示。

图 10-7　群英协同工作系统界面展示

作为计算机支持协同工作的典型应用,群英协同工作系统不仅可以实现消息提醒、评价监督、实时了解等基本需求,更可以通过群体性的工作单评价系统,保证工作连续性,并最终达到提高整个企业运行效率的目的。作为新一代协同办公系统,群英协同更专注于人性化的用户体验,它的核心是计划、任务、检查、汇报、交流、评价和报告。运用先进的管理理念与技术,巧妙地将各坏节融合成为一个整体,使之精确、高效运行,为企业提供一个功能强大、免费的电子化办公平台;支持移动办公,使工作不再受地域限制;通过将纸质的申请表格变为电子模板,真正实现"完全无纸化办公",不但能加快文件传递速度、提高企业内部办公效率,还能最大限度消除内部信息交流瓶颈,降低企业成本。

2) 用友 A8 协同管理平台

作为大型协同办公系统,用友 A8 协同管理平台(如图 10-8 所示)已经被多所高校应用到学校管理当中,中国石油大学便是其中的典型代表。通过对网络等计算机资源的有效利用,该平台创造个人、部门、学校三个层次的办公空间。在虚拟的办公空间中,不仅可以完成人员之间的沟通、交流、资料信息的互传、共享、分享,还可以完成上级对下级的工作安排、有效授权、任务下达,下级对上级的报告、请示、汇报、资源申请、请求协助等诸多办公行为的执行和管理。

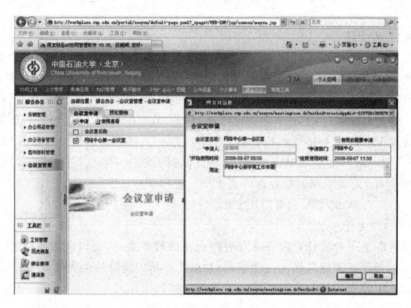

图 10-8　用友 A8 协同管理平台展示

10.3.3　数字图书馆(DL)

随着信息技术的发展,需要存储和传播的信息量越来越大,信息的种类和形式也越来越丰富。与此同时,人们获得信息的方式也悄然发生了转变,从传统的纸质媒体到风靡全球的电子媒体再到方兴未艾的自媒体,传统的图书馆机制早已不能满足人们随时、随地、随身获取信息的需求。面对这种情况,数字图书馆的设想应运而生。

1. 数字图书馆的概念和特征

从广义上讲,数字图书馆(Digital Library,DL)是用数字技术处理和存储各种图文并茂文献的图书馆,是计算机可处理信息的集合或存储数字信息的仓库,以及使用数字技术增加和管理信息资源的机构,它能够存储大量各种形式的信息,方便大量用户随时通过网络进行资源访问,并且其信息存储和用户访问不受地域限制。从狭义的计算机领域的观点出发,可以认为数字图书馆系统是一个基于国际互联网的分布式多媒体信息系统,支持用户在本地或远程交互地存取、检索、浏览和传递开放公共查询目录数据库中数字化的图书馆馆藏信息资源,同时通过智能、有效地执行相应的管理策略和机制,可以实现数字图书馆系统的高度自动化管理。它涉及信息资源加工、存储、检索、传输和利用的全过程。

数字图书馆系统的主要特征体现在以下几个方面。

(1) 跨学科性:从 DL 在国内外的研究和发展情况来看,它是一个与信息技术密切相关的跨学科、多层面的新兴技术。DL 研究涉及的领域不仅包括信息技术、图书馆学、情报学领域,而且引起了人文、社会科学领域和其他许多领域的注意。

(2) 业务高度自动化:DL 系统的研究正在促使图书馆业务的自动化从目前的 OPAC 向更高级的虚拟现实 OPAC 发展。

(3) 数字图书馆具有智能化、基于全文的检索技术,读者可以用自然语言通过人机交互在异构的分布式数据库中查询和检索信息,获得一致性的文献资源。

(4) 数字图书馆具备强大的信息和知识收集、传播和发布的功能,使得图书馆从传统以图书借阅为主的单功能服务向以信息和知识检索、收集、传播发布为主的多功能服务转变,从"被动式"服务向"主动式"服务转变。

国外 DL 系统的研究项目主要有:美国国会图书馆 National Digital Library 项目,卡内基-梅隆大学的 Mercury Digital Library 项目,美国国家科学基金会(NSF)与加州大学伯克利分校、密执安大学、斯坦福大学等机构合作的 Digital Library Initiative 项目,AT&T 贝尔实验室的 Red Sage 项目,康奈尔大学的数字图书馆项目和 IBM 公司的数字图书馆项目等。这些项目研究和开发的数字图书馆系统主要内容包括:将文本、图像、动画、语音、视频和音频等多媒体信息数字化,实现多媒体信息的合成与同步、高速实时传送、联网和远程存取,开发支持 DL 的分布式多媒体数据库技术,对 DL 中的多媒体信息资源进行高效、安全和可靠的存储、检索、查询和管理。

我国对于 DL 原型系统的研究和开发起步较晚,国内研发的主要 DL 系统包括:北京图书馆的"中文图书采编检综合管理系统",上海交通大学的 MILIS 和 UNLIS 系统,北京大学的 PULAIS 系统,深圳图书馆的 ILAS 系统和清华大学与 IBM 合作开发的数字图书馆系统。这些图书馆的自动化集成系统主要由采访、编目、典藏、流通、期刊管理和公共查询等模块集合而成。目前国内已经开通的数字图书馆有近 200 多家,图 10-9 所示是中国国家数字图书馆平台的访问界面。

2. 数字图书馆信息服务的内容

1) 统一的信息访问平台

数字图书馆可以对来源、媒体各异的信息资源进行整合,利用统一的界面向用户提供一站式浏览与检索,让读者以最快的速度查找到自己所需的原文献;解决自然语言检索、跨语种检索、多语种检索和基于内容的多媒体信息检索;提供智能化信息检索技术、信息推送技术、可视化技术和数据挖掘技术;尽量提供文献原文的链接或原文传递服务。

2) 数字参考服务

通过电子方式实现的参考咨询服务,用户利用计算机或其他网络技术与图书馆员进行交流,而不必实际见面。虚拟咨询中经常使用的交流渠道包括实时问答、视频会议、VoIP、电子邮件和即时信息。参考服务包括各种异步的联机帮助服务(例如各种数据库的使用介

图 10-9 中国国家数字图书馆平台展示

绍和说明、信息导航和研究指南等)、常见问题回答信息服务、电子邮件等形式的问答服务(采用电子邮件、电子表格、电子公告板、留言板等方式或几种方式相结合实现)。同步的实时参考服务,例如在服务开通时间内,用户可以通过网络直接与在线值班的咨询员对话,提出迫切需要解决的与文献查询相关的问题,并现场得到答复。目前主要形式有网络聊天室、网络白板、网络视频会议、网络寻呼中心等。

3) 合作数字参考服务

由多个成员机构联合起来形成的一个分布式的虚拟数字参考服务网络,面向更大范围的网络用户提供数字参考服务。最大好处:提供 24 小时/天、7 天/周的参考服务,促进各地不同馆藏的图书馆与不同专长的馆员合作进行参考服务。合作数字参考服务解决了单个数字图书馆参考馆员不足的问题,有利于各图书馆取长补短,实现信息资源共享和专家智力资源共享。

4) 进行用户指导、开展用户信息素质教育

加强对用户的帮助、指导和培训,使用户可以不受时空的限制,随时上网接受参考馆员的指导,让用户了解数字图书馆,培养用户的信息素养(获取信息、评价信息、分析信息、组织信息)以及利用信息解决问题的能力。

3. 数字图书馆系统的结构

数字图书馆系统主要由多媒体客户机、多媒体网络、图书馆中心服务器和媒体服务器四

个部分组成,采用多层客户机/服务器模型,如图 10-10 所示。

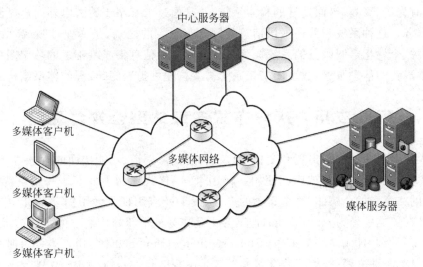

图 10-10　DL 系统的结构

客户机一般采用多媒体计算机,用户通过客户机使用 DL 系统的资源和服务。为了保证用户能够有效地查询和使用数字图书馆中的多媒体信息,其软/硬件主要包括:多媒体 DBMS 前端应用程序、多媒体操作系统、网络通信协议、网络设备驱动程序和多媒体 I/O 外部设备等。

图书馆中心服务器提供系统关键数据的管理、全局数据字典的索引和查询、安全认证信息的存储和管理等服务。

媒体服务器用于创建数字化的对象,管理多媒体数据库并完成多媒体数据的集成、基于内容的检索机制、多媒体同步等过程。

客户机、图书馆中心服务器和媒体服务器构成信息传递的三角形,使数字图书馆能够高效安全地组织、管理和发布大量的多媒体信息。用户通过客户机的浏览器向图书馆中心服务器提出申请,并获取 DL 系统的多媒体信息资源;图书馆中心服务器在进行安全认证后,将此申请转发给相关媒体服务器;多媒体数据经过分布式多媒体同步机制和网络到达客户机,实现图书馆对媒体数据的发布。

4. 数字图书馆的关键技术

数字图书馆是一个以分布式海量数据为支撑,基于智能技术的大型、开放、分布式多媒体信息资源库。它以统一的标准和规范为基础,以数字化的多媒体信息为底层,以分布式海量资源库群为支撑,以智能检索技术为手段,以电子商务为管理方式,以宽带高速网络为传输通道,将丰富多彩的多媒体信息以服务的形式提供给用户。数字图书馆实现了信息数字化和信息载体网络化,使人们可以克服时空局限而方便地获取所需信息。数字图书馆的功能已经大大超过了传统图书馆的范围,图书馆之间可以通过信息共享,不再重复购置,缓解或解决了图书馆购书费用严重不足、藏书空间爆满、图书利用率低等突出问题,最大限度地满足读者的阅读需求,并能带来巨大的社会效益。其主要特征是多媒体数字化资源,跨平台异构网络化存取,计算机系统分布式管理和智能化服务。

数字图书馆从信息资源采集、加工、处理、存储、发布和提供服务的每一个部分都十分复杂,尤其现在这种系统包含多个分布式、海量存储的大规模、可互操作性的异构多媒体数字资源库,拥有先进、高效、界面友好的检索系统,并且通过 Internet 为国内外用户提供快捷方便的信息服务。这种系统与普通提供信息的网站有很大的区别,是专业性强、高效查询、跨平台、多语种、个性化定制服务的系统。为了保证建立在信息集成基础上的数字图书馆系统能够提供集成化的信息服务,数字图书馆系统需要构建可扩展的、合理的体系结构。

10.4 行业应用:从分布式多媒体到全媒体融合

随着媒体新形式的不断出现和变化,以及媒体内容、渠道、功能层面的融合,"全媒体"这个新的概念开始悄然出现并被广泛使用。2010 年 3 月,人民网上发表了一篇题为《什么是"全媒体"》的文章,对"全媒体"这个概念的产生、发展及应用现状做了简要的介绍。文中提到"全媒体"在英文中译为 omnimedia,但其并不是作为一个新闻传播学的术语被提及,而是指 1999 年 10 月 19 日成立的 Martha Stewart Living Omnimedia 公司。该公司拥有并管理4 种核心杂志、34 种书籍、一栏荣获艾美奖的艺术电视节目、一栏在 CBS 电视台播出的电视周刊节目、一个内容提供给 230 多家报纸的专栏、一个在美国 330 多家广播台播出的节目和一个拥有 17 万注册用户的网站。通过旗下的所谓"全媒体"平台,Martha Stewart Living Omnimedia 公司传播并推广自身的家政服务和产品,成为美国当时最著名的家政公司之一。受限于当时信息技术、通信技术以及互联网技术的发展条件,Martha Stewart Living Omnimedia 公司推出的"全媒体"还只限于媒体形式的多样性、传播途径的广泛化,并没有注重传统媒体与新媒体的融合问题。

同一时期内,我国国内对"全媒体"这一概念的认识同国外一样并不全面。2008 年"全媒体"开始在新闻传播领域崭露头角。许多媒体从业者纷纷提出"全媒体战略"或"全媒体定位"。与此同时,国内的众多研究学者也对"全媒体"的概念进行了阐释。中国人民大学新闻学院教授彭兰指出:全媒体是指一种业务运作的整体模式与策略,即运用所有媒体手段和平台来构建大的报道体系。她强调,从总体上看,全媒体不再是单落点、单形态、单平台的,而是在多平台上进行多落点、多形态的传播。报纸、广播、电视与网络是这个报道体系的共同组成部分。南京政治学院军事新闻传播系的周洋则认为"全媒体"是指综合运用各种表现形式,如文、图、声、光、电,来全方位、立体地展示传播内容,同时通过文字、声像、网络、通信等传播手段来传输的一种新的传播形态,是媒体走向融合后跨媒介的产物。

综上所述,"全媒体"是信息、通信及网络技术条件下各种媒介实现深度融合的结果,是广泛采用文字、声音、影像、动画、网页等多种媒体表现形式,传播形态借助广播、电视、音像、电影、出版、报纸、杂志、网站等不同渠道,通过融合的广电网络、电信网络以及互联网络进行传播,实现用户以电视、计算机、手机等多种终端均可以完成信息的接收与发送,最终实现任何人、任何时间、任何地点、以任何终端获得任何想要的信息。

10.4.1 全媒体融合的发展之路

在国外,媒体融合的发展大体上经历了三个阶段。

第一阶段是媒体互动阶段,即传统媒体与新兴媒体之间进行内容和营销领域的互动和合作。早在 1987 年,美国《圣何塞信使报》出版了世界上第一份电子版报纸。到 1999 年,美国有网络版的报纸、杂志、广播电台、电视台就达近千家。

第二阶段是媒体整合阶段,即媒体组织结构上的融合,各种不同类型的媒体通过并购等方式,从各自独立经营转向联合运作,在新闻信息采集发布上联合行动。1993年,美国《芝加哥论坛报》最早进行这一实验。2000年,美国媒体综合集团成立"坦帕新闻中心",主要做法是在报纸、网站、电视台实行资源共享,互相配合采写、共享新闻。

第三阶段是媒体深度融合阶段。媒体开始依靠大数据、云计算等信息技术深层挖掘信息内容,将不同媒介形态集中到一个多媒体数字平台上,实现报纸、广播、电视、计算机、手机等信息终端的功能一体化,比较典型的是《赫芬顿邮报》。

近年来,我国媒体在融合发展上也进行了积极的探索,经历了传统媒体办电子版、报(台)网互动、推出多媒体(官方微博、微信、移动客户端等)三个发展阶段。在上述媒体融合过程中,中央媒体发挥了引领作用。新华社成立了新媒体中心,以"集成服务"为理念,打造国内最大的党政客户端集群;《人民日报》创新传播形态,推出带二维码的多媒体报道;中央电视台以"央视新闻"为试点,在新闻中心建立网络编辑部,新媒体人员直接介入新闻生产环节;《光明日报》携手微软共建媒体云,推出云端读报、光明云媒等。各省主要媒体也做了大胆探索,为推进媒体融合发展探路,奠定了思想基础和实践基础。国内"全媒体"的发展主要呈现出两种方式:一是扩张式的全媒体,注重手段的丰富和扩展,如新兴的"全媒体出版""全媒体广告";二是融合式的全媒体,即在拓展新媒体手段的同时,注重多种媒体手段的有机结合,如"全媒体新闻中心""全媒体电视""全媒体广播"等。

2008年3月,烟台日报传媒集团在全国首开先河,组建了"全媒体新闻中心",开始从传统报业到"全媒体"的运作方式、生产流程以及各种运营平台的探索,将单一的印刷报纸分化成手机报纸、数字报纸等多种产品形态。2008年北京奥运会期间,中央电视台采取"全媒体"转播,手机电视成为重要的传播形式。中央电视台从2009年7月2日开播的《世界周刊》,明确提出"全媒地带,信息就是选择"的定位。栏目负责人认为:新闻只是起点,启动强大的信息搜索及整合能力,打破不同媒体间隔,开辟独具特色的全媒体地带,给观众丰富的信息选择可能,是《世界周刊》的价值及意义所在。

在广播行业,2008年北京奥运会期间,中国广播网实现了中央电台所有奥运报道广播信号的同步网上直播,创新了图文并茂、音视频同步多点互动直播报道的新模式,尝试了广播频率、门户网站、有线数字广播电视、手机广播电视、平面媒体五大终端的融合。2009年,国家广电总局成立了中广卫星移动广播有限公司,负责建设全国移动多媒体广播传输覆盖网络。

在出版行业,2008年年底,贺岁电影《非诚勿扰》的同名长篇小说在北京以"全媒体出版"方式首发,国内自此掀起了一股全媒体出版热潮。2009年济南"全媒体出版整合营销沙龙"上,中文在线提出"全媒体出版整合营销",利用各种媒体和各种渠道发行阅读产品,同时尽可能覆盖所有读者。

在广告行业,2009年10月《全媒体:指点网络大市场》一文指出,将网络广告与传统广告形式结合起来优势互补,形成融合式全媒体发展,才能真正发掘出"全媒体"的价值,更符合"全媒体"的内涵。

在电视行业,2013年7月,人民网传媒频道刊发《中国首份全媒体卫视收视率榜单 湖南卫视稳坐鳌头》,首次在国内发布电视行业的全媒体收视率统计报告。

10.4.2　全媒体融合的特点

全媒体融合所包含的不仅仅是一种媒介形态、传播手段或是运营模式,而是一种全新的信息生产方式和全新的传播观念。可以将全媒体融合发展的特点概括为以下几个方面。

(1) 全媒体融合具有集大成性。作为一种全新的传播观念,全媒体将传播技术、内容、传播形式和手段、营销方式等进行全方位整合,从而形成一个不同的媒介载体形式、内容形式,以及技术平台互相融合的技术、内容、渠道、营销等的集成体。从传播媒介看,全媒体实现了传统的报纸、杂志、广播、电视、影像、出版、网络、电信、卫星通信等的媒介形式的集大成;从传播手段上看,全媒体将人类的视觉、听觉、形象、触觉甚至嗅觉等人们接受信息的全部感官悉数调动整合;从传播技术看,全媒体不但是传统的纸质、声像的集成,同时将网络、通信、流媒体技术等也加以整合集成。因此,全媒体的核心意义在于全方位的集成性特征。

(2) 全媒体对人们信息感知具有全面实现。就受众层面而言,全媒体融合所谓的“全”,体现为对受众的信息感知的全面涵盖。通过整合目前人们普遍使用的各类传播媒介形态,全媒体不断实现和满足人们对信息感知的各种途径和方式。这正如麦克卢汉所说的“媒介是人的延伸”一样,全媒体通过对信息的全方位展示,不但可以将信息的各个方面全面地呈现出来,同时也使得人们对信息有可能实现最全面的感受和认知,从而满足了人们对信息全面接收和感知的基本需要。

(3) 全媒体融合实现信息内容生产和传播的全面整合。传统新闻内容的生产和消费,主要是由新闻生产的环节来决定的,而不是按照受众的满足决定的。全媒体融合则完全实现了信息内容生产和传播的全面整合,即按照受众对信息的需求决定信息内容的生产和传播。例如,全媒体新闻实践的“背包记者”的出现,就是将对新闻事件的采访、编辑、发布整合为一个平台完成,同时受众也可以通过视频、文字、音频等媒介形态全方位了解信息。这种新闻内容生产和传播的“多栖性”,使得传统的编辑、记者的角色发生位移。记者和编辑身份整合为一体,他们除了完成对新闻价值的专业判断、新闻信息整合加工之外,还要考虑信息传播方式的融合,实现传播效果的改善。

(4) 全媒体融合推动从“卖方市场”到“买方市场”转变。无论信息的传播形式如何改变,人们对优质内容的需求永远不会改变。在人民日报社和深圳市委市政府联合主办的“2015媒体融合发展论坛”上,众多与会媒体人士达成了一致的共识:用户即阵地,即舆论场;是否赢得阵地和舆论,要看是否赢得了用户;要赢得用户,需要在媒体融合中始终坚持“以用户体验为核心”。当前,腾讯、搜狐、网易、今日头条等互联网公司的新闻客户端已经占据大部分的市场份额,并且凭借雄厚的资金和先进的技术不断更新换代,面临这样的竞争环境,打造新媒体产品只能从自身优势资源出发,进行差异化竞争。2012年,浙报集团以32亿元的价格收购了游戏平台边锋浩方,看重的是其3亿注册用户和2000万活跃用户。通过技术分析游戏用户阅读新闻的习惯偏好,浙江新闻客户端设置了“话图侠”栏目,提供可视化、社交化、互动性更强的新闻产品。

(5) 全媒体融合促进互动与参与,实现单向到多维化发展。报纸、网络、手机联动传播,方便受众互动参与,这样的实践如今已经成为主流媒体的常用手法。微博、微信等新兴媒体之所以成功抢走了众多主流媒体的受众,关键在于依靠技术优势实现了互动和参与,从而使单向的内容传送变成了双向的交互传播。2014年9月,东方卫视携手阿里数娱推出的《中国梦之声(第二季)》"娱乐宝"产品上线,用户通过购买该产品就能成为《中国梦之声》的投资人,除了享受预期7%的综合年化收益外,还有机会到现场为选手投票颁奖。该产品上线仅12天即告售罄,共吸引了24.7万用户参与购买,总投资额度1亿元。《中国梦之声》也成为中国电视史上第一档全民投资、全民参与的电视节目,探索并运作出互联网时代下媒体与用户全新的互动模式。

10.4.3　全媒体发展的模式

当前,全媒体融合的浪潮不断冲击着新闻、广播、出版、电视、影像、娱乐等各行业的发展。立足于不同的行业发展情况,各行各业在拥抱和融入全媒体的同时,也摸索出不同的发展模式。

1. 全媒体新闻中心模式

这种模式通过组建全媒体新闻中心,将外采记者获得的独家新闻先通过网络发布实时快报,抢占新闻首发;然后再由报纸记者做跟踪深度报道。这种配合实现了速度和深度两不误。以烟台日报传媒集团为代表,该集团将旗下三张主要报纸的采访部门合并在一起组建了全媒体新闻中心,相当于集团内部的"通讯社"。

2. 报网合一模式

以杭州日报报业集团为代表,《杭州日报》与杭州日报网共用同一个编辑部、同一批采编人员,同时运行两种媒体形态,创造了"报即是网、网即是报"的模式。编辑部增加了网络采编流程,使得报纸、网络两套流程并行,每个选题的策划都同时考虑网络、报纸分别如何报道。

3. 台网互动模式

台网互动已经成为目前广电部门发展新媒体的普遍做法。2008年北京奥运会期间,中国广播网实现了中央电台所有奥运报道广播信号同步网上直播,创新了图文并茂、音视频同步、多点互动直播报道的新模式,尝试了广播频率、门户网站、有线数字广播电视、手机广播电视、平面媒体五大终端的融合。电视台与互联网的结合更是如虎添翼,以央视网为例,经过10年的运营完成了从中央电视台的网络版向国内主流视频新闻网站的转型。

4. 移动多媒体广播电视模式

国家广电总局成立了中广卫星移动广播有限公司,负责建设全国移动多媒体广播传输覆盖网络,统一开展业务运营,并在各省和地级市分别设立分公司,在全国形成一个规范的运营机制,在价格、资费、节目体系等方面实现统一。

10.4.4　全媒体融合的未来趋势

新媒体时代的一大传播特征,就是要博取眼球。传统媒体向新媒体拓展的一个重要方向,就是包括网络视频、数字电视、手机电视、户外显示屏在内的各种视频媒体。未来,视频新媒体的发展将催生出更多的内容提供方式和信息服务形式变革,带动整个传媒业的全媒体发展进程。

随着全媒体融合进程的不断推进,各种媒介形态、终端及其生产也更加专业、细分。在媒介形态方面,单一的印刷报纸已经分化成了印刷报纸、手机报纸、数字报纸等多种产品形态;广播电视也分化成网络电视、手机电视等更丰富的产品形态。此外,媒体终端的多样化也带来了传播网络的分化,如手机媒体、电子阅读器、网络电视、数字电视等分别依赖不同的传输网络。在媒介生产流程方面,媒介融合导致生产复杂度的提高,可能导致产业流程的专业分工和再造,出现信息的包装及平台提供者走向专业化的趋向。在数字报纸、电子杂志、手机媒体领域,专业化的趋向已经显现。

全媒体融合发展的由浅入深,将从"物理变化"趋向"化学变化"。各种媒体机构的简单叠加、组合,将发展为真正有利于融合媒介运作的新型机构组织。各种媒介机构也将在新的市场格局中寻找自身新的定位和业务模式,构建适应全媒体需要的产品体系和传播平台。

本章习题

1. 分布式系统具有哪些特点?如何借助分布式系统实现分布式多媒体应用?
2. 分布式多媒体可以实现哪些业务类型?试举例说明。
3. 相比于传统的多媒体系统,分布式多媒体系统具有哪些特征?
4. 分布式多媒体系统采用什么样的服务模型?简单分析其服务过程。
5. 构建分布式多媒体系统需要注意哪些关键的技术?简单分析其主要作用。
6. 多媒体信息的同步方式有哪些?试对比分析其优缺点。
7. 分布式多媒体数据库与传统关系型数据库有什么区别和联系?
8. 调查分析日常生活中典型的分布式多媒体应用系统。
9. 结合自身喜好和特点,试对大数据发展背景下的数字图书馆提出个性化的服务需求。

第 11 章

CHAPTER 11

多媒体通信安全

信息安全问题是影响所有信息系统应用开展的最关键环节,它不但关乎个人隐私和财产、生命安全,更可能涉及国家利益和稳定。信息安全意味着保护信息和信息系统免受非授权的接入、使用、泄露、破坏或篡改。云计算、移动互联、物联网等全新技术在促进多媒体通信快速融入日常生活的同时,也给多媒体信息本身的安全问题带来了更多的挑战。本章讨论多媒体信息在产生、传输、存储、使用等过程中的安全问题。

本章的重点内容包括:

➢ 多媒体信息的内容安全
➢ 多媒体信息的存储安全
➢ 多媒体信息的传输安全
➢ 多媒体技术在安全领域的应用

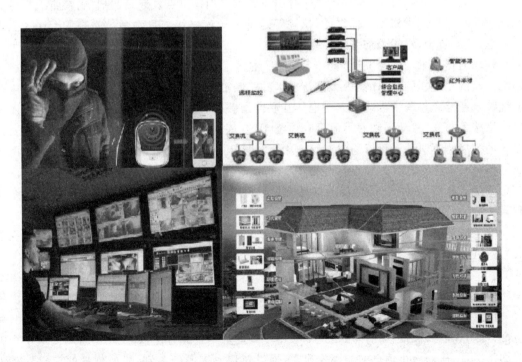

　　计算机、通信、互联网等技术的迅猛发展为数字产品的制造和传播提供了极大的便利，电子出版物、电子广告、数字图书馆、在线娱乐、电子商务等全新的数字化应用每天都产生大量视频、音频等多媒体数据，这些多模态素材的不断增加使多媒体信息的交互突破了传统的信息发布，给原有的多媒体信息保护模式带来了新的挑战。WLAN、WiMax、4G 等多种网络接入方式在为用户提供前所未有的体验的同时，也逐渐暴露出信息的安全隐患。安全问题涉及对信息的所有操作过程，包括获取、存储、处理、传输、使用等。如何保护网络环境下多媒体信息的安全已经成为一个迫在眉睫的现实问题。本章从多媒体信息的获取、存储、传输、使用的整体过程出发，重点介绍多媒体通信过程中的内容保护、存储安全和传输安全。

11.1　多媒体信息的内容安全

　　多媒体信息安全，意味着保护多媒体信息和多媒体信息系统免受非授权的接入、使用、泄露、破坏或篡改，它涉及多媒体信息的获取、存储、处理、传输、使用等整个操作过程。身处互联网时代，多媒体信息的制作、发布、传输、使用等重要环节无一不与网络紧密相连，开放的网络技术使得多媒体信息在网络上的交流越来越方便快捷，而互联网这个"复杂巨系统"在为多媒体信息提供便捷的传输和交互平台的同时，也逐渐暴露出诸多隐患。数字化的多媒体信息很容易被复制、删除、剪切、拼接、篡改甚至伪造，从而破坏了多媒体信息的机密性、完整性、可信性、可控性和可用性。互联网开放式的 IP 机制使得攻击者可以轻易获得网络重要节点的 IP 地址、冒用合法 IP 地址对用户或重要网络节点发起漏洞扫描、窃听或者截获用户数据并进行恶意修改。据报道，拉登等恐怖分子就采用信息隐藏技术在 Internet 上散布消息、筹集资金、组织恐怖袭击等。

　　移动通信技术的飞速发展，宽带无线接入技术和智能终端制造技术的不断成熟，促进了移动互联网、物联网和云计算等大量新技术的不断涌现和快速发展，人们迫切希望能够随时随地甚至在移动过程中都能够方便地从互联网络获取各种信息和服务。由于存在多种不同的网络接入方式，移动互联网不但具有传统 IP 互联网所面临的安全威胁，同时还面临着许多新的挑战。不法分子可以通过破解空中接口接入协议，监听和盗取在空中接口传递的多媒体信息；大量恶意软件程序发起拒绝服务攻击会大量占用移动网络资源，导致通信网络信息堵塞；隐私敏感信息的泄漏与移动支付过程中的安全威胁更是直接关系到用户的个人利益。

　　综上所述，多媒体通信的安全问题与国家安全、社会稳定、人民利益紧密相关，我们在享受科技进步带来的便利的同时，也需要更加谨慎和警惕随之而来的安全问题。

11.1.1　加密技术

　　信息安全离不开密码学，作为信息安全的关键技术，密码学可以提供信息的保密性、完整性、可用性以及抗抵赖性。加密技术采用复杂的数学计算方法，将原始信息转变成不规则的加密信息，从而防止信息的非授权泄密，提供对信息来源的鉴别，保证信息的完整性和不可否认性。

1. 密码学的基本概念

密码学(Cryptology)在公元前 400 多年已经产生,人类使用密码的历史几乎与使用文字的时间一样长。从密码学的发展历程来看,密码学可以分为以字符为基本加密单元的古典密码学和以信息块为基本加密单元的现代密码学。在第一次世界大战前,重要的密码学进展很少出现在公开文献中。

密码系统是用来对消息进行加密、解密的系统,可以用(明文、密文、密钥、加密算法、解密算法)这样一个五元组来表示。

(1) 明文:没有进行加密,能够直接代表原文含义的信息,通常用字符 m 来表示;

(2) 密文:经过加密处理之后隐藏原文含义的信息,通常用字符 c 来表示;

(3) 密钥:加/解密变换过程中的参数,通常用字符 k 来表示;

(4) 加密算法:将明文变换成密文的变换函数,相应的变换过程称为加密,可以形式化地表示为 $c = E(k, m)$;

(5) 解密算法:将密文恢复成明文的变换函数,相应的恢复过程称为解密,可以形式化地表示为 $m = D(k, c)$。

数据加密的基本思想是通过变换信息的表示形式来伪装需要保护的敏感信息,使非授权者不能了解被保护信息的内容。在现代网络安全技术中,经常使用密码学来辅助完成敏感信息的传递等相关问题。加密技术主要从以下几个主要方面保护信息的安全性。

(1) 机密性(Confidentiality):仅有发送方和指定的接收方能够理解传输的报文内容,窃听者可能会截取到加密以后的报文,但是不能还原出原始的明文信息。

(2) 鉴别(Authentication):发送方和接收方都应该能够证实通信过程所涉及的另一方,能够对对方的身份进行鉴别,即第三者不能冒充通信的对方。

(3) 完整性(Integrity):发送方和接收方除了可以互相鉴别对方的身份,还需要确保其通信的内容在传输过程中未被改变。

(4) 不可否认性(Non-repudiation):对于接收到的报文需要证实其确实来自所宣称的发送方,发送方也不能在发送报文以后否认自己发送过该报文。

如上所述,现代密码学能够从机密性、完整性、不可否认性等多方面提供对信息及其通信过程的保护,并已经被广泛应用于以下的技术环节。

(1) 数字签名:依据密码学的方法,由信息的发送者根据信息的内容使用自身的私钥产生无法伪造的一段数字串,除发信人之外其他任何人都无法产生该签名,收信人则以发信人的公钥进行数字签名的验证。

(2) 数字信封:依据密码学的方法,使用收信人的公钥对某些机密资料进行加密,收信人接收到以后再使用自己的私钥解密而读取机密资料。除了拥有该私钥的人之外,任何人即使拿到该加密过的信息都无法解密,就好像那些资料是用一个牢固的信封装好,除了正确的收信人之外没有人能拆开该信封。

(3) 安全回条:收信人按照约定的方法对接收到的信息内容计算所得的结果,将此结果以收信人的私钥进行数字签名之后送回给发信人,一方面确保收信人收到的信息内容正确无误,另一方面也使收信人不能否认已经收到原信息。

(4) 安全认证:每个用户在产生自己的公钥之后,向某一公认可信的安全认证中心申请注册,由认证中心负责签发凭证,以保证个人身份与公钥的对应性与正确性。

2. 加密算法

1) 对称加密算法

对称加密算法也称单密钥算法或私钥加密算法,它是指加密过程与解密过程采用相同的密钥,如图 11-1 所示。

典型的对称加密算法有 DES、IDEA 等。以 DES(Data Encryption Standard)为例,该算法是由 IBM 于 1977 年提出的,并被美国国家标准局宣布为数据加密的标准。DES 主要用于民用敏感信息的加密,密钥长度为 56 位,明文和密文为 64 位分组长度;加密和解密除密钥编排不同外,使用同一算法;其运算过程只使用了标准的算术和逻辑运算,运算速度快,通用性强,易于实现。主要被应用于民用敏感信息的计算机网络通信、电子资金传送系统、用户文件保护和用户识别等。DES 的加密过程如图 11-2 所示。

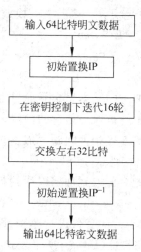

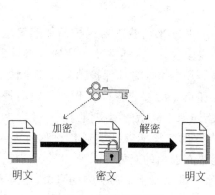

图 11-1 对称加密算法   图 11-2 DES 加密算法过程

DES 算法具有对称加密算法的主要优点,体现在算法简单、易实现、速度快、通用性强、被加密的数据块长度可以很大等。但是此类算法的密钥位数少、保密强度较差、密钥在加密方和解密方之间传递和分发必须通过安全通道进行,而且当网络用户数量很大时,用户需要保存的密钥数量太多(如图 11-3 所示)。1998 年 7 月,电子前沿基金会(EFF)使用一台

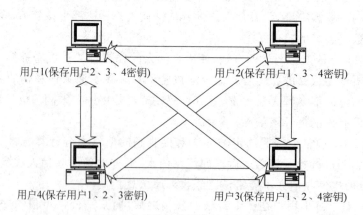

图 11-3 对称加密算法的密钥分发

25 万美元的计算机在 56 小时内破译了 56 比特密钥的 DES。1999 年 1 月 RSA 数据安全会议期间,电子前沿基金会用 22 小时 15 分钟就宣告破解了一个 DES 的密钥。

2) 非对称加密算法

非对称加密算法是指加密过程与解密过程采用不同的密钥,且由其中一个不容易推导出另外一个,也称为双密钥算法或公开密钥算法,如图 11-4 所示。

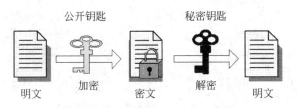

图 11-4 非对称加密算法

典型的非对称加密算法是 RSA 算法,该算法由美国麻省理工学院的 Ron Rivest、Adi Shamir 和 Len Adleman 于 1977 年研制,被誉为整个编码学历史上最大的变革。RSA 算法是一种分组密码,基于数学函数而不是基于替代和置换,更重要的是它用到两个不同的密钥,一个用于加密,一个用于解密。如图 11-5 所示,是 RSA 算法的过程示例。

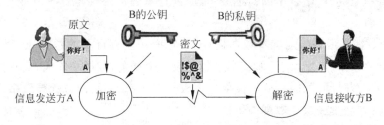

图 11-5 RSA 算法示例

假设 A 想给 B 发送一个报文,A 可以使用 B 的公开密钥加密这个报文并进行传输;B 收到这个报文之后使用自己的保密密钥(私钥)来进行解密;其他所有收到这个报文的人都无法解密报文的内容,因为只有正确的接收方 B 才拥有适当的私有密钥。RSA 算法的安全性基于分解大整数的困难性,该算法既可以应用于数据加密,又可被用于数字签名等场合,已被许多标准化组织(如 ISO、ITU、IETF 和 SWIFT 等)接纳。

非对称加密算法的主要特点是算法复杂、速度慢、被加密的数据块长度不宜太大,另外公钥在加密方和解密方之间传递和分发不必通过安全通道进行。公钥密码学的出现解决了密钥分发的问题(如图 11-6 所示),使得大规模的安全通信得以实现。

3) 混合加密方法

对称密钥加密算法的特点是算法简单、加/解密速度快,但是密钥数量过多不便于管理与分发;非对称密钥加密算法较为复杂、加/解密速度慢,但是密钥管理简单;将上述两种加密方法结合起来,便形成了混合加密方法。

例如可以先采用对称加密算法对明文信息进行加密传给接收者,算法实现简单且加/解密速度很快;再将对称加密的密钥用接收者的公钥加密后进行传输,公钥数据量较小,使用非对称加密算法不会太费时。接收端先使用自己的私钥解密得到对称加密的密钥,再进而使用对称加密的密钥解密得到明文信息,从而实现了数据的保密传输。

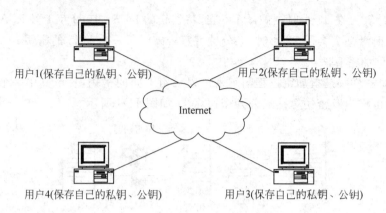

图 11-6　非对称加密算法的密钥分发

3. 加密技术的局限性

长期以来,以密码学为基础的加密技术作为信息安全的核心技术之一,为信息的传输、存储和管理提供了多种可能的方案。加密技术将明文数据转变成密文数据,使得在网络传输过程中非法拦截者无法从中获取信息,从而达到保密的目的。然而随着计算机软/硬件技术的飞速发展和通信、网络技术的长足进步,加密技术的局限性也逐渐暴露出来,主要表现在以下几个方面。

(1) 加密算法一般是针对文本数据设计的,它把一段有意义的数据流(明文)转换成看起来杂乱无章的数据流(密文)。而多媒体数据流结构复杂、数据量庞大,对它们进行加密需要一个较长的加密时间,同时接收者需要一个较长的解密时间,两方面导致多媒体通信中较长的等待时间,不利于多媒体数据的传播。

(2) 多媒体文件的存储和传输采用较为特殊的格式,这种特殊的消息格式使得多媒体通信不能进行选择性的加密。而且传统加密技术不支持流式传输,使得加密后的数据与多媒体传输及预览服务不兼容。

(3) 加密技术提供保护的主要手段是使得秘密信息不可读,虽然秘密信息的真实内容在加密以后得以掩盖,但其存在性却是显而易见的。加密以后的多媒体信息往往表现出乱码特征,很容易引起攻击者的察觉并以此为依据展开对密文的破译和对发送者、接收者的攻击。而多媒体传输的信道往往是开放的或者是容易入侵的,即使攻击者不能破解密文也能够轻易拦截秘密信息,甚至还有可能予以摧毁或干扰通信的进行。因此,通过加密技术来维护多媒体信息的安全已经面临着非常严峻的挑战。

(4) 加密技术以当前计算上不可行的数学难题为基础,而"计算上不可行"在时间和空间上具有相对性,随着数学理论和计算技术的不断发展和进步,原有的"计算上不可行"问题终有可能变得"可计算"。随着计算机硬件技术的迅速发展,具有并行计算能力的破解技术日益成熟,仅仅通过增加密钥长度来达到增强安全性的方法越来越不适应计算和传输的要求,因此加密技术始终存在被破解的潜在危险。

面对上述的问题,单纯依靠加密技术来保护多媒体通信过程中的信息安全性已经远远不能满足实际的需求。以下几节将介绍其他流行的多媒体信息安全技术。

11.1.2 信息隐藏

在信息化社会里,信息媒体的数字化已经成为信息保存和交换不可或缺的手段。信息媒体的数字化为信息的存取与传输提供了极大的便利性,同时也显著提高了信息表达的效率和准确度。信息的方便和快捷的传输和交换,极大改善了人们的生活。但是与此同时,信息的安全性也开始面临前所未有的威胁。人们的隐私以及一些重要的商业及军事信息比以前更容易受到侵犯。在人们借助计算机、数字扫描仪、打印机等电子设备方便、迅捷地将数字信息传递到世界各地时,信息每时每刻都面临着被窃取和篡改的可能。

信息隐藏技术(Information Hiding)利用人类感官系统的冗余特点,在不影响宿主载体感官质量的前提下,将秘密信息(文本、图像、音频、视频等)隐藏到宿主载体中进行传送,达到"明修栈道、暗度陈仓"的通信效果。相比于传统的加密技术,信息隐藏技术不仅隐藏了秘密信息的内容(不可读性),而且掩盖了隐秘信息存在的事实(不可见性),实现了从"看不懂"到"看不见"的转变,为信息提供了更好的安全保护。

1. 信息隐藏技术简介

信息隐藏技术的历史悠久,一般认为其前身是古老的"隐写术",早在公元前 1500 年古希腊文中就已经描述了"Covert Writing"的概念。古希腊历史学家 Herodotus(B. C. 486—425)在其著作 *The Histories* 中就曾记载了在波斯人统治古希腊时期,奴隶主 Histaieus 将起事的秘密消息刺在奴隶的头皮上,进行隐秘传递而获得起义成功的案例。很多书籍和影视作品中也不乏利用"化学药剂"在纸张、布料、木料等具有"潜隐"特性的载体上进行隐写的例子。这种隐写人的肉眼通常无法看见,但当使用某些适宜的化合物或者通过光、电、热、汽等物理方法处理时就能使隐秘信息显现出来。

近代历史上为了满足"情报战"的需要,也涌现出许多令人惊叹的巧妙设计。例如"二战"期间,一位德国女间谍将军事情报按事先约定的方式巧妙地"融入"乐谱之中,并通过电台演奏公开地将情报传递出去;德国情报机关还曾经利用微缩照相方法,将秘密情报制成很薄的显微点膜片,并将其"埋藏"在书报杂志或普通信件中的某个字符上进行传递等。

步入信息化社会的今天,数字化多媒体技术和计算技术的高速发展为古老的隐写术注入了新的生机和活力。现代信息隐藏技术已逐渐发展成为一种全新的信息安全手段,并引起了世界各国的广泛关注。认知科学的飞速发展为信息隐藏技术奠定了生理学基础,人眼的色彩感觉和亮度适应性、人耳的相位感知缺陷等都为信息隐藏的实现提供了可能的途径;另一方面,信息论、密码学等相关学科又为信息隐藏技术提供了丰富的理论资源;多媒体数据压缩编码与扩频通信技术的发展为信息隐藏提供了必要的技术基础。上述各方面的条件促使信息隐藏技术的研究范围从单一的以文本、图像为载体的信息隐藏逐渐发展成为以音频、视频甚至流媒体等为载体的信息隐藏,从以隐写术和数字水印为主的应用方法研究逐步拓展为与信号处理、信息与编码理论、智能计算、优化理论等学科理论和技术相结合的全面应用研究。

随着相关技术的发展,信息隐藏已经逐渐成为一门独立的学科,其研究范围也在不断扩大。目前,信息隐藏技术研究的领域可以分为基础理论研究、应用基础研究和应用研究三个层次。基础理论研究的目的是建立信息隐藏的理论框架、解决隐藏信息量分析、隐蔽性描述等基本理论问题;应用基础研究的主要方向是针对图像、声音、视频等多媒体信号,研究相应的信息隐藏与解码算法,以及能抵御变形、滤波、裁剪、色彩抖动、有损压缩等攻击行为的鲁棒数字水印技术;应用研究以信息隐藏技术的实用化为目的,目前主要是将信息隐藏技术应用于数字水印系统,研究各种标准多媒体数据文件格式的水印算法。水印应用研究特别要面向 Internet 上广为使用的各种数据文件,包括 BMP 位图图像、JPEG 压缩图像、MPEGZ 压缩视频、WAV、MIDI、MP3 音频文件、AVI 及三维动画文件等格式。还包括信息隐藏、信息的产权认证、信息访问的合法身份认定等,其研究范围则涉及密码术、图像处理、模式识别、多媒体、生物仿真、信息处理、数学和计算机科学等领域。

信息隐藏技术的主要作用在于提供数字媒体的版权保护及确保媒体数据的完整性。随着网络时代的快速发展,信息隐藏技术将会被广泛应用到下列诸多应用领域当中。

(1)军队和政府的一些特殊情报机构需要隐蔽的通信手段。在一些特殊应用环境下,即使对传输的秘密信息内容进行了加密,利用现代手段仍然能够对这些敏感信号进行检测并做出快速反击。基于此,军方通信往往采用诸如发散谱调制或者大气散射等传递技术,保证信号不易被敌方发现或者干扰。

(2)犯罪分子和非法组织也会利用隐蔽通信手段进行隐蔽通信。根据有关报道国外的恐怖组织有的时候就是利用信息隐藏技术来进行秘密通信联络的。与此同时,各种执法与反情报机关等也关注并研究这些技术以及它们的弱点,从而达到发现和跟踪隐藏信息的目的。

(3)数字作品的知识产权保护也用到了信息隐藏技术。数字作品(如计算机美术、扫描图像、数字音乐、视频、三维动画)的版权保护是当前的热点问题,由于数字作品的复制、修改非常容易,而且可以做到与原作完全相同,所以原创者不得不采用一些严重损害作品质量的办法来加上版权标志,而这种明显可见的标志很容易被篡改。数字水印利用信息隐藏原理使版权标志不可见或不可听,既不损害原作品又达到了版权保护的目的。目前,用于版权保护的数字水印技术已经进入了初步实用化阶段,IBM 公司在其“数字图书馆”软件中就提供了数字水印功能,Adobe 公司也在其著名的 Photoshop 软件中集成了 Digimarc 公司的数字水印插件。然而实事求是地说,目前市场上的数字水印产品在技术上还不成熟,很容易被破坏或破解,距离真正的实用还有很长的路要走。

(4)商务交易中的票据防伪也用到了信息隐藏技术。随着高质量图像输入输出设备的发展,特别是精度超过 1200dpi 的彩色喷墨、激光打印机和高精度彩色复印机的出现,使得货币、支票以及其他票据的伪造变得更加容易。据美国官方报道,仅在 1997 年截获的价值 4000 万美元的假钞中,用高精度彩色打印机制造的小面额假钞就占 19%,这个数字是 1995 年的 9.05 倍。目前,美国、日本以及荷兰都已开始研究用于票据防伪的数字水印技术。其中麻省理工学院媒体实验室受美国财政部委托,已经开始研究在彩色打印机、复印机输出的每幅图像中加入唯一的、不可见的数字水印,在需要时可以实时地从扫描票据中判断水印的有无,快速辨识真伪。另一方面,在从传统商务向电子商务转化的过程中,会出现大量过渡性的电子文件,如各种纸质票据的扫描图像等。即使在网络安全技术成熟以后,各种电子票据也还需要一些非密码的认证方式。数字水印技术可以为各种票据提供不可见的认证标志,从而大大增加了伪造的难度。

(5)信息隐藏技术在声像数据的隐藏标识和篡改提示中也有应用。数据的标识信息往往比数据本身更具有保密价值,如遥感图像的拍摄日期、经纬度等。没有标识信息的数据有时甚至无法使用,但直接将这些重要信息标记在原始文件上又很危险。数字水印技术提供了一种隐藏标识的方法,标识信息在原始文件上是看不到的,只有通过特殊的阅读程序才可以读取。这种方法已经被国外一些公开的遥感图像数据库所采用。此外,数据的篡改提示也是一项很重要的工作,现有的信号拼接和镶嵌技术可以做到"移花接木"而不为人知。因此,如何防范对图像、录音、录像数据的篡改攻击是重要的研究课题。基于数字水印的篡改提示是解决这一问题的理想技术途径,通过隐藏水印的状态可以判断声像信号是否被篡改。

(6) 使用控制:这种应用的一个典型例子是 DVD 防复制系统,即将水印信息加入 DVD 数据中,这样 DVD 播放机即可通过检测 DVD 数据中的水印信息而判断其合法性和可复制性,从而保护制造商的商业利益。

(7) 隐蔽通信及对抗:数字水印所依赖的信息隐藏技术不仅提供了非密码的安全途径,还实现了网络情报战的革命化发展。网络情报战是信息战的重要组成部分,其核心内容是利用公用网络进行保密数据传送。由于经过加密的文件往往是混乱无序的,更容易引起攻击者的注意和恶意跟踪、攻击。网络多媒体技术的广泛应用使得利用公用网络进行保密通信有了新的思路,利用数字化声像信号相对于人类视觉、听觉的冗余,可以进行各种信息隐藏,从而实现隐蔽通信。

2. 信息隐藏技术的原理

信息隐藏是把一个有意义的秘密信息(例如软件序列号、密文或版权信息)通过某种嵌入算法隐藏到载体信息中从而得到隐秘载体的过程。通常载体可以是文字、图像、声音和视频等,而嵌入算法也主要利用了多媒体信息的时间或空间冗余性和人对信息变化的掩蔽效应。信息隐藏后,非法使用者无法确认该载体中是否隐藏了其他信息,也难以提取或去除所隐藏的秘密信息。隐秘载体通过信道到达接收方后,接收方通过检测器利用密钥从中恢复或检测出隐藏的秘密信息。

信息隐藏虽然继承了信息加密的一些基本思想,但其目的并不是限制资料信息的交流存取,而在于保证隐藏信息不被察觉和破坏。信息隐藏不但隐藏了信息的内容,而且隐藏了信息的存在性;而信息加密则是将信息完全变为密文,没有密钥的人难以获取机密资料,一旦被解密则信息就完全变成明文,对信息的保护作用也随之消失。传统的加密方法会引起攻击者的注意,攻击者可以在破译失败的情况下将信息破坏,使合法的接收者无法阅读信息内容。

1) 信息隐藏技术的分类

图 11-7 给出了现代信息隐藏技术的主要分支情况。

隐蔽信道特指系统存在的一些安全漏洞,通过某种非正常的访问控制操作能够形成隐秘数据流,而基于正常安全机制的软硬件并不能察觉和有效控制。

隐写术是对进行秘密通信的技术的总称,通常是把秘密信息嵌入或隐藏到其他不易引起怀疑的数据当中。隐写的目的是在信息交换双方之间建立一个隐蔽的通信,潜在的攻击者不知道这个通信的存在性。隐写方法通常依赖于第三方不知道隐蔽通信存在的假设,主要用于互相信任的双方之间点到点的秘密通信。隐写技术可以有多重含义:一是信息内容隐蔽,二是信息的存在性隐蔽,三是信息的发送方和接收方隐蔽,四是传输的信道隐蔽。隐写术一般不要求鲁棒性,数据可以采用明文传递,也可以采用密文传递。一般分为基于语义的隐写和基于技术的隐写。

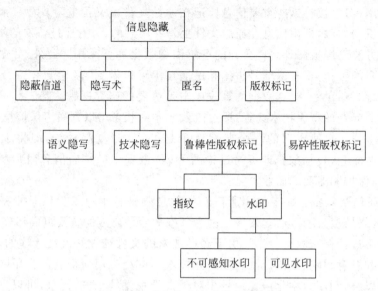

图 11-7　现代信息隐藏的主要分支

　　匿名通信是指设法隐藏消息的来源(即消息的发送者和接收者),有时是发送方或接收方中的一方,有时两方都需要被匿名。例如,网上浏览关心的是接收方的匿名,而电子邮件用户则关心发送方的匿名。

　　版权标识是指作者可以用来向创作出的数字作品中加入不易使人觉察但可以辨别的版权标记,以达到版权保护的目的。版权标识系统中的标识信息可以是一个商标、一个序列号或是一种防止未授权用户直接复制的方法。数字水印就是向被保护的数字对象(如静止图像、视频、音频的信号、文本等)中嵌入某些能证明版权归属或跟踪侵权行为的信息,可以是作者的序列号、公司标志、有意义的文本和图画等。同隐写术不同,水印信息要求具有能够抵抗攻击的鲁棒性。即使攻击者知道隐藏信息的存在,并且水印算法的原理公开,对于攻击者来说要毁掉嵌入的水印信息仍是十分困难的(在理想情况下是不可能的)。如果不考虑鲁棒性的要求,水印技术和隐写技术在处理本质上是基本一致的,但是对水印技术鲁棒性的要求使得水印算法能够在载体宿主数据中嵌入的信息要比隐写技术少。

　　2) 信息隐藏系统一般模型

　　信息隐藏系统一般可以用如图 11-8 的模型表示。

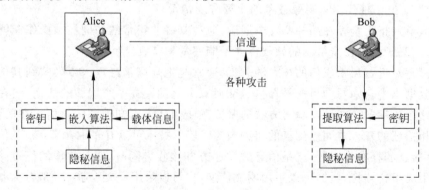

图 11-8　信息隐藏系统原理

　　隐秘信息是指需要被隐藏在载体中的对象,一般都是需要保存或传输的真实信息,需要在信息的提取过程中被恢复出来。由于载密对象在传输过程中有可能受到各种攻击,因此在提取过程中只能正确恢复原始信息对象的一部分。

　　载体信息是指用于隐藏被嵌入信息的载体,隐秘信息附着在载体对象上进行传输。一个载体对象上面可以隐藏一个或多个隐秘信息,载体对象的选择对隐藏真实信息的效果具有很重要的作用,在有些信息隐藏系统中需要载体对象才能够将隐秘信息提取出来。

　　密钥是指在信息隐藏过程中可能需要的附加秘密数据,通常需要在隐藏过程中对隐秘信息利用密钥进行加密,而在提取过程中则需要利用密钥对待提取的隐秘信息进行解密,密钥的加入确保了隐藏对象信息的绝对安全。

　　信道是载密信息传输的通道,一般指现代因特网(含有线网和无线网),当然还可以是各种专用信息传输通道,例如军队专用网、政府专用网和金融专用网。当载密信息在信道上进行传输时,往往会遇到传输信道上各种各样的干扰、破坏和检测,包括各种噪声、电平突变、软件提取与检测、信息篡改和欺骗等。

　　信息隐藏技术目前有两个重要的实用研究方向:隐蔽通信和数字水印。二者的本质是相同的,差别是考虑的侧重点不同。隐蔽通信侧重于隐藏数据量和秘密性,对隐藏信息的鲁棒性要求不太高,即使隐藏的信息有所丢失也不会造成信息的泄密。而数字水印则对攻击有较高的鲁棒性要求,与加密技术不同,数字水印技术本身并不能阻止盗版行为的发生,但它可以识别对象是否受版权保护以及受何种版权保护,从而达到监视被保护数据的传播、进行真伪鉴别、解决版权纠纷、为法庭提供证据等目的。如图 11-9 所示是一个通过数字图像水印技术保护图像版权信息的简单示例。

　　(a) 原始的载体图像　　　　(b) 原始水印图像　　　　(c) 嵌入水印后的载体图像

　(d) 添加噪声的载体图像　　(e) 加噪后恢复的水印　　(f) 部分剪切的载体图像　　(g) 剪切后恢复的水印

图 11-9　数字图像水印技术示例

11.1.3 数字签名

在日常生活中,为了解决抵赖和欺骗的问题,政府的文件、命令和条约,商业中的契约以及个人之间的书信等,均使用手写签字或印章以便在法律上认证、核准、生效,保证各方的利益。把这个原理应用在网络传输的数字信息上就是数字签名技术。随着无纸化办公的发展,计算机网络的安全越来越受到重视,防止信息被未经授权的泄漏、篡改和破坏等都是亟待解决的问题。在 Internet 上,数字签名作为一项重要的安全技术,在保证数据的保密性、完整性、可用性、真实性和可控性方面起着极为重要的作用。

2004 年 8 月 28 日,十届全国人大常委会第十一次会议表决通过《中华人民共和国电子签名法》,首次赋予可靠的电子签名与手写签名或盖章具有同等的法律效力,并明确了电子认证服务的市场准入制度。这是我国第一部真正意义上的电子商务法,是我国电子商务发展的里程碑。它的颁布和实施必将极大地改善我国电子商务的法制环境,促进安全可信的电子交易环境的建立,从而大力推动我国电子商务的发展。

1. 数字签名的基本概念

简单地讲,所谓数字签名就是附加在数据单元上的一些数据,或是对数据单元所作的密码变换。这种数据或变换只有信息的发送者才能产生,别人无法进行伪造,因而是对信息发送者发送信息真实性的一个有效证明,允许数据单元的接收者用它来确认数据单元的来源和完整性,并保护数据防止被其他人(例如接收者或者攻击者)进行伪造。

数字签名技术是对电子形式的消息进行签名的一种方法,其实现过程就是对消息进行摘要计算,再利用数字证书提供的密钥文件达到利用计算机数据签章的效果。数字签名是通过一个单向函数对要传送的报文进行处理后得到的,用以认证报文来源并核实报文是否发生变化。

数字签名机制作为保障网络信息安全的手段之一,可以解决信息的伪造、抵赖、冒充和篡改等问题。数字签名机制的主要功能可以归纳为以下几个方面。

(1) 防伪造:其他人不能伪造对消息的签名,只有签名者自己知道私有密钥,所以其他人无法构造出正确的签名结果数据。各用户保存好自己的私有密钥,就好像保存自己家门的钥匙一样。

(2) 可鉴别身份:传统的手工签名一般是双方直接见面的,身份自然可以一清二楚,而在网络环境中,接收方必须能够鉴别发送方所宣称的身份。

(3) 防篡改:采用传统的手工签字,假如要签署一本 200 页的合同,仅仅在合同末尾签名对方会不会偷换其中几页? 而在数字签名技术中,签名与原有文件已经形成了一个混合的整体数据,不可能被篡改,从而保证了数据的完整性。

(4) 防重放:在日常生活中,假设 A 向 B 借了钱并同时写了一张借条给 B,当 A 还钱的时候,肯定要向 B 索回他写的借条并销毁,不然 B 可能会再次拿借条要求 A 还钱。在数字签名中,如果采用了对签名报文添加流水号、时间戳等技术,可以防止上述的重放攻击。

(5) 防抵赖:如前所述,数字签名可以鉴别身份,不可能冒充伪造。那么,只要保存好签名的报文,就好似保存了手工签署的合同文本,也就是保留了证据,签名者就无法抵赖。那如果接收者确已收到对方的签名报文,却抵赖没有收到呢? 要预防接收者的抵赖,在数字签名体制中,要求接收者返回一个自己签名的表示收到的报文,如此操作后双方均不可抵赖。

（6）机密性：有了机密性保证，截收攻击也就失效了。手工签字的文件（如合同文本）是不具备保密性的，文件一旦丢失，文件内容就极可能被泄露。数字签名技术可以加密要签名的消息，即便被非法的攻击者截获了传输中的数据，在不知道加密密钥的前提下，也很难破解出消息的真实含义。

2. 数字签名的原理

数字签名技术是加密技术与数字摘要技术的综合应用，数字签名是通过密码技术对电子文档单向运算产生的数据流，而非书面签名的数字化图像。图 11-10 和图 11-11 简要描述了数字签名技术的原理过程。假设 Alice 要向 Bob 传送数字信息，为了保证信息传送的保密性、真实性、完整性和不可否认性，需要对传送的信息进行加密和数字签名，其传送过程可以描述为在发送端和接收端两个部分的内容。

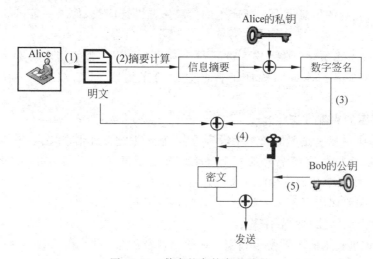

图 11-10　数字签名的发送过程

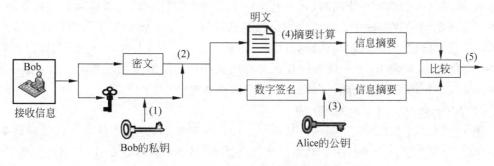

图 11-11　数字签名的接收验证过程

1）在发送端

（1）Alice 准备好要传送的数字信息（明文）；

（2）Alice 对数字信息进行数字摘要运算（一般多选用单向哈希函数），得到一个信息摘要；

（3）Alice 用自己的私钥对信息摘要进行加密，得到 Alice 的数字签名，并将其附在数字信息之后；

（4）Alice 再随机产生一个加密密钥，用此密钥对待发送的信息进行加密，形成密文；

（5）最后 Alice 使用 Bob 的公钥对刚才随机产生的密钥进行加密，将加密后的密钥连同密文一起传送给 Bob。

2）在接收端

（1）Bob 收到 Alice 传送来的密文和加密过的密钥，首先采用自己的私钥对加密的密钥进行解密；

（2）然后 Bob 用解密的密钥对收到的密文进行解密，得到明文的数字信息；

（3）接下来 Bob 用 Alice 的公钥对 Alice 的数字签名进行解密，得到信息摘要；

（4）Bob 用相同的哈希算法对收到的明文再进行一次哈希运算，得到一个新的信息摘要；

（5）Bob 将收到的信息摘要和新产生的信息摘要进行比较，如果一致，说明收到的信息没有被修改过。

从上述过程不难看出，数字签名过程是个加密的过程，数字签名的验证是个解密的过程。采用数字签名技术同时验证了传输数据的完整性、通信双方的真实性和不可否认性。

3. 数字签名的实现方法

目前，能够实现数字签名的技术手段有很多，基于生物特征信息、公钥密码体制、私钥密码体制等都可以获得数字签名。随着 Internet 和电子商务的迅猛发展，数字签名已成为 Internet 和电子商务中必不可少的安全处理技术。为了适应特定领域对数字签名的特殊需求，许多新的数字签名方案不断被提出，主要包括以下几个研究方面。

1）基于生物识别技术的数字签名

基于生物识别技术的数字签名利用人体生物特征的唯一性，作为数字签名中身份鉴别和防抵赖的信息。可利用的生物特征信息主要有：指（趾）纹信息、掌纹信息、虹膜信息、声音信息、面部图像信息等。使用时，首先由识别系统对生物特征进行取样和数字化处理，形成数字代码存储于数据库中；需要进行身份鉴别时，由识别系统获取生物特征并与数据库中的特征值进行比对，从而达到认证的目的。日常生活中，利用生物识别技术可以防止盗用 ATM、蜂窝电话、智能卡、个人计算机及其计算机网络；在网络金融交易时进行身份认证；在建筑物或工作场所取代钥匙、证件、图章和卡阅读器等，应用十分广泛。

2）基于传统加密技术的签名方案

基于公钥密码体制和私钥密码体制都可以获得数字签名，这类方法既可以实现数据的保密传输，又可以实现数字签名。典型的代表算法有：RSA 签名方案、ElGamal 签名方案、基于 PKI（公钥基础设施）的数字签名方案等。其安全性主要依赖于大素数的分解问题、计算有限域上离散对数的难度和可信任的第三方机构 CA（Certificate Authority），此类算法成熟度较高，是目前比较成熟的世界通用的电子签名技术。

3）高效、安全的数字签名算法

这一方向主要研究新的数字签名算法，使其拥有更高的运行效率、更好的安全强度、较短的传输长度和简单易于实现的算法过程。当前这方面的研究集中在利用椭圆曲线和离散对数等数学理论的公钥加密算法及其签名算法方面。以椭圆曲线上的有理点构成的阿贝尔群为基础建立的椭圆曲线密码体制，是一种基于代数曲线的公钥密码体制。它具有短密钥、高安全性的特点,与其他密码体制相比,椭圆曲线密码体制在同等安全强度下可以使用长度小得多的密钥及分组长度。与其他密码编码体制相比,椭圆曲线密码体制不是建立在超大整数分解和素域乘法群离散对数问题等数学难题之上,而是建立在更难的椭圆曲线离散对数问题之上,因而椭圆曲线密码体制及相关的数字签名算法引起了人们广泛的兴趣,成为研究的热点。

4) 收方不可否认数字签名

在普通的数字签名方案中,发送者不能否认自己曾经发送过的消息,而对于接收方却没有任何约束,这样就可能存在两种情况:第一,接收方已经阅读了消息,事后却否认自己曾接收过该消息(例如接收方接收并阅读到了一条对自己不利的消息,然后将它销毁,并否认自己曾经接收过该消息)。第二,接收方故意拖延阅读时间,以做出对自己更有利的决定。能够解决上述问题的一种签名方案是不可否认数字签名,接收端对签名的验证过程必须在合法的发送者的参与下使用确认协议(confirmation protocol)来完成,同时发送者也可以使用否认协议(denial protocol)来证明签名是伪造的。

5) 盲签名

一般情况下,人们总是先知道文件的内容,然后再进行签名。而在某种情况下,用户需要让签名者对明文消息文件进行数字签名,而又不希望签名者知晓明文消息文件的具体内容,这就需要盲数字签名(Blind Signature)。盲签名是一种特殊的数字签名方法,相对于一般的数字签名而言,盲签名过程中签名者和认证者都不能看到明文消息,只能通过签名来确认文件的合法性,无论是签名者还是认证者,都不能将盲签名与盲消息对应起来。由于具有消息内容的保密性以及盲签名与原消息的概率无关等特征,盲签名方案较好地保护了通信消息的隐私,具有较为广泛的应用前景。目前已经被应用在基于 Internet 的匿名金融交易(如匿名电子现金支付系统)、匿名电子拍卖等系统中。

6) 门限签名

在某些情况下,需要由一组用户来进行数字签名,这种情况下的数字签名被称为"门限签名"或"群签名"(threshold signature)。门限签名的生成必须由多个成员合作才能完成,签名所用的私钥由一个组内的多个用户共享,但验证只需要知道群体的公开密钥即可进行。门限签名方案的作用主要是防止来自内部或外部对签名密钥的攻击,它一方面可以提高数字签名代理的有效性,另一方面可以防止密钥被伪造,使攻击者更难获得签名所用的私钥。

7) 面向流信息的数字签名

传统的签名方案是面向消息的,接收端在收到全部信息之后才能对签名进行验证。然而,流信息是很长的(可能是无限长)位序列,例如数字视频、数字音频、数据流及 java applet 程序等。接收者必须一边接收消息,一边获取消息内容,不能有延迟。如果让接收者收到全部信息之后再进行验证是不现实的。对这种流信息进行签名包括两种情况:一种是发送端已知信息是有限长的(例如电影),另一种是发送端不知道信息的长度(可能是无限长,例如广播)。这种对流信息的签名技术还能应用于其他领域,例如在通信代价高时对长文件的高效验证,这时可以将基于数字签名的过滤器装在代理服务器上。

11.1.4　数字取证

随着计算机技术的飞速发展,计算机犯罪也在不断增加,特别是计算机新技术的出现,可能使计算机系统的安全性问题变得比以前更为严重。这使得我们处于一个两难的境地，一方面现实世界依赖计算机系统的程度越来越高，另一方面计算机系统的安全性问题越来越突出。在计算机技术、应用和产业最为发达的美国，计算机犯罪非常猖獗。据美国 AB 联合会调查和专家估计，近年来美国每年因计算机犯罪所造成的经济损失高达 150 亿美元。随着我国的科技发展，近年来我国的计算机违法犯罪案件也一直呈上升趋势。据中国公安部公共信息网络安全监察局调查，1998 年立案侦查计算机违法犯罪案件仅为百余起；1999 年增至 400 余起；2000 年剧增为 2700 余起，比上年增加了 5 倍；到 2003 年涨到近万起，逐年上升 70% 以上，近几年的速度明显有增大的趋势。

1. 数字取证的定义及作用

数字取证技术是伴随计算机技术、网络技术等数字技术而发展的一个新兴领域，它源自计算机取证，是从计算机中收集和发现证据的技术，现在已经发展到包含所有与数字技术相关的取证领域。传统的计算机取证主要以计算机作为研究对象，被定义为对计算机数据的保护、识别、提取、归档及解释。然而，随着计算机技术和移动互联网技术的发展，与数字技术相关的犯罪已不单单局限在计算机以及网络等领域，手机、PDA、MP3 等也成为计算机犯罪取证调查中新的数字设备。因此，为了更好促进对涉及数字技术的犯罪进行取证调查，将这种扩大的计算机取证称为数字取证。

有很多研究机构给出了数字取证的定义，其中比较典型的是数字取证研究工作组（Digital Forensic Research WorkShop，DFRWS）给出的定义：为了重建数字犯罪过程，或者预测并杜绝有预谋的破坏性未授权行为，通过使用科学的、已证实的理论和方法，对源于数字设备等资源的数字证据进行保存、收集、确认、识别、分析、解释、归档和陈述等活动过程。

与数字取证密切相关的是数字证据，它是指在计算机、网络、手机等数字设备的运行过程中形成的，以数字技术为基础的，能够反映数字设备运行状态、活动以及具体思想内容等事实的各类数字数据或信息（如文本、图形、图像、动画、音频及视频），系统日志、防火墙与入侵检测系统的工作记录、反病毒软件日志、系统审计记录、网络监控流量、电子邮件、操作系统文件、数据库文件和操作记录、软件设置参数和文件、完成特定功能的脚本文件、Web 浏览器数据缓冲、历史记录或会话日志、实时聊天记录等。相比于传统的证据，数字证据有以下突出的特点。

（1）数字证据同时具有较高的精密性和脆弱易逝性。一方面，数字证据以技术为依托，很少受主观因素的影响，能够避免其他证据的一些弊端，例如证言的误传、书证的误记等；另一方面，由于数字信息是用二进制数据表示的，以数字信号的方式存在，而数字信号是非连续性的，故意或因为其他差错对数字证据进行的变更、删除、剪接、截收和监听等，从技术上讲很难查清。

（2）数字证据具有较强的隐蔽性。数字证据在计算机等数字系统中可存在的范围很广，使得证据容易被隐藏。另外，由于存储、处理的过程中数字证据以二进制编码形式存在，无法直接阅读。一切信息都由编码来表示并传递，使得数字证据与特定主体之间的关系难以按照常规手段确定。

（3）数字证据具有多媒体性。数字证据的表现形式是多样的，尤其是多媒体技术的出现更使数字证据综合了文本、图形、图像、动画、音频及视频等多种媒体信息，这种以多媒体形式存在的数字证据几乎涵盖了所有传统证据类型。

（4）数字证据还具有收集迅速、易于保存、占用空间少、容量大、传送和运输方便、可以反复重现、便于操作等特点。

研究数字多媒体取证技术对于确保多媒体数据的可靠性有着极其重要的意义，它是多媒体数据造假的对抗手段，起到了反制、威慑的作用，是司法的关键环节、物证鉴定的拓展。数字多媒体取证技术主要包括数据信息的恢复和信息内容的分析等。以数字图像取证技术为例，数字图像的广泛应用推动了数字图像处理学科的快速发展，很多十几年前需要专业摄影师在暗房中操作数日的图像处理工作，如今只需要打开图像处理软件轻松点击鼠标即可实现。科技这把双刃剑在带给我们便利的同时也带来了一个严峻的问题——照片内容可以轻易被篡改，图像内容和来源的真实性受到质疑。

近年来国内外图片造假事件层出不穷，最引起轰动的事件莫过于 2007 年被炒作得沸沸扬扬的"华南虎"事件。事件起因是 2007 年 10 月陕西农民周正龙宣称拍到并提供了一组绝迹多年的野生华南虎照片，该组照片当时就遭到多方的质疑，但是苦于取证技术不够先进，没有有效的手段立即辨别真伪。直到 2008 年义乌年画印刷厂证实，周正龙提供的照片中的华南虎系依据该厂印刷的年画翻拍得到，本次事件最终被定性为"真照片、假老虎"。

2. 数字取证技术简介

数字取证技术是指在取证调查过程中，在相关理论指导下，使用合法、合理、规范的技术或手段，保证针对计算机等数字设备取证的正确进行，同时产生真实、有效的结论。数字取证技术主要有主动取证和被动取证两个研究方向。以数字图像取证技术为例，它的发展可以追溯到 20 世纪 90 年代初。理论上讲，每对数字图像进行一次操作都必然会留下痕迹，相关研究人员正在试图采用不同方法检测这些操作。例如 2005 年首届华赛摄影大赛金奖作品《广场鸽注射禽流感疫苗》涉嫌造假，通过进一步的检测发现，照片背景中的几组广场鸽出现雷同现象，作者涉嫌通过复制原始照片中的鸽子粘贴到图像中其他部位以烘托整个照片氛围。这类篡改被称为复制-粘贴操作，由于此类操作会使图像中出现相同或相似的图像块，可以对图像分块后提取特征进行逐块比对，当两个块特征的相似度大于某个阈值则被认定为可疑区域。2007 年《大庆晚报》摄影记者刘为强的 CCTV 新闻图片十佳铜奖作品《青藏铁路为野生动物开辟生命通道》亦被查出涉嫌造假。研究人员发现照片中的两个重要元素，即奔跑的藏羚羊和行驶的火车是由两幅画拼接而成的。再如，由于图像内容需要符合透视规律，篡改者拼接照片时必然需要对拼接块以不同倍率进行缩放，而图像缩放引入的插值操作会使图像中相邻像素的相关性增大，且和缩放倍率成正比关系。通过度量这种相关性大小可以估计缩放因子，当图像中检测出不同缩放因子时即可认定图像疑似拼接。2004 年美国大选期间，出现总统候选人克里和反越战影星的合影照片，科研人员分别对照片中两人的脸部特征进行建模，估计入射光方向，事后证明此照片确系对立政党的诋毁之作。

数字图像取证技术尚处于起步阶段，目前已经总结出不少的经验和方法，尽管如此，取证工作仍然存在一些难题。例如数字图像主动取证对待认证图像的范围的限制、对嵌入水印的鲁棒性要求、水印信息存储和认证的要求等条件，限制了数字图像主动取证技术的研究和应用。而数字图像盲取证技术也面临一些问题，例如对训练样本的依赖性较强，而针对性的、非统计特性取证算法的适应性都较弱，只能针对某一种篡改手段进行取证。目前盲取证技术的应用对象都存在一定的局限性，例如只能针对高质量、未经压缩的照片图像才能发挥作用。大多数取证算法是在很多约束下成立的,其准确率、精确程度和实用性远远无法达到支撑司法依据的标准,与数字实用化还相差甚远,这仍是一个艰巨而长远的任务。

目前的取证调查技术多数是为了解决数字取证调查中的实际问题而发展起来的技术,没有进行充分的验证,缺乏相应的理论基础。以下简要介绍一下不同种类的取证分析技术。

1) 基于取证过程模型的分析技术

此类取证分析技术的初衷是从数字取证调查过程的角度出发,根据相应的取证过程模型将取证分析技术划分为:识别类、保存类、收集类、检查类、分析类、出示类这六种。由于缺乏相关理论指导取证技术分类,这种分类的不足之处在于不能涵盖所有的取证分析技术种类。比如,文件系统取证分析技术是数字调查中的重要分析技术,它包含 NTFS 文件系统取证分析、FAT 系列文件系统取证分析、移动设备文件系统等,但是在这个分类体系中却没有说明。

2) 基于数字设备运行历史模型的取证分析技术

该技术最早由 Brain Carrier 提出,他从数字设备的运行历史角度对数字取证分析技术进行分类。其主要思想是计算机等数字设备在运行中包含一个历史过程,该过程中存在事件和状态的序列。因此在数字取证过程中,可以根据事件和状态的序列集合进行分析。按照数字设备运行历史模型,可以将数字取证分析技术分为:通用调查过程、历史周期、原子存储系统配置、原子事件系统配置、原子状态和事件定义、复杂存储系统配置以及复杂事件系统配置。有关详细的分类技术可以参考相关文献。

3) 基于存储介质的取证分析方法

存储介质主要包括硬盘、光盘、软盘、Zip 磁盘、U 盘、内存以及其他形式的存储介质。该方法围绕存储介质中证据的获取、保护、传输以及分析等进行取证调查。按照介质中数据的生命周期,该方法可以分为基于永久性存储介质的取证分析和基于易失性内存的取证分析两类。前者的典型代表是磁盘取证,后者是内存取证等,其具体分析过程依赖于存储介质中的文件系统结构、原理以及内存中的进程结构等。

3. 数字取证的工具

进入 21 世纪后,对数字取证技术系统深入的研究工作促进了数字取证产业的迅猛发展,逐渐涌现出大批优秀的取证公司和相应的取证工具,这些都为打击计算机违法犯罪提供了有效的工具。开展犯罪调查工作时,一般现场勘查阶段需要应用在线取证工具、硬盘复制机、手机取证工具等获取本地或远程的数据,并采取有效的校验工具及时将证据固定。实验室证据检查阶段需要首先恢复删除数据、修复损坏数据、还原隐藏文件、扫描加密文件对其进行文件解密,校验文件签名是否正确。证据分析阶段最为复杂,需要根据具体案情制定相应的调查方案,有针对性地选取计算机法证工具对数据源进行比对、搜索、分析等。

1) 现场勘查阶段的取证工具

应用在现场勘查阶段的工具主要有在线取证工具和一些硬件类数字取证工具。在线取证工具主要用于及时收集系统进程信息、注册表信息、账户列表及密码、计算机网络设置、屏幕截图、内存数据、加密分区、聊天记录和账户密码、电子邮件及账户密码、上网记录、手机同步记录等数据内容。服务于在线调查取证的免费工具和开源工具较多,例如 First Responders Evidence Disk (FRED)、Incident Response Collection Report (IRCR)、Helix、Windows Forensics Toolchest (WFT)、Computer Online Forensic Evidence Extractor

(COFEE)等。此种方法的缺点在于可能造成内存中、硬盘中过多的信息被覆盖,影响取证效果。另外,在运行的系统下获取镜像,将有可能造成系统死机,破坏证据的完整性。硬件类的数字取证工具主要有硬盘复制机、写保护接口硬件、数据擦除设备等。典型的代表产品有 Dossir、TD1、Quest、HardCopy、SOLO、SuperSonix 等主流硬盘取证产品,WeibeTech 公司和 Tebleau 公司的写保护接口硬件设备,Hammer 硬盘擦除机、DriveWiper 硬盘擦除机等专用设备。

2) 证据检查阶段的取证工具

与硬件类取证工具相比,数字取证工具软件的使用贯穿于整个案件调查过程。取证工具软件分为两大类:单一功能的取证工具和专业司法分析工具。前者主要包括数据恢复类工具、密码破译工具、日志分析工具、通信记录分析工具、电子邮件分析工具等;专业法证工具多为上述功能的整合,可用于发现、分析和展示犯罪的电子证据。

数据恢复工具可以将已删除的文件进行恢复,恢复不同程度的数据破坏,以及将不可见区域的数据进行呈现。内存数据恢复是取证技术研究的热点,因此内存数据还原、对格式化介质数据的恢复、多媒体文件数据恢复是此类工具的主要作用。WinHex、Data Extractor、PC-3000、Easyrecover、Finaldata 以及国内推出的 Data Compass 软件都是数据恢复的利器。

在收集涉案电子数据时,常常会碰到文件加密的情况,此时就需要强有力的密码破解软件,用以对不同格式、不同文件或系统的密码破解。典型代表有俄罗斯专业密码破解公司 ElcomSoft 的产品、Passware 软件和美国 AccessData 公司的密码破译工具 PRTK (Password Recovery Toolkit)等。

专用计算机法证工具是指能够为执法部门提供全面、彻底的计算机数据获取、分析和发现能力的软件,分析结论受到法院的认可。Guidance EnCase 是最早开发的法证工具,也是目前使用最为广泛的计算机法证工具,具有证据获取、处理、深度取证分析、案例归档的功能,并一向以其独有的挖掘潜在证据的能力而闻名。美国 AccessData 公司的 FTK (Forensic Toolkit)提供了强大的搜索功能,被公认为世界上对文件、电子邮件分析的首选软件。德国 X-ways 公司的 X-ways Forensics 也是较为出色的计算机法证工具,与 WinHex 软件的紧密结合,使其具备强大的数据恢复功能和数据分析功能,可以对特定文件类型进行恢复、察看并完整获取 RAM 和虚拟内存中的运行进程、可以从磁盘或镜像文件中收集信息等。澳大利亚 Nuix 公司的 FBI Forensic Desktop 被评为世界领先的电子邮件及电子数据图形化分析工具,已经成为专业的海量电子数据分析工具,通过分析服务器/多工作站的协同工作,可以对各种数据进行分类、预览。

总体来说,数字取证技术及其工具在近年间取得了较快的发展,这些出色的数字取证工具已经被广泛应用在各国的计算机犯罪调查工作中。但是法律实施部门迫切需要保证数字取证工具的可靠性,即要求取证工具稳定地产生准确和客观的测试结果。而目前的数字取证领域中有大约 150 个取证工具,其中很少是根据取证标准和规范进行研制的。甚至比较有名的专业取证软件产品,比如专业取证软件公司 NTI (New Technology Inc)开发的系列取证产品、ENCASE 产品等,多数是根据取证实践经验进行研制的。许多开源的取证软件产品,如 dd、TCT、The Sleuth Kit 等产品也是如此。为了获取更加具有法律效力的取证结果,美国国家标准与技术研究院(National Institute of Standards and Technology)制定了计算机取证工具测试计划 (Computer Forensic Tool Testing),其目标是通过开发通用的工具规范、测试过程、测试标准、测试硬件和测试软件建立用于测试计算机取证软件的方法。该测试方法基于一致性测试和质量测试的国际方法,符合 ISO/IEC17025:1999(能力测试和校准实验室)的一般要求。

11.2 多媒体信息的存储安全

11.2.1 多媒体数据库的安全

多媒体技术的迅速发展使得在越来越多的应用领域都要涉及多媒体数据的存储和访问,例如电子商务、数字图书馆、电子政务、远程教育、健康医疗、家庭娱乐等方面。多媒体数据库(Multimedia Database,MDB)就是一个由若干多媒体对象所构成的集合,这些数据对象按一定的方式被组织在一起,可为其他应用所共享。由于多媒体数据具有集成、独立、大数据量、实时、交互、非解释、非结构性等特点,多媒体数据库系统中大量数据集中存放,为许多用户直接共享,使得其安全性问题更为突出。作为储存大量多媒体信息的仓库,多媒体数据库的安全性直接关系到多媒体业务的正常开展和用户的切身利益。

1. 多媒体数据库的安全风险

数据库的安全性是指保护数据库以防止不合法的使用造成数据泄露、更改或破坏。常规数据库系统主要基于被检索数据和查询数据的精确匹配来检索对象,而多媒体数据库系统则基于存储项和查询的特征抽取向量之间的相似度来检索对象。分布式多媒体数据库系统中存在许多潜在的安全风险。

(1)非授权用户很容易弄清楚用户在 Internet 等公开网络上检索的信息是什么,即用户的私密性得不到维护。

(2)非法者可以较容易地篡改数字音频、图像和视频内容,因此多媒体信息可能不再是真实的。

(3)在保持质量不变的情况下,非法者可以较容易地复制数字音频、图像和视频,造成对多媒体信息的版权侵犯。

2. 多媒体数据库系统的安全措施

出于商业机密和个人隐私等原因,多媒体信息用户可能不想让别人知道他们搜索和下载的信息是什么。为此,多媒体数据库系统应当为用户提供保密性和私密性。在很多情况下,用户需要知道获得的多媒体数据是否是原始数据,未经干扰或者欺骗,并来自于一个声明的信息源,因此多媒体数据库系统应当能够提供这种验证机制。对于多媒体信息系统的作者而言,需要一种方式保护他们的权利,多媒体数据库系统应当提供适合该目的的工具。为了实现上述的多媒体数据库安全保障,在分布式多媒体数据库系统中有必要采取适当的措施,开展如下的一些安全服务。

1)多媒体加密

在多媒体信息环境下,数字音频、视频、图像等文件的规模较大,所以在选择合适的加密技术时需要面临一个进退两难的境地:私钥加密速度快但不够安全,而公钥加密安全但速度很慢。解决这一问题的方案是在通信过程中将两种加密技术的优势相结合,使用私钥加密技术加密真实的信息(包括音频、图像和视频),同时使用公钥加密技术传输用于加密的私钥。举例来说,假设一个服务器想把一幅图像安全地发送到一个客户机上,服务器可以使用私钥为 Ks 的密钥加密技术对待发送的图像进行加密,然后使用客户机的公钥运用公钥加密算法加密 Ks,再把加密过的图像和加密过的密钥 Ks 发送给客户机;当客户机接收到这些加密信息时,首先使用它的私钥对加密过的 Ks 进行解密,然后使用 Ks 解密该图像消息。由于密钥 Ks 通常要比图像数据量少得多,因而这种加密和解密方法是非常有效的。

2) 身份认证

身份认证意味着消息是从它所宣称的真正发送者发出的,而且未被人篡改过。身份认证可以通过私钥加密和公钥加密两种方法来实现。

可以使用私钥加密技术加密整个信息,由于假定只有通信双方知道密钥,因此如果接收者用密钥对消息进行解码,则可以证明消息和发送者是真实的。但是,该方法的问题是如何在通信双方之间共享密钥。

在用公共密钥进行加密时,发送者使用自己的密钥加密消息,然后使用接收者的公钥再次对加密消息进行加密。通过这样的做法,可以取得私密性和身份认证。但是,当待传输的消息很大时,尤其是本节所讨论的多媒体数据,该认证方法不是很有效。为此,可以引入一个散列函数来解决上述效率低下的问题。散列函数把可变长的消息转化成一个较小的固定长度消息摘要,不同的消息产生不同的消息摘要。散列函数是一个单向的过程,因此可以把消息转化成一个摘要,但是反过来却不能通过摘要恢复出原始的消息。为了实现身份认证,发送者可以产生要发送消息的摘要,然后把摘要与消息一起发送给接收者;接收者使用发送者所使用的同一散列函数计算接收到消息的摘要,如果新计算的摘要与接收到的摘要相同,则认为该消息是真实的。

3) 版权保护

数字媒体的一个优点就是在不损失质量的情况下可以很容易地对它们进行复制。但是该优点也给信息提供者带来了一个问题:人们可以在不遵守版权规则的条件下随意复制他们的著作。在数字世界中,版权保护是一个复杂的问题,如何证明一个具体著作(例如一幅数字图像)的拥有者和原创者,需要一些特殊的技术手段。常用的方法是使用数字水印。如前所述,数字水印技术可以把一个不可见的标签、印记或签名(称为水印)加入到图像、音频或者视频当中。当对媒体作品的版权发生争执时,可以通过抽取嵌入的印记或签名以证明拥有者的合法性。数字水印技术的挑战性在于,数字媒体不但需要在公开的网络环境下进行传输、存储和处理,还有可能需要面对媒体的二次加工或者开发。为了使水印能够适用于上述操作,在有意或无意地修改情况下也能够恢复出水印信息,水印的添加和提取方法必须对数字媒体的过滤、缩放、剪裁、压缩等正常操作具备鲁棒性,同时也要能够应对假冒和删除等恶意攻击。

4) 安全多级访问控制

多媒体数据涉及各种个人隐私、敏感数据等信息,应该进行重点保护并研制相应的、配套的、新型的多媒体数据库安全多级访问控制模式。访问控制主要是保护多媒体数据资源不能被非法用户系统所访问,把不同的权限分配给相关的合法用户,保证在权限范围内执行多媒体数据的有效性。主要可以从以下方面进行考虑。

(1) 在进行身份辨别方面,主要包括如何辨别网络环境下的用户身份,判断的主要依据是根据身份强度函数计算出身份强度值,参考综合属性因素,对于系统中给定的身份表进行比较,在身份强度值低于系统阈值情况下就判断为非法用户,反之就为合法用户,这样就能进行有效区分,直接拒绝非法用户的访问。

(2) 在查询引擎方面,主要功能就是对用户的访问控制请求进行有效接收,然后在一定引擎搜索的授权下对多媒体数据库进行检索,经过检索完毕以后就可以把结果反馈给用户。同时,用户要想更好访问相关的被授权的多媒体,并且具有一定的效率,就应该采用多媒体数据库层次索引结构,使用相关的多媒体数据库映射方法才能达到上述的目标。

5) 入侵检测

数据库的入侵检测技术主要是针对数据库的非法使用或违规的运行进行检测,首先制定出一套计算机程序并保存在现有的数据库中。当出现数据库入侵时,就会产生与预先留下的计算机程序不相符的记录,然后做出分析并采取有效的防御措施,将计算机数据库受到的伤害减少到最低。多媒体数据库的访问控制和入侵检测技术需要从庞大的多媒体数据和实时交互的多媒体数据访问过程中检测出细微的差错和不明的程序,并对其进行隔离、保护,这给多媒体数据库的安全带来了难题,有关访问控制和入侵检测技术的介绍见本节后续内容。

11.2.2　访问控制

伴随着计算机网络技术的不断发展,资源共享已经成为不可避免的趋势,在多用户同时访问一种资源的情况下,如何保护资源不被非法访问和修改成为目前计算机安全领域研究的重点内容。访问控制技术是一种目前流行的保护各类资源的安全防护技术。通过设置合理的访问控制策略,对用户访问资源的权限进行限制,防止非法访问资源,保护共享资源的安全,是访问控制技术研究的主要内容。

访问控制技术作为信息安全保障机制中的核心内容,能够实现数据的保密性和完整性,保障系统的安全。在信息安全领域,特别是面向军事、商业应用的安全领域,访问控制是不可或缺和相当关键的。

1. 访问控制的概念

访问控制被定义为:网络系统在认定主体后,借助访问策略对访问主体进行检验,把客体访问控制在相对安全的范围内。通常的访问控制模型主要包括三个要素:主体、客体和访问控制策略。主体是指资源访问请求的申请者,如用户、进程等;客体是指被访问的资源或对象,如文件、设备等;访问控制策略是资源所有者制定的一套判定某一主体是否有权限访问某个客体的规则。从抽象的角度讲,访问控制模型的数学表达是一个二维矩阵,每一个主体和客体都对应唯一的访问控制策略。表 11-1 说明了主体、客体与访问控制策略的对应关系。

表 11-1　主体、客体和访问控制策略的对应关系

	客体 1	客体 2	客体 3	……
主体 1	策略 1	策略 3	策略 2	……
主体 2	策略 3	策略 4	策略 2	……
主体 3	策略 4	策略 1	策略 5	……
……	……	……	……	……

访问控制技术包含两大部分:授权控制与身份认证。授权控制是为了检验和核实唯一存取路径(例如个人姓名、主题)并确认该存取路径的选择是否恰当,从而确保访问数据库的一致性而采取的一组规则或程序。身份认证顾名思义就是对主体进行信息确认,认定其身

份的准确性,从而确定该用户是否具有对某种资源的访问和使用权限,进而使得访问控制策略能够可靠、有效地执行,防止攻击者假冒合法用户获得资源的访问权限,保证系统和数据的安全,以及授权访问者的合法利益。主体身份认证在整个网络安全中起到先决作用。

2. 访问控制技术的分类

访问控制技术的一般原理可以用图 11-12 表示。

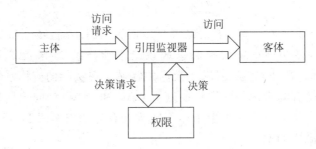

图 11-12 访问控制的原理

随着计算机科学技术的发展,特别是互联网的发展,访问控制技术已经深入到信息安全系统的各个领域当中。在短短 30 多年的发展中,先后出现了很多重要的访问控制技术,包括自主访问控制(Discretionary Access Control,DAC)、强制访问控制(Mandatory Access Control,MAC)和基于角色的访问控制(Role-Based Access Control,RBAC)。

1) 自主访问控制(DAC)

自主访问控制技术是在 20 世纪中应用最广泛的访问控制技术。它的基本思想是基于访问者身份或访问者所属工作组进行权限的控制。信息资源的拥有者可以自主地将对该资源的访问权限授予其他用户以及回收这些权限,系统中一般利用访问控制矩阵来实现对访问者的权限控制,如表 11-1 所示。自主是指主体能够自主地(也可能是间接的)将访问权或访问权的某个子集授予其他主体。由于 DAC 具有易用性和可扩展性,所以被广泛地应用在工业和商业环境当中。

DAC 主要存在两个方面的缺陷:第一,DAC 只适合用户规模较小的应用系统,因为当应用系统的数量很多时,访问控制矩阵会变得很庞大,用户检索会变得效率很低。用户权限发生变化时,访问控制矩阵也要做相应的修改,而访问控制矩阵是个大矩阵,修改起来很麻烦。第二,DAC 中用户可以自主把权限转移给其他用户,也可以撤销别人的权限,这存在着较大的安全隐患。自主访问控制能够通过授权机制有效地控制其他用户对敏感数据的存取,这种方法能够控制主体对客体的直接访问,但不能控制主体对客体的间接访问(利用访问的传递性,A 可以访问 B,B 可以访问 C,于是 A 可以访问 C)。由于用户对数据的存取权限是自主的,用户可以自由地决定将数据的访问权限授予何人,在这种授权机制下可能存在数据的无意泄漏。比如,甲将自己权限范围内的某些数据存取权限授权给乙,甲的意图是只允许乙本人操作这些数据,但甲的这种安全性要求并不能得到保证,因为乙一旦获得了对数据的权限,就可以将数据备份为自身权限内的副本,并在不征得甲同意的前提下传播副本,或者将权限继续授予丙等其他人。

2) 强制访问控制技术(MAC)

强制访问控制技术主要应用于军方领域,该模型根据主客体的敏感度将主体和客体划分为不同的安全级别,通过主客体的安全级别来决定主体对客体的访问权限,本质上是一种基于格的非循环单向信息流技术。在 MAC 中,主体没有主动权,只能按照系统的访问模型服从控制,所以称这种访问技术为强制访问控制。

MAC 技术中,根据主体的信任度划分安全级别,根据客体的敏感度来划分密级。当主体访问客体的时候,通过比较主体的安全级和客体的密级来确定主体是否可以访问客体。MAC 的访问控制规则是信息流由低安全级别向高安全级别流动,任何违反信息流流向的操作都是被禁止的。

MAC 技术也只适用于一些专有的或者小规模的应用系统。因为 MAC 过度强调客体的机密性和完整性,强制性的访问控制造成系统不能连续工作,授权可管理性差,因此 MAC 比较适用于保密性和完整性要求比较高的领域。在实际的应用系统中,一般是 DAC 技术和 MAC 技术结合起来使用。用户通过了 DAC 和 MAC 访问限制后,主体利用 DAC 来阻止其他用户对客体的攻击。由于主体不能改变客体的安全级别,所以主体利用 MAC 控制其他客体不能滥用 DAC。

3) 基于角色的访问控制(RBAC)

为了弥补 DAC 和 MAC 的不足,许多访问控制都以 MAC 和 DAC 为模板,设计更符合实际应用的访问控制模型。20 世纪 90 年代末,美国 NIST 提出了一种新的访问控制模型——基于角色的访问控制模型。

RBAC 模型的基本思想是在用户与权限之间引入了角色的概念,系统先将权限分配给角色,用户通过获取角色来获得对应的访问权限。这种思想与现实的生活紧密相连,在实际应用中,多个用户的工作职责相同,他们所拥有的权限也一样,如果采用传统的访问控制模型,系统需要为每一个用户依次分配权限;而采用 RBAC 访问控制模型,则只需要为这些用户分配同一个角色,然后为这个角色分配相应的权限就可以了。当系统中用户的职责发生变化时,RBAC 模型只需要为用户分配新的角色,而不需要为他重新分配权限,这样减小了系统的开销,降低了授权管理的复杂度。

角色是基于角色的访问控制的核心元素,用户的权限由角色来描述,角色代表的是权限的集合。用户与角色之间是多对多的映射关系,角色与权限之间也是多对多的映射关系,因此一个用户可以拥有多个角色,而一个角色对应多个用户。

RBAC 的基本模型如图 11-13 所示,该模型主要包括用户、角色和权限三个元素。其中,U 表示访问控制的主体,可以是人也可以是程序或进程;R 表示角色,代表着应用系统中的一种职责和权利;P 表示主体对客体进行的一个或多个访问操作。在 RBAC 模型中,如果 U 没有分配任何角色,是不能进行任何访问活动的;U 所授予的角色必须经过授权;如果 U 进行访问活动,则 U 必须拥有相应的角色才行。

图 11-13 RBAC 基本模型

11.2.3 入侵检测

随着网络和通信技术的发展,基于网络的计算机应用系统已经成为信息技术发展的主流,包括个人、企业与政府的全社会信息共享已经逐步成为现实。网络的开放性在提供便捷的信息获取的同时,也带来了遭受各种非法使用和恶意攻击的危险性。为了解决这个问题,国内外很多研究机构做了很多工作,例如数据加密技术、身份认证、数字签名、防火墙、安全审计、安全管理、安全内核、安全协议、网络安全性分析、网络信息安全监测等方面的研究。虽然使用了以上的各种技术来提高信息系统的安全,但是它们仍不足以完全抵御入侵。入侵检测系统作为安全防御的最后一道防线,能够检测各种形式的入侵行为,是安全防御体系的一个重要组成部分。

1. 入侵检测技术简介

1987年,Dorothy E Denning提出入侵检测系统(Intrusion Detection System,IDS)的抽象模型,首次将入侵检测的概念作为一种计算机系统安全防御问题的措施提出,与传统加密和访问控制的常用方法相比,IDS是一种全新的计算机安全措施。早期的IDS系统都是基于主机的系统,即通过监视与分析主机的审计记录检测入侵。为了检测用户对数据库的异常访问,在IBM主机上用COBOL开发的Discovery系统可以说是最早期的IDS雏形之一。1990年,Heberlein等人提出了基于网络的入侵检测(Network Security Monitor,NSM)概念,NSM与此前的IDS系统最大的不同在于它可以通过在局域网上主动地监视网络信息流量来追踪可疑的行为。

从定义上来讲,入侵检测系统主要是通过监控网络与系统的状态、行为以及系统的使用情况,来检测系统用户的越权使用以及系统外部的入侵者利用系统的安全缺陷对系统进行入侵的企图,并根据系统表现的异常性识别入侵攻击或恶意行为的类型,以采取相应的措施来阻止入侵活动的进一步破坏。

入侵检测技术作为防火墙的合理补充,能够协助系统更好地防止网络攻击行为,使系统管理员增强安全管理的能力,同时促使信息安全结构更加完整。入侵检测技术从系统的某些关键点进行信息收集整理,然后进行分析,从而保证网络中没有违反安全策略的行为以及网络系统不会遇到袭击行为。通常而言,使用入侵检测技术可以在计算机数据库的一些关键点上进行网络陷阱设置,以便实现病毒信息以及其他攻击方法数据的搜集与分析整理工作,及时发现问题并作出反馈,以此作为入侵防范的关键手段。因此,可以说入侵检测技术某种程度上是确保网络资源、数据信息安全的重要保护手段。在入侵攻破或绕开防火墙的情况下,入侵检测技术即可充分发挥自身作用,第一时间发现网络攻击以及病毒入侵等行为,并采取及时报警、断开连接、查封IP等各种技术措施,确保网络系统能够安全稳定运行。

Denning于1987年提出一个通用的入侵检测模型,如图11-14所示。该模型由六个主要部分组成。

(1) 主体:在目标系统上活动的实体,例如用户。

(2) 目标:指系统资源,如文件、设备、命令等。

(3) 审计数据:包含活动、异常条件、资源使用状况、时标等多方面的内容。活动是主体对目标的操作,对操作系统而言,这些操作包括读、写、登录、退出等;异常条件是指系统对主体活动的异常报告,如违反系统读写权限等;资源使用状况是系统的资源消耗情况,如CPU、内存使用率等;时标是活动发生的时间。

(4) 活动简档:用来保存主体正常活动的有关信息,具体实现依赖于检测方法。在统计方法中从事件数量、频度、资源消耗等方面度量,可以使用方差、马尔可夫模型等方法实现。

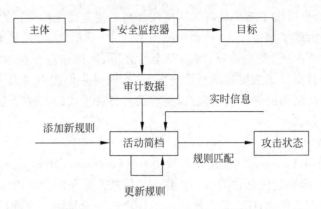

图 11-14　通用的入侵检测模型

（5）异常记录：用以表示异常事件的发生情况。

（6）活动规则：规则集是检查入侵是否发生的处理引擎，结合活动简档用专家系统或统计方法等分析接收到的审计记录，调整内部规则或统计信息，在判断有入侵发生时采取相应的措施。

2. 入侵检测技术及其方法

入侵威胁是一种未授权的潜在可能性，它会访问信息、操纵信息，或者使系统不稳定或无法使用。根据对数据分析方法的不同，入侵检测技术可以被分为误用检测和异常检测两大类。

（1）误用检测技术。该技术通常用来检测已经知道的攻击模式、入侵活动以及病毒情况等。误用检测假定所有的入侵行为都能够表达为一种特定的模式或特征，该技术通过分析已知的入侵行为，同时建立特征模型，其检测已转变成对特征或模式的匹配搜索。如果与已知的入侵特征匹配，就可认定为攻击行为。误用检测技术对已知攻击检测的准确度较高，而对新型攻击或已知攻击变体检测准确性较差。

（2）异常检测技术。异常检测技术的检测范围相对较广，它假设全部入侵者活动及病毒入侵都是恶意行为，此时系统会详细分析正常用户的活动特征、完全模型及框架的构建，再对与正常模型用户活动状态不同的行为进行数量统计，如果当前用户行为与正常行为达到一定程度偏差，就认为系统受到了攻击，所以异常检测技术的检测敏感度相对较高。

随着人们对计算机入侵检测的逐渐认识，其应用的范围也渐渐在扩大，对于检测性能的要求也不断提高，从起初的只是对单一的主机进行保护到后来的规模效应，形成一系列网络保护系统。但是大规模的网络入侵检测系统要求计算有相应的高速处理性能，这对于原先的计算机的处理能力来说是一种挑战。在面对这些问题时，往往采用分布式的结构将入侵监测系统分散处理，或使用代理技术。根据检测对象的不同，入侵检测技术可以划分成基于主机的入侵检测、基于网络的入侵检测和分布式入侵检测。

（1）基于主机的入侵检测。基于主机的入侵检测主要用来对某个单独的主机资源进行保护。它通过检测系统文件、进程记录等信息，帮助系统管理人员记录或发现攻击行为或攻击企图，以便制定相应的策略。基于主机的入侵检测准确度较高，能够检测到无明显行为特征的攻击，可以对各种操作系统进行有针对性的检测，适合用于加密和交换环境，成本低，不受网络环境影响。但其主要缺点是检测时效性较差，占用主机的资源较大，能够检测的攻击类型较少,检测效果取决于日志系统的制约,并且隐蔽性较差。

(2) 基于网络的入侵检测。基于网络的入侵检测是针对网络的发展产生的检测系统,用来保护整个网络的安全,针对的是在上网浏览下载过程中对网络信息的保护。基于网络的入侵检测技术结合防火墙使用,利用原始的网络分组数据包作为进行攻击分析的数据源,通过网络适配器来实时监控和分析所有通过网络进行传输的通信。当检测到入侵行为时,入侵检测系统通过报警、中断连接等方式做出回应。基于网络的入侵检测可以对网络上的端口进行扫描、对 IP 欺骗等常见的攻击行为进行监控,在保护多台主机的同时不影响被保护对象的性能,具有很好的隐蔽性,对入侵证据起到保护作用。其缺点是防入侵欺骗能力较差,检测受硬件条件限制较大,不能对加密后的数据进行处理等。

(3) 分布式入侵检测。分布式入侵检测采用分布式智能代理结构,由一个中央智能代理和多个分布在各地网络的地方代理组成。其中每个地方代理都负责监控网络信息流的某一方面,多个地方代理互相协作、分布检测来共同完成一项监测任务。中央代理负责调控各个地方代理的工作,从整体上完成对网络事件进行综合分析的任务。

3. 入侵检测技术的主要方法

1) 概率统计方法

概率统计方法首先要做的就是建立一个统计特征轮廓,它通常由对主体特征属性变量进行统计概率分布以及偏差等来描述,例如 CPU 的使用、I/O 的使用、使用地点及时间、邮件使用、编辑器使用、编译器使用、所创建/删除/访问/改变的目录及文件、网络活动等。这种方法的优点在于能够检测出未知的入侵行为,其缺点在于误报、漏报率高。

2) 神经网络

神经网络方法的基本思想是用一系列信息单元训练神经单元,这样在给定一组输入后,就可能预测出输出。当前命令和刚过去的 w 个命令组成了网络的输入,其中 w 是神经网络预测下一个命令时所包含的过去命令集的大小。根据用户的代表性命令序列训练网络后,该网络就形成了相应用户的特征表,于是网络对下一事件的预测错误率在一定程度上反映了用户行为的异常程度。该技术目前还不是很成熟。

3) 专家系统

早期的入侵检测系统大多采用专家系统,将有关入侵的知识转化成 if-then 结构的规则,即将构成入侵所要求的条件转化为 if 部分,将发现入侵后采取的相应措施转化成 then 部分。当其中某个或某部分条件满足时,系统就判断为入侵行为发生。if-then 结构构成了描述具体攻击的规则库,状态行为及其语义环境可以根据审计事件得到,推理机根据规则和行为完成判断工作。系统规则库的完备与否决定了专家系统的检测率和误检率。

4) 模型推理

模型推理是指结合攻击脚本推理出入侵行为是否出现。其中有关攻击者行为的知识被描述为攻击者目的、攻击者达到此目的的可能行为步骤以及对系统的特殊使用等。根据这些知识建立攻击脚本库,每一脚本都由一系列攻击行为组成。

5) 基于遗传算法的入侵检测

遗传算法是基于自然选择和进化的思想,把适者生存和随机的信息交换组合起来形成的一种搜索方法,其目的在于为问题提供最优的解决方案。入侵检测的过程可以抽象为审计事件记录定义一种向量表示形式,这种向量或者对应于攻击行为,或者代表正常行为。通过对所定义的向量进行测试,提出改进的向量表示形式,不断重复这个过程直到得到令人满意的结果。在这种方法中,遗传算法的任务是使用"适者生存"的原理,得出最佳的向量表示形式。

6）基于数据挖掘的入侵检测

数据挖掘是从大量的数据中发掘潜在的、未知的、有用的知识。把数据挖掘用于入侵检测系统易于从大量存在的审计数据中发现正常的或入侵性的行为模式。把入侵检测过程看成是一个数据分析过程,依据数据挖掘中的方法从审计数据或数据流中发现感兴趣的知识。把发现的知识用概念、模式、规则、规律等形式表示出来,并用这些知识去验证是否是异常入侵和已知的入侵。

11.3 多媒体信息的传输安全

目前,多媒体技术已经广泛应用于人们工作和生活的方方面面,但是由于多媒体信息传输的特殊要求,与之相适应的安全技术还不是很成熟,仍然存在许多不尽人意的地方,需要进一步改进和完善。多媒体信息的数据量巨大,特别是连续媒体信息源将产生大量的实时数据,即使经过压缩编码,压缩以后的数据量仍非常可观。因此,多媒体通信对网络有特殊的要求:一是带宽要求,网络必须能够提供较大的带宽,以保证较高的传输速率;二是实时传送要求,以保证视频、音频等文件的连续性。

多媒体通信网中的传输安全问题是一个十分重要的问题,之所以十分重要,主要与多媒体通信网的网络结构有关。多媒体通信网是 IP 网络,这一点与传统的电信网有极大的区别。传统电信网一般采用一个用户一个号码,用户直接与网络设备相连,因而窃听、仿冒都很困难。IP 网以总线方式工作,数据包按照分组格式进行存储和转发。由于 IP 网中存在各种各样的代理服务器,数据包在传输过程中很容易被恶意攻击者截获、窃听或仿冒。因此相比于传统电信网来说,多媒体通信网的传输安全问题就更为重要了。对传输过程中的多媒体信息进行加密,是用来保护信息安全的通用技术,本章一开始就介绍了基于加密的多媒体保护方法,以下将介绍其他的一些多媒体传输安全技术。

11.3.1 多媒体内容分发

数据分发作为现代信息系统中不可缺少的重要环节,其功能需求可划归为三个方面:建立供需关系、传递数据、构建可靠安全的分布式自组织体系。随着各种类型数据源的大量出现,多媒体信息处理系统需要将不同地点和不同时间的多媒体数据进行整合。多媒体数据分发的过程随着多媒体数据需求的多样性而变得更加复杂,多媒体数据的分发不仅需要建立通信双方之间的数据传递关系,还需要提供多媒体数据在时间、空间和功能上的扩展能力。

多媒体分发应用可以分为三种体系结构:集中式多媒体分发、基于内容分布式网络的多媒体分发和基于对等网络的多媒体分发。

1. 集中式多媒体分发

传统的集中式多媒体分发系统拥有一个多媒体服务中心,它的存在使得用户和多媒体服务提供者建立了强耦合关系,主要体现在:空间上,多媒体服务必须有明确的位置;主体上,用户必须知道谁提供了哪些服务,以便根据自身需要访问不同的服务提供者;格式上,用户必须支持特定的流媒体格式,如分辨率、采样率、编码等;资源上,用户与多媒体服务中心之间的网络链路及中心服务能力对用户的服务质量影响较大。

上述问题严重阻碍了多媒体系统在时间、空间、内容、服务方式等方面的扩展能力。为了克服上述问题,需要构建一个可扩展、可灵活配置的分布式多媒体系统。

2. 基于内容分布式网络的多媒体分发

内容分发网络(Content Delivery Network,CDN)技术通过在应用与网络间构建覆盖网,弥补了 IP 网络的诸多缺陷,为视频应用提供灵活高效的内容分发服务,被广泛应用于网络视频应用中。

基于 CDN 的多媒体分发系统通过在骨干网的边缘设立代理服务器缓存部分媒体内容来减少骨干网带宽消耗和降低用户启动延时。如图 11-15 所示,代理服务器通常部署于网络边缘,通过互联网或者广域网和媒体服务器相连,并通过接入网为一组相应用户提供服务。

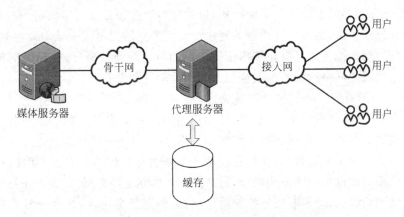

图 11-15　基于 CDN 的多媒体分发系统结构

在基于内容分布式网络的多媒体分发技术中,通常假设网络拓扑存在以下三个方面的约束。

(1) 媒体服务器处理能力的瓶颈:在多媒体应用服务系统中,由于中心媒体服务负责向广大用户提供大量的媒体对象访问服务,在访问人数较多的时候,其计算处理能力、磁盘访问带宽或者网络输出带宽的限制都有可能成为服务瓶颈,从而限制访问规模和降低服务效率。因此,代理服务器的一个研究目标就是尽量减少发往服务器的请求数目,从而达到降低服务器处理负载的目的。

(2) 网络带宽的瓶颈:在图 11-15 所示的网络拓扑中,通常认为连接客户和代理服务器的接入网络所提供的网络带宽资源可以满足用户自身的需要,传输时延可以忽略不计。而连接代理服务器和媒体服务器的骨干网网络虽然提供的带宽资源绝对量较大,但是必须满足大量用户的共享,反而容易造成网络带宽资源短缺,造成传输时延较大,成为多媒体传输的网络瓶颈。因此,代理服务器的另一个研究目标是尽可能多地直接从缓存服务器发送数据给用户,从而达到降低骨干网络带宽消耗的目的。

(3) 代理缓存服务器缓存空间的约束:代理缓存服务器的缓存空间一般是有限的,无法完全将所有的被访问的媒体对象全部复制下来,代理缓存算法的目的就是在有限的缓存空间下,合理选择缓存内容,尽可能达到减轻服务器负载和网络带宽消耗的目的。

基于内容分布式网络的多媒体分发方式以设立许多代理服务器为代价,提高了系统的整体性能。由于稳定代理服务器的存在,这种系统能够提供长久而稳定的服务,很适合那种工作时间长,稳定性要求高的应用。

3. 基于对等网络的多媒体分发系统

对等网络(Peer-to-Peer,P2P)中,每个节点保持了一些到其他节点的连接,与这些节点形成了关联关系,而整个系统靠节点之间关联而构成一定的拓扑图结构。P2P 基础设施保证节点形成连通的图结构,并在其上建立了特定的节点逻辑组织。对等网络的这种资源聚合特性非常适合媒体分发应用的需求。基于对等网络的媒体分发系统,大概可以分为两种类型:Push 类型和 Pull 类型。

1) Push 类型的对等网络媒体分发系统

Push 类型的基于对等网络的媒体分发系统通常采用应用层组播(ALM)作为解决方案,它的关键是在对等网上构建一个组播树,以组播树为路径分发媒体数据。随着节点的不断加入逐渐形成组播树,通过恢复机制处理由于某些节点的退出或失效引发的问题,利用组播组维护机制周期性地优化组播树结构使得节点的负载均衡。另外,它还借助拓扑发现机制使覆盖网与底层的网络达到匹配使得覆盖网的效率得到提高。

2) Pull 类型的对等网络媒体分发系统

在这种系统中,媒体数据不是按树状结构传递的。每个节点在整个对等网上搜索缓存有请求媒体内容的节点,并根据其接入带宽的大小,选择其中一些作为其数据源。该系统中每个节点可以从多个源获取数据,并且这些源节点是动态变化的。Pull 类型的对等网络媒体分发系统利用基础设施的路由功能,通过节点选择机制选择数据源,借助拓扑感知机制发现底层网络结构,利用拥塞控制机制控制网络状况,使用数据指定、速率分配机制实现质量自适应。

综上所述,基于对等网的多媒体分发系统是在底层的对等网上提供媒体分发的应用。对等网由许多节点组成,它们贡献出自己的部分资源,并相互协作使整个系统的性能达到最优。由于对等网可以将分散的资源聚合并利用起来,在它上建立的媒体分发系统非常适合那些有很多用户参与,很受关注的媒体分发应用,例如世界杯足球赛这类体育节目。

11.3.2 基于 SSL 协议的多媒体通信安全

安全套接字层(Secure Sockets Layer,SSL)是在 TCP 和 HTTP 之间创建的一个安全通道。在多媒体网络通信中,可以采用传输层的 SSL 协议确保多媒体信息的传输安全性。SSL 协议与应用程序无关,能够透明地保护任何运行在 TCP/IP 之上的应用程序,图 11-16 给出了 SSL 的协议栈结构。SSL 协议在应用层协议通信之前就已经完成加密算法、通信密钥的协商以及服务器的认证工作,在此之后应用层协议所传送的数据都会被加密,从而保证通信的保密性。有了

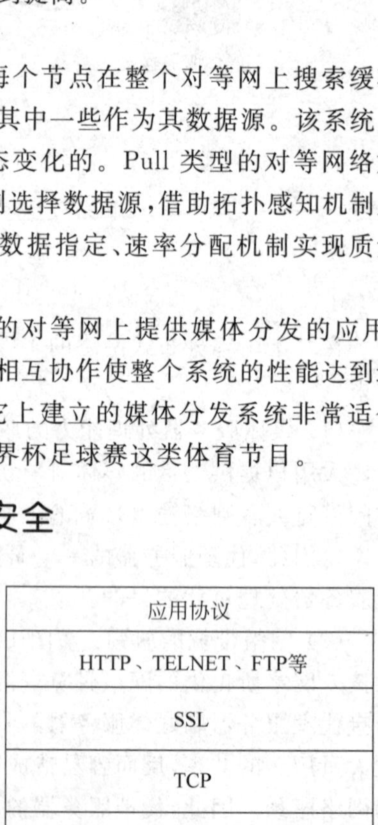

应用协议
HTTP、TELNET、FTP等
SSL
TCP
IP

图 11-16　SSL 协议栈结构

SSL 这个安全通道,在其上层的 HTTP 等事务都会因为得到了 SSL 层的保护而变得安全。

SSL 协议能够提供的安全特性有:服务器授权鉴定(必备)、客户机授权鉴定(可选)、信息的可信度和完整性。所有受 SSL 协议保护的信息都封装在 SSL 记录中,这个 SSL 记录包括格式化的包头和数据字段,在格式化的过程中采用了安全加密技术。

使用 SSL 协议实现 Internet 上多媒体通信的保密性、完整性和身份鉴别的过程主要包括以下几个步骤。

(1) 选用适当的加密算法实现传输数据的保密性。在数据机密性保护方面,SSL 协议主要采用 RC2 加密算法。该算法是由著名密码学家 Ron Rivest 设计的一种传统对称分组加密算法,它可以作为 DES 算法的替代算法,其输入和输出都是 64 比特,密钥的长度从 1字节到 128 字节可变。RC2 算法被设计为可以容易地在 16 位的微处理器上实现,在一个IBM AT 机上,RC2 加密算法的执行可比 DES 算法快两倍(假设进行密钥扩展)。

(2) 选用适当的检验机制保证传输数据的完整性。SSL 协议使用 MD5 检验机制保证多媒体信息的完整性。MD5(Message-Digest Algorithm 5)算法在 20 世纪 90 年代初由MIT Laboratory for Computer Science 和 RSA Data Security Inc 的 Ronald L. Rivest 开发,经过 MD2、MD3 和 MD4 发展而来。MD5 算法是一个将任意长度的数据字符串转化成短小而固定长度的值的单向 HASH 操作。一个 MD5 校验通过对接收的传输数据执行散列运算来检查数据的正确性,计算出的散列值拿来和随数据传输的散列值进行比较,如果两个值相同,说明传输的数据完整无误、没有被窜改过,从而可以放心使用。

(3) 选用适当的机制实现身份鉴别。SSL 协议中身份鉴别机制由 RSA 公开密钥加/解密机制和 SSL 握手协议完成。SSL 协议主要由 2 个子协议组成,即 SSL 记录协议和 SSL握手协议。SSL 记录协议用来封装不同的高层协议,提供数据验证、保密性和完整性服务。它从高层协议接收传输的应用报文,将数据分片成可管理的块,可选地压缩数据,应用MAC,加密,添加 SSL 记录首部,然后在 TCP 报文段中传输结果单元。SSL 的加密过程如图 11-17 所示。

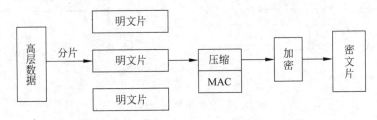

图 11-17　SSL 的加密过程

SSL 握手协议是 SSL 记录协议之上的一个主要协议,使用它的目的是在客户端和服务器之间建立一个通信过程中所要用到的协议,并选择适当的压缩方法和加密参数;同时还可以选择双方之间是否要进行认证,是否需要创建一个主密钥供以后产生会话密钥使用。通过握手协议能够保证多媒体信息传输的身份鉴别工作。

11.3.3　基于 SIP 的多媒体通信安全

基于 IP 网络的多媒体通信服务(包括 IP 电话、即时通信和视讯会议等)已经得到了长足的发展。目前在互联网中,人们使用许多应用层协议来实现多媒体通信,其中信令协议和媒体传输协议在多媒体通信系统中扮演着重要的角色。会话初始协议（Session Initiation Protocol,SIP）是一种核心的信令协议,它由互联网工程任务组（IETF）定义开发,能够适用于各种互联网多媒体通信,例如 IP 语音电话和视频会议等。相对于 H.323 协议,SIP 结构简单、使用方便,非常适合使用智能终端的用户。同时,在功能可扩充性和网络可扩展性方面,SIP 也大大优于 H.323 协议。基本上全球较大的运营商如 AT&T/Cable、MCI WORLDCOM、LEVEL 等都已转向支持 SIP 方式。在北美和欧洲,多数新的方案都选用 SIP,比较典型的例子是微软的 Windows Messenger 和 MSN Messenger。国内的服务商在考虑新网络的时候也基本开始采用 SIP,例如北电网络的 Succession IMS 方案、爱立信（中国）的 ENGINE 方案以及中国电信的"互联星空"宽带应用平台都采用了 SIP 技术。

1. 基于 SIP 的多媒体业务系统

基于 SIP 的多媒体业务系统安全框架如图 11-18 所示。其中,代理服务器是整个服务器系统 SIP 消息的进入点和转发站;重定向服务器通过响应告诉客户下一跳服务器的地址,然后客户根据此地址向下一跳服务器重新发送请求;认证服务器实现 SIP 中的注册和本地服务功能,它保存着每个用户的注册信息;多点处理单元（MCU）主要处理多点业务;网关（GW）是 SIP 系统与其他网络之间的网关;防火墙/NAT 用于企业内部网络的地址转换和安全防护。

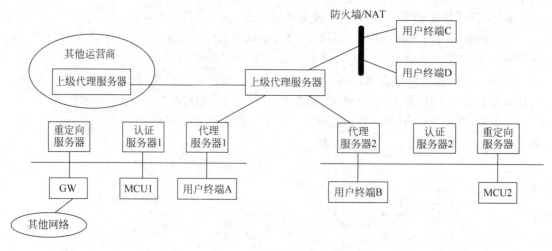

图 11-18   SIP 系统安全框架图

代理服务器在 SIP 系统中的作用相当于 H.323 系统中的网关,在整个 SIP 系统安全体系中起着重要作用,它作为 SIP 消息进入整个系统的进入点,负责收集认证信息,并把认证请求发给认证服务器。代理服务器可以分级管理,从而组建大规模运营网络。

SIP 系统主要实现的安全功能包括:信令的完整性与不可抵赖性,媒体的加密,支持终端用户集中认证方式,保证终端别名注册的安全性和终端呼叫信令的安全性。SIP 系统的安全保证主要采用 RFC3261 和 RFC2327 中规定的机制,利用密钥加密和数字签名等技术来实现。SIP 系统能够实现点到点的通信安全保证,要求通信双方知道一个共享的密钥,或者采用数字证书。对终端来说,用户往往只有一个密码,一般放在集中的认证服务器进行集中认证。

RFC3261 中规定 SIP 系统的安全认证机制主要有两种：End-to-End 机制和 Hop-by-Hop 机制。End-to-End 机制是一种高层安全认证机制，主要包括 Http Digest Authentication、PGP 和 S/MIMN 等认证方法。Hop-by-Hop 机制是一种传输层安全认证机制，主要包括 TLS、IPSec 等安全协议。两种机制相比较而言，End-to-End 机制主要依赖请求中双方共享出来的加密键值，典型的例子是发送的消息使用接收者的公开密钥加密，这样只有接收者才能读到该消息。但是因为代理服务器需要检查 To 和 Via 等头域以便 SIP 请求能够被正确地路由，SIP 请求（或者响应）不能作为一个整体进行 End-to-End 的加密。Hop-by-Hop 机制能对整个 SIP 请求（或者响应）进行加密，这样包检漏器或者偷听者就不能看到主叫和被叫，但是代理服务器仍能看见主叫和被叫，而且通过网络流量分析这些信息也可以得到。实际应用中，两种机制可以单独使用，也可以相互配合使用。

2. 客户端与服务器之间的通信安全

客户端与服务器间的认证安全可以由 End-to-End 机制中的 Http Digest Authentication 认证方法和 Hop-by-Hop 机制中的 TLS 协议来实现。下面分别对这两种方法的认证流程进行介绍。

1）Http Digest Authentication

Http Digest Authentication 的基本原理基于一个简单的挑战——响应结构，SIP 服务器询问 SIP 客户端，客户端提供认证信息。它用一个 nonce 值作为挑战信号，应答是一个 hash 值（默认 MD5 算法），包括用户名、口令、nonce 值、HTTP 方法以及被请求的 URL。Http Digest Authentication 的优点是口令不在网上传输，保证一定程度的完整性；其缺点是不提供保密性，安全性不如基于公钥的加密机制。

如图 11-19 所示是 Http Digest Authentication 的基本认证过程：①客户端向服务器发送 INVITE 请求消息，请求加入某会话；②SIP 服务器返回 Authentication required 应答消息，要求对客户端身份进行认证；③客户端向服务器发送数字证书，然后开始认证过程，如果服务器接收了客户的证书，则返回一个确认消息，否则返回一个 Unauthorized 消息，继续下一轮的认证；④客户端收到确认消息后，向服务器回送证实消息 ACK；⑤客户端向服务器重新发送 INVITE 消息，准备开始会话过程。

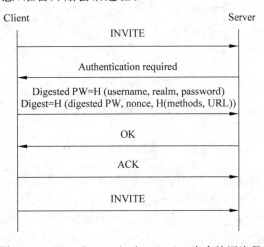

图 11-19　Http Digest Authentication 安全认证流程

2) TLS 认证

TLS 的原称为安全套接层协议,位于 TCP 和应用层协议之间。TLS 由记录协议、TLS 握手协议和数据传输压缩与加密组成。在应用层协议传输数据之前,握手协议允许客户端与服务器之间相互认证并协商数据加密算法和密钥,记录协议用于封装多种高层协议,使得 TLS 协议具有强透明性。

TLS 的实现首先运行 SSL 握手协议,对客户端与服务器进行安全握手连接,以确定密码算法、密钥和压缩方式等参数。然后对数据进行加密并向下层发送,其密钥交换在握手期间进行,并运用非对称公钥密钥算法(如 RSA)对等实体进行认证、加密,因而从安全策略和技术角度讲,TLS 比 Digest Authentication 具有更强的安全性。

基于 TLS 的认证流程如图 11-20 所示。

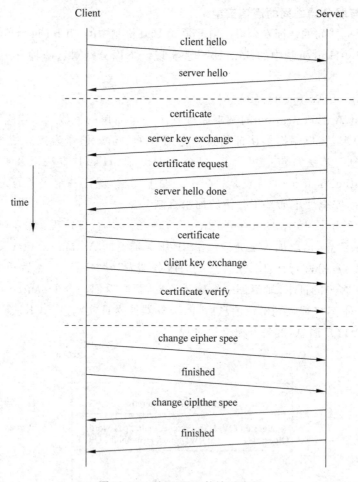

图 11-20　基于 TLS 的认证流程

(1) 客户端向服务器发送一个 client hello 报文,服务器收到后响应一个 server hello 报文。hello 报文中包括 TLS 协议版本、加密算法、压缩方式等几个属性。

(2) 服务器发送一个证书请求的报文和一个交换密钥的报文,相应的客户端必须有包含证书的响应,并发送客户端的密钥交换报文,客户端也可以选择对一个数字签名的证书进行验证。

（3）双方约定会话密钥，确定数据加密算法、密钥等。

（4）握手协议结束，开始应用层数据加密传输。

3. 服务器与服务器之间的通信安全

在 SIP 系统中，服务器和服务器之间的认证安全可以通过 IPSec 协议来实现，采用单向认证方式，请求服务器向响应服务器进行登录请求，响应服务器对请求服务器进行安全性认证检查。通信的任何一方都可以验证另一方的消息是否安全。

IPSec 属于网络层协议，它利用加密、封装、认证、数字签名等技术在 TCP/IP 端到端通信的最底层实现了对上层协议及应用的安全透明保护。IPSec 主要由三个部分组成：IPSec 协议（AH 和 ESP）、安全关联数据库（SADB）和安全策略数据库（SPD）。为了在通信双方之间协商秘密，又引入了一个 Internet 密钥交换协议 IKE，SIP 系统的安全认证功能实现主要由 IKE 协议来实现。

图 11-21 所示是基于 IPSec 的认证流程。

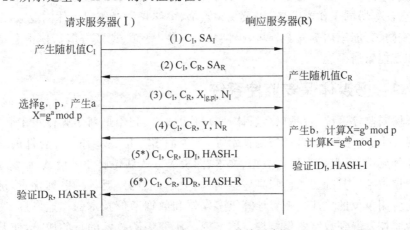

图 11-21　基于 IPSec 的认证流程

（1）协商策略：图 11-21 中第一条消息来自请求服务器，包括安全关联 SA_I 和随机数 cookie（简写为 C_I）。在传输过程中，cookie 被添加在 ISAKMP 报头中，而 ISAKMP 报头和 SA_I 又被作为 UDP 报头的负载来传送。第二条消息来自响应服务器，响应服务器从接收到的提议和变换中选择一系列提议并为每一个提议选定一个变换（例如选定 DES、MD5、预共享密钥等），组成 SA_R，同时产生 cookie 值 C_R，再同 C_I 一起发送至请求服务器，至此完成策略的协商。

（2）交换参数：在策略协商完成后，下两条消息交换 Diffie-Hellman 公开值及用来防"重放攻击"的与当前时间相关的随机数 nonce（简写为 N_I 和 N_R）。在第四条消息结束后，通信双方根据各自计算的密钥值 K 及其他交换的参数生成四种秘密：SKEYID、SKEYID-d、SKEYID-a、SKEYID-e。对于预共享密钥认证来说，SKEYID＝prf（预共享密钥，$N_I | N_R$），prf 是伪随机函数。其他三种秘密都建立在 SKEYID 的基础之上，SKEYID-d 用于为 IPSec SA 衍生加密材料，SKEYID-a 作为一个密钥，对快速模式交换的整个消息进行验证，SKEYID-e 用于对 IKE 消息进行加密。

（3）身份认证：图 11-21 的最后两条消息承担对通信双方身份的认证，这两条消息均由密钥 SKEYID-e 加密（用符号 * 表示），其中 ID_I 和 ID_R 分别代表通信双方的身份，作为一个服务器的唯一标识,它既可以用 IP 地址也可以用域名或 E-mail 地址来表示。除了对身份的认证外,还要实现对其他协商参数(如 IKE、SA、cookie 值以及 Diffie-Hellman 参数等)的认证。所以还要计算各自的认证数据 HASH-I 和 HASH-R,其中 HASH-I 是请求服务器认证数据的散列值,HASH-R 为响应服务器认证数据的散列值。请求服务器通过消息 5 向响应服务器发送认证信息,收到消息 5 后响应服务器对 ID 进行验证并根据已有的参数重新计算散列值以便对收到的 HASH-I 进行校验。如果通过验证,响应服务器向请求服务器发送消息 6。当请求服务器收到消息 6 并且验证了 ID_R 和 HASH-R 时,整个认证过程结束,通信双方开始收发数据。

11.4 行业应用:多媒体技术在安全领域的实践

多媒体技术除了可以广泛应用于可视图文、远程办公等信息服务类业务,远程教学与培训、多媒体会议等协同工作类业务,以及视频点播、多终端游戏等娱乐休闲业务,还可以被应用于监控、安防、智能家居等安全领域,提供基于图像、音频、视频等多媒体信息结合的保安监控系统和智能家居系统。

11.4.1 多媒体保安监控系统

多媒体保安监控系统,就是以多媒体计算机为核心、利用最新多媒体技术和通信技术、并融合电视技术、传感技术、自动控制技术等,实现的多方位、多功能、综合性的监视报警系统。在监控领域中,早先一直通过数据、文本、图表等方式获得必要的信息,而基于图像监控的多媒体监控技术以其确切、直观、具体生动、高效率、应用广泛等一系列优点,迅速得到不同监控系统应用单位的关注。随着计算机多媒体和数据通信技术的飞速发展,图像监控也由模拟视频监控发展到数字图像监控。数字视频压缩编码技术的日益成熟,使基于低成本的图像远程传输实际可行,因此多媒体图像监控具有非常广泛的应用前途。

多媒体监控在交通指挥、路政保护、中心调度、金融系统等国民工作与生活中发挥着不同的作用。例如,基于多媒体图像监控的闯红灯监控系统,可以对重要路口交通状况进行监视,当违章车辆闯红灯时监视器捕捉车辆信息与违章数据,传输到交通控制中心。高速公路管理系统采用多媒体监控对各级收费站进行实时监视控制,可以增强企业管理并保护道路畅通,还可以为实施救助提供现场信息。在金融系统中,多媒体监控系统可以实时记录、监测保障客户安全,提供交易记录。工业自动化程度的不断提高,电力、工矿等领域将逐步向无人值守的方向发展,为了直观、具体地了解无人值守现场实时的情况,采用多媒体网络监控系统将具有非常现实的意义。多媒体网络监控不仅给生产管理部门提供了生动的实时图像,还具有远程控制、报警记录等多种功能,可以与企业的其他应用进行整合,提高整体的功能,可以作为企业资源管理(ERP)的一个组成部分和信息平台。随着人们生活水平的不断提高,对大厦、小区的物业管理也提出了更高的要求,尤其在安全保障方面,需要提供对重要地点和公共场所的有效、可靠监控。楼宇图像监控服务系统的功能及可靠性,会直接影响业主和客户的人身、财产安全,关系到物业的整体服务水平。使用多媒体监控安保系统可以直观及时地监控重要地点、公共场所的现场情况,增强物业管理的安全保障措施,是提高物业管理水平的重要手段。

安防监控系统综合了计算机、多媒体、网络通信、自动控制、电子仪表、传感、机电一体化等相关技术,并且随着这些技术的飞速发展取得了长足的进步。安防产品已经形成防盗报警、防爆安全检查、电视监控、出入口控制、防盗门锁柜、警用装备器材等六大类。生物识别技术、GPS技术、数字化视频技术、网络GIS技术、高分辨率遥感技术、计算机网络技术、通信监听技术、编码加密技术,搜寻探测技术、机器人技术、新型激光武器、电子对抗技术等都广泛应用于安防系统。

11.4.2　多媒体智能家居系统

智能家居系统利用先进的计算机技术、网络通信技术、智能云端控制、综合布线等技术,按照人体工程学原理并融合用户的个性需求,将与家居生活有关的安防保安、灯光控制、窗帘控制、煤气阀控制、信息家电、场景联动、地板采暖、健康保健、卫生防疫等子系统有机地结合在一起,通过网络化综合智能控制和管理居室的灯光、电器、电话、传真、计算机、电视、影碟机、投影仪、安防监控设备和其他网络信息家电,以统筹管理的方式让家居生活更加舒适、安全、有效。

多媒体技术在智能家居系统中应用十分广泛。报警系统可以将家庭内各种不安全的因素(如室内盗窃、火灾、煤气泄漏等)通过无线报警主机全部监控,一旦有安全事故发生,报警系统就会发出相应的音频报警信息或将报警信息发送到用户指定的终端,帮助户主在得到报警信息后立即采取有效的应急措施,对事故进行紧急处理。多媒体视频监控系统在家中公共房间和大门安装摄像头,可以对房屋内外实时情况了如指掌,通过安防视频监控多媒体主机将实时画面录像备份,当发生被盗情况时系统能够提供录像资料调查,为警方破案提供重要的影像资料。远程安防控制及报警联动功能将安防视频监控多媒体主机连接Interest,用户通过计算机或手机在任何地方、任何地点都可以实时观看家内摄像头的画面,特别是老人和小孩单独在家时,户主可以实时掌握其动向。当家里有安全事故发生时,系统可以自动拨打户主指定电话(或手机)报告警情,并同时将警情报告给小区保安中心或公安部门;也可以通过设定,利用Interest将警情和视频画面发送到户主办公室或其他指定计算机上。智能家居系统的影音游戏娱乐功能可以方便地连接液晶电视机、音响功放、混响器等,实现高清家庭影院、卡拉OK视频点播、网络电视电影播放、音乐在线播放、网上冲浪和游戏功能,全面提升游戏时的音/视觉效果,让游戏者有身临其境的感觉。智能家居系统的安防视频监控主机可以连接智能家电控制盒,实现安防视频监控系统对各路电器设备无线方式的控制,同时还支持远程控制软件通过Internet来进行远程家电控制。把饮水机、空调、各类照明灯具等常用家电的电源连接到控制盒终端上进行集中控制,可以在回家的路上利用手机开启家中的空调、饮水机和热水器等,使户主回到家中即可马上感受到高科技带来的轻松、惬意。

本章习题

1. 简要分析多媒体信息面临的各种安全隐患。
2. 如何表示一个密码系统?
3. 加密技术主要从哪些方面保护信息的安全性?

4. 加密算法主要分为几类？各自适用于什么情况？

5. 信息隐藏与加密技术的区别与联系。

6. 信息隐藏技术主要有哪些应用？

7. 什么是数字签名？数字签名机制的主要功能有哪些？

8. 数字取证技术有什么作用？常用的数字取证采用哪些技术和工具？

9. 多媒体数据库与传统关系数据库有什么区别和联系？

10. 可以采用哪些措施保证多媒体数据库系统的安全？

11. 访问控制技术的作用是什么？访问控制的一般原理过程是什么？

12. 入侵检测技术的作用是什么？入侵检测主要采用什么方法？

13. 结合通信技术原理，分析多媒体传输的主要通道及其存在的安全隐患。

14. 结合自身感受谈谈日常应该从哪些方面注意多媒体信息使用过程中的安全性。

图书资源支持

感谢您一直以来对清华版图书的支持和爱护。为了配合本书的使用,本书提供配套的资源,有需求的读者请扫描下方的"清华电子"微信公众号二维码,在图书专区下载,也可以拨打电话或发送电子邮件咨询。

如果您在使用本书的过程中遇到了什么问题,或者有相关图书出版计划,也请您发邮件告诉我们,以便我们更好地为您服务。

我们的联系方式:

地　　址: 北京市海淀区双清路学研大厦 A 座 701

邮　　编: 100084

电　　话: 010-62770175-4608

资源下载: http://www.tup.com.cn

客服邮箱: tupjsj@vip.163.com

QQ: 2301891038(请写明您的单位和姓名)

教学交流、课程交流

清华电子

扫一扫,获取最新目录

用微信扫一扫右边的二维码,即可关注清华大学出版社公众号"清华电子"。